Automotive Engine Engineering

자동차 엔진 공학

김철수 지음

홍릉과학출판사

머리말

현대는 무한 경쟁시대라고 한다. 이러한 무한 경쟁시대에 대학생 여러분의 가치를 올리기 위한 노력이 매우 중요할 것이다. 어려운 취업난을 해결하기 위하여 많은 사람들이 노력하고 있다. 자신의 능력을 충분히 발휘하고 활동 영역을 확대하기 위한 자격증 취득은 다른 분야에 비해 기계 자동차 분야에서는 무엇보다 중요하며 필수적인 사항이다. 이 책은 자동차엔진공학의 기본적인 사항들을 쉽게 표현하여 자동차엔진공학을 처음 공부하는 학생들이 이해하기 쉽도록 이론과 내용을 구성하였다. 자동차엔진공학은 자동차 엔진에서 근간을 이루는 분야이며, 전자제어의 발달은 자동차 공업의 발달과 발걸음을 같이 하고 있다. 특히 자동차 공업의 발달은 자동차 기술자를 비롯하여 여러 분야에서 많은 유능한 기술 인력을 필요로 하게 되었다. 이에 따라 자동차 기술의 기본이 되는 자동차 엔진 공학의 전반에 관한 기초 지식의 이해와 그 응용이 다른 무엇보다도 선행되어야 할 중요한 과제로 되고 있다.

이 책은 2016년 처음으로 출간하는 책으로 자동차공학을 전공하는 이는 물론 전공하지 않는 사람이라도 자동차엔진공학의 전반적인 개요를 공부할 수 있도록 주요 내용을 평이하게 서술하고, 각 장마다 그림 및 해설을 넣어 학습 효과를 높이도록 하였다.

이 책의 순서는 다음과 같다.

제 1 장 개요
제 2 장 사이클과 마력
제 3 장 기관 본체
제 4 장 연료와 연소
제 5 장 열유체 장치
제 6 장 가솔린 기관
제 7 장 디젤기관
제 8 장 전자제어 기관

제 9 장　기관 전기장치

제 10 장　배기가스

자동차 엔진공학은 그 내용이 많고 광범위하여 학생들이 공부하기에 어렵다고 느낄 수 있는 교과목이다. 이러한 어려움을 극복하고 본 교재를 충분히 이해한다면 단시간에 자동차 엔진 분야를 정리할 수 있을 것이다, 공부는 꾸준하고 체계적으로 해야 원하는 목표가 이루어진다는 신념을 가지고 이 책을 독파한다면 독자 여러분에게 큰 도움이 될 것으로 확신한다. 자동차엔진공학을 출간하면서 나름대로 최선을 다하여 집필한다고 노력하였으나 아직도 부족하고 잘못된 부분이 많이 있으리라 생각되며 독자들의 아낌없는 충고와 제언으로 계속해서 수정, 보완해 나갈 것을 약속드린다. 끝으로 본 교재의 출간을 맡아주신 홍릉과학 출판사 관계자의 여러분의 적극적인 협조와 아낌없는 노고에 깊은 감사를 드리는 바이다.

2019년 12월

저 자

차례

Chapter 01 개요

Chapter 02 내연기관 사이클

Chapter 03 기관 본체

개요

CHAPTER 01

1.1 내연기관의 발달

내연기관은 열 에너지를 운동 에너지로 바꾸어 기계적인 일로 변환시킨다. 동력을 발생시키는 기관은 연료의 연소가 직접 연소기 내에서 이루어지는 내연기관과 연소가 기관 외에서 이루어지는 외연기관으로 분류되는데 이와 같은 기관의 발달과정은 제임스 와트(James Watt)의 증기기관이 실용화되면서 열 에너지의 동력으로 변환이 시작되었으며, 이후 1794년 스트리트(Robert Street)가 열기관의 동력을 연료의 연소에 의하여 작동시키는 기관을 시도하여, 1823년 브라운(Samuel Brown)이 완성하였다.

현재의 4행정 기관은 1862년 최초로 로카스(Beaude Rochas)가 기초 이론을 제시하고, 1876년, 오토(Nicholaus Otto)에 의하여 현재의 4행정 사이클 엔진이 발명되었고, 1883년 다임러(Diamler)에 의하여 1마력의 다임러 가솔린 엔진이 만들어졌다.

1879년, 독일의 칼 벤츠(Karl Friedrich Benz)는 2행정 가솔린 엔진의 특허를 취득하였다. 벤츠는 점화장치, 점화 플러그, 기화기, 클러치, 기어 시프트, 수냉식 라디에이터의 특허를 보유하고 있었다. 1883년, 벤츠사를 창업하고, 1885년, 4행정 가솔린 엔진, 점화장치 등이 장착된 모터바겐(motor wagen)을 완성하였다. 이는 마차의 동력을 변경하면서 스스로 주행하도록 설계된 자동차이다. 1926년, 다임러와 합병하여 다임러 벤츠가 탄생하였고 브랜드는 메르세데스 벤츠로 하였다. 1888년 던롭(Dunlop)에 의하여 공기압 고무 타이어가 발명되었고, 1892년, 독일의 루돌프 디젤은 디젤엔진을 발명한 후, 특허를 취득하였다. 개발 초기에는 구조상 대형이어서 사용은 한정되어 있었다. 1924년, 독일의 벤츠와 만(MAN)이 트럭과 버스에서 디젤엔진을 실용화하였고, 1936년이 되어서 벤츠에 의해 승용차 디젤 260D가 개발되었다. 1885년, 프리스만(Priestman)에 의하여 석유기관, 1886년, 열구기관, 1930년, 반켈의 로터리 기관이 발명되었다.

1960년 이후는 열기관의 획기적인 발전과 더불어 배기가스로 인한 환경문제까지 고려해야 하는 시점에 이르렀다.

내연기관은 실린더 내부에서 연료를 연소시켜 열 에너지를 얻고 이를 일 에너지로 변환하는 장치로 이에는 가솔린 기관, 디젤기관, 가스기관의 왕복 운동형과 로터리 기관, 가스터빈의 회전 운동형이 있다. 그리고 실린더 밖에서 연소하는 증기기관, 증기터빈, 스털링 기관 등의 외연기관이 있다.

1.2 내연기관의 장단점

(1) 내연기관의 장점

① 소형으로 제작 용이하고 열효율이 높다.

② 운전 취급 및 정지 등의 조작이 쉽다.

③ 부하 변동에 기관이 잘 적응한다.

④ 연료 소비율이 낮다.

(2) 내연기관의 단점

① 왕복 운동형의 기관은 압력변화가 커서 충격과 진동이 심하다.

② 작동시키는데 시동장치가 필요하다

③ 에너지를 저장하는 큰 플라이휠이 필요하고 저속 운전이 어렵다.

④ 마모 및 부식이 쉽다.

⑤ 연소압력이 높기 때문에 재료비가 비싸고 정밀 가공제품이 사용된다.

1.3 내연기관의 분류

열 에너지를 일 에너지로 변환시키는 장치를 열기관이라 하고 열기관은 여러가지 원동기 중에서 열 에너지를 일 에너지로 바꾸는 장치이다. 열기관(heat engine)에서 열을 일로 변환시키는 데는 반드시 매개 역할을 하는 작동유체가 필요하다. 열기관을 분류하면 아래와 같다.

(1) 가열 방법에 의한 분류

열을 일로 변환하는 시스템 중에서 작동유체의 가열 방법에 의한 분류는 연소장치를 기관의 어느 부분에 설치하느냐에 따라 분류하는 것으로 자동차 기관은 내연기관에 속하고 증기기관은 외연기관에 속한다.

① 내연기관 : 연료를 실린더 내부에서 연소시켜 연소가스가 직접 기관을 회전시키는 동력원으로 사용되고 피스톤 왕복동 기관과 로터리 기관 등이 있다.

② 외연기관 : 연료를 기관 외부에서 연소시켜 발생한 증기의 힘으로 간접적으로 기관을 회전시키며 증기기관, 증기터빈 기관 등이 있다.

(2) 에너지 전환 방법에 의한 분류

열 에너지를 기계적인 일로 바꾸는 방법에 있어서 일정량의 작동유체를 실린더 내에서 연소시켜 그 정압을 이용하여 동력을 얻는 기관을 왕복형 기관이라 하고 증기터빈과 같이 작동유체의 열 에너지를 먼저 운동 에너지로 바꾸어 고속의 분류를 익차에 충돌시켜서 그 충격력이나 또는 반동력에 의해 기계적 일을 얻는 것을 로터리형 기관이라 한다.

[열기관의 분류]

① 외연기관 – 왕복형 : 증기기관
로터리형 : 증기터빈
② 내연기관 – 왕복형 : 피스톤 기관, 가스기관
로터리형 : 로터리 기관, 가스터빈, 제트기관

(3) 작동유체의 종류에 의한 분류

작동유체로 공기를 사용하는 기체동력 사이클과 사이클의 도중에 기상과 액상 사이에서 상변화를 하는 냉매나 물을 사용하는 증기동력 사이클, 냉동사이클로 분류한다. 기체동력 사이클에는 오토 사이클, 디젤 사이클, 사바테 사이클, 스털링 사이클, 에릭슨 사이클, 브레이튼 사이클 등이 있고, 증기동력 사이클에는 랭킨 사이클, 냉동사이클에는 증기압축 냉동 사이클, 가스냉동 사이클 등이 있다. 카르노 사이클을 현실화한 것이 증기동력 사이클(랭킨 사이클)이고 역카르노 사이클을 현실화한 것이 증기압축 냉동사이클이다. 가스터빈 사이클(브레이튼 사이클)의 역사이클은 가스냉동 사이클(역브레이튼 사이클)이고 랭킨 사이클의 역사이클은 증기압축 냉동사이클이다.

① 기체동력 사이클 기관 : 작동유체가 사이클 중 항상 기체상태로 있는 것.

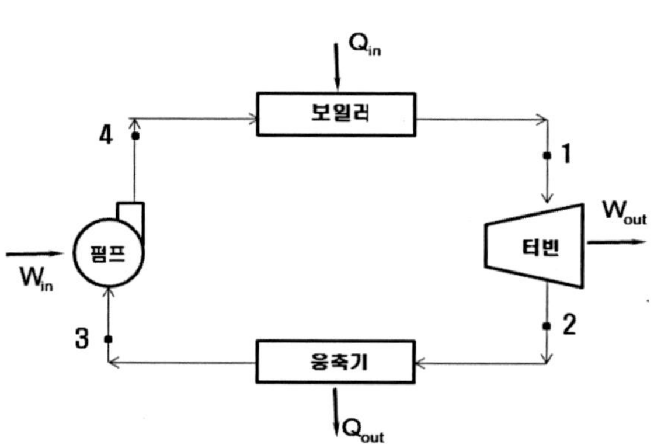

그림 1.1 열기관 사이클

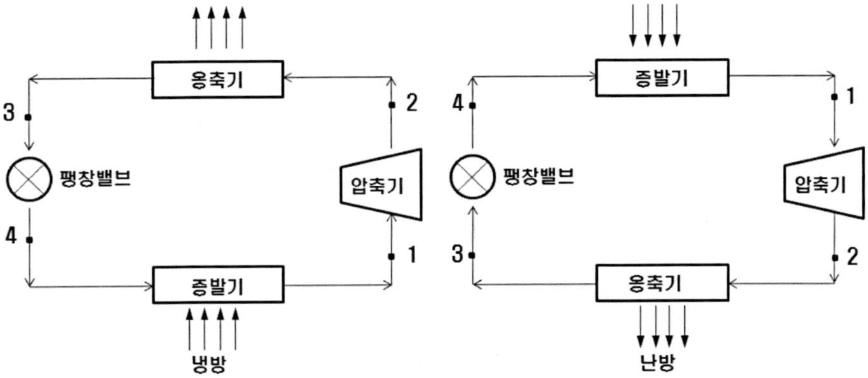

▌그림 1.2▐ 냉동과 열펌프 사이클

② 증기동력 사이클 기관, 냉동사이클 : 작동유체가 액체와 기체의 2상인 상태로 존재하는 것.

(4) 연료에 따른 분류

① 가스기관 : LPG, CNG 등의 가스를 연료로 사용하고 전기로 점화하는 불꽃점화 기관이다.

② 가솔린 기관 : 가솔린(petrol), 알코올을 연료로 사용하며 전기로 점화한다.

③ 디젤기관 : 경유(light oil), 중유(heavy oil)를 사용하며 압축착화에 의해 연소한다.

④ 석유기관 : 등유, 경유, 가솔린과 같은 연료를 사용하여 전기점화하며 10ps이내의 동력을 얻는 기화기식 SI기관이다.

⑤ FFV(flexible fuel vehicle, E10, M10, BD10) : 숫자에 해당하는 만큼의 에틸 알코올, 메틸 알코올, 바이오 디젤을 가솔린, 혹은 디젤과 혼합한 연료, 에탄올 연료를 사용한다.

(5) 열역학적 분류

① 오토 사이클(가솔린 기관, 석유기관) : 일정 체적하에서 연소가 발생하는 정적 사이클이다.

② 디젤 사이클(저속 디젤기관) : 일정 압력하에서 연소가 발생하는 정압 사이클이다.

③ 사바테 사이클(고속 디젤기관) : 일정 체적, 일정 압력하에서 연소가 발생하는 복합 사이클이다.

(6) 점화방식에 따른 분류

① 전기 점화기관(spark ignition) : 전기로 점화하는 기관(SI기관)으로 가스기관, 가솔린 기관, 석유기관이 있고, 간접 분사방식(indirect injection, PFI, 포트분사)와 직접 분사방

식(direct injection, 실린더 분사)가 있다.

② 압축 착화기관(compression ignition) : 압축열에 의하여 자기착화하는 기관으로 디젤기관, CI기관이라 하며, 연료압력 400~500 bar의 간접 분사식(IDI, 부실분사)와 1000 bar 이상의 직접 분사식 기관(DI, 실린더 분사)가 이에 속한다.

③ 소구(hot bulb)압축 착화기관 : 소형어선, 원동기에 사용하는 2사이클 기관으로 점화를 쉽게 하기 위하여, 연소실 표면을 가열하여 점화하는 표면점화 혹은 열면 점화방식으로 세미 디젤기관이라고도 한다. 소구의 부분을 250~270℃ 정도로 가열한 후 시동을 걸고 연료 소비율도 높다.

④ 직접 분사식 전기 점화기관 : 헷셀만 기관은 압축비 6~9, GDI기관은 압축비 11이하이고, 압축말기에 실린더에서 연료를 분사하고 동시에 전기로 점화하는 연료압력 50~200 bar의 직접 분사방식(DI, 실린더 분사)가솔린 엔진이다.

⑤ 직접 분사식 압축 착화기관 : 직접 분사식(DI, 실린더 분사)디젤기관으로 압축비는 15이상이고, 연료압력 1000 bar~2200 bar의 CRDI기관이 있고 압축말기에 실린더로 연료를 분사하여 자기착화로 연소한다.

(7) 작동방식에 따른 분류

① 2행정 기관 : 피스톤이 2행정하는 동안 1사이클을 완료한다.

② 4행정 기관 : 피스톤이 4행정하는 동안 1사이클을 완료한다.

(8) 냉각방법에 의한 분류

① 공기 냉각기관 : 항공기, 오토바이 등과 같이 실린더와 헤드에 핀(fin)을 붙여 공기로 직접 냉각한다.

② 수냉각기관 : 실린더에 워터 자켓(water jacket)을 설치하고 냉각수를 순환시켜 냉각한다.

③ 증발 냉각기관 : 석유기관과 같이 증발시의 잠열을 이용해서 냉각한다.

④ 특수액체 냉각기관 : 에틸렌글리콜, 글리세린 등의 액체를 사용하여 냉각한다.

(9) 실린더 수에 따른 분류

① 단실린더 기관 : 실린더가 1개인 기관이다.

② 인라인 기관 : 실린더가 일렬로 배열되는 기관이다

③ V기관 : 실린더가 V자 형태를 갖는 기관이다

④ 대향기관 : 하나의 실린더에 2개의 피스톤을 대향시킨 기관이다

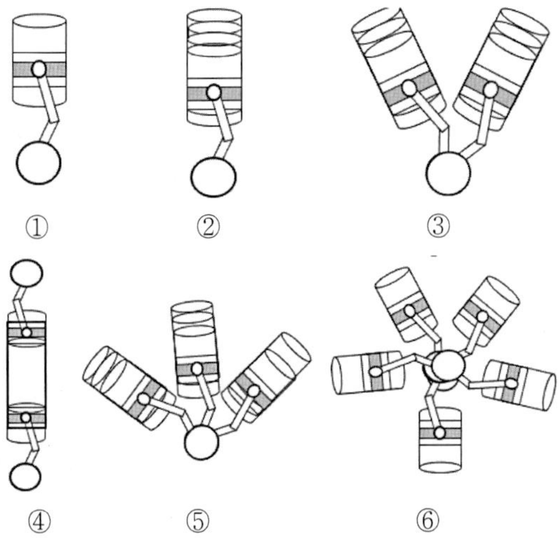

┃그림 1.3┃ 실린더 수에 따른 분류

⑤ W기관 : 실린더가 W자 형태를 갖는 기관이다

⑥ 레이디얼 기관 : 실린더를 원형으로 배치한 기관이다.

⑦ 다실린더 기관 : 실린더가 여러 개인 기관이다.

(10) 연소실 모양에 따른 분류

① I 헤드형 : 흡배기 밸브가 실린더 헤드에 설치되는 형식이다.

② L 헤드형 : 흡배기 밸브가 실린더 블록에 설치된다.

③ F 헤드형 : 흡기밸브는 실린더 헤드에 설치되고 배기밸브는 실린더 블록에 설치된다.

④ T 헤드형 : L헤드형 기관의 일종으로 대형기관에 사용된다.

(11) 실린더 내경과 피스톤 행정비율에 따른 분류

① 장행정 기관 : 실린더 내경보다 피스톤 행정이 긴 기관이다.

② 정방형 기관 : 실린더 내경과 피스톤 행정이 같은 기관이다.

③ 단행정 기관 : 실린더 내경이 피스톤 행정보다 짧은 기관이다.

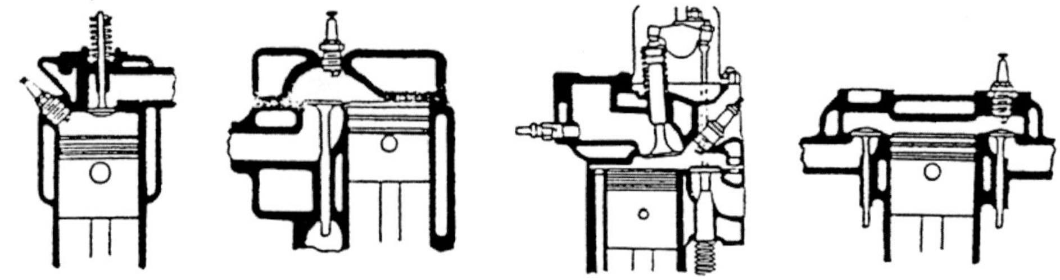

(a) I 헤드형 기관 (b) L 헤드형 기관 (c) F 헤드형 기관 (d) T 헤드형 기관

그림 1.4 연소실 모양에 따른 분류

(12) 가스작용에 따른 분류

① 단동식 : 피스톤의 한 면에서만 가스압력이 작용하는 기관이다.

② 복동식 : 피스톤의 양면에 가스압력이 작용하는 기관으로 출력이 단동식의 2배이다.

③ 대향식 : 하나의 실린더에 2개의 피스톤을 대향시킨 기관으로 회전상태가 안정된다.

(13) 공기흡입에 따른 분류

① 자연흡기(NA, naturally aspired) 기관 : 실린더의 부압으로만 공기가 흡입되는 엔진이다.

② 수퍼차저(supercharger) 기관 : 흡입공기가 크랭크축으로 구동되는 압축기로 압축된다.

③ 터보차저(turbocharger) 기관 : 흡입공기가 배기가스로 구동되는 터빈에 연결된 압축기로 120kPa정도로 압축된다.

(14) SI엔진의 연료공급 방법에 따른 분류

① 캬브레다(carburetor) : 기화기에서 연료를 공급하는 전기점화 방식으로 SPI (single point injection)방식이다.

② TBI(throttle body injection) : 스로틀보디에서 1개의 인젝터가 연료를 공급하는 전기점화 방식으로 SPI(single point injection)방식이다.

③ PFI : 포트분사(PFI, port fuel injection)는 균일 충전 전기점화 방식이다.

④ GDI : 연료를 실린더에서 직접 분사하며 불균일(heterogenous)충전 전기점화 방식이다.

⑤ 가솔린 HCCI : 균일(homogeneous)충전(charge) 압축착화(CI) 방식으로 가솔린을 저온에서 압축착화시켜 저온연소하는 엔진으로 제어가 매우 정밀하다.

(15) CI엔진의 연료 공급방법에 따른 분류

① 간접 분사식(IDI) : 연료를 부실에서 분사하고 불균일 충전 압축착화 방식이다.

② 직접 분사식(DI) : 연료를 주실(피스톤의 캐비티)인 실린더에서 분사하고 불균일 충전 압축착화 방식이다.

③ PCCI : 연료를 포트에서 분사하는 예혼합(premixed) 연소이며 균일충전 압축착화 방식이다.

1.4 내연기관의 작동

(1) 내연기관의 기본 용어

① 상사점(TDC, top dead center) : 피스톤이 실린더 최상부에 있을 때의 위치이고 상사점 전은 B(before)TDC, 상사점 후는 A(after)TDC라고 한다.

② 하사점(BDC, bottom dead center) : 피스톤이 실린더 최하부에 있을 때의 위치이고 하사점 전은 BBDC, 하사점 후는 ABDC라고 한다.

③ 행정(stroke, S) : 상사점과 하사점의 거리이다.

④ 실린더 지름(bore, D) : 실린더 원통의 지름이다.

⑤ 행정체적(stroke volume, V_s) : 피스톤의 1행정시 발생하는 실린더의 체적으로 피스톤의 단면적과 행정의 곱으로 표시된다. 배기량(displacement)이라고도 한다.

$$V_s = \frac{\pi}{4}D^2 SD, \quad S: cm, V: cc \tag{1.1}$$

$$[1l = 1000cm^3 = 1000cc = 1 \times 10^{-3} m^3]$$

⑥ 총행정 체적(총배기량, total stroke volume, V) : 행정체적에 실린더의 수(z)를 곱한 것으로 총배기량이라고도 한다.

$$V = \frac{\pi}{4}D^2 Sz \tag{1.2}$$

⑦ 간극체적, 연소실 체적, 통극체적(clearance volume, V_c) : 피스톤이 상사점에 있을 때 실린더 헤드와 피스톤 헤드사이의 체적이다.

⑧ 실린더 체적(cylinder volume) : 피스톤이 하사점에 있을 때의 체적으로 연소실 체적과 행정체적의 합이다.

⑨ 압축비(compression ratio) : 실린더 체적($V_c + V_s$)과 연소실 체적(V_c)의 비이며, 압축 전후의 체적비를 나타낸다. 가솔린 기관의 압축비는 6~11, 디젤기관은 12~24정도이다.

$$\epsilon = \frac{V_c + V_s}{V_c} = 1 + \frac{V_s}{V_c} \tag{1.3}$$

$$V_c = \frac{V_s}{(\epsilon - 1)},\ \ V_s = V_c \times (\epsilon - 1) \tag{1.4}$$

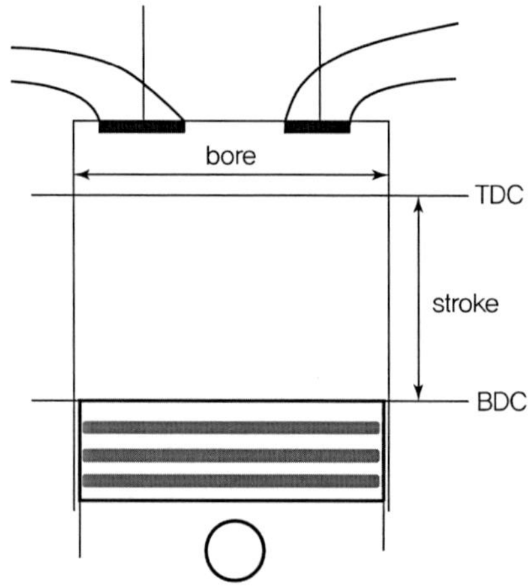

【그림 1.5】 상사점과 하사점

⑩ 평균 피스톤 속도 : 피스톤 속도는 상사점과 하사점에서는 0이고 중간 부분에는 최대가 된다. 평균 피스톤 속도는 피스톤 왕복속도를 평균한 것이다.

$$V_m = \frac{2NS}{60} [\text{m/sec},\ N : \text{rpm},\ S : \text{피스톤 행정(m)}] \tag{1.5}$$

⑪ 간접 분사식(IDI) : 연료가 실린더가 아닌 흡기포트 혹은 부실에서 분사되는 기관으로 연료압력 3.5 bar인 가솔린 PFI, 연료압력 500 bar 정도의 IDI 디젤기관이 이에 속한다.
⑫ 직접 분사식(DI) : 연료가 실린더에서 분사되는 기관으로 연료압력 200 bar 정도의 가솔린 GDI, 연료압력 1000 bar이상의 디젤 CRDI 기관이 이에 속한다.
⑬ 스로틀 전개(WOT) : 가솔린 기관에서 스로틀밸브를 완전히 전개한 상태이다.
⑭ 엔진제어 유닛(ECM, ECU) : 엔진을 제어하는 컴퓨터이다.
⑮ 공연비(AF ratio) : 공기와 연료의 비를 의미하고 연공비(FA)는 연료와 공기의 비이다

⑯ 오버 헤드캠(OHC) : 실린더 헤드에 캠축이 설치되어 헤드에 부착된 밸브를 직접 구동하며 캠축이 1개인 SOHC, 캠축이 2개인 DOHC가 있다.

⑰ 점화지연(ID) : 가솔린 엔진에서 점화가 일어난 후 점화가 지연되는 시간이다.

⑱ 균일충전 압축착화(HCCI) : 균일 충전된 가솔린, 예혼합된 디젤을 압축 자기착화로 연소하는 방법으로 GDCI(Gasoline Direct Compression Ignition), PCCI(Premixed Charge Compression Ignition), CAI(Controlled Auto Ignition)는 거의 같은 의미이다.

⑲ 최대 제동토크(maximum brake torque, MBT) : 최대 토크가 발생하는 속도 혹은 엔진 회전수이다

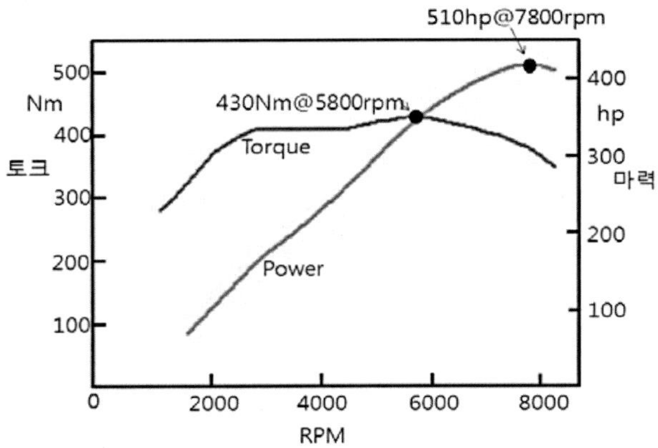

▌그림 1.6▐ 엔진출력과 토크 선도(출처 : 아우디, V8 FSI)

(2) 4행정(4 stroke) SI기관의 작동

캠축 1회전에 크랭크축이 2회전하여 흡입→압축→연소(팽창)→(블로우다운)→배기의 4행정 1사이클을 완성하는 기관이다.

① 흡입행정 : 흡기밸브는 열리고 배기밸브는 닫힌 상태에서 피스톤이 상사점에서 하사점으로 하강하면서 피스톤이 지나가는 체적으로 진공을 만들어 대기압과 진공의 압력 차이로 혼합기가 실린더 내로 유입된다. PFI기관은 흡입과정에서 흡기포트에서 연료가 분사되고, GDI기관은 압축상태에서 연소실에서 연료가 분사된다.

② 압축행정 : 흡기밸브와 배기밸브가 모두 닫힌 상태에서 피스톤이 하사점에서 상사점으로 상승하면 혼합기는 압축되며 압축은 혼합기의 압력과 온도를 상승시킨다.

③ 연소 팽창행정 : 연소는 BTDC에서 발생하여 ATDC까지 진행되며 흡배기 밸브가 모두 닫힌 상태에서 혼합기는 연소하여 고온, 고압의 배출가스로 되며 실린더 압력은 급격하

게 상승한다. 상승된 실린더 압력은 피스톤을 밀어 팽창일을 발생하고 그 결과 피스톤에 연결된 크랭크축이 회전하여 동력이 얻어진다.

➤ 팽창과정 : 발생한 압력은 피스톤을 밀어 팽창일로 크랭크축을 회전시키고 이 과정에서 바퀴를 회전시키는 동력이 발생한다.

④ 배기행정 : 배기밸브가 열려 연소된 배기가스가 배기관으로 배출되는 과정으로 초기에는 피스톤은 하강하는데 배기밸브가 열려 배기가스가 배출되는 블로우다운 현상이 발생한다. 이 현상은 피스톤이 하사점에 도달하면 완료되며 배기가스의 높은 엔탈피의 손실에도 불구하고 배기밸브를 빨리 여는 이유는 배기가스를 완전하게 배출하기 위해서이다. 피스톤이 상사점으로 상승하기 시작하면 배기가스는 배출을 시작하고 간극체적에 남는 배기가스는 잔류하여 새로운 신기와 혼합된다. 배기 블로우다운이 먼저 발생하고 배기과정이 이어진다.

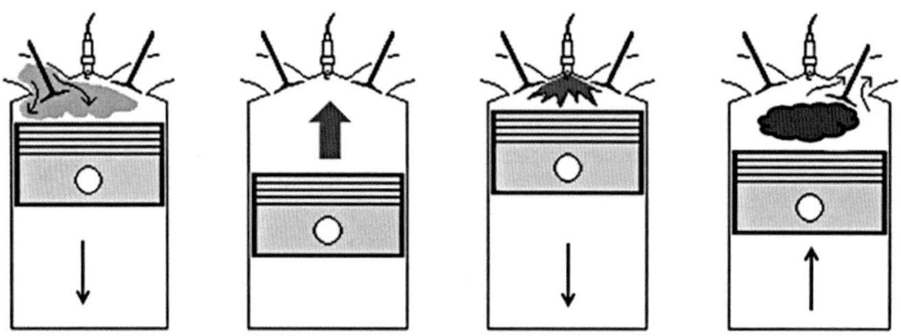

그림 1.7 4행정 기관의 작동

(3) 4행정(4 stroke) CI기관의 작동

① 흡입행정 : SI기관 흡입행정과 유사하지만 연료와 공기가 혼합되지 않고 공기만 흡입된다.

② 압축행정 : SI기관보다 압축비가 커서 높은 압력과 온도로 압축되고 연료는 압축시 인젝터에 의해 실린더로 분사되며 연소를 하면서 계속 분사된다.

③ 연소팽창 행정 : 압축행정이 TDC까지 이루어지고 연료는 일정한 압력하에서 계속 분사되어 공기와 혼합된 후 자기착화한다. 출력은 배기량 1 L당 100마력이 가능하고, 연소가 끝나면 피스톤이 BDC로 내려가면서 팽창행정이 시작된다.

④ 배기행정 : 블로우다운과 배기행정은 SI기관과 같다.

(4) 2행정 기관의 작동

크랭크축이 1회전할 때 압축, 흡입→팽창, 소기,배기의 2행정 1사이클을 완성하는 기관이다.

① **압축, 흡입행정** : 하사점 전후 50°에서 연소가스를 방출하고 혼합기를 실린더에 채우는 흡입행정과 피스톤이 하사점에서 상사점으로 올라가는 압축행정이 같이 일어난다.

② **팽창, 소기배기과정** : 상사점에서 점화가 되면 연소실 내의 혼합기가 연소하고 이 폭발력에 의해 크랭크축은 회전하고 피스톤이 하강하면서 하사점 부근에 있는 배기구가 열려 배기가스는 방출된다. 4행정 기관과는 달리 압축흡입과 팽창소기배기과정이 한 행정에서 일어난다.

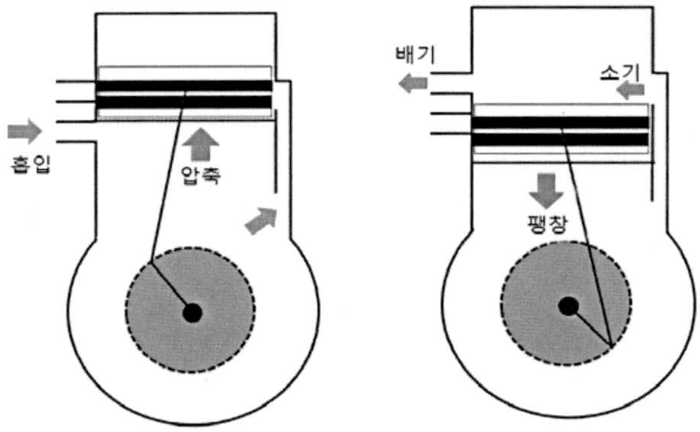

(a) 압축흡입 행정 (b) 팽창소기배기 행정

그림 1.8 2행정 기관의 작동

(4) 2행정 기관의 소기방식

① **횡단형** : 실린더 벽에 흡입구와 배기구가 대향으로 만들어져 있고 피스톤에 의해 흡배기구를 열고 닫으며 구조는 간단하나 소기효율이 낮다.

② **루프형(반전형)** : 소배기구가 모두 실린더 라이너의 같은 측면에 만들어져 소기는 실린더 내를 360° 반전하여 흐른다. 소기효율은 중간 정도이고 M.A.N 소기법과 슈닐네 소기법이 있다.

③ **단류형** : U형 소기, 융커스 소기와 같이 실린더 하단에는 소기구, 상단에는 배기구를 설치하여 위 아래 혹은 아래 위 한 방향으로 소기하여 피스톤의 유효행정이 길다. 밸브가 있는 헤드형과 피스톤 제어형이 있으며 소기효율이 가장 높다.

(5) 2행정 기관과 4행정 기관의 비교

▶ 4행정 기관

장점

① 고속으로 운전이 가능하고 연료 소비율이 적다.

② 흡입행정이 길어 냉각효과가 좋고 열부하가 적다.

③ 각 행정이 구분되어 있어 행정이 정확하고 저속에서 고속까지 속도 변화가 유연하다.

④ 기동이 쉽고 실화가 일어나기 어렵다.

⑤ NO_x 배출이 많고 HC배출이 적다.

⑥ 체적효율이 높다.

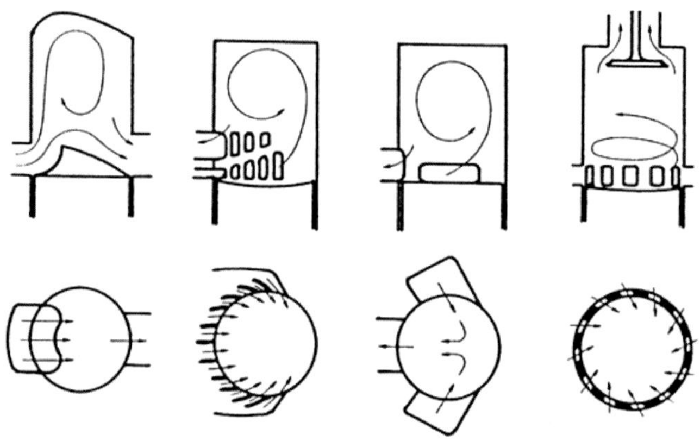

(a) 횡단소기 (b) 루프소기 1 (c) 루프소기 2 (d) 단류소기

| 그림 1.9 | 2행정 기관의 소기방식

단점

① 마력당 기관이 무겁다.

② 밸브기구가 복잡하고 충격과 소음이 크다.

▶ 2행정 기관

장점

① 매 회전마다 폭발하므로 동일 체적으로 출력이 4사이클보다 1.6배 크다.

② 마력당 기관 중량이 가볍고 밸브기구가 필요가 없어 구조가 간단하다

③ 회전력이 균일하고 점화장치를 차단하면 점화의 정지가 용이하다.

④ NO_x 배출이 적고 HC배출이 많다.

단점

① 소기행정이 불확실하여 연료 소비율이 크다.

② 소기펌프가 필요하고 과열되기 쉽다.

1.5 밸브 개폐시기

밸브는 행정 과정 중 정확히 상사점이나 하사점에서 개폐되지 않고, 상사점 전후 또는 하사점의 전후에서 개폐되는데 이는 공기가 관성을 가지고 있기 때문에 유동관성을 유효하게 이용하기 위해서이다. 흡기밸브와 배기밸브의 개폐는 관성을 고려하지 않으면 상사점(TDC) 혹은 하사점(BDC)에서 개폐할 수 있으나, 실제 기관에서는 관성, 기관의 회전수, 엔진의 종류, 연소실의 형상, 밸브의 상태에 따라 밸브 개폐시기가 달라진다. 흡기밸브의 열림은 상사점 전에서 열리는 것과 상사점 후에서 열리는 것이 있으나 주로 상사점 전에 열린다.

1.5.1 가솔린 기관의 밸브 개폐시기

일반적인 가솔린 기관의 흡기밸브는 BTDC 7~10° 에서 열리기 시작하여(IVO), ABDC 36~45° 에서 닫힌다(IVC). 배기밸브는 BBDC 36~45° 에서 열리기 시작하여(EVO), ATDC 10~15° 에서 밸브가 닫힌다(EVC).

IVO :	BTDC 7 ~10°
IVC :	ABDC 36~45°
EVO :	BBDC 36~45°
EVC :	ATDC 10~15°

① 밸브 리이드(lead) : 흡기밸브와 배기밸브가 사점 전에서 열린다.

② 밸브 래그(lag) : 흡기밸브와 배기밸브가 사점을 지난 후에 닫힌다.

③ 밸브오버랩 : 배기밸브가 닫히기 전에 흡기밸브가 열려 2개의 밸브가 동시에 열려 있는 기간을 의미하며 이때는 배기가스가 흡기밸브로 나갈 수 있다.

④ 블로우다운 : 피스톤은 하강하는데 배기가스가 배출되는 현상이다.

⑤ BDC이후 흡기밸브 닫힘 : 피스톤은 상승하는데 혼합기가 흡기밸브로 들어온다.

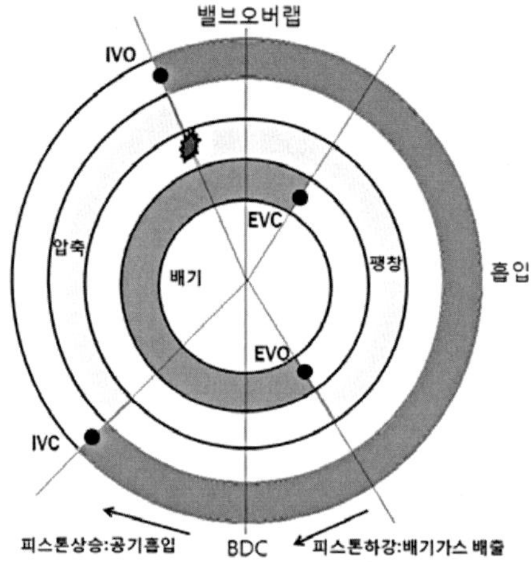

▌그림 1.10▌ 가솔린 기관의 밸브 개폐시기

▶ 공회전, 저속

밸브 개폐시기는 사점을 기준으로 크랭크축의 회전 각도로 나타낸 것으로 공회전에서는 필요한 공기량이 적어 흡기밸브는 늦게 열고 빨리 닫고, 밸브 오버랩도 짧게 유지된다. 흡기밸브는 TDC 전에서 열리고 BDC를 지난 후 닫히고, 배기밸브는 BDC 전에서 열리고 TDC 후에서 닫히므로 2개의 밸브가 모두 열리는 상태인 밸브 오버랩(PVO)이 발생한다. 그림 1.11은 공회전시 밸브 개폐시기를 나타낸다.

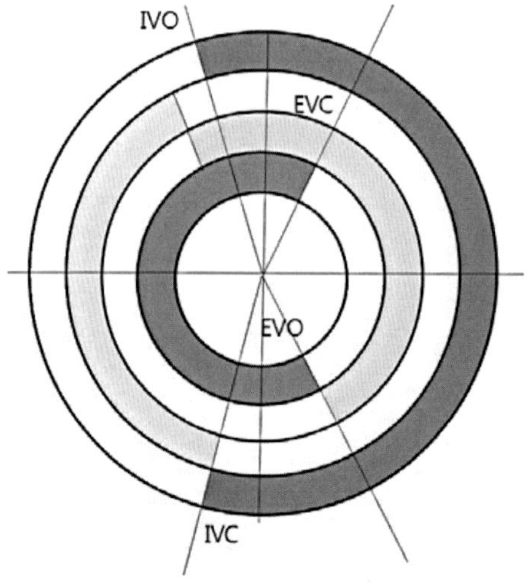

▌그림 1.11▌ 공회전, 저속시 밸브 개폐시기

▶ 최대 출력(고속)

엔진이 고속일 때는 짧은 시간의 사이클에서 많은 공기가 필요하여 흡기밸브를 빨리 열고 더 늦게 닫고, 그리고 밸브양정을 크게 하여 체적효율을 좋게 한다. 배기밸브도 소기시간을 확보하기 위해서 빨리 열어, 혼합기의 충전효율을 높인다.

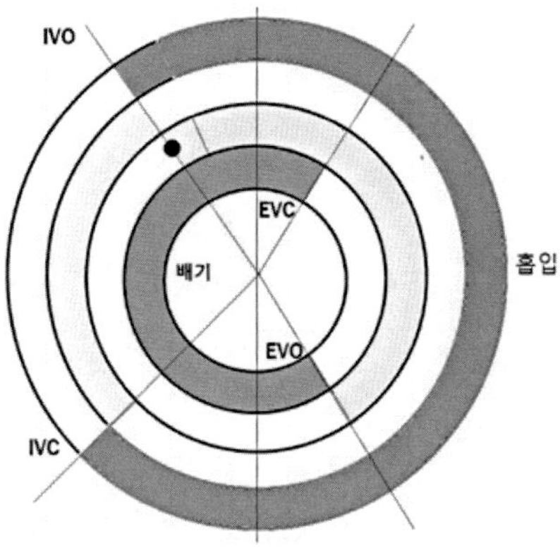

▌그림 1.12▐ 최대 출력시 밸브 개폐시기

▶ 밸브 오버랩(PVO)

기관의 흡기밸브와 배기밸브의 개폐시기는 기관의 상사점과 하사점에서 개폐하는 것이 이상적이지만 실제 기관에서는 그렇게 되지 않는다. 피스톤이 상사점에 도달하기 전에 흡기밸브가 열리기 시작하여 상사점을 지나 배기밸브가 닫힐 때까지 흡배기밸브가 동시에 열려 있도록 만들어 놓았는데 이것을 밸브의 오버랩(positive valve overlap, PVO)이라 한다. 밸브 오버랩의 목적은 배기가스가 나갈 때 블로우다운에 의해 발생하는 진공을 이용하여 많은 공기를 흡입하여, 실린더의 체적효율을 높이기 위함이다. 최대 출력 시에는 밸브 오버랩이 길어져도 배기가스는 흡입공기에 밀려 빨리 배출되고, 흡기밸브의 맥동에 의한 관성효과로 실린더의 충전효율이 증가하고, 연소실의 잔류가스 배출을 증가시킨다. 그러나 중·저속 시에는 밸브 오버랩은 이미 흡입된 공기가 흡기관으로 역류하여 충전효율을 저하시키기도 하고, 또한 밸브 오버랩이 길어지면 흡입공기가 배기밸브로 넘어갈 수도 있어 가솔린이 배기관에서 연소되는 후연의 원인이 되고, 밸브 오버랩이 짧아지면서 연소실 내의 잔류 배기가스가 흡기밸브로 역류하여 실린더로 들어오는 흡입공기의 체적효율을 감소시키기도 한다. 흡기밸브와 배기밸브의 개폐시기를 제어하여 흡입 공기량을 조절하는 기술을 가변 밸브 타이밍(variable valve timing, VVT)라고 한다. 그림 1.13은 밸브 오버랩을 나타낸다.

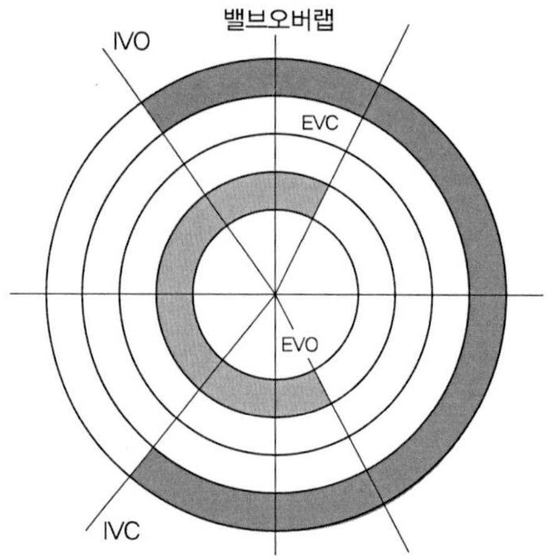

┃그림 1.13┃ PVO

역밸브 오버랩(NVO, Negative Valve Overlap)

PVO는 흡기밸브와 배기밸브가 동시에 열려 있는 밸브 오버랩을 의미하고, NVO는 흡기밸브와 배기밸브가 동시에 닫혀 있는 역밸브 오버랩을 의미한다. NVO는 배기행정 동안 배기밸브를 빨리 닫아 버리면 배기가스는 연소실에 갇히고 이때 흡기밸브도 닫혀 있으므로 이 기간에는 피스톤의 압축에 의하여 연소실에는 작은 정압의 압력이 발생한다. 이러한 정압상태에서 연료를 분사하면 예열의 효과가 있고, 그리고 흡기밸브만 열면 연소실 잔류가스는 정압에 의해 흡기밸브를 통과하여 흡입공기와 혼합이 되어 배기 잔류가스는 EGR과 같은 역할을 하기도 한다.

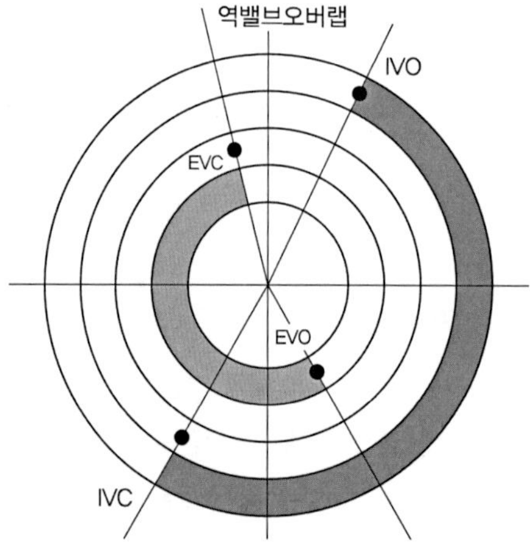

┃그림 1.14┃ NVO

1.5.2 디젤기관의 밸브 개폐시기

디젤기관의 밸브 개폐시기는 흡기밸브가 BTDC 5~40° 에서 열리기 시작하여 ABDC 20~80° 에서 닫히고, 배기밸브는 BBDC 20~80° 에서 열리기 시작하여 ATDC 5~40° 에서 닫히며 상사점 부근에서는 연료 분사구간이 있다.

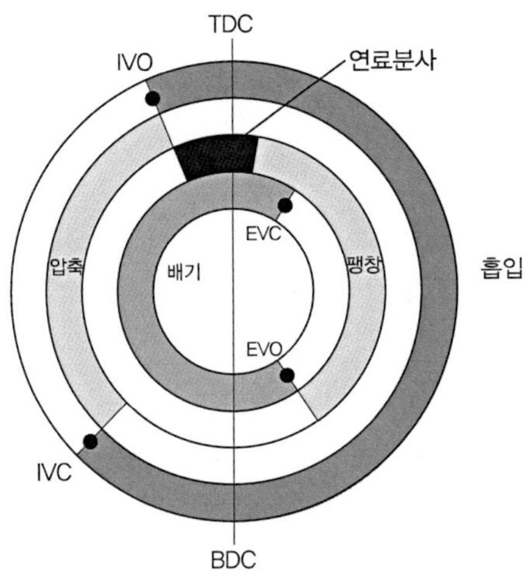

| 그림 1.15 | 디젤기관의 밸브 개폐시기

1.6 석유기관, 소구기관 및 로터리 기관

(1) 석유기관

가솔린 기관과 구조면에서 동일하나 석유를 연료로 사용하는 기관으로 연료의 증발을 촉진하기 위하여 배기가스로 기화기를 가열한다. 시동시에는 가솔린을 사용한다.

특징

① 시동시는 가솔린을 사용하고 정상적인 운전에는 경유, 등유를 사용한다.
② 조속기를 달아 회전속도를 일정하게 유지한다.
③ 압축비가 4.5~5 정도로 가솔린 기관보다 낮다.
④ 같은 용량의 가솔린 기관에 비하여 출력이 작다.

(2) 소구기관(표면점화 기관)

소구(열구, hot bulb)를 실린더 내에 설치하고, 가열하여 점화시키는 표면점화 기관으로 시동 시에는 블로우 램프(blow lamp)로 가열한다. 열면(표면)점화는 전기점화에 의한 정상적인 연소보다 빠르게, 연소실의 점화 플러그, 배기밸브, 카본 퇴적물 등의 고온부에 의하여 연소가 되는 것을 의미하며 이 경우 노킹과는 달리 정상적인 속도로 전파된다.

특징

① 낮은 급의 연료의 사용이 가능하고 역전장치(점화장치를 차단하면 점화를 정지시키는 장치)가 필요없다.

② 제작과 보수가 용이하고 내구성이 크다

③ 연소압력이 낮아 기관수명이 길다.

(3) 로터리 기관

로터리 엔진은 방사형으로 배열된 고정된 실린더가 크랭크축을 회전시키는 레이디얼 모양의

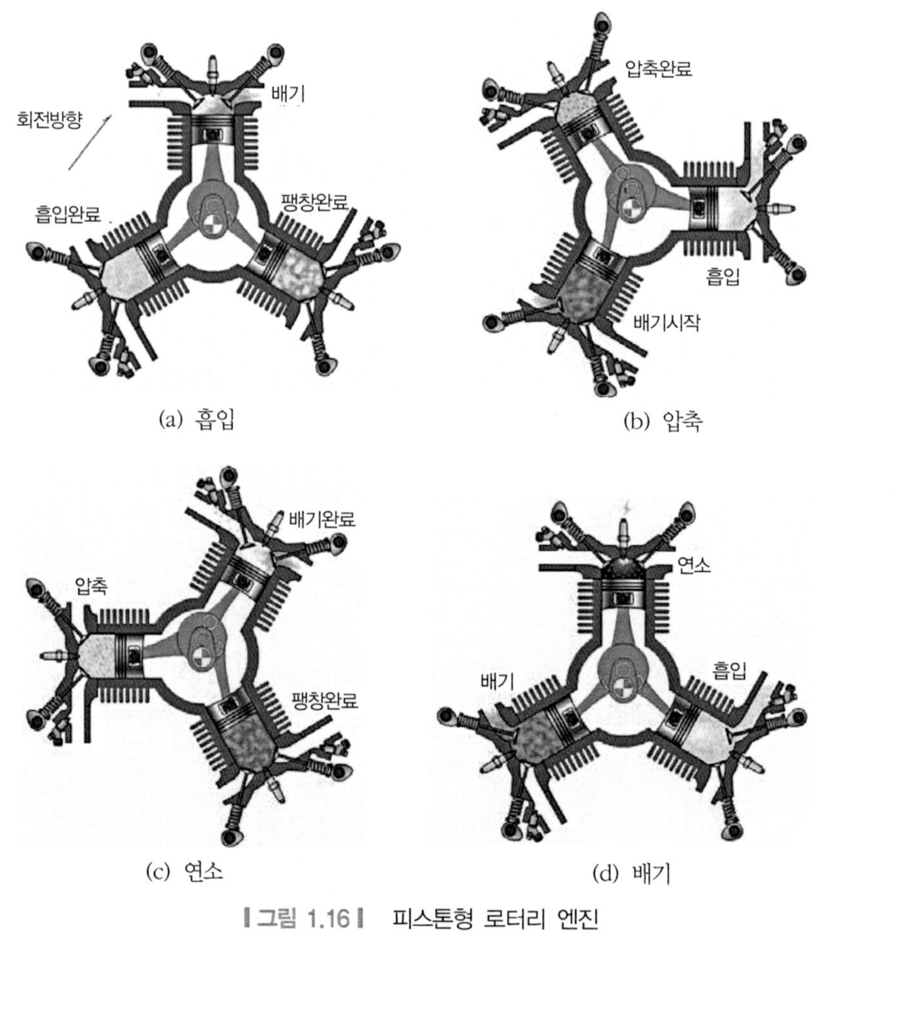

(a) 흡입 (b) 압축 (c) 연소 (d) 배기

| 그림 1.16 | 피스톤형 로터리 엔진

엔진(radial engine)으로 그림 1.16과 같다. 3기통인 경우 흡입, 압축, 팽창, 배기의 순서로 행정을 계속한다. 그림 1.17의 반켈엔진은 로터리 엔진의 일종으로 삼각형의 로터가 트로코이드 곡선 모양으로 유선운동을 하며, 흡배기 밸브가 없다. 2행정 엔진과 유사하며, 2개의 점화 플러그가 있으며, 피스톤형 엔진과 비슷한 출력에 크기는 1/2이다. 크기는 작지만 한 방향으로 회전하여 고출력을 만들 수 있다.

수소는 가솔린에 비하여 가볍고, 착화되기 쉬운 특성이 있어 왕복형 기관에서는 흡입행정에서 발화하는 이상연소가 일어나기 쉽지만, 로터리 엔진은 흡입실과 연소실이 로터의 회전에 의해 분리되는 구조로 되어 있고, 흡입실에는 열원이 없어 이상 연소가 일어나지 않아 수소의 연소에 적합하다. 마쯔다는 반켈엔진으로 로터 당 2개의 배기포트를 만들어 약 2배의 배기포트 면적을 확보하고 배기밸브의 열림시간을 늦추고 팽창행정을 길게 하여 열효율을 향상시킨 엔진을 개발하여 수소 자동차에 사용할 준비를 하고 있다.

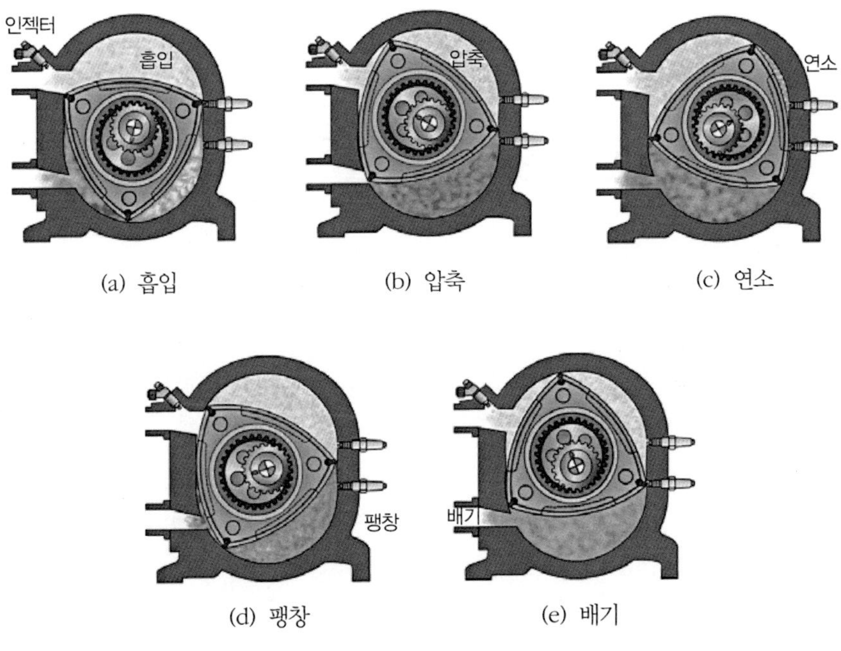

(a) 흡입 (b) 압축 (c) 연소

(d) 팽창 (e) 배기

| 그림 1.17 | 피스톤 미사용 로터리 반켈 엔진(출처 : 마쯔다)

(4) 가스터빈 기관(브레이튼 사이클)

가스터빈 엔진은 대기에서 흡입한 공기를 압축기로 단열압축시켜, 일정한 압력으로 연소실로 흡입한다. 연소후 고온의 연소가스는 가스 터빈을 회전시키면서 단열팽창 상태로 일을 하고 압축기를 구동한 후 대기로 배출된다.

압축기와 터빈의 단열압축 과정과 단열팽창 과정, 연소과정은 등압가열 과정, 배열과정은 정압방열 과정이 되고 이러한 4가지 가역과정으로 이루어진 이상 사이클을 브레이튼 사이클(Brayton cycle)이라고 한다.

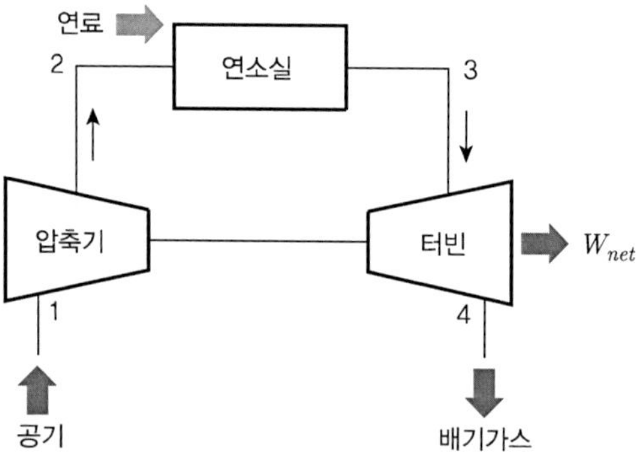

그림 1.18 가스터빈 엔진

1.7 지구 온난화

1.7.1 개요

세계 기온의 변화는 1900년부터 2010년까지 1℃ 상승하였다. 이러한 기후변화는 온실효과로 이어지고 온실효과는 계속 지구의 온도를 높이고 있다. 이산화탄소 배출과 지구 온난화를 연관시켜 최초로 논의한 사람은 아레니우스이다. 그는 1897년에 대기 중의 이산화탄소 농도가 2배로 증가하면 지구는 2~4.5℃ 더워진다고 예측하였다. 태양광선이 대기를 통과하면 일부는 지구와 대기에서 반사되고 일부는 지표면에 흡수되어 지구를 따뜻하게 한다. 그리고 지표면에서 적외선이 방출된다. 적외선의 일부는 대기를 통과하여 방출되고 나머지 일부는 온실가스(GHG, greenhouse gas)에 흡수되어 모든 방향으로 복사 에너지로 방출되는데 이 때문에 대기와 지표면이 더워진다. 온실가스는 지구 온난화(global warming)와 기후변화(climate change)에 영향을 주는 기체들의 집합이다. 1985년 세계기상기구(WMO)와 국제연합 환경계획(UNEP)에서 이산화탄소가 온난화의 주범이라고 공식으로 선언하였다.

지구 온난화란 지구 표면의 평균 온도가 상승하는 현상을 말하며, 온난화에 의한 기온 상승으로 해수면이 상승하는 등 많은 문제가 발생하고 있다. 1997년, 일본 교토에서 열린 기후변화에 관한 UN 규약의 교토 의정서(Kyoto Protocol)가 채택되었고 2005년 발효되었다. 여기에서 6개의 온실가스인 이산화탄소(CO_2), 아산화질소(N_2O), 메탄(CH_4), 수소플루오르화탄소(HFC),

▌그림 1.19▐ 사라져가는 투발루

과플루오르화탄소(PFC), 육플루오르화탄소(SF6)의 배출량 감소 목표 값을 정하였다.

이들 중 온실효과에 가장 크게 영향을 미치는 물질은 수증기로 60%, 이산화탄소는 25%를 차지한다. 2013년, 대기 중의 이산화탄소 농도는 380 ppm(part per million) 정도이고 플루오르 화합물은 에어컨 냉매의 주성분이다. 아시아 선진국으로 분류되는 우리나라는 2020년까지 온실가스 배출량을 2005년 대비 4% 줄이겠다는 목표를 설정하였다. 이산화탄소 배출은 발전소, 자동차, 가정 및 산업용 등에서의 배출이 거의 90%를 차지한다. 남태평양의 작은 섬나라인 투발루는 지구 온난화로 인한 해수면 상승으로 전 국토가 물에 잠길 위기에 놓여 있다.

2050년에 자동차가 석유 사용의 90%를 차지한다고 가정하면 이 석유연료를 바이오 연료, 저탄소 전기, 수소 등의 다른 연료로 50% 정도 대체해야 이산화탄소 농도가 적정하게 유지된다고 한다. 현재는 사탕수수로 만드는 에탄올 사용량이 크게 증가하고 있고 이는 가장 좋은 저가의 바이오 연료이다.

바이오 연료의 원재료를 바이오매스라 한다. 이로부터 만드는 목재-셀룰로즈 에탄올(ligno-cellulose ethanol), 해조류로 만드는 바이오 디젤은 차세대 바이오 연료로 라이프사이클 이산화탄소(LCCO$_2$)가 낮은 연료로 전망이 밝은 연료이다.

1.7.2 이산화탄소 변화량

화석연료를 사용하면 대기의 CO_2는 증가한다. 대기의 CO_2는 그림 1.20처럼 1960년대 315ppm에서 2010년 380 ppm까지 증가하였다. 대기의 CO_2가 증가하면 지구의 온도도 증가한다. 2000년을 0℃로 보면 조사 기관에 따라 다르지만 2050년에는 2~3℃ 더 증가할 전망이다. 이는 화석연료의 사용 때문이며 석탄을 사용하는 화력 발전소와 석유를 사용하는 자동차가 주된 원인이다. 자동차 연료로 화석 에너지로만 계속 사용하면 CO_2는 550 ppm까지 증가할 수 있고 이 수치는 인체의 건강에 영향을 미치는 수치이다. 화석 에너지를 대체할 수 있는 것은 신재생 에너지, 대체 에너지, 내연기관 연비향상, 저탄소 전기에너지가 있지만 전망이 밝은 편

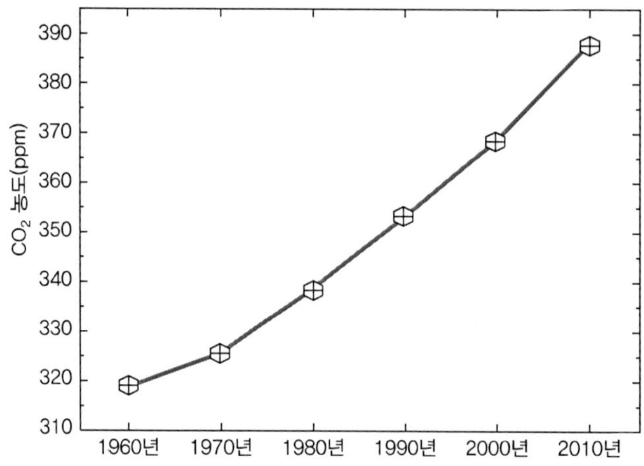

그림 1.20 이산화탄소 증가량(출처 : Mauna Loa Lab.)

은 아니다. 바이오 연료인 바이오 디젤, 에탄올 등은 식량으로 만드는 에너지이고 내연기관 연비를 향상시키는 기술은 그렇게 쉬운 기술은 아니다.

내연기관 자동차를 전기 자동차로의 전환은 차량의 크기와 주행거리 제한이 가장 문제가 된다. 자동차의 문제점은 내연기관이 석유만을 사용해야 한다는 것이다. 파워 트레인(powertrain)을 내연기관이 아니고 외연기관에서 얻을 수 있다면 가스, 액체, 고체, 바이오매스, 대체 에너지 등 모든 종류의 에너지를 사용할 수 있지만 현재의 내연기관은 액체상태의 연료만 사용할 수 있는 제약이 있다. 기체, 고체연료를 내연기관에 사용할 수 있도록 하는 전환 기술도 개발되어야 한다. 이산화탄소의 농도를 현 수준으로 유지하기 위해서는 현재 30%에 이르는 자동차의 석유연료의 소비를 줄이고 현재 0~10%를 사용하는 대체 에너지의 사용을 점차적으로 늘여야 한다.

[연습문제]

1.1 다음 중 전기 점화기관이 아닌 것은?

㉮ 가솔린 기관　　㉯ 소구기관

㉰ 가스기관　　㉱ 로터리 기관

해설 소구기관은 표면점화, 디젤기관은 압축착화 방식이다.

1.2 피스톤 지름과 행정이 같은 기관을 무엇이라 하나?

㉮ 스퀘어 기관　　㉯ 오버 스퀘어 기관

㉰ 단스퀘어 기관　　㉱ 장행정 기관

해설 행정 = 피스톤지름 : square기관(정방 행정기관)
행정 > 피스톤지름 : long(under) square기관(장 행정기관)
행정 < 피스톤지름 : short(over) square기관(단 행정기관)

1.3 석유기관은 가솔린 기관보다 열효율이 낮다. 그 이유가 아닌 것은?

㉮ 연료의 기화상태가 나쁘다.

㉯ 엔진의 체적효율이 나쁘다.

㉰ 석유 연료의 발열량이 가솔린 연료보다 낮다.

㉱ 석유기관의 압축비가 가솔린 기관보다 높다.

해설 압축비는 가솔린 기관 6~11, 석유기관 6~7, 디젤기관 12~24이다

1.4 다음은 연소실 모양에 따른 내연기관의 분류를 나타낸다. 다음중 흡배기 밸브가 모두 실린더 헤드에 설치된 형식은?

㉮ L헤드형　　㉯ F헤드형

㉰ T헤드형　　㉱ I헤드형

해설 I 헤드형은 흡배기밸브가 실린더 헤드에 설치되는 형이다.

1.5 2행정 기관에서 한 방향으로 소기가 되고 소기효율이 높은 형식는 어느 것인가?

㉮ 단류형 소기법　　㉯ 횡단형 소기법

㉰ 루프형 소기법　　㉱ M.A.N 소기법

해설 횡단형 : 실린더를 횡단하여 소기, 간단하고 소기효율이 낮다.
루프형(반전형) : 실린더 내로 한 바퀴 도는 소기법(M.A.N 소기법, 슈닐네소기법)으로 흡배기 구멍이 같은 쪽에 설치되어 있다. 소기효율은 중간이다.
단류형 : 위 아래 혹은 아래 위 한 방향 소기(U형 소기, 융커스소기), 소기효율이 가장 높다.

정답 1.1 ㉯　1.2 ㉮　1.3 ㉱　1.4 ㉱　1.5 ㉮

1.6 4행정 기관에서 크랭크축이 20회전하면 캠축은 몇 회전을 하는가?

㉮ 5 ㉯ 10

㉰ 15 ㉱ 20

해설 4행정 기관에서는 크랭크축 2회전에 캠축이 1회전한다.

1.7 혼합기가 점화된 후 최대 압력에 이를 때 까지 $\frac{1}{600}$초가 소요된다. 엔진이 3000 rpm으로 회전하면 크랭크축의 회전각은 몇 도인가?

㉮ 12° ㉯ 24°

㉰ 30° ㉱ 48°

해설 $360 \times \frac{3000}{60} = 18000°/\text{sec}$, $18000° \times \frac{1}{600} = 30°$

1.8 점화순서가 1-3-4-2인 좌수식 4기통 4행정 가솔린 기관에서 4번 실린더가 폭발행정일 때 2번 실린더는 무슨 행정인가?

㉮ 흡입행정 ㉯ 압축행정

㉰ 폭발행정 ㉱ 배기행정

해설 1-3-4-2(흡-압-폭-배, 압-폭-배-흡, 폭-배-흡-압, 배-흡-압-폭)

1.9 기관의 연소방식의 연결로 맞지 않는 것은?

㉮ 디젤기관-자기착화 ㉯ 가솔린 기관-전기점화

㉰ GDI-전기점화 ㉱ HCCI-불꽃점화

해설 HCCI의 최종 연소법은 자기착화 방식이다.

1.10 6개의 온실가스인 이산화탄소(CO_2), 아산화질소(N_2O), 메탄(CH_4), 수소플루오르화탄소(HFC), 과플루오르화탄소(PFC), 육플루오르화탄소(SF_6) 중 자동차와 관련이 있는 온실가스는?

㉮ CO_2, HFC ㉯ CO_2, PFC

㉰ HFC, N_2O ㉱ SF_6, PFC

해설 CO_2-화석족적, HFC-자동차용 냉매, N_2O-일산화이질소

정답 1.6 ㉯ 1.7 ㉰ 1.8 ㉱ 1.9 ㉱ 1.10 ㉮

[주관식]

1. 2행정 기관 4행정 기관의 작동 원리를 알아보자.

2. 가솔린 기관과 디젤기관의 밸브 개폐시기를 공부해보자.

3. 기관의 연료와 공기의 혼합 방식에 대하여 알아보자.

4. 지구 온난화와 자동차의 기술개발의 관련성에 대하여 알아보자.

5. 밸브 오버랩과 역밸브 오버랩에 대하여 알아보자.

6. 로터리 엔진, 반켈엔진의 작동 원리에 대하여 알아보자.

내연기관 사이클

CHAPTER 02

2.1 가솔린 기관 펌핑손실

가속페달을 밟으면 스로틀보디의 밸브는 0° 에서 90° 까지 열리고 이 열림량은 스로틀 위치 센서(TPS)가 감지한다. 공기가 흡입되면서 조금 열린 밸브를 만나면 열린 공간으로 유동이 모여져 속도가 빨라지고 베르누이 법칙에 따라 큰 압력강하가 발생하고 이를 교축(throttling)현상이라 한다. 열린 공간이 아주 적으면 공기의 속도가 아음속에 도달하고 공기의 속도는 더 이상 증가하지 않는 데 이를 쵸킹(choking)이라 한다. 압력강하로 발생한 부압은 음의 펌핑일로, 이는 공기저항을 발생시키고 흡입공기가 실린더로 들어가는 것을 방해한다. 이를 펌핑손실(pumping loss)이라 한다. 그림 2.1(a)는 중·저부하시 서지탱크에서 음의 일이 발생하는 것을 나타낸다. 스로틀밸브가 조금 열리는 평지 30~40 km/h 주행에서는 서지탱크에서 부압이 걸려 펌핑손실인 음의 일이 발생하여 스로틀밸브에서 쵸크되어 실린더로 공기가 들어가는데 많은 일이 필요해진다. 흡입 공기량을 조절하는 스로틀 밸브는 실린더와는 떨어져 있고 서지탱크에는 진공압력이 걸려 있어 필요한 공기가 실린더로 들어가는데 시간이 걸리고 힘이 들고 응답성도 느려진다. 그림 2.1(b)는 고부하시 스로틀 밸브가 완전 열리면 서지탱크에서 대기압이 발생하여 펌핑손실은 거의 없다. 이때는 음의 일은 발생하지 않고 피스톤이 상사점에서 하사점으로 내려갈 때 생기는 실린더 부압의 힘으로 공기는 실린더로 원활하게 빨려 들어가고 펌핑손실이 없으면 캠축의 기계적 마찰도 적어진다.

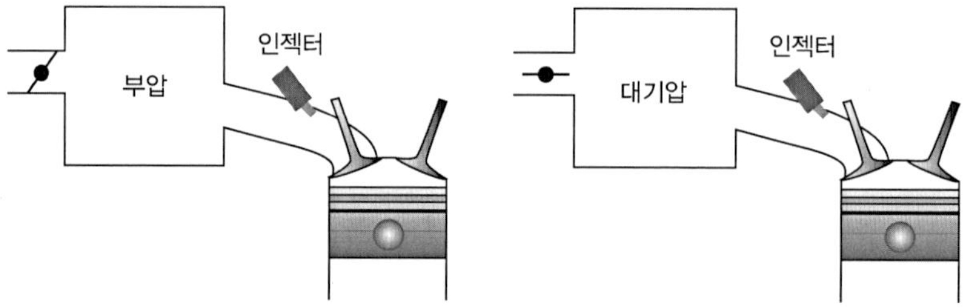

(a) 중·저부하　　　　(b) 고부하

그림 2.1 펌핑손실의 원리(출처 : 닛산)

2.2 지압선도(Indicated diagram)

일(work)은 힘에 거리를 곱한 값이다. 내연기관에서 일은 연소압력에 의해 피스톤이 움직여 발생하고 크기는 연소시 압력과 피스톤이 움직여 발생한 체적의 곱이다.

$$W = \int P dV \tag{2.1}$$

기관 사이클을 P-V선도로 그린 것을 지압선도(indicated diagram)라 하며 압력센서를 이용하여 실린더 압력을 측정하고, 피스톤의 위치센서로 체적을 감지하면 지압선도는 그려진다. 정압에 의해 발생하는 실린더 일을 지시일(도시일)이라 하고 흡기과정과 배기과정에서 발생한 일은 펌프일이라 한다. 따라서 지압선도에 의한 일은 지시일과 펌프일의 합으로 표시된다. 자연흡기방식에서 전부하(WOT)이면 펌프일은 거의 0이며, 부분부하에서는 음의 펌프일이 커져 전체일은 그만큼 줄어든다. 터보차저를 사용하면 음의 펌프일은 없어지고 양의 펌프일이 발생하여 전체일은 커진다.

▶ 부분부하

스로틀밸브가 조금 열리면 발생하는 펌핑손실은 음의 일로 전체일은 감소한다. 이러한 손실은 엔진의 효율을 크게 떨어뜨린다. 압축 시작점이 부압이면 연소, 팽창, 배기과정도 낮은 압력으로 되어 엔진의 출력은 떨어진다. 따라서 평균유효압력, 전체일은 펌프일이 음이 되어 감소한다. 그림 2.2는 가솔린 기관의 부분부하시 지압선도를 나타낸다. 1→2는 흡입과정으로 대기압보다 낮은 부압에서 이루어지고, 2→3은 단열압축, 3→4은 정적연소, 4→5는 단열팽창, 5→6→1은 배기과정이다. 이 과정에서 2'-3-4-5-6로 이루어진 면적이 지시일이고 이는 엔진의 출력에 해당한다. 하부의 펌프일은 스로틀 밸브의 펌핑손실로 생기는 일인데, 대기압보다 낮아 음의 일이 되어 엔진출력을 감소시킨다. 스로틀 밸브에서 6→2로 압력강하가 발생하여 음의 펌프일이 커져 전체일은 줄어든다.

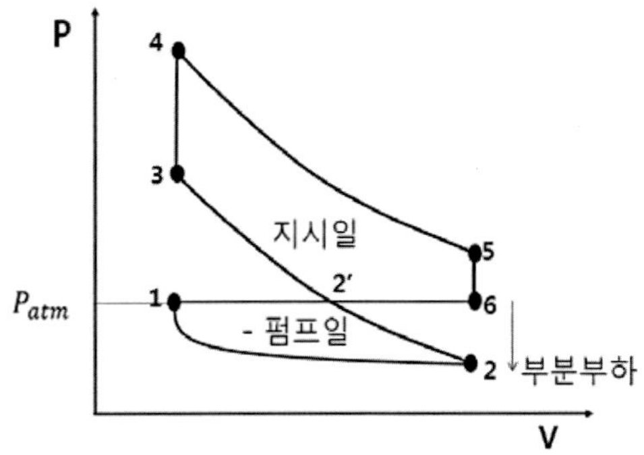

그림 2.2 부분 부하시 P–V선도

▶ 전부하(WOT)

스로틀 밸브를 전개하면 밸브의 펌핑손실은 없어지고 펌프일은 0으로 된다. 이때는 평균유효압력과 지시일이 부분 부하시보다 크게 된다. 그림 2.3은 가솔린 기관의 전 부하시 지압선도를 나타낸다. 1→2는 흡입과정으로 대기압으로 공기가 흡입되고, 2→3은 단열압축, 3→4는 정적연소, 4→5는 단열팽창, 5→2→1은 배기과정이다. 이 과정에서 2-3-4-5로 이루어진 면적이 지시일이고 펌핑손실이 없어 펌프일은 0이 된다. 중간에 펌핑저항이 없어져서 대기압과 실린더의 부압의 차이로 공기가 실린더로 원활하게 흡입된다.

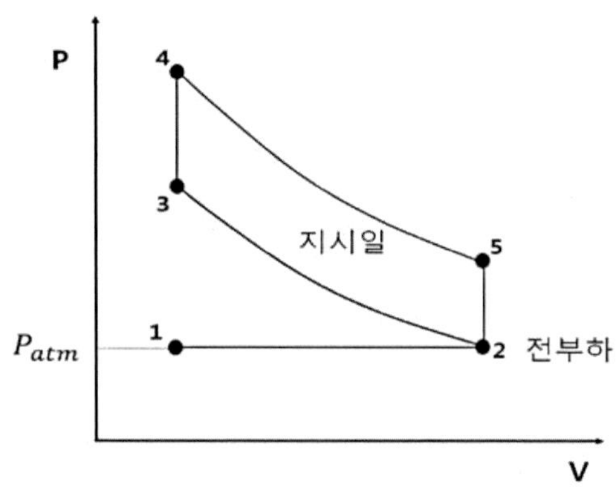

| 그림 2.3 | 전 부하시 P–V선도

▶ 과급기(터보차저)

엔진에 과급기가 장착되면 흡기압력은 대기압보다 높은 상태가 되고 압축도 압력이 정압인 상태에서 시작한다. 그러면 실린더에 더 많은 공기가 흡입되어 펌프일이 양이 된다. 이 경우 공기 압력이 증가하면 온도도 증가하게 된다. 압축 시점의 높은 온도는 연소, 팽창, 배기과정에도 온도가 높아져 가솔린 기관의 경우 노킹을 발생시킨다. 이의 방지를 위하여 열교환기를 사용하거나 압축비를 낮추어야 한다. 펌핑 평균유효압력은 $(P_{in} - P_{ex})$로 이 값이 양이면 펌프일도 양이고, 음이면 펌프일도 음이다.

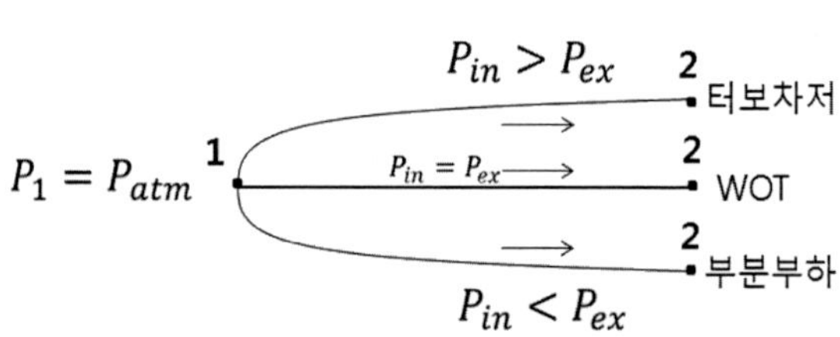

| 그림 2.4 | 흡입과정 펌프 평균유효압력

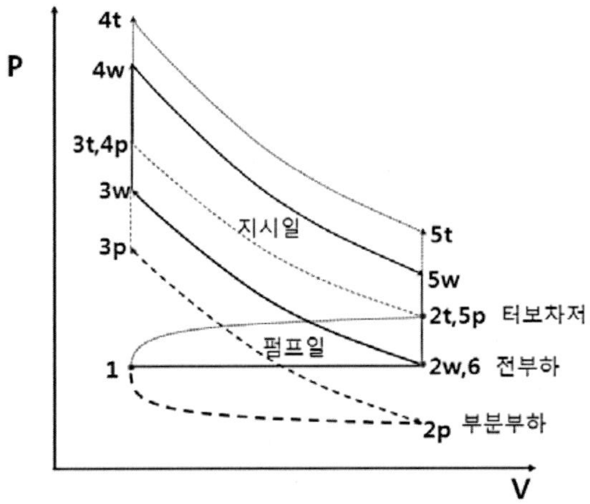

▮그림 2.5▮ 가솔린 기관의 지압선도

그림 2.6은 가솔린 기관의 터보차저 작동시 지압선도를 나타낸다. 1→2는 흡입과정으로 대기압보다 높은 압력으로 공기가 흡입되고, 2→3은 단열압축, 3→4는 정적연소, 4→5는 단열팽창, 5→2→6→1은 배기과정이다. 이 과정에서 2-3-4-5로 이루어진 면적이 지시일이고, 1-2-6으로 이루어진 면적이 (+)펌프일이다. 지시일에 양의 펌프일이 더해져 엔진출력은 커지고 자연흡기 6에서 터보과급 2로 압력이 상승하면 온도도 같이 높아져, 이는 노킹을 일으키거나 NO_x 배출이 많은 요인이 된다.

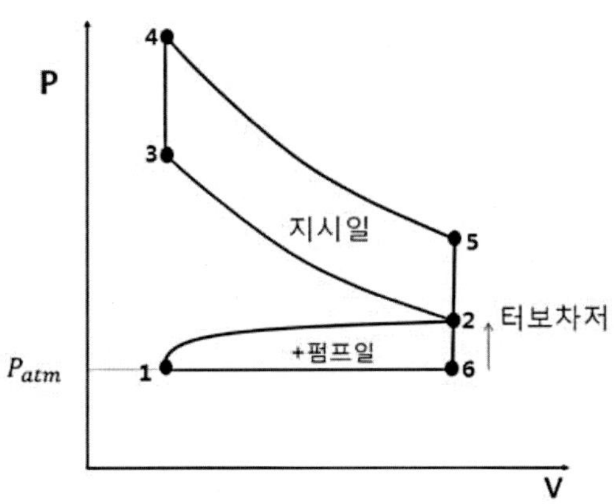

▮그림 2.6▮ 터보차저 작동시 P–V선도

▶ 배기과정

가솔린 기관에서 배기과정은 블로우다운(blowdown) 과정과 순수 배기과정으로 나눈다. 배기밸브는 피스톤이 하사점에 도달하기 전에 빨리 열려 피스톤은 하강하지만 실린더 내 가스의 압력으로 배기가 배출된다. 이를 블로우다운 현상이라 한다. 이때 많은 양의 배기가스가 배기되며 실린더가 대기압이 될 때까지 배기는 계속된다. 블로우다운 현상시 배기가스가 배기밸브를 통과할 때 에너지의 양은 매우 크며, 이때 에너지는 소산되어 엔트로피는 증가한다. 이 에너지를 이용하여 터빈을 돌리는 것이 터보 과급기이다.

2.3 열역학적 사이클

내연기관의 열역학적 사이클에 관한 이론은 내연기관의 성능과 열효율의 개선에 상당히 유효하다. 열기관의 사이클을 열역학적으로 분류하면 오토 사이클, 디젤 사이클, 사바테 사이클로 분류되며 사이클에 사용되는 작동유체는 공기로 물성치를 단순화하여 사용한다. 왕복동 기관은 거의 내연식으로, 연료를 연소시켜 일을 하고 연소 생성물질은 대기로 방출한다. 이러한 왕복동 기관에는 가솔린 기관, 디젤기관, 로터리 기관 및 제트기관 등이 있다. 실제의 왕복동 내연기관은 흡입과 배기과정을 동반하는 열린 계(open system)로 구성되고 본 장에서는 왕복동 내연기관의 기초 사이클인 공기 표준사이클에 대하여 알아본다.

표 2.1 이상기체에 대한 일과 열

상태변화	P,V,T $\frac{P_1V_1}{T_1}=\frac{P_2V_2}{T_2}$	Work W_{12}	Shaft work W_{sf}	Internal energy C_vdT	Enthalpy C_pdT	Heat $dq=du+pdv$ $dq=dh-vdp$
Isochoric $n=\infty$	$\frac{P_1}{T_1}=\frac{P_2}{T_2}$	0	$V(P_1-P_2)$	$C_v(T_2-T_1)$	$C_p(T_2-T_1)$	u_2-u_1
isobaric $n=0$	$\frac{V_1}{T_1}=\frac{V_2}{T_2}$	$P(V_2-V_1)$	0	$C_v(T_2-T_1)$	$C_p(T_2-T_1)$	h_2-h_1
Isothermal $n=1$	$P_1V_1=P_2V_2$	$P_1V_1\ln\frac{V_2}{V_1}$	$P_1V_1\ln\frac{V_2}{V_1}$	0	0	W_{12}
Adiabatic $n=k$	$PV^k=C$ $TV^{k-1}=C$ $T^kP^{1-k}=C$	$\frac{P_2V_2-P_1V_1}{1-k}$	kW_{12}	$-W_{12}$	$-W_{sf}$	0
polytropic $n=n$	$PV^n=C$ $TV^{n-1}=C$ $T^nP^{1-n}=C$	$\frac{P_2V_2-P_1V_1}{1-n}$	nW_{12}	$-W_{12}$	$-W_{sf}$	$C_n(T_2-T_1)$

2.3.1 공기 표준 오토사이클

▶ 오토 사이클

오토 사이클(Otto cycle)은 가솔린 기관의 기본 사이클이며 이 사이클은 일정 체적 하에서 열의 출입이 이루어지므로 정적 사이클이다. 2개의 정적과정과 2개의 단열과정으로 구성된다.

▶ 오토 사이클의 P-V, T-S 선도

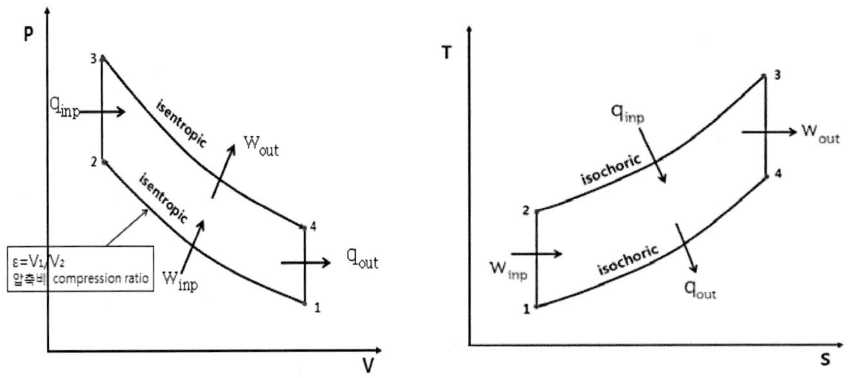

(a) P-V선도　　　(b) T-s선도

❙ 그림 2.7 ❙ 오토 사이클의 P-V, T-S 선도

▶ 오토 사이클의 열효율

① 가열량 : 과정 2→3의 정적가열 동안 일정한 체적 하에서 다음의 열을 받는다.

$$q_{inp} = C_v(T_3 - T_2) \tag{2.2}$$

② 방열량 : 과정 4→1의 정적방열 동안 일정한 체적 하에서 다음의 열을 방열한다.

$$q_{out} = C_v(T_4 - T_1) \tag{2.3}$$

③ 유효일 : 열역학 제 1법칙에 의해

$$Aw_{12} = q_{inp} - q_{out} = C_v(T_3 - T_2) - C_v(T_4 - T_1), [A = \frac{1}{427}\frac{kcal}{kg_f m}] \tag{2.4}$$

④ 열효율

$$\eta_{th} = \frac{Aw_{12}}{q_{inp}} = 1 - \frac{q_{out}}{q_{inp}} = 1 - \frac{T_4 - T_1}{T_3 - T_2} \tag{2.5}$$

과정 1→2의 단열압축 동안 작동유체를 등엔트로피 상태에서 v_1에서 v_2까지 압축한다.($A = 1/427$)

$$T_1 v_1^{k-1} = T_2 v_2^{k-1},\ T_3 v_3^{k-1} = T_4 v_4^{k-1}$$

$$T_4 = T_3\left(\frac{v_3}{v_4}\right)^{k-1} = T_3\left(\frac{1}{\epsilon}\right)^{k-1}, T_1 = T_2\left(\frac{v_2}{v_1}\right)^{k-1}$$

$$T_4 - T_1 = T_3\left(\frac{v_3}{v_4}\right)^{k-1} - T_2\left(\frac{v_2}{v_1}\right)^{k-1}$$

$$T_4 - T_1 = (T_3 - T_2)\left(\frac{v_2}{v_1}\right)^{k-1}$$

$$\eta_{th} = 1 - \frac{T_4 - T_1}{T_3 - T_2} = 1 - \left(\frac{v_2}{v_1}\right)^{k-1} \tag{2.6}$$

압축비(ϵ, 하사점과 상사점에서의 체적비)는 다음으로 정의된다.

$$\epsilon = \frac{v_1}{v_2} = \frac{v_4}{v_3}$$

$$\eta_{th} = 1 - \frac{T_4 - T_1}{T_3 - T_2} = 1 - \left(\frac{1}{\epsilon}\right)^{k-1} \tag{2.7}$$

여기서 k는 비열비(C_p/C_v)이고 1원자 물질은 1.667, 2원자 물질은 1.4, 3원자 물질은 1.333 정도이다. 열효율은 기관의 크기와 연소 열량과의 크기에는 관계없고 단순히 압축비 만의 함수이다.

⑤ 평균유효압력

열기관의 상대적인 출력을 나타내는 척도로 일량이 사용되지만 실제 왕복동 기관은 양(positive)의 일과 음(negative)의 일이 혼합되어 발생되고 일량도 측정하는 것이 어렵다. 따라서 평균유효압력(mean effective pressure, P_m)의 개념을 사용하고 이는 일을 체적으로 나눈 값이다.

$$W = P_m \times A \times S = P_m \times (V_1 - V_2) \tag{2.8}$$

$$P_m = \frac{W}{V_1 - V_2} = \frac{w}{v_1 - v_2} \tag{2.9}$$

여기서 W는 일, A는 피스톤 면적, S는 행정이다.

2.3.2 공기 표준 디젤사이클

▶ 디젤 사이클

디젤 사이클(Diesel cycle)은 대형 저속 디젤기관의 기본 사이클이며 일정 압력의 상태에서 열량을 주고 받는 정압 사이클이다. 2개의 단열과정과 1개의 정적과정, 1개의 정압과정으로 구성된다.

▶ 디젤 사이클의 P-V, T-S 선도

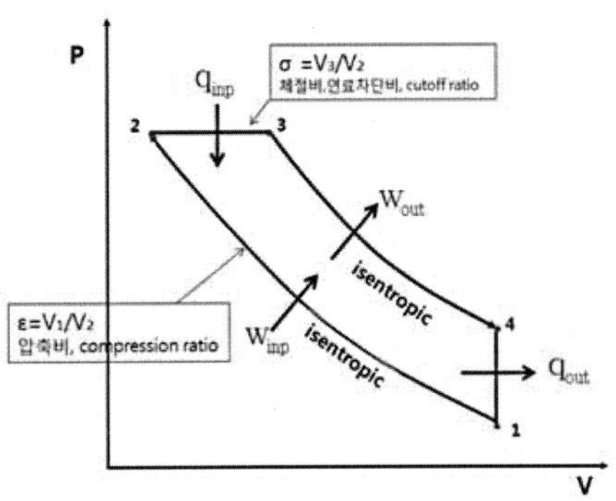

(a) P-V선도

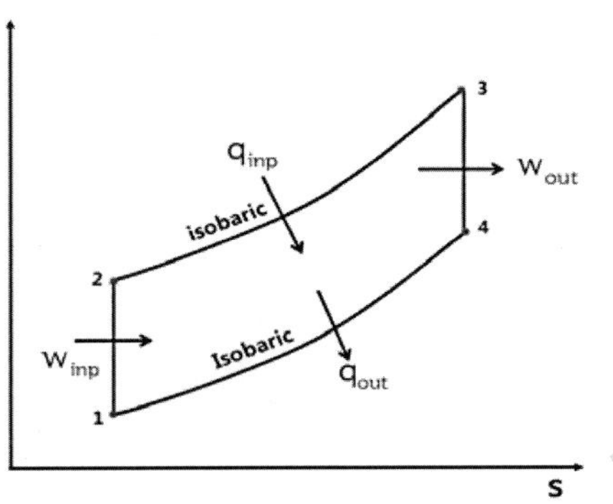

(b) T-S선도

Ⅰ그림 2.8Ⅰ 디젤 사이클의 P-V, T-S 선도

▶ 디젤 사이클의 열효율

① 가열량 : 과정 2→3의 정압가열 동안 $q_{inp} = C_p(T_3 - T_2)$의 열을 받는다. 열량을 받는 종료점의 체적 v_3에 대하여 $\sigma = v_3/v_2 = T_3/T_2$가 성립하고 이를 체절비 또는 연료 차단비라 한다.

② 방열량 : 과정 4→1의 정압방열 동안 $q_{out} = C_v(T_4 - T_1)$의 열을 방열한다.

③ 유효일 : 열역학 제 1법칙에 의해

$$Aw_{12} = q_{inp} - q_{out} = C_p(T_3 - T_2) - C_v(T_4 - T_1) \tag{2.10}$$

④ 열효율

$$\eta_{th} = \frac{Aw_{12}}{q_{inp}} = 1 - \frac{q_{out}}{q_{inp}} = 1 - \frac{C_v(T_4 - T_1)}{C_p(T_3 - T_2)} = 1 - \frac{(T_4 - T_1)}{k(T_3 - T_2)} \tag{2.11}$$

1과 2 및 3과 4는 각각 같은 엔트로피 선상에 있기 때문에 T_2, T_3, T_4를 T_1으로 표시하면 다음과 같다.

$$\frac{T_2}{T_1} = \left(\frac{v_1}{v_2}\right)^{k-1} = \epsilon^{k-1} \tag{2.12}$$

$$T_2 = T_1 \epsilon^{k-1} \tag{2.14}$$

$$\frac{T_3}{T_4} = \left(\frac{v_4}{v_3}\right)^{k-1} = \left(\frac{v_1}{v_3}\right)^{k-1} \quad : \ (v_1 = v_4) \tag{2.13}$$

$$T_3 = T_2\sigma = T_1\sigma\epsilon^{k-1} \tag{2.15}$$

$$T_4 = T_3\left(\frac{v_3}{v_4}\right)^{k-1} = T_1\sigma\epsilon^{k-1}\left(\frac{v_3}{v_4}\right)^{k-1} = T_1\sigma\epsilon^{k-1}\left(\frac{\sigma}{\epsilon}\right)^{k-1} = T_1\sigma^k\left(\frac{\sigma}{\epsilon} = \frac{v_3}{v_4}\right) \tag{2.16}$$

이 성립한다. 식(2.14), 식(2.15),식(2.16)을 식(2.11)에 대입하면 이론 열효율은 다음과 같이 된다.

$$\eta_{th} = 1 - \left(\frac{1}{\epsilon}\right)^{k-1}\left[\frac{\sigma^k - 1}{k(\sigma - 1)}\right] \tag{2.17}$$

열효율은 ϵ과 σ의 함수로 되고 σ가 1로 접근하면 이론 열효율은 오토 사이클의 효율과 일치하고 ϵ이 커지면 열효율은 높아지고, σ가 커지면 열효율은 낮아진다. 디젤 사이클은 연소에 의한 온도 상승이 커지면 효율은 떨어진다.

2.3.3 공기 표준 사바테 사이클

▶ 사바테 사이클

사바테 사이클(Sabathe, Dual cycle)은 고속 디젤기관의 기본 사이클이며 일정 체적과 일정 압력의 상태에서 열량을 주고 받는 정압, 정적 사이클이다.

▶ 사바테 사이클의 P-V, T-S 선도

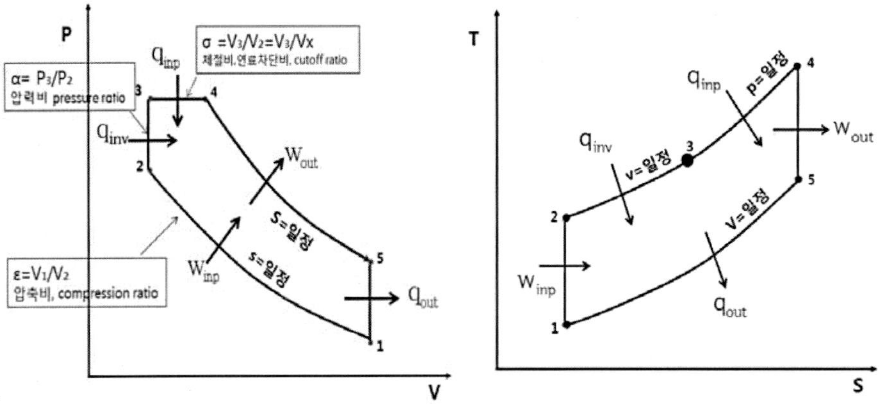

(a) P-V선도 (b) T-S선도

| 그림 2.9 | 사바테 사이클의 P-V, T-S 선도

▶ 사바테 사이클의 열효율

① **가열량** : 과정 2→3의 정적가열 동안 $q_{inv} = C_v(T_3 - T_2)$의 열을 받고 과정 3→4의 정압가열 동안 $q_{inp} = C_p(T_4 - T_3)$의 열을 받는다.

$$q_{inti} = C_v(T_3 - T_2) + C_p(T_4 - T_3) \tag{2.18}$$

열량을 받는 종료점의 체적 v_4와 v_3의 비는 체절비(σ, 연료 차단비)이고, 압력비 α는 $p_3/p_2 = T_3/T_2$로 정의된다.

② **방열량** : 과정 5→1의 정적방열 동안 $q_{out} = C_v(T_5 - T_1)$ 열을 방열한다.

③ **유효일** : 열역학 제 1법칙에 의해

$$Aw_{12} = q_{inti} - q_{out} \tag{2.19}$$

④ 이론 열효율

$$\eta_{th} = \frac{Aw}{q_{inti}} = 1 - \left(\frac{1}{\epsilon}\right)^{k-1} \frac{\alpha\sigma^k - 1}{\alpha - 1 + k\alpha(\sigma - 1)} \tag{2.20}$$

여기서 $\sigma = 1$이면 오토 사이클의 이론 열효율과 같고, $\alpha = 1$이면 디젤 사이클의 이론 열효율과 같다. 압축비를 높이면 열효율은 상승한다.

2.3.4 사이클의 열효율 비교

오토 사이클, 디젤 사이클, 사바테 사이클의 열효율을 비교해보자.

▶ 압축비가 같은 경우

3개의 사이클의 압축비가 같으면 그림 2.10에서 2번에서 압축이 끝난다. 압축 끝 시점에서의 압력과 비체적은 3개 사이클이 동일하지만 가열 연소과정이 다르게 된다. 오토 사이클, 디젤 사이클, 사바테 사이클의 첨자를 O, D, S로 하면 T-S 선도상에서 온도와 압력은 오토 사이클이 가장 높고 디젤 사이클이 가장 낮다. 여기서 효율을 생각하면 압축비가 같기 때문에 P-V 선도에서 일량이 많은 것이 효율이 좋다. 일량은 P-V선도 상의 사이클 내의 면적이기 때문에 오토 사이클이 가장 크고 디젤 사이클이 가장 적다.

$$\text{오토 이론 열효율} > \text{사바테 이론 열효율} > \text{디젤 이론 열효율} \tag{2.21}$$

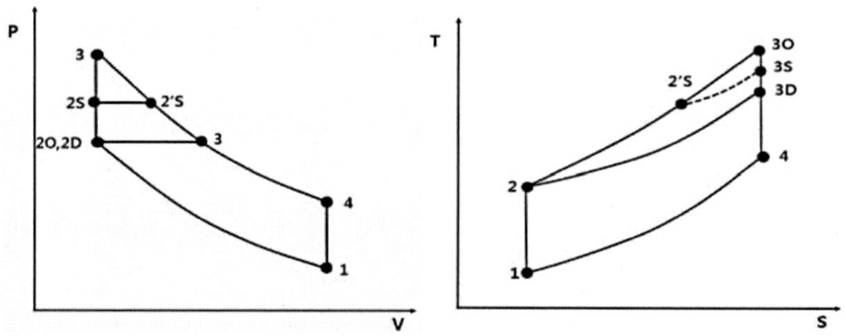

(a) P-V선도 (b) T-S선도

그림 2.10 압축비가 같은 경우 효율 비교

▶ 최고 압력이 같은 경우

이때의 사이클의 T-S선도와 P-V선도는 그림 2.11과 같다. 최고 압력이 같은 조건에서 P-V선도 상의 연소 종료 시의 3점의 상태는 같은 압력 상태에 있고, 사이클 내 면적인 일량은 P-V선도 상에서 디젤 사이클이 가장 크고 오토 사이클이 가장 적고, 사바테 사이클이 중간이다. 면적이 가장 큰 디젤 사이클의 효율이 가장 높고 오토 사이클의 열효율이 가장 낮다.

$$\text{디젤 이론 열효율} > \text{사바테 이론 열효율} > \text{오토 이론 열효율} \tag{2.22}$$

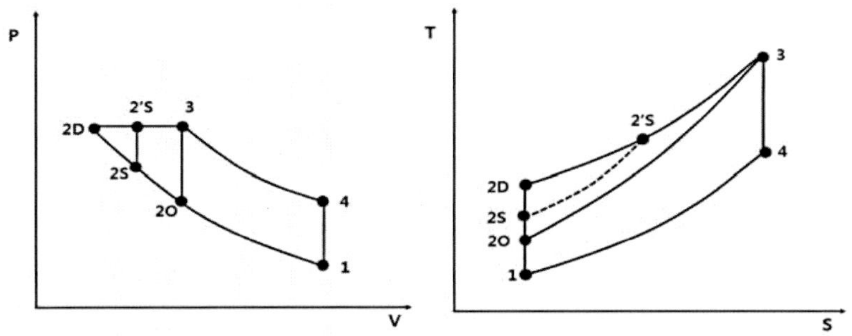

(a) P-V선도 (b) T-S선도

▌그림 2.11▐ 최고 압력이 같은 경우 효율 비교

2.3.5 스털링 사이클

외연기관은 연소실에 공급된 연료를 외부에서 가열, 팽창시켜 일을 수행하는 기관이다. 1816년, 스코틀랜드의 스털링이 특허를 얻은 이후, 공기를 작동유체로 하는 안전한 기관으로서 증기기관과 같이 실용화되었지만, 가솔린 기관과 디젤기관 등이 실용화됨에 따라 사라지게 되었다. 스털링 엔진은 외부에서 가열하는 외연기관이기 때문에 연료의 제약이 없고, 석탄, 나무도 가능하여, 열만 있으면 동력을 발생할 수 있다. 이 사이클은 내연기관과는 다르게 폭발행정이 없기 때문에, 기본적으로 저소음, 저진동이다. 그리고 연소를 제어하기 쉬워 배기가스의 청정화도 비교적 쉽게 달성할 수 있다.

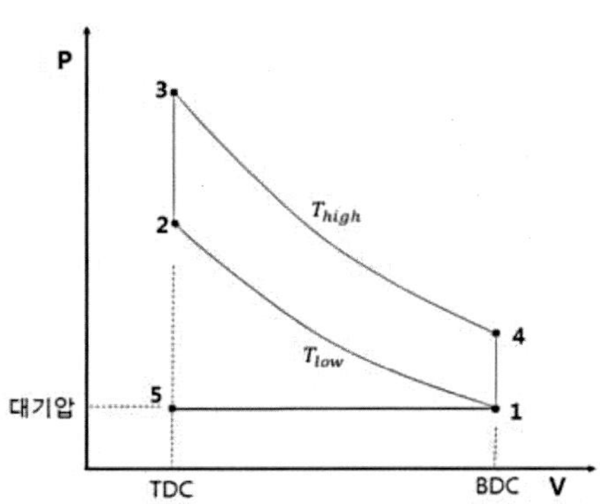

▌그림 2.12▐ 스털링 사이클 P–V선도

$$\eta_{stir} = 1 - \frac{T_{low}}{T_{high}} \tag{2.23}$$

2.3.6 2행정 사이클

2행정 엔진은 크랭크축 1회전에 흡입, 압축, 폭발 및 소기를 하는 엔진이다. 흡입행정 때 압축하고, 연소 직후 혼합기를 소기한다. 피스톤이 상사점에 도달하면 흡기밸브로 혼합기가 흡입되고 실린더는 폭발이 일어나면서 피스톤은 팽창하고 흡입공기는 압축된다. 피스톤이 하사점에 도달하면 혼합기가 실린더로 유입되는 소기가 일어나고 배기가스는 혼합기에 의해 밀려서 배출된다. 크랭크축 1회전에 정적연소→단열팽창→배기소기흡입→단열압축이 일어난다. 그림 2.13은 2행정 가솔린 기관의 P-V선도이다.

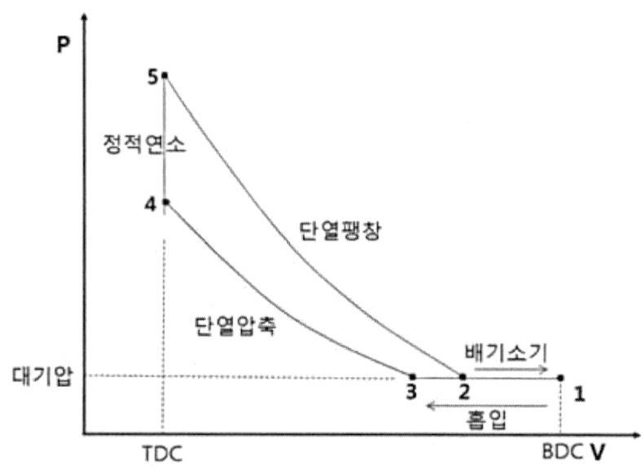

그림 2.13 2행정 사이클 P-V선도

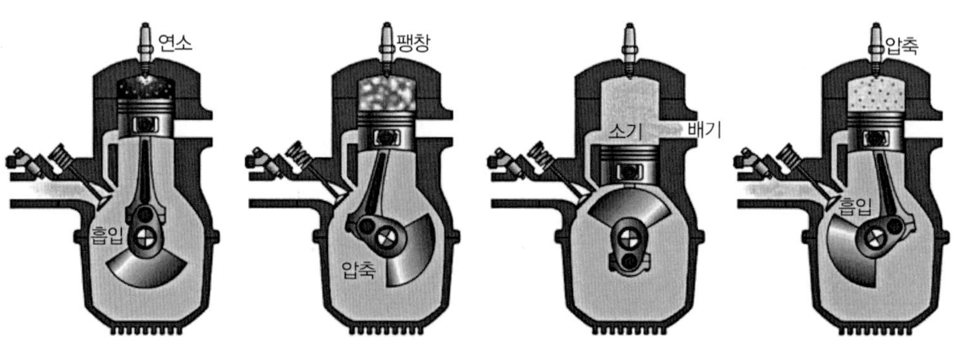

(a) 흡입연소 (b) 팽창 (c) 소기배기 (d) 압축흡입

그림 2.14 2행정 사이클 작동

2.3.7 앳킨슨 사이클

앳킨슨(Atkinson) 사이클은 1882년, 영국의 앳킨슨에 의해 고안되었으며 팽창행정이 압축행정보다 더 긴 사이클이다. 앳킨슨 사이클은 오토 사이클을 기초로 압축비는 그대로 두고 팽창비를 크게 한 사이클이다. 압축비와 팽창비는 같기 때문에 팽창 끝점에서의 압력과 온도는 압축 시작점보다 높아서, 압력과 온도 에너지의 차이는 배출열(q_{out})으로 버려진다. 팽창을 길게 하여 압력과 온도 에너지의 차이를 없애면 배출열(q_{out})은 없어지고 열효율이 향상된다. 초기에는 링크기구와 크랭크 기구를 변화시켜 팽창비를 크게 하였지만 이는 너무 복잡한 장치이었다. 열을 유용한 에너지로 전환하는 효율은 높지만 팽창비와 압축비를 다르게 하는 것이 복잡하고 기구 마찰손실이 증가하여 오토 사이클에 밀려 사용되지 않았다.

오토와 디젤 사이클에서는 팽창행정의 끝에서 실린더 압력은 대기압보다 항상 높게 되고 압력이 높은 상태에서 배기밸브를 열게 된다. 앳킨슨 사이클은 팽창을 길게 하여 실린더 압력이 대기압으로 내려갈 때까지 배기밸브가 열리지 않으면 배출열은 없어지고 동력행정 동안 더 많은 일을 얻을 수 있어 기관의 효율은 좋아진다.

오토 사이클은 압축비와 팽창비가 같고 압축비가 높을수록 열효율이 높아진다. 그러나 오토 사이클은 압축비가 너무 높으면 압축행정에서 혼합기가 과열 연소하기 때문에 압축비는 9~11의 범위로 제한되어 있다. 앳킨슨 사이클 엔진의 장점은 연료 소비효율의 증가이지만, 저속에서 토크와 출력의 손실이 있다. 그림 2.15에서 피스톤이 BDC로 가는 도중인 1의 지점에서 흡기밸브를 닫으면 앳킨슨 사이클이 되고 사이클은 6-1-2-3-4 -5-1-6으로 작동한다.

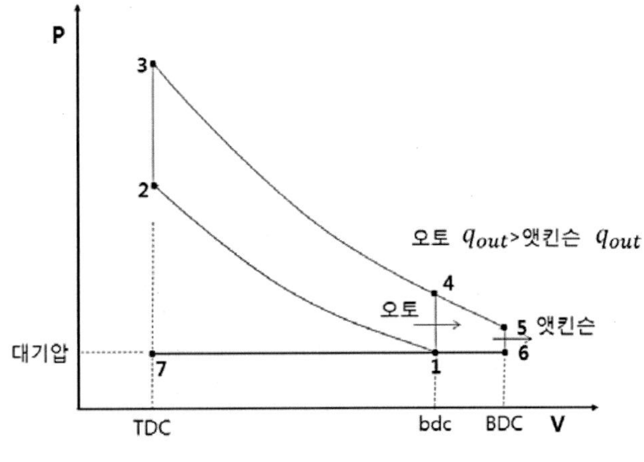

| 그림 2.15 | 앳킨슨 사이클 P–V선도

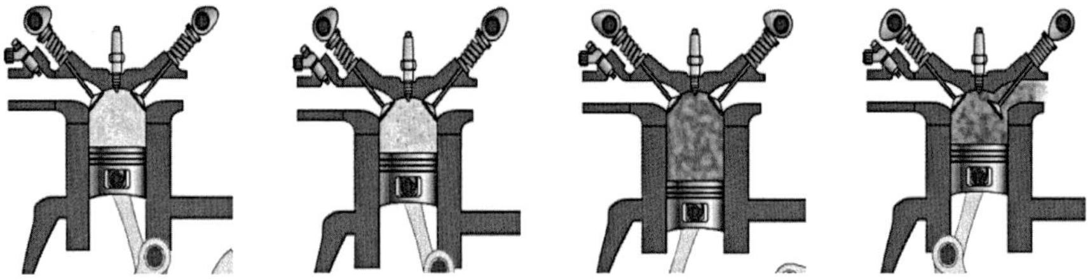

(a) 흡입 (b) 압축 (c) 팽창 (d) 배기

▎그림 2.16▎ 앳킨슨 사이클 과정

$$\text{Otto cycle} : \epsilon_c = \epsilon_e = \frac{V_1}{V_2} = \frac{V_{otto}}{V_3} \tag{2.24}$$

$$\text{Atkinson cycle} : \epsilon_c = \frac{V_1}{V_2} < \epsilon_e = \frac{V_{otto}}{V_3} \tag{2.25}$$

2.3.8 밀러 사이클

1947년, 미국의 밀러(Ralph Miller)는 앳킨슨 사이클의 개발이 어려운 것을 알고 밀러 사이클(Miller cycle)을 제안하였다. 오토사이클에서는 압축비(팽창비)를 크게 하면 효율이 향상되지만 너무 높게 하면 노킹이 일어난다. 밀러 사이클은 흡기행정에서 흡기밸브의 닫는 타이밍을 오토 사이클 기관보다 빠르게 혹은 늦게 설정하여, 흡기의 충전효율을 낮추어 실질적인 압축비를 낮게 억제하여 노킹문제를 해결하였다. 가솔린 기관에 터보차저를 부착하면 압축비가 높아져서 노킹이 일어나므로 압축비를 낮추는 기술이 필요하다. NA엔진에서 압축비는 그대로 두고 팽창비만 늘려 열효율을 늘리기도 한다. 현재 압축비보다 팽창비가 큰 엔진에서 터보차저가 부착되는 엔진은 밀러 사이클, 자연급기 엔진은 앳킨슨 사이클이라고도 일반적으로 호칭한다. 프리우스 하이브리드 자동차는 앳킨슨 사이클, 마쯔다의 ZJ-VEM은 밀러 사이클이다. 밀러 사이클은 가변밸브 타이밍(VVT)기술을 사용한다. 이것은 캠과 밸브의 기계적인 구조변경으로 하지 않고 밸브 타이밍으로 제어하여 흡기밸브의 닫힘을 늦게 하여 팽창비를 크게 한다. 흡기밸브를 흡입말기에 빨리 닫는 방법(EIVC, early intake valve closing)과 압축초기에 늦게 닫는 방법(IIVC, late intake valve closing)이 있으며 이 2가지는 서로 장단점이 있다.

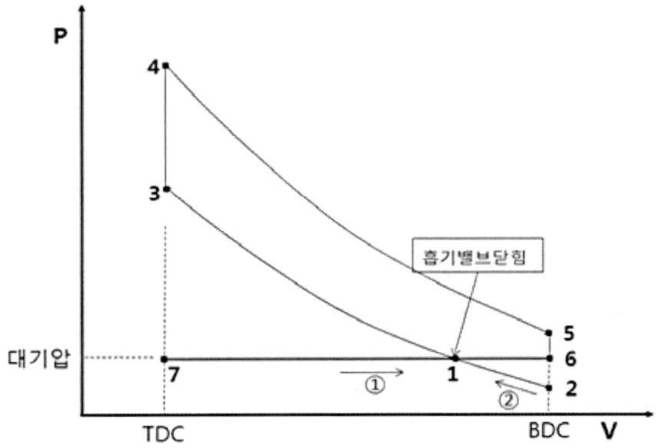

그림 2.17 밀러 사이클 P-V선도

① EIVC

그림 2.17은 밀러 사이클을 나타낸다. 7에서 시작하여 흡기밸브를 1에서 초기에 닫으면 BDC까지 실린더의 압력은 부압으로 내려간다. 7-1(닫힘) -2-1-3-4- 5-6-1-7의 사이클을 거친다. 피스톤이 하강 중에 흡기밸브가 닫히면 피스톤이 BDC에 도달할 때까지 실린더 압력은 감소한다. 피스톤이 다시 TDC로 향하면 압력은 증가하고, 스로틀 밸브가 없는 밀러 사이클은 BDC전인 1에서 흡기밸브를 닫아 흡입공기를 제어하여 이 과정에서 펌핑손실은 0으로 된다. 흡입 공기량이 충분하여 토크는 좋지만 압력과 온도가 높아져 노킹이 발생할 수 있다. 압축행정은 짧고 팽창행정은 길어져서, 도시일은 커지고, 또한 펌핑손실도 없어 열효율은 높아진다.

② IIVC

만약 흡기밸브를 압축초기에 닫으면 짧은 BDC까지 실린더의 압력은 대기압으로 그대로 있게 되고 7-1-2-1(닫힘)-3-4- 5-6-1-7의 사이클을 거친다. 혼합기 일부가 흡기밸브를 통과하여 흡기 매니폴드로 역류하고 나머지 혼합기만을 압축하여 압축시 혼합기의 온도상승이 억제되어 노킹이 방지되고, 팽창비가 커지기 때문에 연소 팽창후 배기온도도 내려가 효율이 좋아진다. 단점으로는 흡입 혼합기의 양이 적어 엔진의 배기량당 토크가 줄어든다. 이를 위하여 과급기를 부착하기도 한다. 초기 압축행정에도 밸브가 열려 있어 다른 실린더로 흡입된다. 이 방식에 과급기가 부착된 엔진의 개발이 많이 되고 있다.

$$\text{압축비 } \epsilon_c = \frac{V_1}{V_2},\ \text{팽창비 } \epsilon_e = \frac{V_4}{V_3},\ \epsilon_c = \frac{V_1}{V_2} < \epsilon_e = \frac{V_4}{V_3} \tag{2.26}$$

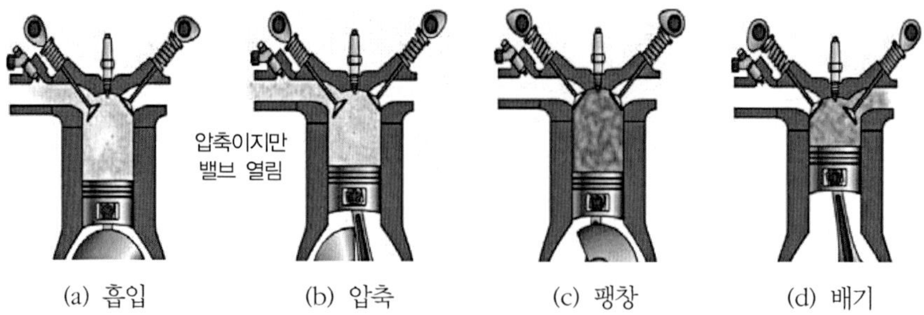

▌그림 2.18▌ 밀러 사이클

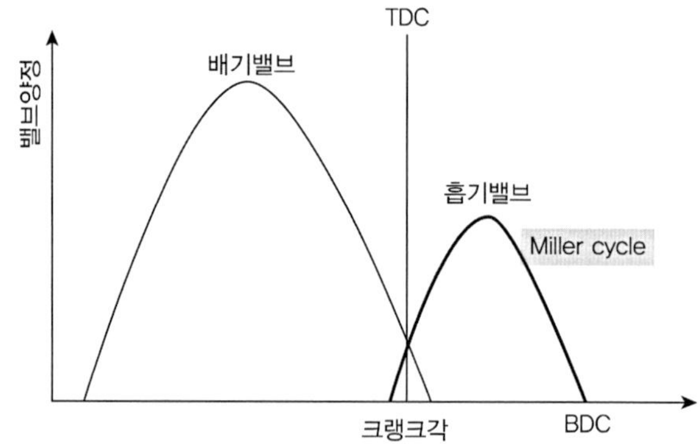

▌그림 2.19▌ 밀러 사이클의 밸브양정

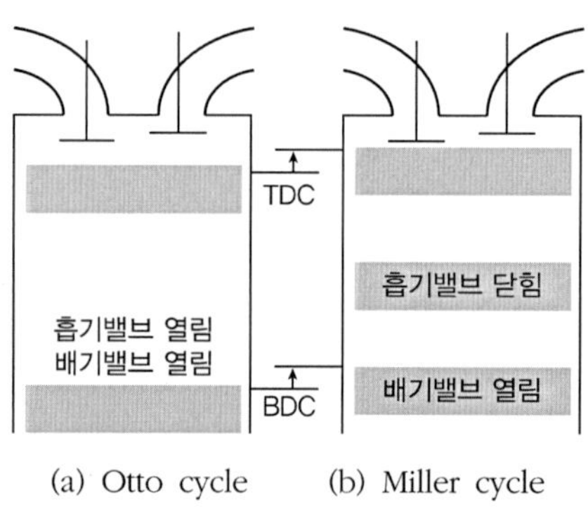

▌그림 2.20▌ 오토와 밀러 사이클의 비교

그림 2.19는 밀러 사이클의 흡기밸브 양정을 나타내며 오토 사이클보다 밀러 사이클의 흡기 밸브 양정이 적다. 밸브 타이밍 기술의 발전은 이러한 밀러 사이클을 가능하게 하였다. 그림 2.20과 같이 흡기밸브를 빨리 닫으면 팽창과정에서 연소온도가 감소하여 NOx가 30%까지 감소하지만 터보차저로 흡입공기의 압력을 높일 필요가 있다.

예제 2·1

압축비가 11.0인 오토 사이클의 이론 열효율을 구하여라. 단 비열비는 1.4이다.

풀이 $\eta_{th}(\text{이론 열효율})=1-\dfrac{T_4-T_1}{T_3-T_2}=1-\dfrac{T_4}{T_3}=1-\left(\dfrac{1}{\epsilon}\right)^{k-1}$

$$\eta_{th}=1-\left(\frac{1}{\epsilon}\right)^{k-1}=1-\left(\frac{1}{11}\right)^{1.4-1}=0.617$$

예제 2·2

오토 사이클에서 열효율이 65%일 때 압축비는 얼마인가? 단 비열비는 1.4이다.

풀이 $\epsilon\ (\text{압축비})=\left(\dfrac{1}{1-\eta_{th}}\right)^{\frac{1}{k-1}}$

$$\epsilon=\left(\frac{1}{1-0.65}\right)^{\frac{1}{1.4-1}}=13.8$$

예제 2·3

실린더의 간극체적이 행정체적의 20%일 때 오토 사이클의 열효율은 얼마인가? 단, 비열비는 1.4이다.

풀이 $\epsilon=\dfrac{V_1}{V_2}=\dfrac{\text{간극체적}+\text{행정체적}}{\text{간극체적}}$

$$\eta_{th}=1-\left(\frac{1}{\epsilon}\right)^{k-1}$$

$$\epsilon=\frac{V_1}{V_2}=\frac{\text{간극체적}+\text{행정체적}}{\text{간극체적}}=\frac{0.2+1}{0.2}=6$$

$$\eta_{th}=1-\left(\frac{1}{\epsilon}\right)^{k-1}=1-\left(\frac{1}{6}\right)^{1.4-1}=0.512$$

예제 2·4

행정체적이 5 m^3/min인 기관의 출력이 50 Ps이다. 이 기관의 평균유효압력은 몇 kgf/cm^{2}인가?

풀이 $P_m=\dfrac{W}{V_1-V_2}=\dfrac{\text{도시일}}{\text{행정체적}}$

$$1\,\text{PS}=75\,\text{kgf m/sec}$$

$$P_m=\frac{50\times 75}{5/60}=45{,}000\,\text{kgf/m}^2=4.5\ \text{kgf/cm}^2$$

예제 2·5

압축비 ϵ은 10인 오토 사이클에서 최저 온도 400K, 최고 온도 2600 K일 때, 공급열량과 이론 열효율을 구하여라. 단, R=29.27 kgf m/kgf K, k=1.4이다.

풀이 $q_{inp} = C_v(T_3 - T_2) = \dfrac{AR}{k-1}(T_3 - T_2)$, $A = \dfrac{1}{427}\dfrac{\text{kcal}}{\text{kgf m}}$

$$T_2 = T_1\epsilon^{k-1} = 400 \times 10^{0.4} = 1005\,\text{K}$$

공급열량 : $q_{inp} = \dfrac{R}{k-1}(T_3 - T_2) = \dfrac{29.27}{427 \times 0.4}(2600 - 1005) = 273.34\,\text{kcal/kgf}$

이론 열효율 : $\eta_{th} = 1 - \left(\dfrac{1}{10}\right)^{1.4-1} = 0.602$

예제 2·6

압축비 18, 체절비 1.5인 디젤 사이클의 열효율은 얼마인가? 비열비는 1.3이다.

풀이 $\eta_{th} = 1 - \left(\dfrac{1}{\epsilon}\right)^{k-1}\left[\dfrac{\sigma^k - 1}{k(\sigma - 1)}\right]$

$$\eta_{th} = 1 - \left(\frac{1}{18}\right)^{1.3-1}\left[\frac{1.5^{1.3} - 1}{1.3(1.5-1)}\right] = 0.5516$$

예제 2·7

사바테 사이클에서 압축비 18, 체절비 1.9, 압력비 1.5일 때 이론 열효율은 얼마인가? 단, 비열비는 1.4이다.

풀이 $\eta_{th} = 1 - \left(\dfrac{1}{\epsilon}\right)^{k-1}\dfrac{\alpha\sigma^k - 1}{\alpha - 1 + k\alpha(\sigma - 1)}$

$$\eta_{th} = 1 - \left(\frac{1}{18}\right)^{1.4-1}\frac{1.5 \times 1.9^{1.4} - 1}{1.5 - 1 + 1.4 \times 1.5(1.9 - 1)} = 0.647$$

예제 2·8

압축비 10, 압축 초기의 압력 0.1 Mpa, 온도 20℃의 공기 표준 오토사이클이 있다. 사이클당 공급열량은 2000 KJ/kg이다. 다음을 계산하라. C_v =0.72KJ/kgK, k=1.4, R=287J/kg K이다.

(1) 각 상태의 온도와 압력
(2) 이론 열효율
(3) 평균유효압력

풀이 $\dfrac{T_2}{T_1} = \left(\dfrac{v_1}{v_2}\right)^{k-1} = \epsilon^{k-1}$

$$\frac{p_2}{p_1} = \left(\frac{v_1}{v_2}\right)^k = \epsilon^k$$

$$q_{inp} = C_v(T_3 - T_2)$$

$$\frac{p_3}{p_2} = \frac{T_3}{T_2}$$

$$\frac{T_3}{T_4} = \left(\frac{v_4}{v_3}\right)^{k-1} = \epsilon^{k-1}$$

$$\frac{p_3}{p_4} = \left(\frac{v_4}{v_3}\right)^k = \epsilon^k$$

$$P_m = \frac{W}{V_1 - V_2} = \frac{\text{기관이 한 일}}{\text{행정체적}}$$

(1) 상태 ① $v_1 = \dfrac{RT_1}{p_1} = \dfrac{287 \times 293.15}{0.1 \times 10^6} = 0.8413\,\mathrm{m^3/kg}$

상태 ② $T_2 = T_1\epsilon^{k-1} = 293.15 \times 11^{0.4} = 764.97\,\mathrm{K}$

$p_2 = p_1\epsilon^k = 0.1 \times 11^{1.4} = 2.87\,\mathrm{Mpa}$

$v_2 = \dfrac{v_1}{\epsilon} = \dfrac{0.8413}{11} = 0.0765\,\mathrm{m^3/kg}$

상태 ③ $T_3 = T_2 + \dfrac{q_{inp}}{C_v}$ 이므로

$T_3 = 764.97 + \dfrac{3000}{0.72} = 4931.64\,\mathrm{K}$

$p_3 = p_2\dfrac{T_3}{T_2} = 2.87 \times \dfrac{4931.64}{764.97} = 18.5\,\mathrm{Mpa}$

상태 ④ $T_4 = \dfrac{T_3}{\epsilon^{k-1}} = \dfrac{4931.64}{11^{0.4}} = 1889\,\mathrm{K}$

$P_4 = \dfrac{P_3}{\epsilon^k} = \dfrac{18.5}{11^{1.4}} = 0.644\,\mathrm{Mpa}$

(2) η_{th}(이론 열효율)$= 1 - \left(\dfrac{1}{11}\right)^{0.4} = 0.617$

(3) $w = \eta_{th}q_{inp} = 0.617 \times 3000 = 1851\,\mathrm{KJ/kg}$

P_m(평균유효압력)$= \dfrac{w}{v_1 - v_2} = \dfrac{1851}{0.8413 - 0.0765} = 2420.2\,\mathrm{kPa}$

예제 2·9

디젤기관의 최저 온도 500 K(T_1), 최고 온도가 2500 K(T_3), 최저 압력 5 ata(p_1), 최고 압력 55 ata(p_2)일 때 압축비, 체절비, 이론 열효율을 구하여라. 단 $k=1.4$이다.

풀이 압축비 : $\epsilon = \frac{v_1}{v_2}$

체절비 :$\sigma = \frac{v_3}{v_2} = \frac{T_3}{T_2}$

이론 열효율 : $\eta_{th} = 1 - \left(\frac{1}{\epsilon}\right)^{k-1}\left[\frac{\sigma^k - 1}{k(\sigma - 1)}\right]$

(1) 디젤 사이클에서 $\frac{T_2}{T_1} = \left(\frac{v_1}{v_2}\right)^{k-1} = \left(\frac{p_2}{p_1}\right)^{\frac{k-1}{k}}$ 이므로

$$\epsilon = \frac{v_1}{v_2} = \left(\frac{T_2}{T_1}\right)^{\frac{1}{k-1}} = \left(\frac{p_2}{p_1}\right)^{\frac{1}{k}} = \left(\frac{55}{5}\right)^{\frac{1}{1.4}} = 5.544$$

(2) 체절비는 $\sigma = \frac{v_3}{v_2} = \frac{T_3}{T_2}$ 이고, $T_3 = 2500\,\mathrm{K}$, $T_1 = 500\,\mathrm{K}$를 이용하여

$$T_2 = T_1\epsilon^{k-1} = T_1\left(\frac{v_1}{v_2}\right)^{k-1} = 500 \times 5.544^{0.4} = 992\,\mathrm{K}$$

체절비 : $\sigma = \frac{2500}{992} = 2.52$

(3) 이론 열효율

$$\eta_{th} = 1 - \left(\frac{1}{5.544}\right)^{0.4}\left[\frac{2.52^{1.4} - 1}{1.4(2.52 - 1)}\right] = 0.657$$

예제 2·10

디젤 사이클에서 T_1 =350 K, T_2 =700 K, 압축비 18, 체절비 3일 때, 최고 온도 T_3는 얼마인가? 단 k=1.4이다.

풀이 $T_3 = T_2\sigma = T_1\sigma\epsilon^{k-1}$

$T_3 = 350 \times 3 \times 18^{0.4} = 3336.6\,\mathrm{K}$

예제 2·11

압축비 18, 체절비 3, 압축 초기의 압력 0.3 Mpa, 압축 초기의 온도 20℃, 배기량 2.4 L의 디젤 사이클에서 다음을 계산하시오. 단 R=287J/kgK, C_v =0.72KJ/kgK, k=1.4이다.

(1) 각 상태 2, 3, 4에서의 압력, 온도, 공기 체적
(2) 한 사이클 동안 공급열량, 방출열량, 정미열량 및 이론 열효율
(3) 평균유효압력

풀이 $T_2 = T_1\left(\frac{v_1}{v_2}\right)^{k-1} = T_1\epsilon^{k-1}$

$$p_2 = p_1\left(\frac{v_1}{v_2}\right)^k = p_1\epsilon^k$$

$$T_3 = T_2\sigma$$

$p_3 = p_2$ (등압과정)

$$T_4 = T_3\left(\frac{v_3}{v_4}\right)^{k-1}$$

$$p_4 = p_3\left(\frac{v_3}{v_4}\right)^k$$

(1) $v_1 = \dfrac{RT_1}{p_1} = \dfrac{287\times 293.15}{0.3\times 10^6(\text{Mpa}\rightarrow\text{Pa})} = 0.2804\,\text{m}^3/\text{kg}$

공기질량 m 은$(2.4\text{L} = 2.4\times 10^{-3}\text{m}^3)$

$$m = \frac{V_1}{v_1} = \frac{2.4\times 10^{-3}}{0.2804} = 8.56\times 10^{-3}\text{kg}$$

압축후 온도는, $T_2 = T_1\epsilon^{k-1} = 293.15\times 18^{0.4} = 931.5\,\text{K}$

압축후 압력은, $p_2 = p_1\epsilon^k = 0.3\times 18^{1.4} = 17.16\,\text{Mpa}$

압축후 체적은, $V_2 = \dfrac{V_1}{\epsilon} = \dfrac{m\,v_1}{\epsilon} = \dfrac{8.56\times 10^{-3}\times 0.2804}{18} = 1.33\times 10^{-4}\text{m}^3$

연소후 온도는, $T_3 = T_2\sigma = 931.5\times 3 = 2794.5\,\text{K}$

연소후 압력은, $p_3 = p_2 = 17.16\,\text{Mpa}$

연소후 체적은, $V_3 = V_2\sigma = 1.33\times 10^{-4}\times 3 = 3.99\times 10^{-4}\text{m}^3$

팽창후 온도는, $T_4 = T_3\left(\dfrac{V_3}{V_4}\right)^{k-1} = 2794.5\times\left(\dfrac{3.99\times 10^{-4}}{2.4\times 10^{-3}}\right)^{0.4} = 1363.3\,\text{K}$

팽창후 압력은, $p_4 = p_3\left(\dfrac{V_3}{V_4}\right)^k = 17.16\times\left(\dfrac{3.99\times 10^{-4}}{2.4\times 10^{-3}}\right)^{1.4} = 1.392\,\text{Mpa}$

팽창후 체적은, $V_4 = V_1 = 2.4\times 10^{-3}\text{m}^3$

(2) 공급열량과 방출열량

공급열량 : $Q_{inp} = m\,C_p(T_3 - T_2) = mkC_v(T_3 - T_2)$

$= 8.56\times 10^{-3}\times 1.4\times 0.72\times(2794.5 - 931.5) = 16.07\,\text{KJ}$

방출열량 : $Q_{out} = m\,C_v(T_4 - T_1)$

$= 8.56\times 10^{-3}\times 0.72\times(1363.3 - 293.15) = 6.596\,\text{KJ}$

정미열량 : $W = Q_{inp} - Q_{out} = 16.07 - 6.596 = 9.474\,\text{KJ}$

이론 열효율 : $\eta_{th} = \dfrac{W}{Q_{inp}} = \dfrac{9.474}{16.07} = 0.5895\rightarrow 58.95\%$

(3) 평균유효압력

$$P_m = \frac{W}{V_1 - V_2} = \frac{9.474}{(2.4\times 10^{-3}) - (1.33\times 10^{-4})} = 4179.09\,\text{kPa} = 4.2\,\text{Mpa}$$

예제 2·12

압축비 15, 압축 초기의 압력 0.5 Mpa, 압축 초기의 온도 60℃, 최고 압력 33 Mpa, 최고 온도 2500℃의 복합 사이클에서 물음에 답하여라. 단 비열비는 1.4이다.

(1) 상태 2에서의 온도와 압력
(2) 폭발온도(T_3)
(3) 체절비(σ)와 최고 압력비(α)
(4) 이론 열효율

풀이

$$T_2 = T_1\left(\frac{v_1}{v_2}\right)^{k-1} = T_1\epsilon^{k-1}, \quad p_2 = p_1\left(\frac{v_1}{v_2}\right)^k = p_1\epsilon^k$$

$$T_3 = T_2\frac{p_3}{p_2}, \quad \sigma = \frac{T_4}{T_3} = \frac{v_4}{v_3}, \ \alpha = \frac{p_3}{p_2}$$

$$\eta_{th} = \frac{Aw}{q_{inp}} = 1-\left(\frac{1}{\epsilon}\right)^{k-1}\frac{\alpha\sigma^k - 1}{\alpha - 1 + k\alpha(\sigma - 1)}$$

(1) $p_2 = p_1\epsilon^k = 0.5 \times 15^{1.4} = 22.16\,\text{Mpa}$

$T_2 = T_1\epsilon^{k-1} = 333.15 \times 15^{0.4} = 984.18\,\text{K}$

(2) $T_3\,(\text{폭발온도}) = T_2\dfrac{p_3}{p_2} = 984.18 \times \dfrac{33}{22.16} = 1465.6\,\text{K}$

(3) $\sigma\,(\text{체절비}) = \dfrac{T_4}{T_3} = \dfrac{(2500 + 273.15)}{1465.6} = 1.89$

$\alpha\,(\text{최고 압력비}) = \dfrac{p_3}{p_2} = \dfrac{33}{22.16} = 1.489$

(4) $\eta_{th} = 1-\left(\dfrac{1}{\epsilon}\right)^{k-1}\dfrac{\alpha\sigma^k - 1}{\alpha - 1 + k\alpha(\sigma - 1)}$

$$\eta_{th} = 1-\left(\frac{1}{15}\right)^{1.4-1}\frac{1.489 \times 1.89^{1.4} - 1}{1.489 - 1 + 1.4 \times 1.489(1.89 - 1)} = 0.6202$$

2.4 기관의 출력과 마력

본 절에서는 내연기관의 출력을 표시하는 각종 효율, 출력 및 평균유효압력에 대해서 설명한다.

체적효율(volumetric efficiency)

엔진의 실린더로 흡수되는 공기량은 이론적으로 배기량과 엔진의 회전수에 의해 계산이 가능하지만 실제는 흡입시의 유동저항 때문에 적게 된다. 기관의 구조, 운전의 조건에 대한 기관의 흡입능력을 표시하는 효율을 체적효율이라 하고 흡입된 혼합기량을 엔진 1사이클 당의 행정체적으로 나눈 값으로 정의한다. 표 2.2는 체적효율의 변화요인을 나타낸다.

$$\eta_v = \frac{\text{흡입된 혼합기의 량}}{\text{총 배기량}} \tag{2.27}$$

표 2.2 체적효율 변화 요인

요인	체적효율	관련기술
연료	기체연료는 증발과정이 없어 체적효율이 낮음 액체로 실린더까지 들어가면 체적효율이 높아짐	액체연료 사용
흡입온도	흡입공기의 온도가 높으면 체적효율이 낮음 기관속도가 낮으면 공기 체류시간이 길어져 온도 높아짐	냉각기 적용
밸브 오버랩	이 기간 동안 잔류가스가 흡기로 나가면 흡기량이 적어짐	리브레싱 기술적용
점성유동 마찰	흡기계통의 부품이 체적효율 감소	마찰이 적은 흡기계통 설계
쵸크유동	공기가 흡기밸브를 통과하면 압력강하가 발생하고 실린더 압력은 낮아짐. 흡기밸브를 늦게 닫으면 체적효율이 좋아짐	VVA 적용
가변밸브	기관속도가 높을 때는 빨리 열고 늦게 닫음 기관속도가 낮을 때는 늦게 열고 빨리 닫음, 늦게 닫으면 역유동 발생	VVA 적용
잔류배기	잔류가스의 온도가 높으면 밀도가 낮아져 체적효율이 낮음	배압을 낮추어 잔류배기를 배기시킴
배기가스 재순환	재순환 배기가스는 체적효율을 낮게 함	VGT 적용

▶ 충전효율(charging efficiency)

엔진의 공기 흡입능력을 표시하는 것으로, 대기압력 상태에서 흡입되는 공기의 중량을 표준상태의 온도와 압력에서 흡입 가능한 공기의 중량으로 나눈 값으로 정의한다.

$$\eta_c = \frac{\text{흡입된 신기의 중량}}{\text{표준상태의 총 배기량이 차지하는 신기의 중량}} \tag{2.28}$$

2.4.1 출력(L)과 토크(Torque)

내연기관의 동력을 표현하는 데는 보통 2가지 방법이 있다. 하나는 출력축의 회전력인 토크로 표시하는 방법과 출력축이 발생시키는 마력(출력, 동력)으로 표시하는 방법이 있다.

회전력, 토크(Torque)

토크 T는 출력축의 회전력을 나타내고 축의 반지름이 r, 축의 가장자리에 작용하는 힘을 F라 하면

$$T = F \cdot r [\text{kgf} \cdot \text{m, Nm}] \tag{2.29}$$

마력, 출력, 동력

정해진 운전조건에서 일정 시간 발생하는 출력을 정격출력(rated power)이라 하고, 기관이 낼 수 있는 최대 출력은 시간에 따라서 크기가 변한다. 엔진이 단위시간에 발생시키는 일을 출력(L)이라 하고 단위는 마력(PS, HP)이 사용된다. 출력축의 회전수를 Nrpm이라고 하면, 출력(L)과 토크(T)의 관계는 다음 식으로 표시된다.

$$L = \frac{TN}{716.2} \tag{2.30}$$

참고

- 1 PS=75 kgf · m/sec=0.7355 kW=632.3 kcal/h
- 1 PSh=632.3 kcal
- 1 HP=76 kgf · m/sec=0.7455 kW
- 1 kW=102 kgf · m/sec=860 kcal/h
- 1 kWh=860 kcal

표 2.3 변수들의 상호 관계식

구분		SI단위	공학단위	비고
힘(F)		$1N=1kg \cdot m/sec^2$	1kgf	1kgf=9.8N
압력(p)		$1N/m^2=1Pa$	$1kgf/m^2$	$1kgf/cm^2=1ata$
에너지	일(W)	1Nm=1J	1kgf · m	1kcal=427kgf · m(J) 1kgf m=1/427kcal(A) Q=AW, W=JQ
	열(Q)	1Nm=1J	kcal	
동력, 출력, 마력		1J/s=1W	1kgf · m/sec	1PS=75kgf · m/sec 1HP=76kgf · m/sec

2.4.2 회전력과 마력의 관계식

내연기관의 회전수와 토크의 관계는 중속영역에서는 토크가 거의 일정하지만 저속영역과 고속영역에서는 약간 저하하는 특성이 있다. 이것은 엔진으로 흡입되는 혼합기의 양과 관계가 있으며 표 2.4와 2.5는 회전력과 마력의 관계식을 나타낸다.

▶ 마력으로부터 회전력을 구할 때

표 2.4 마력과 회전력의 관계식

관계식	$T=716.2\frac{L}{N}$	$T=974\frac{L}{N}$
L(출력)	PS	kW
N(회전수)	rpm	rpm
T(회전력)	kgf · m	kgf · m

▶ 회전력으로부터 마력을 구할 때

표 2.5 회전력과 마력의 관계식

관계식	$L=\frac{TN}{716.2}$	$L=\frac{TN}{974}$
L(출력)	PS	kW
N(회전수)	rpm	rpm
T(회전력)	kgf · m	kgf · m

2.4.3 평균유효압력과 마력의 관계

▶ 평균유효압력

내연기관의 출력을 나타내는 방법의 하나로 평균유효압력(P_m)이 있다. 실제의 엔진 사이클에서는 피스톤이 움직일 때 압력이 시간에 따라 변화하지만 그림 2.21과 같이 일정한 압력이 피스톤에 작용한다고 가정하고, 일정 압력 P_m에 의해서 한 일량이 원래 사이클의 한 일량과 같을 경우, 이 일정 압력을 평균유효압력이라 한다. 표 2.6은 열역학적 변수들의 상관관계를 나타낸다.

▶ 평균유효압력과 마력

평균유효압력에는 이론 사이클에 해당하는 이론 평균유효압력 P_{mth}, 지시 사이클에 해당하는 지시 평균유효압력 P_{mi}, 제동 사이클에 해당하는 제동 평균유효압력 P_{me}가 있고, 표 2.7은 평균유효압력과 마력의 상관관계를 나타낸다.

표 2.6 열역학적 변수들의 상관관계

<table>
<tr><th>구분</th><th>열효율</th><th>평균유효압력</th><th>마력</th><th>크기</th><th colspan="2">비고</th></tr>
<tr><td>이론</td><td>η_{th}</td><td>P_m</td><td></td><td>1</td><td rowspan="2">기관효율</td><td></td></tr>
<tr><td>지시(도시)</td><td>η_i</td><td>P_{mi}</td><td>L_i</td><td>2</td><td rowspan="2">기계효율</td></tr>
<tr><td>제동(정미, 축)</td><td>η_e</td><td>P_{me}</td><td>L_e</td><td>3</td><td></td></tr>
</table>

- ❐ 이론마력 : 이론 사이클에서 얻어지는 마력
- ❐ 지시마력 : 지압선도 면적으로 얻거나 지시 평균유효압력으로 얻어지는 마력
- ❐ 제동마력 : 엔진이 실제로 발생하는 마력, 제동 평균유효압력으로 얻어지는 마력

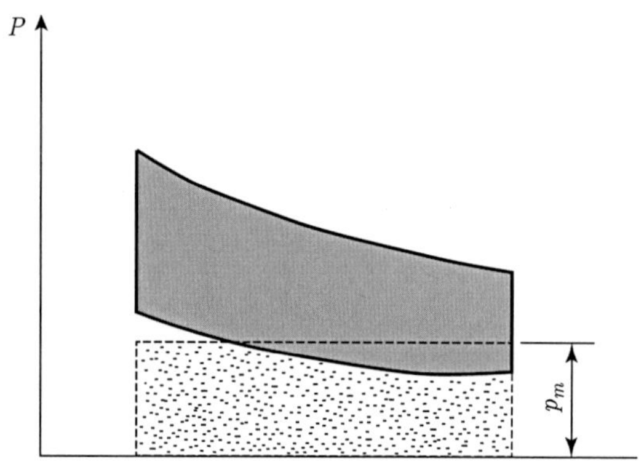

┃그림 2.21┃ 평균유효압력 설명도

표 2.7 평균유효압력과 마력

관계식	$L = \frac{P_m V_s Na}{B}$	
단위	SI단위	공학단위
L (출력)	kW	PS
P_m (평균유효압력)	MPa	ata
V_s (배기량)	liter	liter
N (회전수)	rpm	rpm
a(4 stroke = 0.5, 2 stroke = 1.0)	-	-
B (단위 전환계수)	60	450

4행정 기관은 크랭크축 2회전에 1회 폭발이어서 회전에 1/2(a)을 곱함
2행정 기관은 크랭크축 1회전에 1회 폭발이어서 회전에 1(a)을 곱함

단위 전환계수 : $P_m V_s Na : Mpa \times \ell \times \frac{rev}{min} = 10^6 \frac{N}{m^2} \times 0.001m^3 \times \frac{rev}{60sec}]$

$= \frac{10^3}{60} \frac{Nm}{sec} = \frac{1}{60} kW \ [B = 60]$

단위 전환계수 : $P_m V_s Na : \frac{kgf}{cm^2} \times \ell \times \frac{rev}{min} = 10000 \times \frac{kgf}{m^2} \times 0.001m^3 \times \frac{rev}{60sec}]$

$= \frac{1}{6} \frac{kgfm}{sec} = \frac{1}{6 \times 75} PS = \frac{1}{450} PS \ [B = 450]$

[1Mpa = 10.19ata, 1kw = 1.36PS]

마력과 평균유효압력

표 2.8 마력과 평균유효압력

관계식	$P_m = \frac{BL}{V_s Na}$	
단위	SI단위	공학단위
L (출력)	KW	PS
P_m (평균유효압력)	Mpa	ata
V_s (배기량)	liter	liter
N (회전수)	rpm	rpm
a(4 stroke = 0.5, 2 stroke = 1.0)	-	-
B (단위 전환계수)	60	450

▶ 이론마력, 지시마력, 제동마력

내연기관에서는 엔진의 열역학적인 선도(지압선도)로 부터 이론적으로 계산되는 이론 일(마력), 실제의 운전상태에서 연소압력을 측정하고 P-V선도에서 얻어지는 지시 일(마력), 엔진의 최종적인 출력축에서 측정되는 제동일(마력)의 3가지로 정의한다. 지시 평균유효압력, 제동 평균유효압력, 지시마력(출력), 제동마력(출력)과 관련된 식은 다음과 같다.

$$\text{지시 평균유효압력} : P_{mi} = \frac{BL_i}{V_s Na} \tag{2.31}$$

$$\text{제동 평균유효압력} : P_{me} = \frac{BL_e}{V_s Na} \tag{2.32}$$

$$\text{지시마력(도시마력)} : L_i = \frac{P_{mi} V_s Na}{B} \tag{2.33}$$

$$\text{제동마력(정미마력, 축마력)} : L_e = \frac{P_{me} V_s Na}{B} \tag{2.34}$$

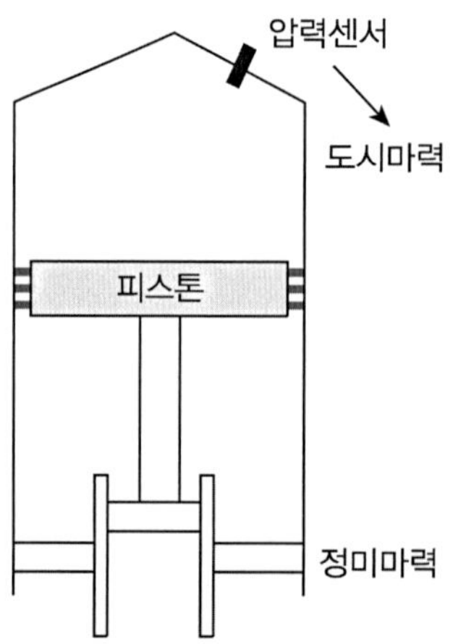

▎그림 2.22▎ 지시마력과 제동마력 개념도

▶ 열효율

이론 열효율(η_{th})은 이론적인 사이클에서는 입력과 출력의 비로 정의한다.

$$\eta_{th} = \frac{\text{이론 사이클에서 실린더 내 가스가 한 일}}{\text{이론 사이클에 공급된 열량}} \tag{2.35}$$

지시 열효율(η_i)은 실린더 내에서 연소가스가 실제로 한 일 W_i와 공급열량의 비로 정의하며 제동 열효율(η_e)은 축출력 W_e와 공급열량의 비로 정의한다.

$$\eta_i(\text{지시 열효율}) = \frac{\text{실린더 내 가스가 방출한 일}}{\text{연료가 가진 열량}} \tag{2.36}$$

$$\eta_e(\text{제동 열효율}) = \frac{\text{축출력이 한 일}}{\text{연료가 가진 열량}} \tag{2.37}$$

기관효율(η_d)는 지시 사이클과 이론 사이클이 한 일량의 비이고, 제동마력과 지시마력의 비는 기계효율(η_m)로 정의한다.

$$\eta_d(\text{기관효율}) = \frac{W_i}{W_{th}} = \frac{P_{mi}}{P_{mth}} = \frac{\eta_i}{\eta_{th}} \tag{2.38}$$

$$\eta_m(\text{기계효율}) = \frac{W_e}{W_i} = \frac{P_{me}}{P_{mi}} = \frac{\eta_e}{\eta_i} \tag{2.39}$$

$$\text{제동 열효율}(\eta_e) = \eta_i\eta_m = \eta_{th}\eta_d\eta_m \tag{2.40}$$

제동(정미, 축)열효율과 제동마력과의 관계는 다음과 같다.

$$\eta_e = \frac{632 \times L_e}{C \times H_l} = \frac{632 \times 1000}{b_e \times H_l} \tag{2.41}$$

L_e : 제동마력(PS)

C : 연료 공급량(Kgf/h)

b_e : 연료 소비량(gf/pSh)

H_l : 저위 발열량(kcal/kgf)

▶ 연료 소비율과 연료마력

실제 엔진의 여러 운전조건 중에서 단위 출력 당의 연료 소비량은 매우 중요한 인자이다. 이것을 연료 소비율(b)이라 한다. 기관의 초당 연료 소비량을 C[g/sec]라 하면

$$b = \frac{C}{L}[\text{g}/(\text{watt} \times \text{sec})] \tag{2.42}$$

로 표시된다.

또한 연료 소비량과 연료마력(L_f)과의 관계는 다음과 같다.

$$L_f = \frac{H_l \times W}{10.5 \times t} \tag{2.43}$$

W : 연료무게(kgf)

L_f : 연료마력(PS)

H_l : 저위 발열량(Kcal/kgf)

t : 시간(min)

예제 2·13

지시, 제동마력 문제(공학단위)

총 배기량 5000 cc, 4000 rpm의 4행정 가솔린 기관의 지시 평균유효압력이 9 ata이다. 기계효율이 80%일 때, 축출력을 구하여라.

풀이

$$L_i \text{ (지시마력)} = \frac{P_{mi} V_s Na}{B}$$

$$L_e \text{ (제동마력)} = \frac{P_{me} V_s Na}{B}$$

$$L_i = \frac{9 \times 5 \times 4000 \times \frac{1}{2}}{450} = 200\,\mathrm{PS}$$

$$L_e = 0.8 \times 200 = 160\,\mathrm{PS}$$

예제 2·14

총배기량 문제

4기통 4행정 가솔린 기관의 내경이 80 mm, 행정이 70 mm인 기관의 총배기량은 얼마인가?

풀이

$$V_s = \frac{\pi}{4} D^2 Sz \text{ (배기량, cc)}$$

$$V_s = \frac{\pi}{4} \times 8^2 \times 7 \times 4 = 1407\,\mathrm{cc} = 1.407l \text{ (배기량)}$$

예제 2·15

지시마력 문제(공학단위)

지시 평균유효압력 5kgf/cm^2, 행정 85 mm, 안지름 95 mm인 4사이클, 4기통 기관의 회전수가 3000 rpm일 때, 지시마력은 얼마인가?

풀이 L_i (지시, 도시마력)$=\dfrac{P_{mi}V_s Na}{B}$

$V_s=\dfrac{\pi}{4}D^2 Sz$ (배기량, cc)

$V_s=\dfrac{\pi}{4}\times 9.5^2\times 8.5\times 4=2410\,\text{cc}=2.410\,l$ (배기량)

$$L_i=\dfrac{5\times 2.410\times 3000\times \dfrac{1}{2}}{450}=40.17\,\text{PS}=40.17\times 0.7355=29.54\,\text{kW}$$

예제 2·16

토크 문제(공학단위)

지시 평균유효압력 10kgf/cm^2, 행정 60 mm, 안지름 50 mm인 2행정, 2기통 기관의 회전수가 3000 rpm일 때, 토크는 얼마인가?

풀이 L_i (지시, 도시마력)$=\dfrac{P_{mi}V_s Na}{B}$

$V_s=\dfrac{\pi}{4}D^2 Sz$ (배기량, cc)

T (토크)$=716.2\times\dfrac{L}{N}$ [T : kgf m, N : rpm, L : PS]

$V_s=\dfrac{\pi}{4}\times 5^2\times 6\times 2=235.6\text{cc}=0.2356\,l$ (배기량)

$L_i=\dfrac{10\times 0.2356\times 3000\times 1}{450}=15.7\,\text{PS}$

$T=716.2\times\dfrac{15.7}{3000}=3.75\,\text{Kgf m}$ [T : kgf m, N : rpm, L : PS]

예제 2·17

제동 평균유효압력 문제(공학단위)

실린더 안지름 78 mm, 행정이 78 mm인 4행정, 4실린더 기관이 5000 rpm으로 회전할 때 축마력이 70 PS이다. 이때 제동 평균유효압력은 얼마인가?

풀이 L_e (제동, 축마력)$=\dfrac{P_{me}V_s Na}{B}$

$V_s=\dfrac{\pi}{4}\times 7.8^2\times 7.8\times 4=1491\text{cc}=1.491\,l$ (배기량)

$$P_{me}=\dfrac{L_e B}{V_s Na}=\dfrac{70\times 450}{1.491\times 5000\times \dfrac{1}{2}}=8.45\,\text{kgf/cm}^2=8.45\text{ ata}$$

예제 2·18

기계효율 문제

지시 평균유효압력이 8.3 kgf/cm², 총배기량이 2000 cc일 때 제동마력이 42 PS이다. 엔진 회전수가 3800 rpm이면 이 4행정 기관의 기계효율은 얼마인가?

풀이

$$L_i\ (\text{지시마력}) = \frac{P_{mi}\, V_s\, Na}{B}$$

$$\eta_m\ (\text{기계효율}) = \frac{L_e}{L_i}$$

$$L_i = \frac{8.3 \times 2 \times 3800 \times \frac{1}{2}}{450} = 70.09\,\text{PS}$$

$$\eta_m = \frac{L_e}{L_i} = \frac{42}{70.09} = 0.599 \rightarrow 59.9\%$$

예제 2·19

지시 평균유효압력 문제(공학단위)

기관의 총배기량이 2000 cc이고, 제동마력이 72 PS, 회전수가 5000 rpm,기계효율이 80%인 4사이클 4기통기관의 지시 평균유효압력은 얼마인가?

풀이

$$L_i = \frac{P_{mi}\, V_s\, Na}{B}$$

$$\eta_m = \frac{L_e}{L_i}$$

$$L_i = \frac{72}{0.8} = 90\,\text{PS}$$

$$P_{mi} = \frac{L_i A}{V_s\, Na} = \frac{90 \times 450}{2 \times 5000 \times \frac{1}{2}} = 8.1\,\text{kgf/cm}^2 = 8.1\ \text{ata}$$

예제 2·20

연료 소비율 문제

기관효율 50%, 기계효율 85%, 압축비가 6인 가솔린 기관의 연료 소비율을 계산하여라. 단, 연료의 저위 발열량은 10,000 kcal/kgf, k=1.4이다.

풀이

$$\eta_e\ (\text{제동열효율}) = \eta_i\, \eta_m = \eta_{th}\, \eta_d\, \eta_m$$

$$\eta_{th}\ (\text{이론 열효율}) = 1 - \left(\frac{1}{\epsilon}\right)^{k-1}$$

$$\eta_e = \frac{632.5 \times L_e}{C \times H_l} = \frac{632.5 \times 10^3}{b_e \times H_l}$$

$$\eta_{th} = 1 - \left(\frac{1}{6}\right)^{0.4} = 0.512$$

$$\eta_e = \eta_{th}\,\eta_d\,\eta_m = 0.512 \times 0.5 \times 0.85 = 0.2176$$

$$b_e = \frac{632.5 \times 10^3}{\eta_e \times H_l} = \frac{632.5 \times 10^3}{0.2176 \times 10{,}000} = 290.67\,\mathrm{gf/pSh}$$

예제 2·21

연료마력 문제

연료 1 kgf의 발열량이 10,500 kcal이다. 이 열이 전부 일로 변한다고 하면 연료 소비량이 20 kgf/h 일 때, 발생하는 마력은?

풀이 $L_f\ (\text{연료마력}) = \dfrac{H_l \times W}{10.5 \times t}$

$$L_f = \frac{H_l \times W}{10.5 \times t} = \frac{10{,}500 \times 20}{10.5 \times 60} = 333\,\mathrm{PS}$$

예제 2·22

제동 열효율 문제

저위 발열량이 10,800 kcal/kgf인 가솔린을 공급하여 기관을 운전한 후 연료 소비율이 265 gf/pSh 일 때, 이 기관의 제동 열효율은 얼마인가?

풀이 $\eta_e\ (\text{제동 열효율}) = \dfrac{632.5 \times 10^3}{b_e \times H_l}$ $[H_l : \mathrm{kcal/kgf},\ b_e : \mathrm{gf/pSh}]$

$$\eta_e = \frac{632.5 \times 10^3}{265 \times 10{,}800} = 0.221 \rightarrow 22.1\%$$

[연습문제]

2.1 왕복동 내연기관의 공기 표준 사이클에서 가열량이 일정하고, 출발점에서의 온도, 압축비가 같은 경우, 다음 중 옳은 것은?

㉮ 복합 사이클의 열효율이 가장 높다.

㉯ 디젤 사이클의 열효율이 가장 높다.

㉰ 오토 사이클의 열효율이 가장 높다.

㉱ 복합 사이클의 열효율이 가장 높다.

해설 초기온도, 압축비, 수열량 일정 : 오토 사이클>사바테 사이클>디젤 사이클
초기온도, 최고 압력, 수열량 일정 : 디젤 사이클>사바테 사이클>오토 사이클
기관 수명 일정 : 사바테 기관>디젤기관>오토기관

2.2 다음 중 오토 사이클의 효율식을 바르게 표시한 것은?

㉮ $\eta_{th} = 1 - \left(\frac{1}{\epsilon}\right)^{\frac{k-1}{k}}$ ㉯ $\eta_{th} = 1 - \left(\frac{1}{\epsilon}\right)^{\frac{k}{1-k}}$

㉰ $\eta_{th} = 1 - \left(\frac{1}{\epsilon}\right)^{\frac{1}{k-1}}$ ㉱ $\eta_{th} = 1 - \left(\frac{1}{\epsilon}\right)^{k-1}$

해설 오토 사이클의 이론 열효율은 $\eta_{th} = 1 - \left(\frac{1}{\epsilon}\right)^{k-1} = 1 - \frac{1}{\epsilon^{k-1}}$ 이다.

2.3 오토 사이클에서 열효율이 50%일 때, 압축비는 얼마인가? 단 비열비는 1.4이다.

㉮ 2.66 ㉯ 3.66 ㉰ 4.66 ㉱ 5.66

해설 $\epsilon(\text{압축비}) = \left(\frac{1}{1-\eta_{th}}\right)^{\frac{1}{k-1}}$, $\epsilon = \left(\frac{1}{1-0.5}\right)^{\frac{1}{1.4-1}} = 5.66$

2.4 실린더의 간극체적이 행정체적의 20%일 때 오토 사이클의 열효율은 얼마인가? 단 비열비는 1.4이다.

㉮ 41.2% ㉯ 46.2% ㉰ 51.2% ㉱ 56.2%

해설 $\epsilon = \frac{v_1}{v_2} = \frac{\text{간극체적} + \text{행정체적}}{\text{간극체적}} = \frac{0.2+1}{0.2} = 6$

$\eta_{th} = 1 - \left(\frac{1}{\epsilon}\right)^{k-1} = 1 - \left(\frac{1}{6}\right)^{1.4-1} = 0.512 \rightarrow 51.2\%$

정답 2.1 ㉰ 2.2 ㉱ 2.3 ㉱ 2.4 ㉰

2.5 디젤 사이클의 효율에 관한 사항으로 맞는 것은? 단 압축비 ϵ, 체절비 σ이다.

㉮ ϵ과 σ가 작을수록 효율이 좋아진다.

㉯ ϵ과 σ가 작을수록 효율이 떨어진다.

㉰ ϵ이 작아지고 σ가 증가하면 효율이 좋아진다.

㉱ ϵ이 크고 σ는 작아지면 효율이 좋아진다.

해설 압축비 ϵ은 클수록, 단절비 σ는 작을수록 효율이 좋다.

2.6 압축비 17, 체절비 1.5인 디젤 사이클의 열효율은 얼마인가? 비열비는 1.3이다.

㉮ 40.1% ㉯ 41.9% ㉰ 45.2% ㉱ 54.3%

해설 $$\eta_{th}=1-\left(\frac{1}{\epsilon}\right)^{k-1}\left[\frac{\sigma^k-1}{k(\sigma-1)}\right]$$

$$\eta_{th}=1-\left(\frac{1}{17}\right)^{1.3-1}\left[\frac{1.5^{1.3}-1}{1.3(1.5-1)}\right]=0.543\rightarrow 54.3\%$$

2.7 디젤 사이클에서 열효율이 60%이고, 체절비 1.5, 비열비 1.4일 때, 압축비는?

㉮ 10.3 ㉯ 11.3 ㉰ 12.3 ㉱ 13.3

해설 $$\epsilon=\left[\frac{\sigma^k-1}{(1-\eta_{th})k(\sigma-1)}\right]^{\frac{1}{k-1}}$$

$$=\left[\frac{1.5^{1.4}-1}{(1-0.6)1.4(1.5-1)}\right]^{\frac{1}{1.4-1}}=12.3$$

2.8 내연기관 정압 사이클에서 실린더 내부의 간극체적이 행정체적의 30%일 때, 이 기관의 압축비는 얼마인가?

㉮ 7.0 ㉯ 3.33 ㉰ 2.0 ㉱ 4.33

해설 정압연소사이클 = 디젤사이클

$$\text{압축비}=\frac{\text{통극체적}+\text{행정체적}}{\text{통극체적}}=\frac{0.3+1}{0.3}=4.33$$

2.9 복합 사이클에서 압축비 ϵ 17, 체절비 σ 1.9, 압력비 α 1.5일 때, 이론 열효율은 얼마인가? 단 비열비는 1.4이다.

㉮ 43.8% ㉯ 53.8% ㉰ 63.8% ㉱ 73.8%

해설 $$\eta_{th}=1-\left(\frac{1}{\epsilon}\right)^{k-1}\frac{\alpha\sigma^k-1}{\alpha-1+k\alpha(\sigma-1)}$$

$$\eta_{th}=1-\left(\frac{1}{17}\right)^{1.4-1}\frac{1.5\times1.9^{1.4}-1}{1.5-1+1.4\times1.5(1.9-1)}=0.638\rightarrow 63.8\%$$

정답 2.5 ㉱ 2.6 ㉱ 2.7 ㉰ 2.8 ㉱ 2.9 ㉰

2.10 4000 rpm의 회전수에서 4000 kW를 전달하는 축의 토크는 얼마인가?

㉮ 616.2 kgf · m ㉯ 716.2 kgf · m

㉰ 794 kgf · m ㉱ 974 kgf · m

해설 T(토크)$= 716.2 \times \frac{L}{N}$ [T : kgf · m, N : rpm, L : PS]

T(토크)$= 974 \times \frac{L}{N}$ [T : kgf · m, N : rpm, L : kw]

$T = 974 \times \frac{4000}{4000} = 974$kgf · m

2.11 엔진의 최대 회전력이 4000 rpm일 때 10 kgf·m이다. 이때의 마력은 얼마인가?

㉮ 20.8 PS ㉯ 30.8 PS

㉰ 45.9 PS ㉱ 55.9 PS

해설 $L = \frac{T \times N}{716.2} = \frac{10 \times 4000}{716.2} = 55.9$PS [$T$: kgf· m, N : rpm, L : PS]

2.12 총행정체적 490 cm^{3}의 4행정기관이 1800 rpm으로 운전될 때 6PS를 발생한다. 제동 평균유효압력은 몇 ata인가?

㉮ 4.61 ㉯ 5.61

㉰ 6.12 ㉱ 7.12

해설 $P_{me} = \frac{BL_e}{V_s Na} = \frac{450 \times 6}{0.49 \times 1800 \times 0.5} = 6.12ata$

2.13 총배기량 5000 cc, 4000 rpm의 4행정 가솔린 기관의 지시 평균유효압력이 9 ata이다. 기계효율이 90%일 때, 축출력은 얼마인가?

㉮ 160 PS ㉯ 180 PS

㉰ 200 PS ㉱ 210 PS

해설 $L_i = \frac{P_{mi} V_s Na}{B} = \frac{9 \times 5 \times 4000 \times \frac{1}{2}}{450} = 200$PS

$L_e = \eta \times L_i = 0.9 \times 200 = 180$Ps

정답 2.10 ㉱ 2.11 ㉱ 2.12 ㉰ 2.13 ㉰

[주관식]

1. 오토 사이클의 이론 열효율식을 유도해 보자.

2. 디젤 사이클의 이론 열효율식을 유도해 보자.

3. 사바테 사이클의 이론 열효율식을 유도해 보자.

4. 압축비, 체절비, 압력비의 의미를 조사해 보자.

5. 지시 평균유효압력 5 kgf/cm^2, 행정 80 mm, 내경 80 mm인 4 행정, 4기통 기관의 회전수가 2800 rpm일 때, 지시마력은 몇 kW인가?

6. 지시 평균유효압력 6 kgf/cm^2, 행정 60 mm, 내경 50 mm인 2 행정, 2기통 기관이 4000 rpm으로 회전할 때, 엔진의 토크는 얼마인가?

7. 지시 평균유효압력이 10 kgf/cm^2, 총배기량이 2000 cc일 때 제동마력이 70 PS이다. 엔진 회전수가 3800 rpm이면 이 4행정 기관의 기계효율은 얼마인가?

8. 기관의 총배기량이 2000 cc이고, 제동마력이 70 PS, 회전수가 5000 rpm,기계효율이 80%인 4행정 4기통 기관의 지시 평균유효압력은 얼마인가?

9. 제동열효율이 35%인 디젤기관이 있다. 연료의 저위발열량은 10,500 kcal/kgf의 경유를 공급하면 연료소비율은 얼마인가?

10. 연료 1 kgf의 발열량이 10,500 kcal이다. 이 열이 전부 일로 변한다고 하면 연료 소비량이 30 kgf/h일 때, 발생하는 마력은?

11. 4행정 디젤기관의 제동마력을 측정하였을 때 1 pSh의 연료 소비량이 190 gf이었다. 이 엔진의 실제 열효율은 얼마인가? 연료의 저위 발열량은 10,000 kcal/kgf, 1pSh = 632.5 kcal 이다.

정답 5. 18.39kW 6. 1.69kgf m 7. 82.9% 8. 7.88kgf/cm^2 9. 172 gf/pSh 10. 500 PS 11. 33.3%

12. 제동 열효율이 35%인 디젤기관을 운전하였을 때 연료 소비율이 195 gf/pSh이었다. 이 기관이 사용한 연료의 저위 발열량은 얼마인가?

정답 12. 9,267 kcal/kgf

기관 본체

CHAPTER 03

3.1 실린더 블록과 실린더 헤드

3.1.1 실린더 블록

(1) 구조와 기능

실린더 블록은 엔진의 기초 구조물로 엔진의 수명을 좌우하며 그 내부에는 실린더, 물재킷 등이 만들어져 있다. 그림 3.1의 실린더 블록의 상부를 보면 실린더 헤드를 윤활하고 난 후 중력의 힘에 의해 오일 팬으로 떨어지는 비교적 큰 윤활 유로와 나머지의 냉각수 유로 구멍으로 구성되어 있다. 실린더 블록은 피스톤이나 피스톤링과의 마찰을 적게 하고 압축된 혼합기가 새지 않도록 정밀하게 호닝(honing) 처리된 일체식 주조 또는 라이너를 삽입하는 삽입식으로 나누어지며 실린더 블록 상부에는 실린더 헤드, 하부에는 오일 팬이 설치된다. 실린더 라이너는 건식 라이너와 습식 라이너가 있다. 라이너는 마찰을 감소시키고 내식성, 내마모성 및 고열 방지를 위해 적절한 재료를 실린더 본체면의 안쪽에 설치한 것으로 원심 주조법으로 만들며 재질은 특수 주철, 스틸(steel) 등이다.

(2) 재 질

실린더 블록은 내마모성이나 내식성이 좋고 기계 가공이 쉬운 니켈, 크롬 주철재와 특수 주철재가 많이 사용되고 최근에는 엔진의 경량화 추세에 따라 알루미늄 합금 주물에 스틸 라이너가 삽입된 실린더 블록의 사용이 증대되고 있다.

(3) 코어 플러그

실린더 블록의 측면에는 흡기측, 배기측, 엔진의 앞 뒷면 측면에 다수의 코어 플러그가 설치되어 있다.

(4) 편평도

실린더 블록의 편평도는 항상 0 mm로 유지되어야 하지만 엔진의 과열, 냉각수의 동결 및 실린더 헤드 볼트의 조임 불량 등으로 인하여 변형이 발생하여 압축가스, 냉각수의 누출 및 압축비의 변화 등이 발생하여 출력저하의 원인이 된다.

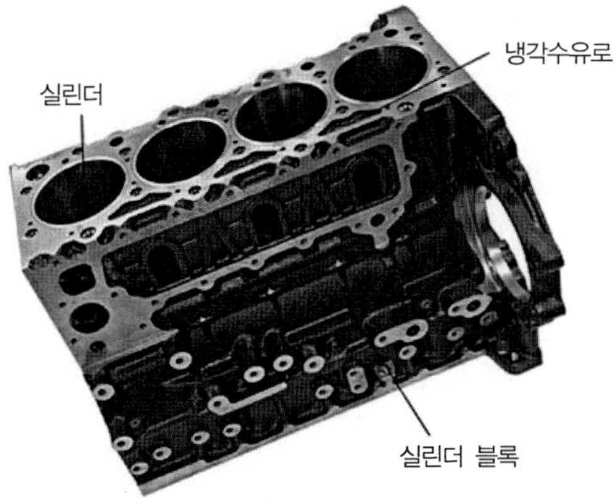

┃그림 3.1┃ 실린더 블록

3.1.2 실린더 헤드

(1) 구조와 기능

실린더 헤드는 실린더 헤드 개스킷을 사이에 두고 실린더 블록에 10개의 헤드 볼트로 설치되며 하부의 피스톤과 실린더와 함께 연소실을 형성한다. 실린더 헤드의 양측 면에는 흡배기 매니폴드가 부착되고 상부에는 캠축, 로커암축, 로커암, 밸브 등이 장착된다.

① 욕조형 연소실 : 고압축비를 얻을 수 있으며 반구형과 쐐기형의 중간이다.

② 쐐기형 연소실 : 스퀴시 부를 두어 혼합기를 냉각시켜 노킹을 억제하고 화염전파 거리가 짧아 열효율이 높다.

③ 반구형 연소실 : 연소실 체적 당 표면적이 작아 열손실이 작고 화염전파 거리가 짧아 체적효율이 좋다.

④ 펜트 루프형 연소실 : 연소실 상부가 지붕 형태를 이루는 형식이다.

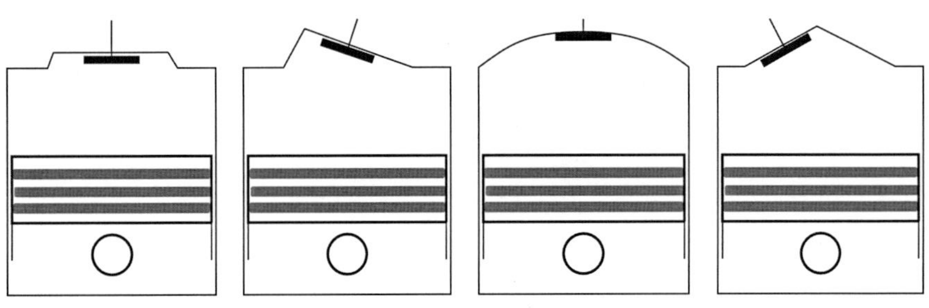

┃그림 3.2┃ 실린더 헤드의 구조

❙그림 3.3❙ 실린더 헤드

(2) 재질

실린더 헤드는 단일체로 된 주조물이고 실린더 블록과 같은 방법으로 주조한다. 고온에서 열팽창이 적고 팽창압력에 견딜 수 있는 강도가 있는 재질을 사용해야 한다. 가솔린 엔진에는 알루미늄 합금을, 디젤엔진에는 주철합금을 많이 사용한다.

3.2 캠과 캠축

(1) 캠축

캠축에는 기관의 흡배기밸브 수와 같은 캠이 배열되어 있고 캠은 흡기와 배기밸브를 개폐하는 역할을 하며 캠은 캠축에 고정되어 있다. 캠은 캠축의 회전에 따라 회전하고 캠에 접촉되어 있는 로커암이 축을 중심으로 요동하여 밸브를 눌러 열리게 하고 밸브의 스프링 장력에 의해 밸브는 닫힌다. 그림 3.4는 캠축의 구조를 나타낸다.

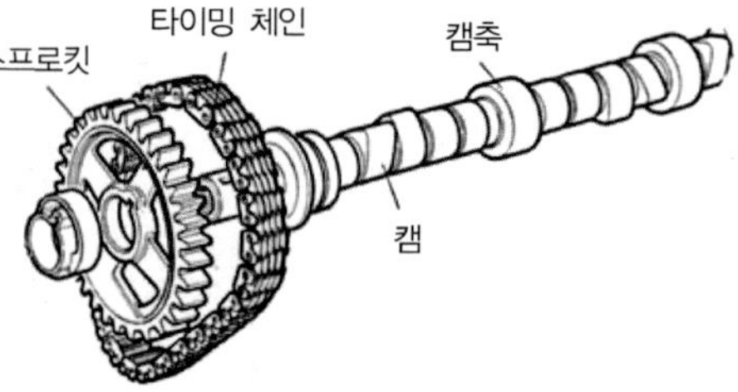

❙그림 3.4❙ 캠축의 구조

(2) 캠

캠은 기관성능을 좌우하는 밸브의 개폐에 관계되므로 밸브가 열릴 때 충격을 받지 않아야 하고 열리는 속도는 빠르고 닫히는 속도는 느려야 한다. 캠은 기초원과 정원을 연결하는 원호로 구성되어 있다. 이 원호의 모양에 따라 볼록캠, 오목캠, 접선캠이 있다. 그림 3.5는 캠의 모양과 명칭을 나타낸다.

① 베이스 서클 : 기초원
② 노즈 : 밸브가 완전히 열리는 점
③ 리프트(양정) : 기초원과 노즈와의 거리
④ 플랭크 : 밸브 리프터 또는 로커암이 접촉되는 옆면
⑤ 로브 : 밸브가 열려서 닫힐 때까지의 거리

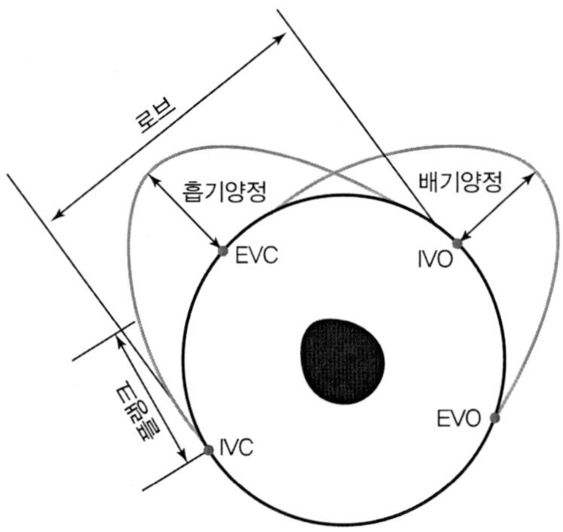

❙그림 3.5❙ 캠의 모양과 명칭

태핏(tappet)은 일명 리프터(lifter)라 하며 캠의 운동을 정확히 밸브에 전달하는 역할을 한다. 로커암과 밸브 팁 사이의 간극을 밸브간극이라 하는데 밸브 간극을 두는 이유는 밸브기구의 각 부품은 엔진의 온도 상승에 따라 팽창하므로 이 기구 내에 간극을 두지 않으면 밸브가 닫힐 때 밸브 페이스 면과 밸브시트가 밀착되지 않고 가스가 새기 때문이다. 밸브간극을 자동으로 조절해 주는 유압 태핏을 사용한다.

3.3 피스톤링

[1] 피스톤링의 기능

피스톤링은 3개의 피스톤의 홈에 끼워져 피스톤과 함께 실린더 내를 왕복운동하고 압축행정

과 폭발행정에서 혼합기 누출을 방지하기 위해 피스톤 홈에 설치하는 링으로 상부로부터 제1압축링, 제2압축링, 제3오일링으로 구성되고 그림 3.6과 같다.

압축링은 카운터 보어형으로 되어 있고 오일링은 2개의 사이드 레일과 1개의 스페이서 익스팬더로 구성된다. 피스톤링은 적절한 탄성이 필요하여 한쪽 끝을 잘라 개방시킨 구조로 되어 있으며, 역할은 다음과 같다.

① 1, 2번 압축링 : 연소가스의 누설 방지 및 열전도 작용
② 3번 오일링 : 실린더 내벽과 피스톤 사이를 윤활하는 오일량 제어
③ 피스톤링의 3대 작용 : 제1압축링은 혼합기의 압력에 대한 기밀을 유지하는 기밀작용과 열전도 작용, 제2압축링은 피스톤 상부가 받는 열을 실린더 벽으로 전달하는 열전도 작용, 제3오일링은 실린더 벽에 있는 엔진오일을 긁어내려 오일이 실린더로 들어가지 못하게 하는 오일 제어작용을 한다.

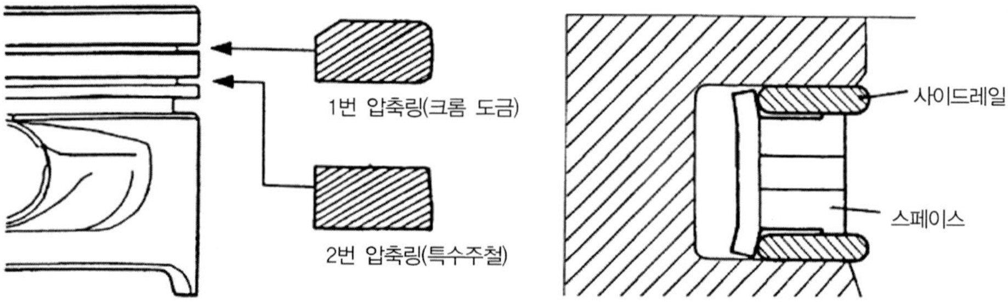

(a) 1, 2번 압축링 (b) 3번 오일링

그림 3.6 피스톤링의 단면

1번 압축링은 크롬 도금을 하여 광택이 있고 2번 압축링은 특수주철로 흑색을 띠고 오일링은 사이드 레일 안에 스페이서가 들어 있는 구조이다. 피스톤의 링이음 간극은 링에 탄력을 주고 링의 분해 결합이 가능하게 하며 링의 열팽창을 고려하여 냉간시에 미리 간극을 둔다. 간극은 가장 온도가 높은 쪽인 1번 링을 가장 크게 두고 2번, 3번 링의 순서이다. 링이음의 종류에는 다음의 4가지가 있다.

① 버트(butt)이음 : 정면접합
② 각이음 : 대각선 접합
③ 스텝(step)이음 : 계단접합
④ 밀봉(seal)이음 : 틈새접합

피스톤링 엔드 갭은 냉간시 열팽창을 위해 둔다. 일반적으로 실린더에 피스톤링을 하사점까지 수평으로 밀어 넣었을 때 생기는 간극이 최종 간극(엔드 갭)이다.

3.4 피스톤과 피스톤핀

3.4.1 피스톤

(1) 기능과 구조

피스톤은 실린더 내를 왕복운동하면서 폭발행정에서 고온 고압가스로부터 받은 압력으로 커넥팅 로드(connecting rod)를 거쳐 크랭크축에 회전력을 발생시키고 흡입, 압축, 배기 행정은 플라이휠의 관성력에 의하여 움직인다. 또한 연소실과 크랭크 케이스 사이의 기밀을 유지하여 연소실 하단부를 이루고 피스톤 헤드에 전달된 열을 실린더 벽으로 전달하는 역할을 한다. 실린더 기밀과 열전도 작용을 위해 피스톤의 상부에 피스톤 링을 삽입한다. 그림 3.7은 피스톤 구조를 나타낸다. 그 구조는 상부를 피스톤 헤드, 하부를 스커트, 피스톤링이 삽입되는 링 홈(ring groove), 홈과 홈 사이를 랜드(land), 피스톤핀이 삽입되는 보스 부분으로 구성된다.

① 피스톤 헤드 : 연소실의 일부가 되는 부분이며 안쪽에 리브(rib)를 설치하여 피스톤 보강과 열전도 역할을 한다.

② 링 홈 : 피스톤링을 설치하는 홈이다.

③ 랜드 : 홈과 홈 사이를 말한다.

④ 스커트부 : 피스톤이 왕복운동을 할 때 측압을 받는 부분이다. 스커트 방향은 피스톤핀 방향과 직각을 이루고 스커트부가 두꺼워 열팽창이 피스톤핀 방향보다는 적다.

그림 3.7 피스톤의 구조

⑤ 보스부 : 커넥팅 로드의 소단부를 피스톤에 설치하기 위해 피스톤핀이 끼워지는 부분이다.

⑥ 히트 댐(heat dam) : 제1랜드에 좁은 홈을 파서 피스톤 헤드부의 열이 밑으로 전도되는 것을 억제하고 실린더로 전달되도록 한 홈을 말한다.

피스톤에 가해지는 부하는 피스톤 헤드에 작용하는 가스의 폭발압력이 6,000 MPa, 피스톤의 스커트부인 측면에 작용하는 압력이 800 MPa이다. 이러한 압력차이를 피스톤핀의 중심위치를 폭발 측압 쪽으로 약 0.5~1.5 mm 정도 편심시켜 압력의 균형을 유지시키는데 이를 피스톤핀 오프셋(offset)이라 한다.

피스톤 간극은 피스톤의 재질과 형상에 따라 다르지만 피스톤과 실린더 벽 사이에는 피스톤의 열팽창을 고려하여 적정한 간극이 유지되어야 한다. 그림 3.8은 피스톤 간극을 나타낸다.

엔진의 압축행정과 폭발행정에서 실린더와 피스톤의 간극으로부터 압축행정시 75~90%, 폭발행정시 25~10% 정도 크랭크 케이스로 빠져 나온 가스를 블로바이가스라고 하며, 이 가스는 엔진오일의 열화와 엔진 내부를 녹슬게 하는 원인이 된다.

실린더 벽과 피스톤의 스커트는 커넥팅 로드의 경사에 의한 측압을 받으며 피스톤의 상하 직선운동을 바르게 유지하지만 피스톤의 간극이 너무 크면 피스톤이 행정을 바꿀 때 실린더 벽을 때리게 된다. 이를 슬랩현상이라 한다.

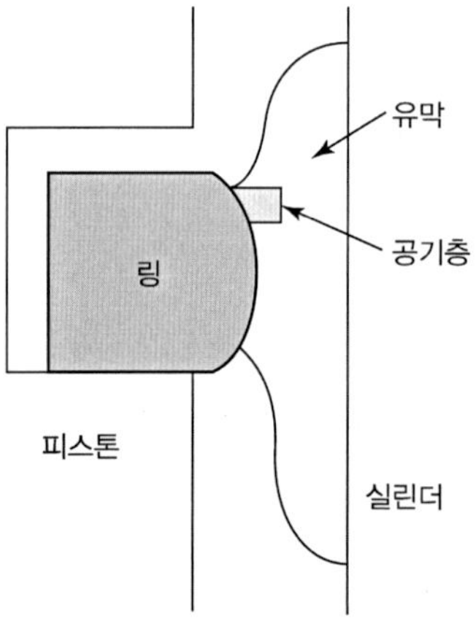

그림 3.8 피스톤 간극

3.4.2 피스톤핀

피스톤과 커넥팅 로드를 연결하는 핀으로 피스톤의 보스부인 소단부에 끼워져 피스톤 헤드가 받는 압력을 커넥팅 로드로 전달한다. 피스톤핀의 설치 방법으로는 고정식, 반부동식 및 전부동식이 있다. 그림 3.9는 피스톤핀의 설치 방법을 나타낸다.

① **고정식** : 피스톤핀을 보스 양쪽에 고정 볼트로 고정하고 커넥팅 로드의 작은 쪽이 핀의 외부에서 움직이도록 한 방법이다.

② **반부동식(요동식)** : 피스톤핀을 커넥팅 로드의 작은 쪽에 끼우고 클램프 볼트로 고정한 것이다. 핀은 피스톤 보스에서 요동하며 주철제 피스톤의 반부동식은 보스 양쪽에 부싱이 끼워져 있고 알루미늄 합금제 피스톤은 부싱을 끼우지 않는다.

③ **전부동식** : 피스톤과 커넥팅 로드 어느 쪽도 피스톤핀이 고정되지 않으며 핀은 스냅 링에서 빠져 나오지 않는다.

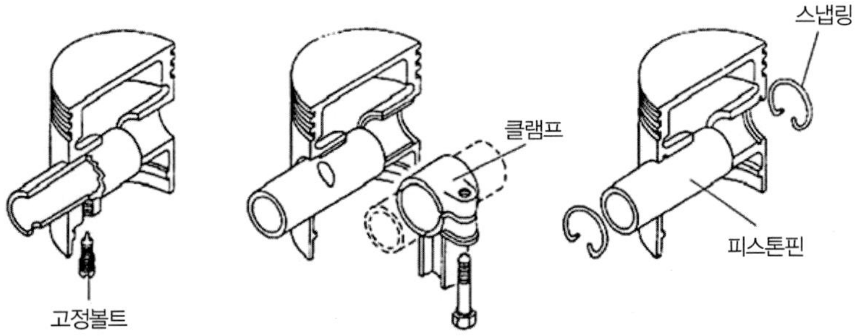

(a) 고정식　(b) 반부동식　(c) 전부동식

| 그림 3.9 | 피스톤핀의 설치 방법

3.5 커넥팅 로드와 베어링

3.5.1 커넥팅 로드

커넥팅 로드는 피스톤과 크랭크축을 연결하여 피스톤의 왕복운동을 크랭크축의 회전운동으로 변환시켜 주는 연결 부위로서 피스톤이 받는 폭발압력을 크랭크축에 전달하고 피스톤과 연결되는 소단부와 크랭크축에 연결하는 대단부로 되어 있다. 소단부는 피스톤핀으로 피스톤에 연결되고 대단부는 평면 베어링을 거쳐 크랭크축에 연결된다. 소단부 중심과 대단부 중심 간의 거리를 커넥팅 로드 길이라 하며 실린더 행정의 1.5~2.3배 정도이다. 구조는 그림 3.10과 같다.

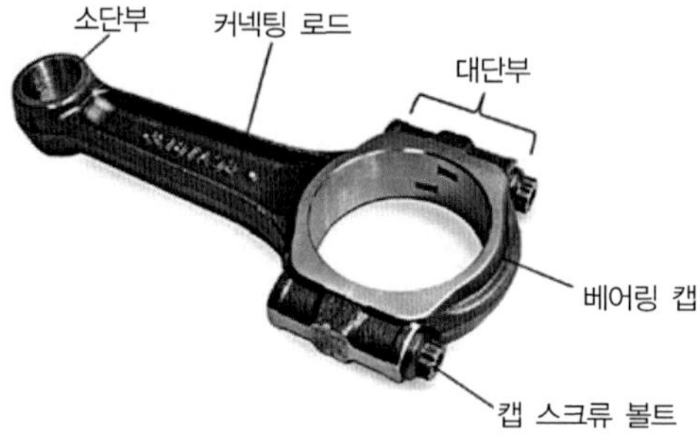

┃그림 3.10┃ 커넥팅 로드의 구조

3.5.2 커넥팅 로드 베어링

(1) 레이디얼 베어링

축으로부터 베어링에 작용하는 하중의 방향이 축에 수직인 베어링이다.

(2) 베어링의 구조

① 베어링 돌기 : 베어링 하우징에서 축방향이나 회전방향으로 요동을 방지한다.
② 오일구멍 : 베어링 하우징의 오일 구멍과 일치하여 오일을 받아들이는 구멍이다.
③ 오일 홈 : 오일구멍으로 공급되는 오일을 베어링 전체로 분배한다.

(a) 커넥팅로드 베어링 (b) 메인 저널 베어링

┃그림 3.11┃ 베어링

(3) 베어링 크러시

베어링이 하우징 내에서 움직이지 않게 하려면 베어링의 바깥 둘레를 하우징의 둘레보다 조금 크게 하여 볼트로 죄어 압착시킨다. 이때 베어링의 바깥 둘레와 하우징의 둘레와의 차이를 크러시라 한다. 베어링 크러시가 크면 오일 유막이 파괴되고 적으면 베어링이 움직인다. 그림

3.12는 베어링 크러시 설명도이다.

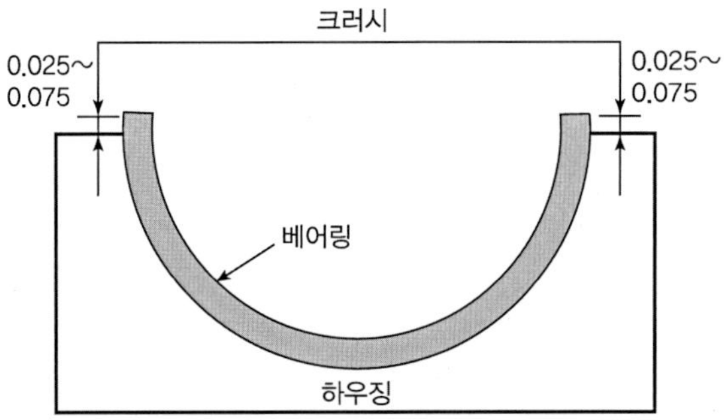

| 그림 3.12 | 베어링 크러시

(4) 베어링 스프레드

베어링 하우징의 지름과 베어링을 끼우지 않았을 때의 베어링 바깥쪽 지름과의 차이를 스프레드라고 한다. 이렇게 하면 적은 힘으로 베어링을 제자리에 쉽게 밀착시킬 수 있고 베어링 조립시 베어링 캡에 끼워진 채로 있어 작업하기가 쉽다. 그림 3.13은 베어링 스프레드 설명도이다.

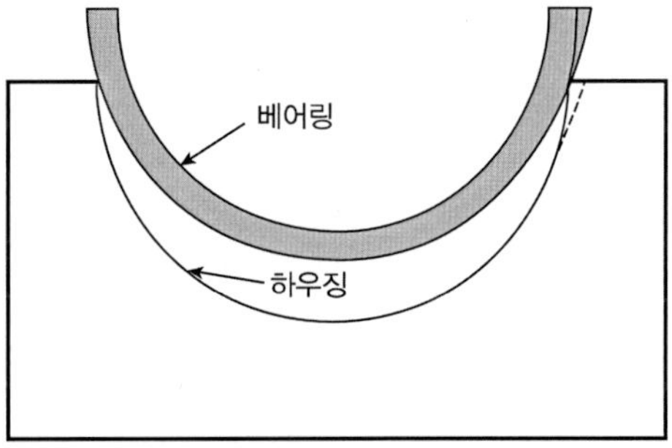

| 그림 3.13 | 베어링 스프레드

3.6 크랭크축

3.6.1 구조와 기능

크랭크축은 크랭크 케이스 내에 설치된 메인 베어링에 의해 지지되며 각 실린더의 폭발행정에서 얻어진 피스톤의 왕복 직선운동을 커넥팅 로드를 통하여 회전운동으로 바꾸어 주는 중심축이다. 기관이 회전하는 것은 크랭크축이 회전하는 것이고 동력은 축 끝의 플라이휠에 설치된 클러치를 거쳐 변속기 추진축으로 전달된다.

크랭크축은 일체형이고 크랭크핀, 크랭크암, 메인 베어링 저널 및 회전의 평형을 유지하기 위해 크랭크암에 설치한 평형추로 구성되어 있다. 크랭크축의 뒷부분에는 플라이휠이 설치되고 앞부분에는 캠축을 구동하는 타이밍 기어, 워터펌프, 발전기를 구동하는 크랭크 풀리가 설치된다. 그림 3.14는 크랭크축의 구조를 나타낸다.

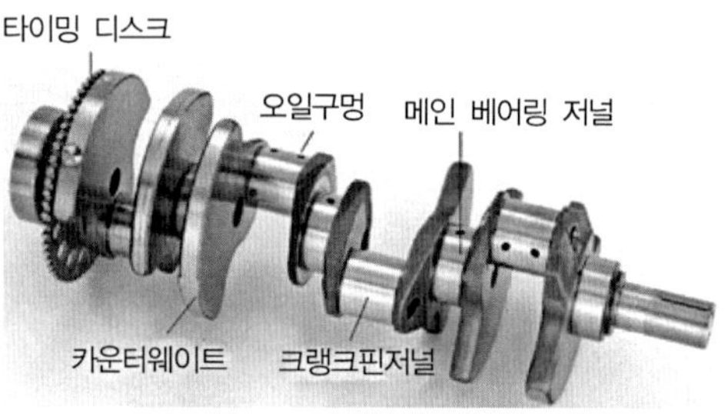

| 그림 3.14 | 크랭크축 구조

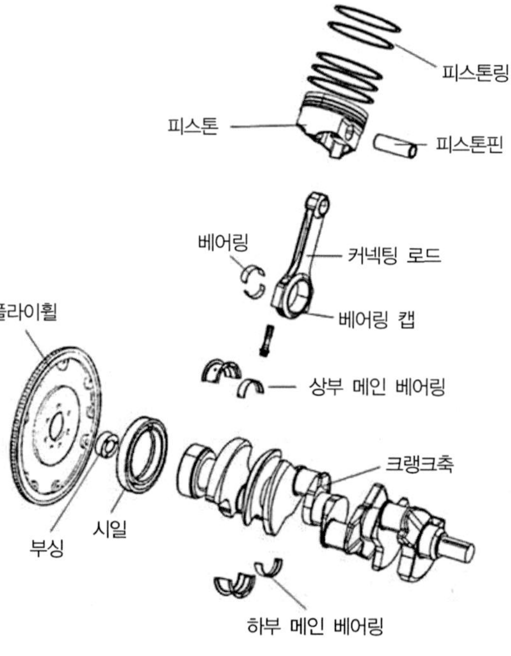

| 그림 3.15 | 크랭크축 구성

① 메인 베어링 저널 : 크랭크 케이스 내 지지되는 부분이며 크랭크축의 하중을 지지한다.
② 크랭크핀 : 커넥팅 로드의 대단부와 연결되어 피스톤의 왕복운동을 회전운동으로 바꾼다.
③ 크랭크암 : 메인 저널과 크랭크핀 연결 부위이다.
④ 평형추 : 축의 회전시 평형을 유지한다.
⑤ 오일구멍 : 크랭크축과 크랭크핀의 윤활작용을 한다.

3.6.2 크랭크축 방향 유격 (end play)

크랭크축은 반복되는 왕복운동으로 인해 비틀림 하중을 받아 변형이 되고 축방향으로 유격이 발생한다. 이것을 방지하기 위해 스러스트 베어링을 크랭크축 센터 상하부 베어링으로 사용하는데 이 베어링의 마모가 심해지면 크랭크축이 축방향으로 움직인다. 이 움직임이 크면 엔진의 소음이 크고 기어의 마모가 발생한다. 소나타 2.0 DOHC의 크랭크축 방향 유격의 규정 값은 0.05~0.18 mm, 한계 값은 0.25 mm이다.

3.7 플라이휠

엔진의 회전력은 크랭크축의 각도에 따라 전달되며 4행정 사이클 엔진에서는 720° 의 주기로 변동을 반복하기 때문에 회전속도도 이에 따라 변동한다. 실린더 수가 적은 엔진에서는 이 변동 때문에 시동 불가가 될 우려도 있다. 플라이휠은 이러한 현상을 방지하고 회전속도를 고르게 하여 엔진의 작동을 원활하게 하기 위해 설치하며 크랭크축 후면에 볼트로 고정된다. 폭발과정에서의 에너지를 저장하여 흡입, 압축 및 배기 행정시의 에너지를 공급하고 기관 기동시 시동 모터의 동력을 전달받는 부위이며 회전 평형이 잘 잡혀 있어야 한다.

▌그림 3.16▐ 플라이휠

3.8 밸브

밸브장치는 흡입행정과 배기행정 때 밸브를 열고, 압축행정과 팽창행정 때 밸브를 닫아 실린더 내의 연소가스를 개폐시키는 장치이다. 4사이클 엔진의 캠축은 크랭크축 2회전마다 1회전하도록 스프로킷의 기어비가 구성되어 있으며 캠축의 회전에 따라 로커암 축에 설치된 로커암이 작동되고 이 로커암의 운동은 밸브를 개폐시킨다. 흡기밸브는 공기와 연료의 흡입을 제어하는 밸브이며, 일반적으로 흡기밸브와 배기밸브가 짝으로 사용된다. 흡기밸브는 엔진을 고출력화하기 위해 소형, 경량화해야 한다. 4행정 기관은 동력행정에 필요한 혼합기를 연소실로 흡입하고 또 연소가스를 외부로 배출하기 위해 1개의 실린더에 흡기 및 배기밸브가 설치되어 있다. 흡기밸브는 실린더 내로 혼합가스를 유입하는 작용을 하고 배기밸브는 실린더 내의 연소가스를 대기로 배출하는 작용을 한다. 이를 밸브기구라 한다. 밸브기구는 일반적으로 타이밍 기어, 캠축, 태핏, 푸시로드, 로커암, 로커암 축, 밸브 및 밸브 스프링으로 구성된다. 그림 3.17은 밸브 개폐기구를 나타낸다.

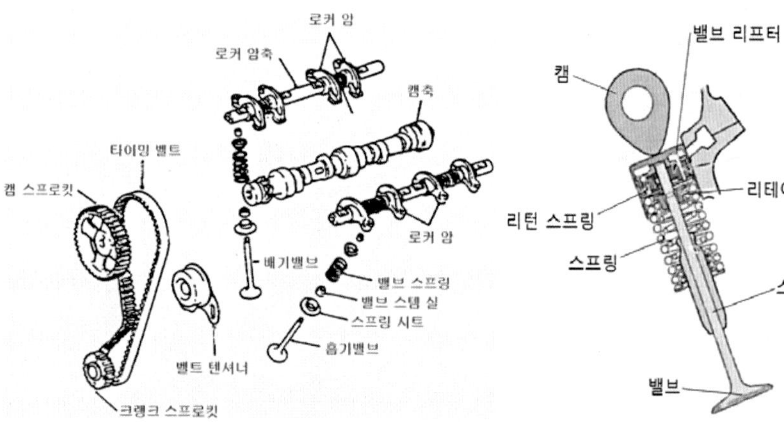

(a) 로커암 타입　　(b) 리프터 타입(VTEC)

| 그림 3.17 | 밸브 개폐기구

3.8.1 밸브의 종류

밸브는 밸브의 모양과 구동 방법에 따라 여러 가지로 분류되나, 밸브의 구동방법에 따라 대별하면 다음과 같다.

① 포핏밸브

② 슬리브 밸브

③ 회전밸브

위의 밸브 중 일반적으로 사용하는 밸브는 포핏밸브이고, 슬리브나 회전밸브는 특수밸브이다.

3.8.2 밸브의 구조

밸브에는 흡기밸브와 배기밸브가 있으며 각부의 명칭은 그림 3.18과 같다. 엔진의 출력은 밸브 헤드부분 지름의 크기에 따라 밀접한 관계를 가지며, 밸브 지름이 큰 편이 흡배기 효율이 좋으나 배기밸브는 냉각이 곤란하므로 흡기밸브보다 밸브 지름을 작게 하고 있다.

▌그림 3.18▐ 밸브의 구조

3.8.3 밸브 헤드 형상에 의한 분류

① 평면형(flat head type) : 그림 3.19(a)는 평면형의 모양이다. 밸브 헤드가 평면으로 되어 있어 흡기의 유동이 양호하고 제작이 쉽다. 또, 중량이 가볍고 수열량이 적어서 가장 많이 사용한다.

② 버섯형(spherical head type) 또는 둥근형 : 밸브 헤드의 모양이 둥근 버섯처럼 되어 있다고 하여 버섯형이라 한다. 중심부가 둥근형으로 되어 있어서 강도가 크나, 열을 받는 면적이 크므로 열 보유량이 많고 중량이 무거워 잘 사용하지 않는다.

③ 튤립형(tulip head type) : 그림 3.19(c)는 튤립형의 모양이다. 밸브의 중량을 가볍게 하기 위해 밸브 헤드의 중심 부분을 제거한 것이다. 따라서 무게가 가볍고 밸브시트에 잘 접촉된다.

(a) 평면형　　(b) 둥근형　　(c) 튤립형

❙그림 3.19❙ 밸브 헤드의 모양

3.8.4 밸브 작동기구의 형식

흡기밸브(intake valve)는 공기를 실린더 내에 도입하기 위한 부품으로 열고 닫는 동작을 하는 밸브이다. 작동시 개폐를 반복하기 때문에 정확한 작동이 요구된다. 흡기밸브의 형상은 우산 모양을 한 포핏타입이 많이 사용되고, 캠축에 있는 로브는 밸브를 부드럽게 열고 닫는 역할을 하고 밸브가 열리는 양은 밸브양정이라 한다. 흡기밸브는 에어 클리너, 흡기 매니폴드를 통과하여 들어온 공기를 실린더로 보내 트랩한다. SOHC 엔진은 흡기밸브와 배기밸브의 중심에 놓인 1개의 캠축으로 흡기밸브와 배기밸브를 작동시킨다. DOHC에 비해 캠축이 1개 적기 때문에 구동 저항이 적고 연비가 좋으며, 소형 경량이다. 그러나 캠축이 1개이어서 로커암을 통해 밸브를 구동시키는 구조에서 흡배기밸브의 수를 증가시키지 못하여 고출력형 엔진의 제작은 어렵다.

DOHC 엔진은 지금은 많이 사용되는 엔진이지만, 구조가 복잡하다. 엔진의 캠축이 2개 있고, 흡기밸브와 배기밸브가 별도의 캠축에 의해 구동되어 부하가 분산되는 구조이다. 한 개의 큰 밸브보다 2개의 작은 밸브를 사용하면 유동저항이 적어 더 많은 공기를 흡입할 수 있고 밸브가 작으면 더 빨리 열고 닫을 수 있다. 엔진이 작동할 때 캠축과 밸브와의 시간 차이를 줄여 체적효율이 높기 때문에 있어 고회전이 가능하여 출력이 높은 엔진이다. 그러나 캠축이 2개이어서 엔진 상부가 커지고 무거워져서 SOHC 엔진에 비하여 연비도 떨어진다.

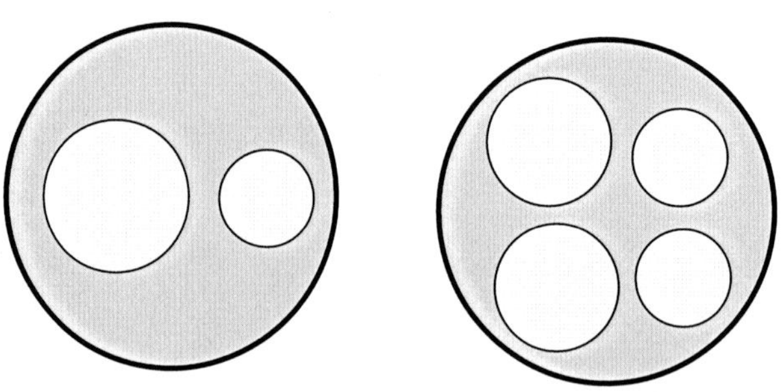

(a) SOHC　　(b) DOHC

❙그림 3.20❙ SOHC와 DOHC

밸브 마진의 두께가 얇으면 고온과 밸브 작용시 충격으로 밸브 시트에 접촉할 때 마진이 위로 구부러져 완전 밀착되지 않고 밸브 스프링은 닫혀 있는 동안 밸브 시트를 밀착시켜 가스가 누설되지 않도록 하고 밸브가 운동할 때 밸브기구가 캠에서 이탈하지 않도록 하는 작용을 한다. 밸브 스템 가이드는 실린더 블록이나 실린더 헤드에 압입해서 밸브의 밀착이 잘 되도록 하는 역할을 한다.

3.9 오일펌프

오일펌프는 오일 팬에 있는 오일을 순환시켜 기관의 각 운동 부위에 압송하는 펌프이며 프론트 케이스 내에 설치되어 있다. 펌프의 구동은 크랭크축에 의해 직접 구동한다. 기관으로 압송되는 윤활유는 기관의 회전이 빨라지면 오일펌프의 회전도 빨라져 압송되는 오일의 압력도 필요 이상으로 높아지므로 시스템이 파손될 우려가 있다. 따라서 릴리프 밸브를 설치해 항상 일정한 유압을 유지시킨다. 일반적으로 유압은 2~3 bar이다.

오일펌프는 오일 내의 오일을 흡입 및 가압하여 각 윤활부에 보내는 일을 한다. 오일의 과도한 송출이나 높은 압력은 유압 조절기(relief valve)로 조절한다. 오일펌프의 종류에는 로터리식, 기어식, 플런저식, 베인식이 있으나, 기어식과 로터리식이 주로 사용된다.

3.10 실린더 압축압력

엔진의 실린더에서 압축행정이 발생될 때의 압력을 가솔린 엔진용 압축 압력계를 사용하여 측정하여 측정값으로부터 1번 피스톤링의 상태, 흡배기밸브의 밀착 여부, 실린더 헤드 개스킷 불량 여부 및 실린더 간의 압축압력의 차이를 점검하여 출력의 균형이 이루어지도록 한다. 가솔린 기관 압축압력은 8~12 bar, 디젤기관 압축압력은 30~35 bar이다.

3.11 연료압력

흡기다기관 내의 압력변화에 대응하여 연료의 분사량을 일정하게 유지하기 위해 인젝터에 걸리는 연료압력을 흡기다기관 내의 압력보다 약간 높게 조정한다. 압력 조절기의 스프링 챔버(spring chamber)는 진공호스로 서지탱크에 연결되어 항상 흡기 다기관의 부압이 걸린다. 연료압력이 규정 압력보다 높을 때는 다이어프램이 밀려 올라가 여분의 연료는 리턴 파이프

(return pipe)를 통하여 연료탱크로 회수된다. 고속 시에는 연료 분사량이 많기 때문에 작동하지 않으나 저속 시에는 연료 소비량이 적으므로 연료탱크로 돌려보내 압력이 일정하게 유지된다. 따라서 연료압력 측정은 공회전 시에서 수행하고 스프링 챔버에 연결된 진공호스를 연결했을 때와 분리했을 때의 연료압력은 다르다. 즉, 연결시킨 경우가 회수되는 연료가 있어 연료압력이 낮다.

표 3.2 엔진의 연료압력

회사		종류	연료압력
가솔린	PFI	간접 분사식	3.26~3.47 bar
	GDI	직접 분사식	50~200 bar
디젤	IDI	부실식	400~500 bar(최대 800bar)
	CRDI	직접 분사식(대형엔진)	1000 bar
	CRDI	1세대 CRDI 2세대 CRDI 3세대 CRDI	1350 bar 1600 bar 2000 bar

3.12 흡기 다기관 진공

지구는 공기로 둘러싸여 있고 공기층은 해면(sea level)을 기준으로 높이 올라갈수록 공기층이 얇아진다. 공기가 지면에 작용하는 압력을 대기압(atmospheric pressure)이라 하고 단위는 atm이다. 지면은 해면보다 높기 때문에 공기층이 얇아져 1 atm보다 낮게 된다. 일반적으로 압력을 측정하는 압력계는 표준 대기압을 0으로 하고 압력의 크기를 표시한다. 압력이 대기압보다 높은 압력을 정압이라 하고 대기압보다 낮은 압력은 부압 또는 진공압이며 정압을 측정하는 계기를 압력계, 부압을 측정하는 계기를 진공 압력계라 한다. 기관에서 부압이 발생하는 곳은 스로틀 밸브를 지난 위치에서 서지탱크이다. 흡기계통에서 발생된 부압이 실린더 내의 흡배기밸브, 실린더 헤드 개스킷, 피스톤링과 실린더 벽, 흡기 매니폴드 개스킷 등으로 누설이 되면 부압이 낮아져 출력 감소, 시동불가 등의 원인이 되기도 한다. 흡기계통에서의 부압은 공회전 속도일 때 450~550 mmHg(60~73kPa)의 값을 갖는다.

[연습문제]

3.1 가솔린 기관에서 피스톤 핀에 오프셋을 두는 이유는 무엇인가?

㉮ 슬랩현상 방지

㉯ 출력증대

㉰ 고착방지

㉱ 플래터(Flatter)현상 방지

해설 피스톤핀의 위치를 1.5~3 mm 편심시켜 피스톤의 슬랩현상을 방지한다.

3.2 피스톤핀의 고정법에 속하지 않는 것은?

㉮ 고정식 ㉯ 반부동식

㉰ 부동식 ㉱ 유동식

해설 피스톤핀 고정방법에는 고정식, 반부동식, 부동식이 있다.

3.3 크랭크축 베어링 하우징의 지름과 베어링을 끼우지 않았을 때 베어링 바깥쪽의 지름의 차이를 무엇이라 하나?

㉮ 베어링 크러시 ㉯ 베어링 스프레드

㉰ 베어링 두께 ㉱ 베어링 돌기

해설 베어링 스프레드 : 크랭크축 베어링 하우징의 지름과 베어링을 끼우지 않았을 때 베어링 바깥쪽의 지름의 차이

3.4 왕복형 기관의 피스톤 속도에 대한 설명으로 맞는 것은?

㉮ 피스톤 속도는 상사점에서 가장 빠르다.

㉯ 피스톤 속도는 하사점에서 가장 빠르다.

㉰ 피스톤 속도는 BTDC 45°에서 가장 빠르다.

㉱ 피스톤 속도는 ATDC 10°에서 가장 빠르다.

해설 피스톤 속도는 상사점과 하사점의 중간에서 가장 빠르다.

3.5 피스톤링의 3대 작용이 아닌 것은?

㉮ 기밀작용 ㉯ 열전도 작용

㉰ 혼합기 작용 ㉱ 오일제어 작용

해설 피스톤링의 3대 작용은 기밀 작용, 열전도 작용, 오일제어 작용이다.

정답 3.6 ㉰ 3.2 ㉱ 3.8 ㉰ 3.9 ㉰ 3.50㉰㉱

3.6 피스톤링에서 플래터 현상이 발생하면 엔진에서 발생하는 현상은 무엇인가?

㉮ 소음과 진동이 심하다.

㉯ 노킹이 발생한다.

㉰ 블로바이 가스 발생이 많아진다.

㉱ 오일제어 작용이 강해진다.

해설 플래터 현상은 링이 마모되면 발생하는 떨리는 현상이다.

3.7 엔진오일에서 캐비테이션이 발생할 때 나타나는 현상이 아닌 것은?

㉮ 진동, 소음 증가 ㉯ 충격파 발생

㉰ 부품 부식 ㉱ 점도지수 증가

해설 점도지수 : 온도에 따른 오일의 점도 변화
캐비테이션 : 유체 속에서 압력이 낮은 곳이 생기면 기체가 발생하여 유체가 없는 공간이 생기는 현상, 기체는 큰 에너지를 가지고 있어 온도, 압력을 높이고 충격파를 발생시켜 부품 부식과 손상의 원인

3.8 실린더 상부의 마모가 다른 부분보다 큰 것을 링의 호흡작용이라 한다. 이의 원인은 무엇인가?

㉮ 폭발시 실린더가 측압을 받기 때문에

㉯ 윤활상태가 나빠서

㉰ 열전달이 되지 않아서

㉱ 크랭크축의 마모로 인하여

해설 폭발은 상사점에서 일어나 상사점 부근이 실린더 마모가 크다.

3.9 다음 중 피스톤의 유막간극을 나타내는 것은?

㉮ 실린더와 피스톤의 간극 ㉯ 연소실의 엔드갭

㉰ 피스톤의 사이드 간극 ㉱ 피스톤링의 절개구

해설 피스톤의 유막간극=피스톤의 엔드갭=실린더와 피스톤의 간극

3.10 실린더에서 발생하는 측압은 무엇인가?

㉮ 흡기행정에서 흡입공기의 압력

㉯ 피스톤이 하강할 때 실린더 벽과의 마찰에 의한 압력

㉰ 압축행정에서 혼합기의 압력

㉱ 피스톤이 실린더 벽을 따라 움직일 때 실린더 벽에 가해지는 압력

해설 피스톤의 상하운동은 커넥팅로드를 거쳐 크랭크축의 원운동으로 이어진다. 따라서 피스톤에는 바깥쪽으로 밀어내는 힘이 작용한다. 이 힘을 측압이라 한다.

3.11 커넥팅 로드 베어링 상부에 오일 분출구멍이 있는 이유는 무엇인가?

㉮ 오일의 압력을 높게 하기 위하여

㉯ 실린더로 오일을 들어가지 못하도록 하기 위하여

㉰ 커넥팅 로드의 베어링 수명을 짧게 하려고

㉱ 실린더벽에 오일을 분사하여 경계 마찰을 유도하기 위하여

해설 엔진 작동시 실린더 벽에 오일을 분사하기 위해 커넥팅로드의 큰 베어링 윗부분에 오일 분출 구멍이 있다.

3.12 베어링의 바깥 둘레와 하우징의 둘레와의 차이를 무엇이라 하나?

㉮ 베어링 크러시 ㉯ 베어링 스프레드

㉰ 베어링 지름 ㉱ 베어링 크기

해설 베어링 크러시 : 베어링의 바깥 둘레와 하우징의 둘레와의 차이

3.13 크랭크축의 구조와 기능에 대한 설명으로 적당하지 않는 것은?

㉮ 크랭크축은 피스톤의 직선운동을 회전운동으로 변경한다.

㉯ 크랭크축에는 캠축을 구동하기 위한 스프로켓이 있다.

㉰ 크랭크축의 밸런스 웨이트는 플라이휠을 회전시키기 위한 것이다

㉱ 크랭크축 내부에는 오일 통로가 설치되어 있다.

해설 밸런스 웨이트는 베어링 편중을 막고 균형이 맞지 않아 생기는 진동을 방지한다.

3.14 크랭크축 방향 유격의 설명 중 틀린 것은?

㉮ 크랭크축 방향 유격의 한계 값은 0.45 mm 이하이다.

㉯ 축방향 유격은 축의 회전운동으로 발생한다.

㉰ 유격방지를 위해 스러스트 베어링을 사용한다.

㉱ 유격이 크면 기어의 마모가 발생한다.

해설 크랭크축 방향 휨의 한계 값은 0.25mm 이하이다.

3.15 다음 중 카운터 보어에 대한 설명으로 맞는 것은?

㉮ 밸브의 작동을 원활하게 한다.

㉯ 맥동유동을 만들 때 사용한다.

㉰ 고속 회전시 평형을 잡아준다.

㉱ 카본에 의한 밸브의 고착을 방지한다.

해설 카운터 보어 - 카본에 의한 밸브의 고착을 방지

정답 3.11 ㉱ 3.12 ㉮ 3.13 ㉰ 3.14 ㉮ 3.15 ㉱

3.16 표준 내경이 80 mm인 실린더에서 사용 중인 실린더 내경을 측정한 결과 0.3 mm가 마모되었다. 이때 보링한 후 보링치수로 가장 적당한 것은?

㉮ 78.5 mm　　㉯ 79.5 mm

㉰ 80.5 mm　　㉱ 81.5 mm

해설 보링 값=80(표준 내경)+0.3(마모량)+0.2(수정 한계 값)=80.5 mm(보링 최소치수), 수정 값 80.5−80=0.5 mm는 오버 사이즈(0.25 mm씩 증가) 치수에 따라 0.5 mm이고 최종 값은 80+0.5=80.5 mm이다.(70 mm 이상 수정 한계 값 0.2 mm임)

3.17 내접 기어식 오일펌프의 사이드 간극을 맞게 설명한 것은?

㉮ 프런트 케이스와 기어의 측면 깊이 간극

㉯ 외측기어 이빨 끝과 내측기어 이빨 끝 사이의 깊이

㉰ 외측기어와 프런트 케이스 사이의 간극

㉱ 외측기어와 오일펌프의 측면 깊이 간극

해설 사이드 간극 : 프런트 케이스와 기어의 측면 깊이 간극
팁 간극 : 외측기어 이빨 끝과 내측기어 이빨 끝 사이의 깊이
보디 간극 : 외측기어와 프런트 케이스 사이의 간극

3.18 기관의 압축압력 점검 결과 실린더 압력이 옆 실린더와 같이 낮아 있는 원인으로 적당한 것은?

㉮ 흡기 다기관 진공 누설　　㉯ 점화시기 제어 불량

㉰ 헤드 가스켓 소손　　㉱ 피스톤링의 마모

해설 헤드 가스켓이 소손되면 압축압력이 낮아진다.

3.19 Al 합금으로 내식성, 내마멸성, 내압성, 내열성이 우수하여 고속용 가솔린 기관에 많이 사용되는 피스톤의 재료는 무엇인가?

㉮ 주철　　㉯ 니켈, 구리합금

㉰ Y 합금　　㉱ 켈밋 합금

해설 Y 합금, Lo-Ex가 많이 사용된다.

3.20 엔진의 크랭크축 휨을 측정할 때 필요가 없는 장비는?

㉮ 블록 게이지　　㉯ 정반

㉰ V블록　　㉱ 다이얼 게이지

해설 블록 게이지 : 몇 개의 게이지를 조합하여 필요한 치수를 만든다.

정답 3.16 ㉰　3.17 ㉮　3.18 ㉰　3.19 ㉰　3.20 ㉮

3.21 기관 매니폴드에서 진공이 누설될 경우 나타나는 현상과 거리가 먼 것은?

㉮ 엔진부조

㉯ 엔진의 출력부족

㉰ 연료탱크내 증발가스 부족

㉱ 연료장치 불량

해설 진공이 누설되면 증발가스가 처리되지 않는다.

3.22 기관의 윤활장치 설명으로 적당하지 않는 것은?

㉮ 엔진의 오일압력은 2~4 ata이다.

㉯ 겨울철에는 점도지수가 낮은 오일이 좋다.

㉰ 엔진오일은 변속기 오일과 다른 성분을 갖는다.

㉱ 엔진온도가 낮아지면 오일의 점도는 묽어진다.

해설 오일의 점도는 온도에 반비례한다. 온도가 낮아지면 오일이 굳는다.
점도 : 묽기의 정도, 점도지수 : 온도에 따른 오일의 점도 변화

3.23 다음 중 플라이휠의 설명과 관련이 없는 것은?

㉮ 회전을 균일하게 한다.

㉯ 링기어를 설치하여 시동을 걸 수 있게 한다.

㉰ 엔진동력을 저장한다.

㉱ 부하변동을 심하게 한다.

해설 플라이휠은 관성력을 저장하고 부하를 일정하게 유지한다.

3.24 크랭크축 메인 베어링 저널의 오일간극 측정으로 가장 적당한 방법은?

㉮ 필러 게이지 사용

㉯ 플라스틱 게이지 사용

㉰ 직각자 사용

㉱ 블록 게이지 사용

해설 플라스틱 게이지 : 오일간극 측정

3.25 다음 중 역밸브 오버랩을 나타내는 것은?

㉮ PVO ㉯ NVO

㉰ PCSV ㉱ PCV

해설 NVO-negative valve overlap

정답 3.21 ㉰ 3.22 ㉱ 3.23 ㉱ 3.24 ㉯ 3.25 ㉯

3.26 캠축에서 캠의 각부의 명칭이 아닌 것은?

㉮ 양정 ㉯ 로브

㉰ 플랭크 ㉱ 밸브 오버랩

해설 플랭크 : 로커암이 접촉되는 캠의 옆면
밸브 오버랩 : 흡배기밸브가 동시에 열림

3.27 밸브의 양정이 5 mm이면 밸브의 지름은 얼마인가?

㉮ 20 mm ㉯ 30 mm

㉰ 40 mm ㉱ 50 mm

해설 밸브의 지름=4×밸브 양정

3.28 피스톤링에 대한 설명으로 틀린 것은?

㉮ 엔진오일이 연소실로 들어가지 못하도록 한다.

㉯ 내열성과 내마모성이 좋아야 한다.

㉰ 라이너 보다 강도가 높아야 한다.

㉱ 실린더 블록 재질보다 경도가 높아야 한다.

해설 경도 : 물체의 단단한 정도, 경도가 높으면 단단하지만 잘 부러진다. 피스톤링은 강도가 높아야 함.

정답 3.26 ㉱ 3.27 ㉮ 3.28 ㉱

[주관식]

1. 실린더 블록을 제조하는 과정을 알아보자.

2. 실린더 블록에서 건식 라이너와 습식 라이너에 대하여 설명해 보자.

3. 피스톤의 구조를 스케치하고 부품 명칭을 알아보자.

4. 피스톤링에 대하여 설명하라.

5. 실린더 헤드, 실린더 블록, 피스톤, 크랭크축, 밸브, 캠 등 실린더 본체의 부품의 이름을 암기 해 보자.

6. PFI, GDI, IDI 디젤, CRDI 디젤기관의 엔진 부품을 조사해보자.

연료와 연소

CHAPTER 04

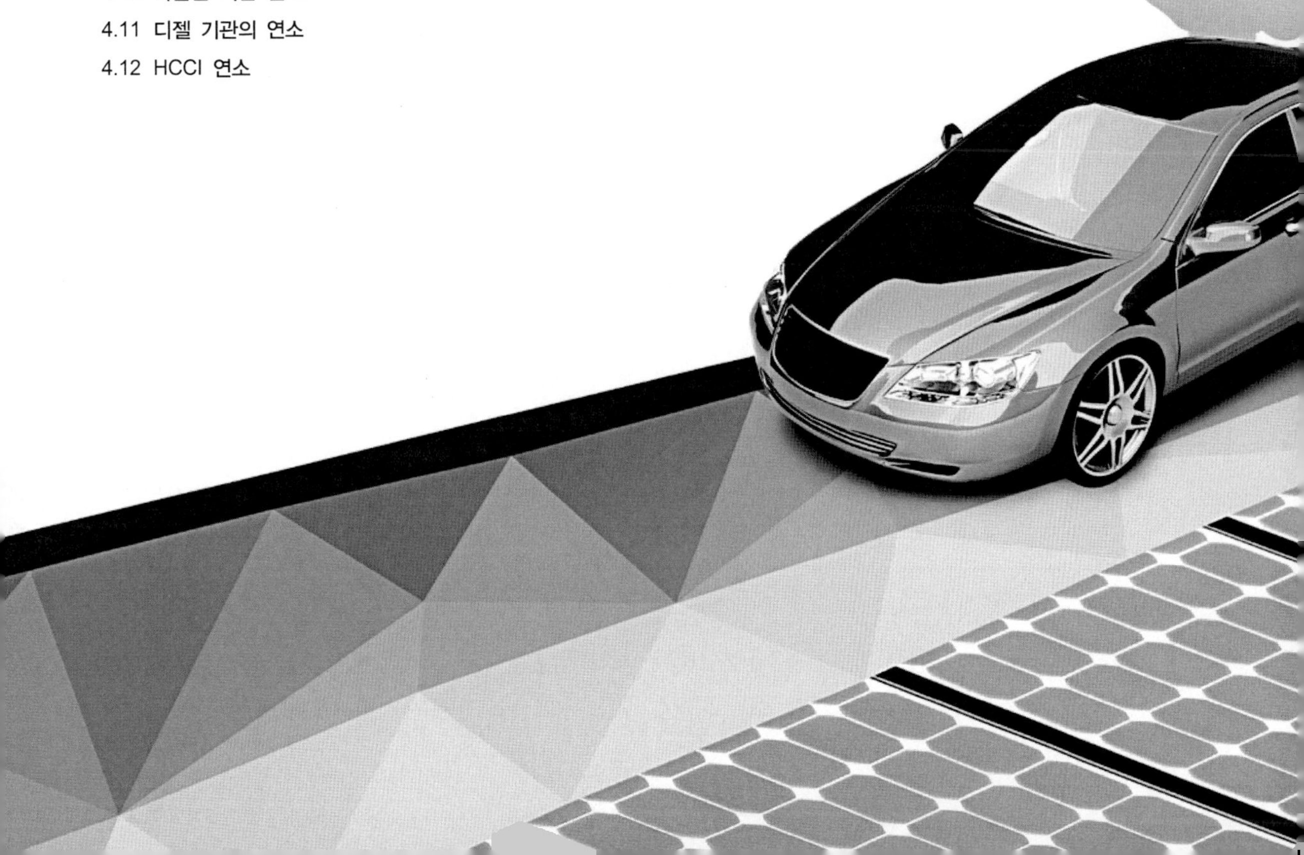

4.1 연료

연료는 통상 화석연료와 바이오매스 연료(biomass fuel)로 분류되며 화석연료는 석탄, 석유, 천연가스 등 지하 매장자원에서 얻어지고 바이오 연료는 동식물성 유지의 발효로 얻어지는 에너지이다. 에너지원에는 화석 에너지 외에 풍력, 지열, 태양광 등 재생 에너지와 원자력 에너지가 있고 이것을 1차 에너지라 한다. 1차 에너지를 이용하기 쉬운 형태로 가공한 것이 가솔린, 전기, 도시가스 등의 2차 에너지이며 인류가 이용하고 있는 에너지의 90%는 화석연료에서 얻어지고 있다.

기관 중 외연기관은 화석연료의 연소열을 열 에너지로 이용하고, 내연기관은 화석연료를 정제하여 이용한다. 자동차 연료는 가솔린, 경유, 액화 석유가스(LPG, Liquefied Petroleum Gas), 에틸 알코올, 압축 천연가스(CNG, Compressed Natural Gas), 수소 등이 사용된다. 최근에는 환경 보존, 석유 대체의 관점에서 CTL, BTL, GTL 등의 신에너지, 태양광 등 재생 에너지, 바이오매스로 만드는 바이오 연료, 수소의 이용이 연구되고 있다.

4.1.1 석유계 연료

(1) 연료의 종류

내연기관의 연료는 원유를 정제하여 만든 석유계 연료로, 가솔린 엔진에는 가솔린, 디젤엔진에는 경유와 중유를 사용하며 석유계 연료는 탄소와 수소의 화합물인 탄화수소로 이루어지고 탄화수소는 화학 구조에 따라 사슬모양 탄화수소와 고리모양 탄화수소로 분류된다.

표 4.1 탄화수소의 분류

탄화수소	사슬모양 탄화수소	포 화	파라핀계	C_nH_{2n+2}(알케인)
		불포화	올레핀계	C_nH_{2n}(알켄)
			아세틸렌계	C_nH_{2n-2}(알킨)
			아스팔트계	C_nH_{2n-4}
	고리모양 탄화수소	포 화	나프텐계	C_nH_{2n}(사클로 알칸)
		불포화	벤젠계	C_nH_{2n-6}(방향족)

화학구조에 따라 파라핀계, 올레핀계, 나프텐계, 방향족계 등으로 나누어지며 파라핀계는 메탄, 프로판, 부탄, 옥탄, 세탄, 올레핀계는 에텐, 부텐, 나프텐계는 사이크로 프로판, 방향족계는

벤젠, 알코올은 메탄올, 에탄올 등이 있다.

표 4.2는 자동차 연료를 탄소수를 기준으로 나타낸다. 가장 가벼운 성분은 천연가스의 주성분인 메탄(CH_4)으로 원유와 같이 존재하거나 단독으로 존재한다. 프로판(C_3H_8), 부탄(C_4H_8)도 가스로 취급되지만 부탄은 자동차에서는 주행거리를 늘리기 위하여 액화시켜 액화 석유가스(LPG)로 이용되고 있다.

액체상태에서 가장 가벼운 성분은 비점이 30~200℃인 가솔린으로 C5~C9의 성분이 함유되어 있고 경질 가솔린은 탈황, 탈취처리가 된 후에 직류 가솔린(straight gasoline)으로 된다. 중질분도 탈황처리를 한 후에 방향족을 많이 함유하는 가솔린이 되며, 이러한 가솔린을 조합하여 자동차용 가솔린, 항공용 가솔린 및 석유 화학연료를 만든다.

표 4.2 파라핀계 C_nH_{2n+2}의 분류 (출처 : sit.ac.jp)

<table>
<tr><th>명칭</th><th>화학식</th><th>연료 상태(실온)</th></tr>
<tr><td>메탄(methane)</td><td>CH_4</td><td rowspan="2">천연가스
(기체, 탄소수 1에서 2까지)</td></tr>
<tr><td>에탄(ethane)</td><td>C_2H_6</td></tr>
<tr><td>프로판(propane)</td><td>C_3H_8</td><td rowspan="2">LPG
(기체, 탄소수 3에서 4까지)</td></tr>
<tr><td>부탄(butane)</td><td>C_4H_{10}</td></tr>
<tr><td>펜탄(pentane)</td><td>C_5H_{12}</td><td rowspan="5">가솔린
(액체, 탄소수 5에서 9까지)
비중 0.62~0.71</td></tr>
<tr><td>헥산(hexane)</td><td>C_6H_{14}</td></tr>
<tr><td>헵탄(heptane)</td><td>C_7H_{16}</td></tr>
<tr><td>옥탄(octane)</td><td>C_8H_{18}</td></tr>
<tr><td>노난(nonane)</td><td>C_9H_{20}</td></tr>
<tr><td>데칸(decane)</td><td>$C_{10}H_{22}$</td><td rowspan="6">경유, 등유
(액체, 탄소수 10에서 17까지)
비중 0.73~0.77</td></tr>
<tr><td>운데칸(undecane)</td><td>$C_{11}H_{24}$</td></tr>
<tr><td>도데칸(dodecane)</td><td>$C_{12}H_{26}$</td></tr>
<tr><td>테트라데칸(tetradecane)</td><td>$C_{14}H_{30}$</td></tr>
<tr><td>펜타데칸(pentadecane)</td><td>$C_{15}H_{32}$</td></tr>
<tr><td>헥사데칸(hexadecane, 세탄)</td><td>$C_{16}H_{34}$</td></tr>
<tr><td>옥타데칸(octadecane)</td><td>$C_{18}H_{38}$</td><td rowspan="2">고체
(탄소수 18 이상)</td></tr>
<tr><td>에이코산(eicosan)</td><td>$C_{20}H_{42}$</td></tr>
</table>

표 4.3 올레핀계(알켄) C_nH_{2n}의 분류

명칭	화학식	상태
에텐(ethene)	C_2H_4	기체
프로펜(Propene)	C_3H_6	
부텐(butene)	C_4H_8	
펜텐(pentene)	C_5H_{10}	액체
헥센(hexene)	C_6H_{12}	
헵텐(heptene)	C_7H_{14}	
옥텐(octene)	C_8H_{16}	
나넨(nonene)	C_9H_{18}	

표 4.4 알콜계의 분류

명칭	화학식	상태
메탄올	CH_3OH	액체
에탄올	C_2H_5OH	
프로판올	C_3H_7OH	
부탄올	C_4H_9OH	
펜탄올	$C_5H_{11}OH$	

표 4.5 분류 성분

탄소수	제 품	비점(℃)	이론공연비	분자식	자발화 온도(℃)	발열량 kJ/kg
2 이하	메탄 (methane) 에탄올 (ethanol)	-162 78	17.2 9.0	CH_4 C_2H_5OH	632 420	55,260 29,000
3~4	프로판 (propane) 부탄 (butane)	-42 -0.5	15.7 14.8	C_3H_8 C_4H_8	481 441	50,000 48,000
5~9	가솔린(petrol)	30~200	14.7	C_8H_{15}	430	47,000
10~17	경유 (light oil)	150~350	14.7	$C_{12.3}H_{22.2}$	250	45,000
-	수소	-253	34.5	H_2	574	140,000

경유(light oil)는 C10~C16를 함유하고 증류 온도가 150~350℃인 연료로 주로 고속 디젤, 가스터빈의 연료로 사용되고 겨울에 자동차 연료로 사용을 할 때는 유동성 향상제를 첨가한다. 중유(heavy oil)는 원유의 증류 잔유의 점도를 조정한 중질의 연료로 점도가 낮은 쪽부터 A, B, C 중유라고 하고 용도는 윤활유, 발전용, 선박 디젤연료이다. 등유는 비점이 150~250℃의 C_9 ~C_{15} 성분을 함유하는 것으로 난방용의 백등유와 농업용, 어업용 엔진의 연료가 되는 공업용 등유가 있으며 보통 등유를 석유라고 한다.

(2) 성질

연료의 특성으로 중요한 항목은 자발화, 발열량, 밀도, 기화성, 점도 등으로, SI 기관용 연료는 자발화 온도가 높고 연소개시까지의 시간인 착화지연이 긴 것이 필요하고 CI 기관용 연료는 자발화 온도가 낮고 착화지연도 짧은 성질이 필요하다.

▶ 자발화

혼합기의 온도가 높아지면 혼합기는 자발화하며 높은 자발화 온도까지 도달하려면 높은 압축비가 필요하다. PFI 기관은 흡입행정 중에 흡기 매니폴드에서 연료를 분사하는 균일 예혼합연소이고, GDI 가솔린과 CRDI 디젤은 직접 분사식 엔진으로 압축과정에서 연료를 분사하는 불균일 확산연소이다. 연소실에 연료가 고압으로 분사되면 디젤은 자발화가 일어나고 가솔린은 전기로 점화를 시켜야 한다. 가솔린에서 자발화가 일어나면 압력펄스가 발생하여 이상 연소인 충격 연소가 되어 자발화를 피하기 위해 압축비를 11로 제한한다. 이러한 압력펄스를 노킹이라고 하며 연료와 공기의 혼합기가 고온, 고압이 되면 정상적인 연소가 종료하기 전에 자기착화를 일으키는 비정상 연소로 소음을 발생하고 압축비를 높이면 압축 상사점 부근의 온도가 높아져 노킹이 발생하기 쉬워진다.

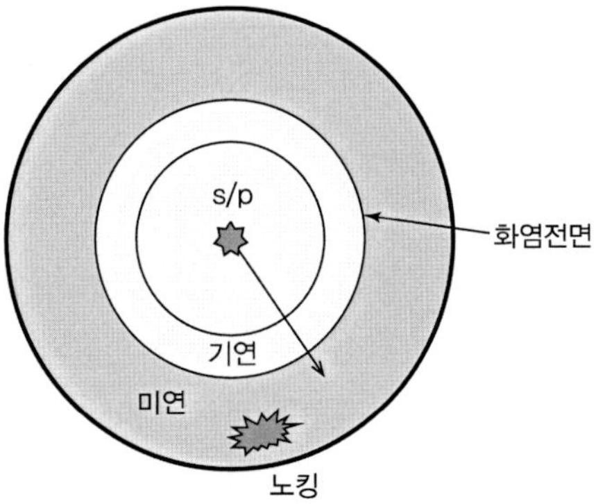

그림 4.1 노킹의 원리

그림 4.1은 노킹이 일어나는 원리를 설명한 것이다, 노킹은 연소 초기화염이 실린더 벽, 냉각된 피스톤 면, 약한 소용돌이 등으로 발달하지 못하거나, 잔류배기에 의한 실린더 고온, 긴 연소기간 등으로 화염전면(flame front)이 성장을 하지 못하면 발생한다. 화염성장 후에는 연소가스는 미연소 가스의 온도와 압력을 높여 연소과정의 말기에서 노킹이 발생하기도 한다. 노킹을 방지하기 위해서는 점화지연과 연소기간을 단축하면, 미연 혼합기가 고온상태에 노출되는 시간이 단축되어, 노킹이 발생하기 전에 정상적인 연소를 완료할 수 있다. 이러한 정상연소는 공기와류의 강화, 분사압력 강화, 멀티홀 인젝터 적용으로 균일유동에 강한 혼합물을 생성하는 동시에, 캐비티가 있는 피스톤을 적용하여 연소 초기화염이 피스톤에 의해 꺼지는 것을 방지하면 가능하다.

▶ 발열량

석유계 연료의 발열량은 거의 비슷하지만 가솔린이 47,000 kJ/kg 정도이며 연료 1 kg 중에 포함된 탄소, 수소, 산소, 유황 및 수분의 각각 C, H, O, S, W [kg]의 양을 알면 추정이 가능하다.

▶ 밀도

밀도는 탄소와 수소의 원자수 비가 크면 크게 되고 탄소수가 같은 경우는 다음과 같다.

방향족계 > 나프텐계 > 파라핀계

예를 들면 경질의 부탄은 0.6 kg/l, 경유, 중유가 0.86~1 kg/l이다.

▶ 기화성

탄화수소의 혼합물인 석유 연료는 넓은 비점 범위를 가지며 방향족의 비점이 가장 높고 나프텐, 파라핀, 올레핀의 순으로 낮다. 석유연료가 어느 정도의 비점을 가지는 성분으로 구성되어 있는가를 표시하는 기화성을 측정하는 방법으로는 ASTM 증류법과 평형공기 증류법(EAD)이 있다.

4.1.2 가솔린 연료

가솔린은 SI 기관의 주 연료로 1869년 미국 펜실베니아에서 처음으로 발견된 수소와 탄소의 결합물이다. 분자량이 서로 다른 성분으로 구성되어 분자량이 적으면 낮은 온도에서 증발하고, 증발은 너무 빨리 일어나면 체적효율이 감소하고 너무 늦게 증발하면 시동성에 문제가 발생한다. 가솔린은 C_5H_{18}의 화학식을 가지고 분자량은 78로, 이와 비슷한 연료로는 C_8H_{18}의 이소옥탄이 있고 가솔린의 중요한 성질은 내노크성과 기화성이다. 가솔린은 탄소와 수소로 구성되며 옥탄가는 MON 기준 80~91 범위, 비중은 0.75이다.

(1) 내노크성

연료가 균일하게 혼합되어 있는 예혼합(premixed, PFI 가솔린 기관)기의 연소는 화염전면의 화염전파에 의해 이루어진다. 화염전파 도중에 화염면에서 떨어진 미연 혼합기의 잔류가스가 자발화하면 고주파의 압력진동과 소음을 발생시키는 노킹이 발생한다. 엔진의 압축비가 높으면 기관의 효율은 좋아지지만 노킹이 발생하므로 옥탄가가 높은 연료를 사용해야 하며 옥탄가는 연료의 자발화 정도를 나타내는 인자이다. 옥탄가는 연료의 내노크성을 평가하는 지표이고 가장 노킹을 일으키기 쉬운 기준 연료는 정헵탄(n-heptane)으로 옥탄가는 0, 가장 노킹을 일으키기 어려운 기준 연료를 이소옥탄(isooctane), 옥탄가는 100이다. 연료의 옥탄가가 높으면 노킹이 방지된다. 옥탄가는 다음 식으로 표시된다.

$$\text{옥탄가(ON)} = \frac{\text{이소옥탄}}{\text{이소옥탄} + \text{정헵탄}} \times 100 \tag{4.1}$$

90%의 이소옥탄과 10%의 정헵탄을 가지는 연료의 옥탄가는 90이다. 일반적으로 옥탄가는 압축비를 조절할 수 있는 CFR(Cooperative Fuel Research) 엔진을 일정 조건으로 운전하여 측정하고 옥탄가의 종류에는 motor 옥탄가인 MON 옥탄가와 research 옥탄가인 RON 옥탄가가 있고 100이 넘는 연료에는 퍼포먼스 수(Performance Number)를 적용한다.

$$\text{PN} = \frac{2800}{128 - \text{ON}} \tag{4.2}$$

탄화수소의 종류와 옥탄가의 관계는

① 파라핀, 올레핀, 나프텐 계에서 탄소수가 적으면 옥탄가는 높다.

② 탄소수가 같은 경우, 방향족이 가장 높고 이소 파라핀, 올레핀, 나프텐, 정헵탄 순으로 옥탄가가 높다.

엔진의 내노크성을 향상시킬 수 있는 물질은 4에틸납[TEL, tetraethyl lead, Pb $(C_2H_5)_4$], 벤젠, 에틸 알코올 등이 있다. 4에틸납의 문제는 배기가스에서 나오는 납으로 이 문제로 인하여 1990년대에 들어서 유연 휘발유는 무연 휘발유로 변경이 되었다. 4에틸납은 연소실에 퇴적물을 만들고 밸브의 마모를 일으키는 등 많은 문제를 일으켜 에틸 알코올, 아망간산염 등 망간 화합물로 대체되었다. 엔진의 노킹은 연료 이외에도 압축비, 연소실 형상과 점화 플러그의 위치 등에 영향을 받기 때문에 엔진이 필요로 하는 연료의 옥탄가는 다르고 이것을 기계적인 옥탄가라 하며, 노킹의 주된 요인은 다음과 같다.

① 실린더에 퇴적하는 납 성분으로 이는 연소실을 작게 만들어 압축비를 높이는 역할을 한다.

② 급가속, 언덕길 주행인 WOT 상태에서 발생한다.

③ 연소실에서의 표면 퇴적물(deposit)에서 발생한다.

(2) 휘발성

연료의 기화성은 엔진의 시동과 가속성능에 영향을 미친다. 기화성은 엔진이 저온상태로 시동되는 냉간시동, 엔진이 고온상태로 시동되는 열간시동 및 저속 시의 가속과 깊은 관계가 있다. PFI 기관에서 냉간 시동시 인젝터를 나온 가솔린은 액체상태로 흡입관을 거쳐 연소실로 들어가고, 압축행정시 압축상승에 의해 온도가 올라감에 따라 일부의 가솔린이 증발하여 공기와 혼합된 후 연소하고 연소되지 않고, 액체상태로 남은 가솔린의 일부는 배기로 배출되고 남은 가솔린은 다음 사이클에서 증발하여 혼합비를 농후하게 만든다. 이것은 냉간 시동시 배기가스 중의 미연 탄화수소와 일산화탄소의 농도를 높게 하는 원인이 된다.

① 베이퍼 록(vapor lock)

냉간시동을 쉽게 하기 위해 연료성분 중 저비점 성분을 증가시키면 연료의 증기압이 높게 되고, 웜업 후 연료펌프, 연료라인에서 연료증기가 빨리 발생되어 연료공급이 어려워지고 혼합비가 희박해지는 등 운전이 부조되는 현상

② 퍼콜레이션(percolation)

기화기 내부에서 가솔린이 비등하면 흡기 매니폴드로 유입되어 시동이 곤란해지는 현상

4.1.3 디젤연료

디젤엔진의 연료로는 경유와 중유가 이용된다. 중유의 비중은 0.83~0.84이고 경유는 증류에 의해 얻어지고, 고속 디젤 엔진용의 연료로 사용되고, 분자식은 $C_{12.3}H_{22.2}$이며 점성이 적고, 펌핑이 쉽다. 중유는 높은 분사압력이 필요하고 펌핑이 어렵지만 가격이 싸다. 디젤 엔진용 연료의 성질로서는 자발화성이 가장 중요하고 연료는 압축만 가해도 연소를 하면 효율은 높아진다.

디젤엔진에서는 고온, 고압의 공기 중에 연료를 미립자로 분무하여 공급하고, 연료는 공기에 의해 가열되어 연료 증기로 되고, 공기와 혼합하여 혼합기를 형성한다. 가연범위에 들어간 혼합기는 착화지연 후에 스스로 자기착화한다. 연료분사에서 자기착화까지의 시간을 착화지연(ID)이라 하며, 연료분사에서 가연 혼합기가 자발점화에 도달하기까지의 시간과 그 후 자발점화하는 시간으로 나누어진다. 전자를 물리적 지연, 후자를 화학적 지연이라 하며 화학적 지연은 세탄가로 표시된다. 착화하기 쉬운 기준 연료인 정 세탄의 세탄가 100, 착화하기 어려운 기준 연료인 메틸나프탈렌 세탄가를 0으로 하면 연료 세탄가는 식(4.3)과 같다. 경유의 세탄가는

45~60, 중유의 세탄가는 25~40 정도이며 세탄가가 높으면 점화지연은 짧아지고 빨리 자발화한다. 세탄가가 낮아 점화지연이 길어지면 연소실 온도와 압력이 급상승하여 진동소음을 일으키는 디젤 노킹현상이 발생한다.

$$세탄가(CN) = \frac{정세탄}{정세탄 + \alpha 메틴나프탈렌} \times 100 \tag{4.3}$$

착화성 향상제로는 질산염, 아질산염, 아초산아밀($C_5H_{11}NO$), 초산에틸(C_5H_5NO)이 사용되며 세탄가의 측정은 어렵다. 착화성을 간단하게 알 수 있는 방법은 디젤지수(DI, Diesel Index)이며 이는 연료의 물성만으로 내노크성을 표현한 것이다.

$$디젤지수(DI) = \frac{아닐린점 \times 연료비중}{100} \tag{4.4}$$

4.2 연료의 분석

고체연료인 석탄을 분석하는 시험방법에는 착탄검사, 공업분석, 원소분석 및 발열량 시험으로 구분된다. 착탄검사란 석탄 내에 습분이 포함되어 있는 비율(%)을 검사하는 것으로 검사시의 석탄의 중량을 G(kg), 습분의 중량을 m (kg)으로 하면 습분의 비율은 다음으로 표시된다.

$$M = \frac{m}{G} \times 100[\%] \tag{4.5}$$

공업분석은 수분, 회분, 휘발분 및 고정 탄소의 질량비를 구하는 방법으로 이들 중 고정탄소와 휘발분의 비를 연료비(fuel ratio)라 한다. 발열량은 연소시 발생하는 열량을 의미하며 단위는 kcal/kgf)이다.

4.3 공기량

4.3.1 질량과 체적기준

일반적으로 양론학적(stoichiometric, 이하 stoi) 공기량으로 완전연소가 불가능하다. 따라서 이론 공기량보다 조금 많은 공기가 필요하고 과잉의 공기공급은 불활성인 질소와 과잉산소로 인하여 연소온도가 낮아지는 효과도 있다. 공기의 과잉 정도는 공기와 연료 양의 비인 공연비

(air fuel ratio, AF)로 알 수 있다. 연료는 공기 중의 산소와 화합하여 이산화탄소(CO_2), 일산화탄소(CO), 아황산가스(SO_2) 및 수증기(H_2O)를 발생하면서 연소한다. 탄소가 산소와 반응하여 완전 연소하는 경우, 다음 반응식이 성립한다.

$$C + O_2 = CO_2 \tag{4.6}$$

12 kg : 32 kg : 44 kg(질량 기준)

22.4 m^3 : 22.4 m^3(체적 기준)

탄소 1 kg을 연소시키는 데 필요한 산소의 양은 질량기준으로 탄소 12 kg의 연소에 대하여 산소 32 kg이 필요하기 때문에 32/12 = 2.667 kg이 필요하다. 또한 체적기준으로는 탄소 12 kg의 1몰 연소에 대하여 산소 1몰인 22.4 Nm^3(N은 normal, 표준상태)이 필요하기 때문에 탄소 1 kg에 대하여는 산소 1.867 Nm^{3}이 필요하다. 연소에 필요한 산소는 공기 중에 질량기준으로 약 23.2%, 체적기준으로는 약 21% 포함되어 있고 이론 산소량은 다음과 같다. 여기서 연료 중에 포함된 산소는 제거해야 한다.

[질량기준 이론 산소량]

$$O_{stoi} = \left[\frac{C}{12} + \frac{H}{4} + \frac{S}{32} - \frac{O}{32}\right] \text{kmol/kg} = 32\left[\frac{C}{12} + \frac{H}{4} + \frac{S}{32} - \frac{O}{32}\right] \text{kg/kg}$$
$$= 2.67C + 8H + S - O \tag{4.7}$$

[체적기준 이론 산소량]

$$O_{stoi} = \left[\frac{C}{12} + \frac{H}{4} + \frac{S}{32} - \frac{O}{32}\right] \text{kmol/kg} = 22.4\left[\frac{C}{12} + \frac{H}{4} + \frac{S}{32} - \frac{O}{32}\right] \text{m}^3/\text{kg}$$
$$= 1.867C + 5.6H + 0.7S - 0.7O \tag{4.8}$$

[질량기준 이론 공기량]

질량기준 이론 공기량을 A_{stoi}라 하면

$$A_{stoi} = \frac{O_{stoi}}{0.232} = 11.5C + 34.5H + 4.31S - 4.31O \ [\text{kg/kg}] \tag{4.9}$$

[체적기준 이론 공기량]

연소에 필요한 체적기준 이론 공기량을 A_{stoi}라 하면

$$A_{stoi} = \frac{O_{stoi}}{0.21} = 8.89C + 26.7H + 3.3S - 3.3O \ [\text{m}^3/\text{kg}] \tag{4.10}$$

이상으로부터 고체와 액체 연료에 대하여 다음 표 4.6이 성립한다.

표 4.6 탄소 1 kg 연소시 필요한 산소량

구 분	C	H	S	O
질량(kg)	2.67	8	1	1
체적(Nm^3)	1.867	5.6	0.7	0.7

공기비(λ, air ratio)는 공기의 과잉 정도를 나타내는 인자로 공기 과잉율(λ)이라고도 한다. 실제의 연소에 필요한 공기량을 $A_{act}[\mathrm{m}^3]$, 이론 공기량을 $A_{stoi}[\mathrm{m}^3]$, 공기과잉율을 λ 라 하면, 다음 식이 성립한다.

$$\lambda = \frac{A_{act}}{A_{stoi}} \tag{4.11}$$

배기가스 내의 산소농도를 측정하면, 다음 식으로 계산할 수 있다.

$$\lambda = \frac{79}{79 - \frac{79}{21}O_2(\%)} = \frac{21}{21 - O_2(\%)} \tag{4.12}$$

LPG 등 기체연료는 λ=1.1~1.3, 가솔린 등 액체연료는 λ=1.2~1.4이다. 공기과잉율이 1보다 적으면 농후조건으로 시동, 가속, 저속 시에 해당하여 효율이 나빠지고, 1보다 크면 희박조건으로 고속시 등으로 효율이 좋아지지만 엔진출력이 떨어진다. 당량비(Φ)는 공기비의 역수로 이론상 완전연소에 필요한 공기량을 실제 공기량으로 나눈 값이다.

$$\Phi = \frac{A_{stoi}}{A_{act}} = \frac{1}{\lambda} \tag{4.13}$$

$\lambda = 1,\ \Phi = 1$: 이론조건으로 완전연소

$\lambda > 1,\ \Phi < 1$: 희박조건으로 배출물에 산소가 존재(산소과잉)

$\lambda < 1,\ \Phi > 1$: 농후조건으로 배출물에 CO, HC가 존재(산소부족)

당량비 1이면 이론조건, 당량비 1보다 적으면 희박조건, 1보다 크면 농후조건이다. 현재 대부분의 자동차는 당량비 1.1, 공기비 0.9의 농후조건으로 운행된다.

4.3.2 몰 기준

몰(Mole)은 분자량의 단위로 1 kg, 1 m와 같은 단위의 일종이다. 화학에서는 분자가 아주 작아서 몰의 단위를 쓰면 편리하다. 수소(H)는 분자량이 1이고 1 gmole은 1 g이고, 탄소(C)는

분자량이 12이고 1 gmole은 12 g이다. 분자량이 16인 단원자 산소(O)는 1 gmole은 16 g이다. 분자식이 H_2O인 물은 분자량이 18이므로, 물 1 gmole은 18 g이다.

$$C + O_2 = CO_2 \quad (4.14)$$

$$1\text{몰} = 1\text{몰}$$

메탄과 이소옥탄의 산소와의 평형 반응식은 다음과 같다

$$CH_4 + 2O_2 = CO_2 + 2H_2O \quad (4.15)$$

$$1\text{몰} : 2\text{몰} = 1\text{몰} : 2\text{몰}$$

$$C_8H_{18} + 12.5O_2 = 8CO_2 + 9H_2O \quad (4.16)$$

$$1\text{몰} : 12.5\text{몰} = 8\text{몰} : 9\text{몰}$$

연료는 C와 H의 결합물이고 공기는 N_2, O_2, 아르곤으로 구성된다. 공기는 질소 79%, 21% 산소로, 구성되어 산소 0.21몰에 대하여 질소가 0.79몰이다. 이는 산소 1몰에는 질소 3.76몰이 존재하는 것과 같다. 연료는 완전연소하면 CO_2, H_2O를 발생하고 불완전 연소하면 CO, HC를 발생한다. 공기 중의 질소는 다른 화합물과는 반응을 하지 않지만 환경이 고온이 되면 N 단원자로 분해되고 이들은 산소 단원자 O와 반응을 하여 NO, NO_2 등의 질소산화물(NO_x)을 생성한다. 이는 자동차에서 발생하는 나쁜 배출물로 일반적으로 EGR 시스템으로 연소 온도를 낮추어 N_2의 분해를 감소시켜 NO_x를 저감시킨다. 그러나 이는 엔진의 열효율을 떨어뜨려 VGT 등의 시스템을 다시 적용해야 한다.

[탄화수소 연료의 연소반응]

$$C_mH_n + \left(m + \frac{n}{4}\right)O_2 + 3.76\left(m + \frac{n}{4}\right)N_2 \rightarrow mCO_2 + \frac{n}{2}H_2O + 3.76\left(m + \frac{n}{4}\right)N_2 \quad (4.17)$$

메탄의 공기 중의 연소 반응식은 다음과 같다. 질소는 화학적으로 중립이어서 반응하지 않으므로 그대로 배출된다.

$$CH_4 + 2O_2 + (2 \times 3.76)N_2 = CO_2 + 2H_2O + (2 \times 3.76)N_2 \quad (4.18)$$

메탄의 연소 반응식에 산소가 과잉이면 희박연소로 생성물에 산소가 존재한다.

$$CH_4 + 4O_2 + (4 \times 3.76)N_2 = CO_2 + 2H_2O + (4 \times 3.76)N_2 + 2O_2 \quad (4.19)$$

공기의 분자량은 29이고 이론 공기량보다 공기가 많을 때는 희박(lean), 공기가 적을 때는 농후(rich)의 조건이 된다. 식(4.19)의 반응물에서 산소가 많으면 희박으로 생성물에는 산소가 발생하고 산소가 적으면 농후조건으로 배기가스가 발생한다.

이소옥탄의 공기 중의 연소 방정식은 다음과 같다.

$$C_8H_{18} + 12.5O_2 + (12.5 \times 3.76)N_2 = 8CO_2 + 9H_2O + (12.5 \times 3.76)N_2 \quad (4.20)$$

이소옥탄의 연소 반응식에서 산소가 부족하면 농후연소로 CO_2는 CO로 되어 배기가스로 된다.

$$C_8H_{18} + 10O_2 + (10 \times 3.76)N_2 = 3CO_2 + 9H_2O + (10 \times 3.76)N_2 + 5CO \quad (4.21)$$

예제 4·1

이론 공기량 문제

다음의 조성을 갖는 액체 연료가 있다. 완전연소시키는 데 필요한 이론공기의 질량 및 체적을 구하여라.

C : 82%, H : 12%, O : 2%, S : 1%, N : 3%

풀이 질량기준 : $A_{stoi} = 11.5C + 34.5H + 4.31S - 4.31O$ [kg/kg]

체적기준 : $A_{stoi} = 8.89C + 26.7H + 3.3S - 3.3O$ [m^3/kg]

질량기준 이론 공기량 :

$$A_{stoi} = 11.5 \times 0.82 + 34.5 \times 0.12 + 4.31 \times 0.01 - 4.31 \times 0.02 = 13.5 \text{ kg/kg}$$

체적기준 이론 공기량 :

$$A_{stoi} = 8.89 \times 0.82 + 26.7 \times 0.12 + 3.3 \times 0.01 - 3.3 \times 0.02 = 10.46 \ [m^3/kg]$$

예제 4·2

공기비 문제

C = 86%, H = 14%의 조성을 갖는 액체연료를 200 kg/h로 연소한 다음 배기가스를 분석한 결과 다음의 조성을 얻었다. 공기비를 구하라.

CO_2 : 17.4%, O_2 : 0.7%, N_2 : 82.0%

풀이 C 1 kg, H 1 kg을 완전연소시키는 데 필요한 산소량은 $\frac{22.4}{12}m^3$, $\frac{22.4}{4}m^3$이기 때문에 이론 공기량은

$$A_{stoi}\text{(이론 공기량)} = \frac{1}{0.21}\left(\frac{22.4}{12}C + \frac{22.4}{4}H\right) = 8.89C + 26.7H$$

$$\lambda\text{(공기비)} = \frac{N_2}{N_2 - \frac{79}{21}O_2}$$

C 1 kg, H 1 kg을 완전연소시키는 데 필요한 산소량은 1.87 m^3, 5.6 m^3이다.

이론 공기량 : $A_{stoi} = 8.89\text{C} + 26.7\text{H} = 8.89 \times 0.86 + 26.7 \times 0.14 = 11.38 \text{ m}^3/\text{kg}$

공기비 : $\lambda = \dfrac{N_2}{N_2 - \dfrac{79}{21}O_2} = \dfrac{0.82}{0.82 - \dfrac{79}{21} \times 0.007} = 1.033$

실제 공급 공기량 : $A_{act} = \lambda \times A_{stoi} = 1.033 \times 11.38 = 11.76 \text{ m}^3/\text{kg}$

4.4 연료의 발열량

수소의 연소에는 생성물에 물(수증기)이 얻어진다. 수증기는 물보다 증발잠열에 해당하는 엔탈피가 크다. 연소에 의하여 발생하는 열인 발열량을 동력으로 변환시킬 때 배기가스의 온도는 100℃ 이상이기 때문에 물은 수증기로 배출되어 증발잠열 에너지는 이용이 불가능하다. 여기서 물의 증발 잠열분을 포함하는 발열량을 고위 발열량, 포함하지 않는 발열량을 저위 발열량이라 한다. 고위 발열량과 저위 발열량의 구별은 수소를 포함하는 연료에만 해당하는 것으로 수소를 포함하지 않는 연료는 관계가 없다. 고위 발열량과 저위 발열량의 차이는 물의 증발잠열이다.

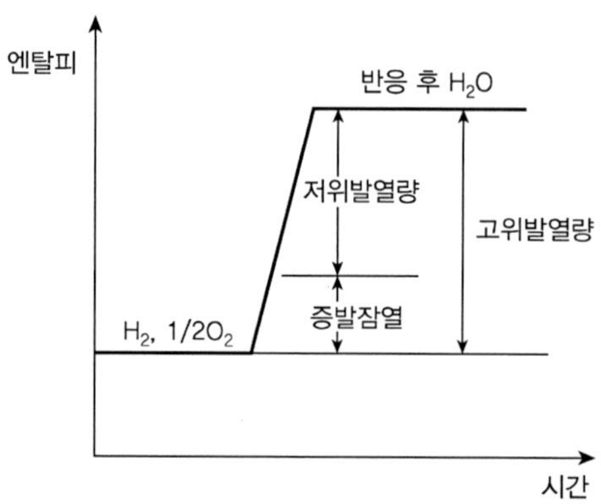

| 그림 4.2 | 고위 발열량과 저위 발열량

연료 중 탄소, 수소, 황, 산소의 질량분율을 C, H, S, O(%)라고 하면 Dulong식에서 액체체, 고체연료에 대하여 발열량은 다음과 같다.

$$\text{액체 : } H_h \text{ (고위 발열량)} = 33,940C + 143,510\left(\text{H} - \frac{\text{O}}{8}\right) + 9430\text{S [kJ/kg]}$$

$$\text{고체 : } H_h \text{(고위발열량)} = 8,100C + 34,000\left(H - \frac{O}{8}\right) + 2,500S \text{ [kcal/kgf]} \quad (4.22)$$

$$액체 : H_l\,(저위\ 발열량) = 33,940\,C + 120,000\left(\mathrm{H} - \frac{\mathrm{O}}{8}\right) + 9430\mathrm{S}\ [\mathrm{kJ/kg}]$$

$$고체 : H_l(저위발열량) = 8,100\,C + 29,000\,(H - \frac{O}{8}) + 2,500\,S - 600\,W[\mathrm{kcal/kgf}] \tag{4.23}$$

$$액체 : H_h - H_l = 23,510\,(\mathrm{H} - \mathrm{O}/8)\ [\mathrm{kJ/kg}]$$

$$고체 : H_h - H_l = 5,000\,(\mathrm{H} - \frac{\mathrm{O}}{8}) + 600\mathrm{W}\ [\mathrm{kcal/kgf}] \tag{4.24}$$

여기서 H_h는 고위 발열량, H_l은 저위 발열량이다. 또한 연소효율은 연료가 실제로 연소되어 발생하는 단위 질량당의 열량을 H라 하면 연소효율 η_c는

$$\eta_c\,(연소효율) = \frac{H}{H_l} \tag{4.25}$$

로 되고, 일반적으로 85~98%의 값을 갖는다.

표 4.7 연료의 발열량과 이론 공연비

종류	고위 발열량 (kJ/kg)	저위 발열량 (kJ/kg)	이론 공연비
가솔린	47,300 (11,260 kcal/kg)	43,000 (10,230 kcal/kg)	14.7
경유	44,800	42,500	14.6
에탄올	29,710	26,950	9.0
수소	141,800	120,000	34.5
1 Kcal = 4.1855 KJ			

예제 4·3

액체연료의 질량성분 비율이 다음과 같을 때 1 kg당 발생되는 고위 발열량을 계산하여라.

C : 75%, H : 6%, O : 6%, S : 3%, W : 4%

풀이

$$H_h = 33{,}940\mathrm{C} + 143{,}510\left(\mathrm{H} - \frac{\mathrm{O}}{8}\right) + 9430\mathrm{S}\ [\mathrm{kJ/kg}]$$

$$H_h = 33{,}940 \times 0.75 + 143{,}510\left(0.06 - \frac{0.06}{8}\right) + 9430 \times 0.03 = 33272.2\ [\mathrm{kJ/kg}]$$

예제 4·4

액체연료의 성분이 다음과 같다. 체적기준 이론 공기량을 구하여라.

C : 80%, H : 13%, O : 2%, S : 4%

풀이 체적기준 : $A_{stoi} = 8.89\mathrm{C} + 26.7\mathrm{H} + 3.3\mathrm{S} - 3.3\mathrm{O}\ [\mathrm{m^3/kg}]$

$A_{stoi} = 8.89 \times 0.8 + 26.7 \times 0.13 + 3.3 \times 0.04 - 3.3 \times 0.02 = 10.65\ [\mathrm{m^3/kg}]$

4.5 열 발생률

연소에 의한 단위 크랭크각 당 열 발생량을 열 발생률(J/deg)이라 하고 열 발생률은 시간의 변화에 따른 연료의 연소상태를 알 수 있는 중요한 인자이다. 열역학 제1법칙에서

$$dQ = dU + p\,dV = nC_v dT + p\,dV \tag{4.26}$$

크랭크 각도 θ에 대하여 미분을 하면

$$\frac{dQ}{d\theta} = \frac{dU}{d\theta} + p\frac{dV}{d\theta} = nC_v\frac{dT}{d\theta} + p\frac{dV}{d\theta} \tag{4.27}$$

이상기체 상태 방정식을 θ로 미분을 하면

$$pV = nRT$$

$$V\frac{dp}{d\theta} + p\frac{dV}{d\theta} = nR\frac{dT}{d\theta},\quad n\frac{dT}{d\theta} = \frac{1}{R}\left(V\frac{dp}{d\theta} + p\frac{dV}{d\theta}\right) \tag{4.28}$$

식(4.26)에 대입하면

$$\frac{dQ}{d\theta} = \frac{C_v}{R}\left(V\frac{dp}{d\theta} + p\frac{dV}{d\theta}\right) + p\frac{dV}{d\theta} = \frac{C_v}{C_p - C_v}\left(V\frac{dp}{d\theta} + p\frac{dV}{d\theta}\right) + p\frac{dV}{d\theta}$$

$$= \frac{V}{k-1}\frac{dp}{d\theta} + \frac{kp}{k-1}\frac{dV}{d\theta} \tag{4.29}$$

θ를 상사점 기준 크랭크각도라고 하면 피스톤의 위치는

$$Z = r(1 - \cos\theta + \lambda - \sqrt{\lambda^2 - \sin^2\theta}) \tag{4.30}$$

로 되고, 실린더 체적 V와 $\dfrac{dV}{d\theta}$는 다음과 같다.

$$V = AZ + V_c = Ar(1 - \cos\theta + \lambda - \sqrt{\lambda^2 - \sin^2\theta}) + V_c \tag{4.31}$$

$$\frac{dV}{d\theta} = Ar\sin\theta\left(1 + \frac{\cos\theta}{\sqrt{\lambda^2 - \sin^2\theta}}\right) \tag{4.32}$$

r은 크랭크 길이, l은 커낵팅 로드 길이, $\lambda = l/r$, A는 실린더 단면적, V_c는 간극체적이다. 연소압력을 측정하면 $\frac{dp}{d\theta}$가 계산되고, 식(4.32)로 $\frac{dV}{d\theta}$를 계산하면 식(4.29)의 $\frac{dQ}{d\theta}$가 계산된다.

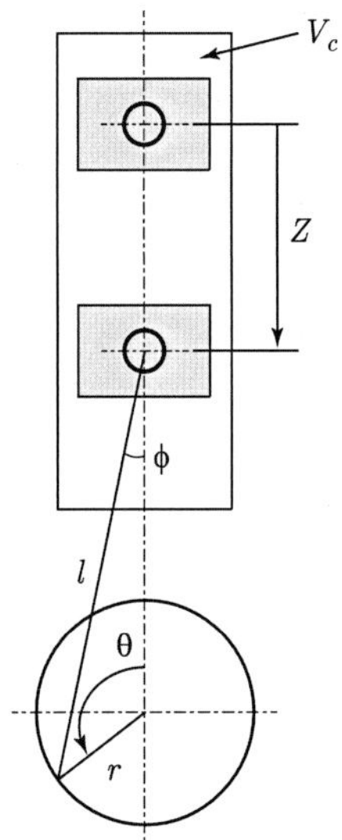

그림 4.3 피스톤의 위치와 크랭크각

4.6 저탄소 연료 개요

지구상의 동식물을 미생물로 분해하여 그 결과를 에너지로 이용한다. 식물이나 미생물 등 에너지원으로 사용되는 물질을 바이오매스라 한다. 나무나 석탄으로 난방을 하는 것은 바이오매스의 직접적인 이용이며, 목재로 숯을 만들고 미생물을 사용하여 에탄올, 알코올, 메탄가스를 만드는 것은 바이오매스의 간접 이용이다. 지구상에서 1년간 생산되는 바이오매스는 석유의 전체 매장량과 비슷하여 적정하게 이용하면 고갈될 염려가 없는 대체 에너지이다. 석탄, 석유, 천연가스와 같은 화석연료(fossil fuel)는 과거에 살았던 동식물이 오랜 세월 동안 땅 속에서의 압력과 열에 의해 만들어진다. 화석연료는 완전연소 시에도 온실가스(GHG)인 CO_2를 배출하는 지구온난화의 주된 물질이다. 식물이 뿜어내는 이산화탄소는 태양광으로 광합성을 하여 식물이 필요한 영양분을 만든다. 따라서 식물은 바이오 연료로 될 때 이산화탄소를 배출하지 않고 흡수한다.

바이오매스는 살아 있는 동물, 식물, 미생물을 포함하는 지구상에 존재하는 유기체, 농업, 산림 관련 부산물, 도시 고형 폐기물 등을 의미한다. 바이오매스는 셀룰로즈(cellulose, 나무섬유소), 헤미셀룰로즈(hemicellulose, 뿌리, 줄기, 씨, 열매섬유소) 그리고 리그닌(lignin, 나무에 함유된 성분)을 주성분으로 하는 목재나 볏짚도 포함하고 지구상에 많이 존재한다.

브라질은 사탕수수와 카사바에서 알코올을 채취하여 자동차 연료로 쓰고, 미국은 케르프라는 다시마를 바다에서 재배하여 메탄을 채취하는 연구를 하고, 우리나라는 농촌 진흥청에서는 억새를 이용하여 에탄올을 만드는 연료를 연구하고 있다. 대체 에너지는 동식물로부터 얻을 수 있는 바이오 연료, 태양광, 풍력 등의 재생 에너지와 천연가스(LNG), 액화 석유가스(LPG), 석탄에서 나오는 액체연료(CTL), 전기 등을 의미한다. 대체 에너지 중 에탄올의 원료가 가장 많아 옥수수 에탄올, 셀룰로즈 에탄올 등은 2020년대는 중요한 에너지 자원이 될 것으로 보인다. 현재 유럽과 미국은 에탄올과 메탄올을 가솔린과 혼합하여 사용한다. E10(에탄올 10%, 가솔린 90%), E85(에탄올 85%, 가솔린 15%), 여기서 E는 에탄올을 의미한다. E10~85 연료를 사용하는 혼합연료 자동차(FFV, flexible fuel vehicle)의 차량 생산도 증대될 것으로 보인다.

M85(메탄올 85%, 가솔린 15%)에서 M은 메탄올, BD20(바이오 디젤 20%, 경유 80%)에서 B는 바이오, D는 디젤을 의미한다. E10, BD20과 같은 혼합연료의 이산화탄소 배출량을 알기 위해서는 각 연료의 라이프 사이클을 해석해야 한다.

바이오 연료 중 가장 일반적인 것이 바이오 에탄올, 바이오 디젤이다. 에탄올과 바이오 디젤을 10% 이상 혼합하면 엔진의 구조를 약간 변경해야 한다. 그리고 연료 생산시 CO_2를 줄이기 위해서는 연료의 특성을 먼저 알아야 한다. 미래에는 바이오 연료를 약간 혼합하는 것이 CO_2를 줄이는데 큰 역할을 할 것이지만 바이오 연료의 생산량에는 한계가 있다. 바이오매스는 동식물이어서 가솔린, 경유와 비교하면 CO_2 발생이 적지만 바이오 연료에서도 비료사용, 운반, 연료 생산, 연료 공급시 CO_2는 발생한다.

$$\begin{aligned}\text{바이오 연료 발생 } CO_2 &= \text{비료 사용에 의한 } CO_2 + \text{원재료 운반시 발생하는 } CO_2 \\ &+ \text{연료를 생산할 때 발생하는 } CO_2 + \text{연료를 공급할 때 발생하는 } CO_2\end{aligned} \tag{4.32}$$

현재 사용되는 연료의 특징은 다음과 같다.

① 가솔린(petrol) : 가장 많이 사용되며 불완전 연소시 CO, HC가 배출된다.
② 디젤 : 경유는 가솔린보다 연비가 좋고 CO_2 배출이 적지만 오염물질인 PM, NO_x를 많이 배출한다. 따라서 디젤기관은 후처리 장치가 필요하고 차량은 고가가 된다.
③ LPG : 천연가스나 원유에서 만들어 진다. 일반적으로 가솔린보다 $LCCO_2$가 약간 낮다.
④ CNG : 고압으로 압축된 천연가스이다. 가솔린이나 디젤보다 $LCCO_2$가 낮다.

⑤ **바이오 연료** : 식물, 폐기물과 같은 바이오매스로 만든다. 가솔린, 디젤과 함께 5~10% 혼합하여 사용한다. 연료 사용시 원재료 식물이 흡수하는 양 만큼 CO_2를 발생한다. 바이오 에탄올, 바이오 디젤, 바이오 부탄올이 3대 바이오 연료이다.

⑥ **전기** : 자동차의 테일 파이프에서는 CO_2가 발생하지 않지만 전기를 만드는 방법에 따라 CO_2는 발생한다. 신에너지, 재생 에너지, 원자력 에너지, 저탄소 화석에너지로 만들면 전기는 가장 깨끗한 저탄소 연료가 된다.

⑦ **수소** : 내연기관의 수소 자동차나 연료전지 자동차의 연료로 사용되고 전기자동차와 같이 CO_2의 배출은 없다. 자연에서 얻어지는 수소는 없으며 물, 석탄, 천연가스, 원유, 바이오매스를 통하여 생산할 수 있다. 수소를 생산하는 방법은 천연가스를 증기 개질하는 방법, 석탄 가스화 방법, 물의 전기 분해법등이 있다. 전기와 같이 수소는 CO_2 배출이 낮은 연료이지만 수송하고 저장하는데 많은 문제가 있다.

바이오 연료 생산은 삼림의 감소, 곡물 가격 상승의 요인이 되는 등 환경 친화적이지 못한 점도 있다. 2000년~2010년 동안 바이오 연료용 곡물 가격이 23% 증가하였다. 유럽에서 2010년 수송용으로 사용된 바이오 연료는 12 Mtoe(mega tonnage of oil equivalent, 1 toe = 석유 1 ton을 연소할 때의 에너지)이었다. 바이오 연료가 가솔린, 디젤보다 CO_2를 줄이는데 유리하지만 이러한 부작용으로 유럽연합(EU)은 식용 작물을 이용한 바이오 연료 사용을 2020년까지 수송 분야 에너지 소비량의 6%로 제한하고 폐기물, 음식물 쓰레기 등을 이용한 연료사용은 2.5%로 올리기로 했다. 음식물 쓰레기는 연간 33억 톤의 온실가스를 유발한다. 미국은 E10 프로젝트(가솔린의 에탄올 혼합비율을 10%로 확대)는 2011년 수송용 에너지의 9.3%를 차지하여 그 이상의 사용은 지연되고 있다. 그리고 바이오 연료를 지금보다 많이 보급하기 위해서는 생산

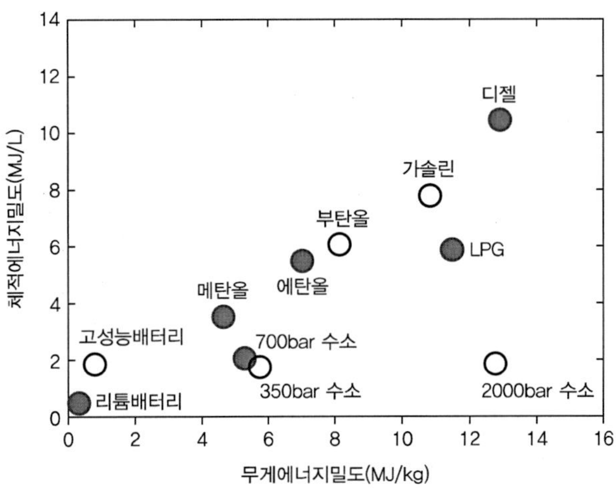

| 그림 4.4 | 연료별 에너지밀도(출처 : iea)

비용을 절감해야 하는 문제가 있어 전망이 밝은 편은 아니다.

일반적으로 연료를 평가할 때 에너지 밀도를 이용한다. 이는 연료가 얼마나 효율성이 있는지 보여 준다. 에너지 밀도는 연료의 질량과 비례하며 밀도가 높을수록 자동차의 주행거리(range)는 길어진다. 밀도는 연료의 종류에 따라 다르고 체적 에너지 밀도가 크면 자동차에서 연료가 차지하는 부피가 커지고 주행거리는 짧아진다. CNG는 압축기체에 이어서 LPG보다 주행거리가 짧다. 그림 4.4에서 가솔린과 디젤은 다른 연료와 비교하여 체적 밀도에너지와 질량 밀도에너지가 가장 크다. 부탄올, 에탄올, 메탄올, 수소, 전기 배터리의 순으로 에너지 밀도가 낮다. 자동차를 장거리 주행하기 위해서는 에너지 밀도가 높아야 하고 에너지 밀도를 높이는 방법은 연료를 액체로 만들거나 기체연료는 압축을 가해야 한다. 그리고 기체는 압축하지 않으면 주입이 되지 않는다.

4.7 저탄소 연료의 종류

에너지의 종류는 가솔린, 디젤, 바이오 연료, LPG, CNG, LNG, 석탄, 전기 등 많은 종류가 있다. 대부분의 차량 연료는 원유 정제로 생산된다. 황이 포함되지 않은 깨끗한 연료도 필요하지만 현재도 충분히 질이 높은 연료의 생산이 가능하다. 대부분 가솔린을 많이 사용하지만 유럽의 경우, 경유 가격이 저렴하여 디젤의 수요가 많고 그리고 CO_2를 줄이기 위해 에탄올과 바이오 디젤을 경유와 10~85% 혼합하여 사용한다. 바이오 연료 중 디젤을 대체할 수 있는 연료는 석탄 합성연료(CTL, coal to liquid), 천연가스 합성연료(GTL, gas to liquid), 바이오매스 합성연료(BTL, biomass to liquid), 유지 작물로 얻는 바이오 디젤(BDF), 농작물에서 추출하는 고급 바이오 디젤 등이다. 표 4.8은 연료의 종류를 종합한 것이다.

4.7.1 액체 합성연료

액체 합성연료는 석유제품과 유사한 성질을 갖는 액체연료를 수소와 이산화탄소를 혼합하여 가스화하거나, 천연가스와 석탄에서 나오는 합성가스(syngas)를 이용하여 피셔트롭쉬(Fischer Tropsch) 방법으로 만들 수 있다. FT 방법은 일산화탄소와 수소의 혼합물을 고온으로 하고 압력을 가하면 촉매작용을 통해 탄화수소로 변환된다. 이러한 합성연료는 천연가스를 화학 처리하여 생산하는 액체인 GTL, 석탄에서 추출한 액체 CTL, 바이오매스에서 추출한 액체 BTL 등이 있다. GTL은 증기 메탄개질(steam methane reforming)로 만들고 이는 메탄과 증기의 촉매반응과 흡열반응, 메탄과 산소의 비촉매 반응과 발열반응에 의해 합성가스가 만들어 진다.

표 4.8 연료의 종류(출처 : iea)

연료	원재료	공정
액체석유연료(가솔린, 디젤)	원유	정제과정
액체합성연료(CTL, GTL, BTL)	천연가스, 석탄, 바이오매스	가스화방식, FT 방식
바이오 디젤(BDF)	유지작물, 유채꽃	에스테르화법, 수소첨가법
바이오 에탄올	1. 곡물(rain crop) 2. 다년생 식물(Hebaceous perennials) 억새(miscanthus) 스위치그래스(swichglass) 갈풀(reed canary grass) 3. 나무(woody perennials) 잡목숲(short rotation coppice) 소나무, 전나무(pine/spruce) 4. 쓰레기(residues and waste) 삼림(forestry residuces) 짚(straw) 폐기물(organic municipal waste) 유지(waste fat and oil)	당화방식, 증류방식
	당료 작물(sugar crop), 사탕수수	증류방식
	밀(wheat), 옥수수(maize) 사탕무(sugarbeet), 감자(potatos)	하이드로시스법, 발효법
바이오메탄	음식물 쓰레기	발효법
바이오부탄올	폐목재나 볏짚, 사탕수수, 해조류 등	
고급 바이오디젤	농작물, 폐기물	에스테르반응, 가스화방식, FT 방식
압축천연가스(CNG)	천연가스	가스화방식, FT 방식
수소천연가스(HENG)	천연가스	플라즈마법
전기	석탄, 가스, 오일, 핵, 재생에너지	수력, 화력, 원자력
수소	천연가스	개질(reforming), 압축
	전기	전기분해
	풍력, 태양광, 핵에너지	고온공정

CTL은 석탄을 연료로 하고 직접 석탄 액화법으로 만든다. 솔벤트에 석탄을 넣고 고온 고압 하에서 촉매와 산소를 넣으면 석탄이 액화된다. 고체연료의 70% 정도가 액체연료로 된다. 그러

나 이 연료는 자동차에 사용하기 위해서는 추가 공정이 필요하고 석유를 대체할 수 있지만 제조 가격이 비싸 많이 제조할 수 없다.

BTL은 바이오매스를 연료로 하고 간접 석탄 액화법으로 만든다. 간접 석탄 액화법은 FT 과정으로 석탄을 증기로 가스화시키면 수소와 CO_2로 분리된다. 비교적 낮은 압력과 온도의 촉매 반응을 거쳐 합성가스가 만들어 진다. 고온의 FT 합성법은 합성 가솔린을 만들고 저온의 FT 합성법은 디젤을 만든다. 이러한 합성연료는 환경오염을 일으키는 황과 매연(soot)을 발생하지 않는 친환경 연료로 고급연료이다. GTL, CTL, BTL 생산은 2020년 이후 급성장하여 2040년에는 차량 연료의 10%를 차지할 것으로 보인다.

4.7.2 바이오 에탄올

에탄올은 대기압과 실온 하에서 액체로 존재하는 알코올이다. 에너지 밀도는 가솔린의 65%이지만 깨끗하고 옥탄가가 높다. E10부터 시작해서 E85까지 가능하고 NO_x 배출은 적지만 HC 가스 배출은 많다.

에탄올의 원료는 모든 식물이다. 연료인 나무, 풀, 농작물 폐기물은 지속적으로 매년 공급이 가능한 무한정의 에너지 자원이다. 옥수수(maize), 밀(wheat), 보리(barley), 감자, 수수(sorghum), 카사바, 타피오카 등의 식물은 하이드로시스법이나 발효법으로 만들고 곡물, 식물, 억새, 나무, 숲, 쓰레기, 짚, 폐기물, 유지는 당화방식으로, 사탕수수는 발효와 증류방식으로 만든다. 에탄올은 사용 연료에 따라 곡식 에탄올, 줄기 에탄올, 차세대 셀룰로즈 에탄올로 나눌 수 있다. 셀룰로즈는 나무, 식물 등의 섬유소를 의미한다.

미국에서는 옥수수로, 브라질에서는 사탕수수, 카사바로 만든다. 옥수수, 감자, 고구마와 같은 곡물의 전분은 다당류이어서 효모가 발효를 하지 못하므로 효소를 이용하여 전분을 단당류로 만든 후 효모로 바이오 에탄올을 만든다. 사탕수수는 효모로 발효시키면 효모는 발효과정 중 포도당의 당분을 알코올로 바꾸어 산소가 없어도 당분을 분해한다. 원유에 산소함유 첨가제인 ETBE(ethyl tertiary-butyl ether)를 혼합하여도 바이오 에탄올이 만들어진다. ETBE는 사탕수수나 옥수수 등의 식물에 포함된 당을 발효시킨 알코올로 석유가스인 이소부텐(isobutene)으로 제조하고 연료 중의 산소 함유량을 높이기 위해 사용되는 첨가제의 일종이다. ETBE는 노킹을 방지하기 위해 휘발유에 첨가되는 첨가제이기도 하다.

차세대 셀룰로즈 에탄올(advanced ethanol)은 현재 개발 중에 있다. 종래는 씨껍질(seed husk), 줄기(stalk)는 버리고 탄수화물과 당 성분으로 에탄올을 만들었지만 지금은 이러한 셀룰로즈로 연료를 만드는 혁신적인 연구를 하고 있다. 셀룰로즈로 부터 에탄올 제조는 폐기식물, 나무 등을 이용할 수 있고, 셀룰로즈가 풍부하고 버려지고 태워지고 있는 농작물(crop)과 나무는 에탄올의 주된 원료이다. 그러나 셀룰로즈는 그 자체로 에탄올로 바뀌지 않는다. 효소를 이용하여 셀룰로즈를 당으로 만들고 발효를 통하여 당을 에탄올로 만드는 연구가 진행되고 있고 반드시 성공해야 하는 기술 중 하나이다. 브라질에서는 에탄올 혼합을 85%로 의무화하다가 100% 에탄올 자동차로 변경하였고 미국은 에탄올 혼합을 10%로 하는 노력을 하고 있다. 나무와 농작물 폐기물을 이용하여 엔진에서 사용할 수 있는 기체나 바이오 액체연료를 만드는 방법의 연구가 활발하다.

4.7.3 바이오 디젤

바이오 디젤은 완전히 디젤연료를 대체하는 연료이다. 바이오 디젤은 식물유를 지방산 메틸에스터(fatty acid methyl ester, FAME)로 전환할 때 만들어진다. 원료는 콩(soy), 해바라기씨, 유채씨(rape seed), 팜(palm), 코코넛, 동물성 지방 등이고 수소 첨가법, 에스테르전환법에 의해 얻어진다. 디젤과 혼합하면 낮은 온도에서는 겔 상태가 되고, 물과 혼합되지 않아 엔진의 부식을 가속화시키는 단점도 있다. 바이오 디젤은 독일, 이탈리아에서 많이 생산하고 있으며, 이곳에서는 대형 버스에 사용하는 연료는 100% 바이오 디젤을 사용한다.

4.7.4 메탄올과 디메틸에테르(DME)

메탄올은 독성이 있고 에너지 밀도가 낮지만 옥탄가가 높은 알코올이다. 메탄올은 수소를 사용하는 연료전지의 연료로 사용할 수 있다. 메탄올을 만드는 원료는 천연가스, 음식물 쓰레기, 케르프 등이고 일산화탄소와 수소를 촉매로 사용하고 압축, 합성, 분리, 정제과정을 거쳐 메탄올을 만든다. 메탄올은 가스화(gasfication)법, 발효법 등으로 제조한다. 디메틸에테르(DME)는 천연가스, 석탄, 바이오매스를 열분해하면 생성되는 합성가스(GTL, CTL, BTL)에서 추출한 연료이다. LPG와 유사한 연료이지만 가격이 싸고 이산화탄소 발생이 적어 디젤의 대체 연료로 가능하다. 에너지 밀도가 높고 완전연소가 가능하여 NO_x와 PM을 거의 배출하지 않는다.

4.7.5 바이오 메탄

음식물 쓰레기, 케르프 등 폐기물 자원을 공기가 없는 곳에서 미생물로 발효를 하여 바이오 메탄을 만든다. 바이오 메탄은 천연가스와 조성이 거의 같다. 공기가 없는 곳에서 미생물을 키우고 촉매제, 조정제 등에 폐기물 자원을 넣으면 적절 온도에서 바이오 메탄이 발생한다.

4.7.6 바이오 부탄올(biobutanol)

바이오 부탄올은 폐목재나 볏짚, 사탕수수, 해조류 등을 이용하여 만든다. 바이오 부탄올은 바이오 에탄올, 바이오 디젤과 함께 3대 바이오 에너지로 불리는 차세대 연료이다. 에너지밀도가 휘발유의 90%인 바이오 부탄올은 바이오 디젤보다 에너지 효율이 높고, 엔진의 구조 변경이 없이 가솔린 자동차 연료로 사용이 가능하여 휘발유 수송 인프라를 그대로 이용할 수 있는 장점도 있다.

4.7.7 바이오 가솔린

바이오 가솔린의 제조 원료는 나무, 사탕수수 줄기, 옥수수 줄기, 억새풀, 농작물 폐기물 등이다. 바이오 가솔린의 제조 기술인 바이오 포밍(bioforming)은 설탕, 글루코스 등의 탄수화물을 원료로 사용하여 수소와 반응시키고 특수 촉매로 탈산소하여 합성 가솔린을 만든다. 발효 공정으로 바이오 에탄올을 생산하는 방법보다 바이오 포밍으로 합성 가솔린을 만드는 방법이 시간이 짧게 걸린다. 또한 셀룰로즈를 급속 열분해하여 얻어지는 화합물도 촉매를 사용하여 바이오 가솔린으로 전환할 수 있다. 미국의 듀퐁(DuPont)사는 미생물을 이용하여 당을 발효시켜 알코올을 만들고 이를 가솔린으로 전환하는 기술을 개발 중에 있다.

4.7.8 차세대 해조류 바이오연료

해조류(algae)는 광합성을 하는 지구상에서 존재하는 가장 효율이 좋은 유기체이다. 이는 질 좋은 연료를 만들 수 있다. 해조류는 차세대 바이오 에너지의 원료이며 네덜란드, 미국 등에서 많이 재배하고 있고 우리나라는 도서지방을 중심으로 재배를 하고 있다.

4.7.9 수소연료

수소는 수소 자동차, 연료전지 자동차의 연료이다. 에탄올, 수소가 함유된 액체연료로 수소를 만들고 연료전지에 수소를 넣으면 전기가 생산된다. 수소는 다양한 방법으로 화석에너지, 핵에너지, 신재생 에너지로부터 만들 수 있다. 생산 방법에는 전기분해법, 천연가스 개질법, 석탄과 바이오매스의 가스화법, 생물학적인 방법 등이 있다.

2013년 현재, 세계에서 190 Mtoe의 수소가 생산된다. 그 중 50%는 천연가스에서, 30%는 원유를 이용하여 생산한다. 물의 전기분해, 소규모 천연가스 개질법으로 만드는 수소는 양이 작고 중앙 집중방식은 대규모 수소를 만드는 방식이다. 천연가스로 부터 대규모 수소를 생산하는 기술은 이미 완성되어 있다. 석탄 가스화로부터 수소 생산기술은 잘 되어 있지만 천연가스 방법보다 가격이 비싸다. 또한 해조류로 부터 수소를 얻는 연구가 진행되고 있고, 핵에너지, 신재생 에너지로 생산되는 전기를 이용하여 전기분해로 수소를 얻어 사용하면 CO_2 배출은 0에 가깝게 된다. 수소는 태양광을 이용하여 물을 촉매로 분해하여 얻는 기술이 최종 기술이라 볼 수 있다. 문제는 자동차에 이용하기 위해서는 저장기술이 확보되어야 하고 인프라 구축이 필요하다. 다음은 수소를 만드는 방법이다.

① 중앙 집중방식으로 천연가스에서 수소 생산

② 탄소포집 저장장치를 가진 중앙집중 방식으로 천연가스에서 수소 생산 (H_2 from natural gas, centralized production with CCS)

③ 전기분해로 수소 생산(H_2 from point of use POU electrolysis)

④ 탄소포집 저장장치를 가진 전기분해로 수소 생산

⑤ 석탄에서 수소 생산(H_2 from coal)

⑥ 탄소포집 저장장치를 가진 석탄으로 수소 생산

⑦ 바이오매스 가스화로 수소 생산(H_2 from biomass gasfication)

⑧ 핵, 태양광으로부터 수소 생산

4.7.10 수소 천연가스(HENG, hydrogen enriched natural gas)

수소 천연가스(HENG)는 수소가 풍부한 천연가스로 초저탄소 에너지의 일종이다. 수소와 천연가스를 섞으면 탄소가 제거되어 초저탄소 에너지가 된다. 지난 150년 동안 가정용 제조가스를 만들 때 천연가스에 10~50%의 수소를 사용하여 왔다. 이 HENG 에너지는 천연가스 파이프 시설을 이용하면 인프라 구축도 유리하다. 또한 HENG 연료는 저가의 풍부한 심야 전기 에너지를 이용하여 CO_2의 발생이 없이 생산할 수 있다. 이 에너지는 천연가스의 탄소 농도를 제거한 것으로 연소 전에 1 kg의 탄소를 제거하면 CO_2가 3.7 kg 줄어든다. 따라서 천연가스의 효율은 증가하고 아주 작은 양의 수소를 추가하면 연료의 완전한 연소가 일어나 공기 오염물인 배출물이 낮아지고 NO_x의 생성도 적게 할 수 있다.

종래의 천연가스보다 더 낮은 연소온도를 가지는 희박연소도 가능하다. 생산은 플라즈마에 천연가스를 통과시키면 가스에 있는 메탄이 고체탄소와 기체상태의 수소로 분리된다. 가스가 플라즈마를 나갈 때 탄소는 제거된다. HENG에서 추출된 탄소분말(carbon black)은 타이어, 고무제품, 플라스틱 첨가제에 사용되고 탄소분말을 만들 때 CO_2와 오염물질이 배출된다. 하루에 300,000배럴의 원유를 정제하면 탄소분말 1톤당 2.5~5톤의 CO_2를 발생한다. 이는 탄소포집 저장장치로 제거한다. 스마트 그리드의 케이블, 전기자동차의 배터리, 커패시터를 만드는데 탄소의 사용량이 늘어나고 있다.

4.7.11 전기 에너지

현재 수송 분야에서 사용되는 전기 에너지의 대부분은 기차, 지하철 등에 사용된다. 세계적으로 수송 연료 중 전기가 사용되는 비율은 5% 미만이다. 전기는 전기자동차의 에너지원이다. 전기의 문제는 배터리의 축전 용량 한계이다. 플러그인 전기자동차, 전기자동차 등이 활성화되면 전기의 사용량은 급격하게 증가할 것이다. 온실가스를 배출하지 않는 방법으로 전기를 생산하고 전기 축전기술이 발전을 하면 이는 인류가 추구하는 가장 좋은 에너지가 될 것이다. 즉 저탄소 기술의 미래는 핵, 재생 에너지로 전기를 생산하고, 전기 저장기술인 대용량 배터리의 개발에 달려 있고, 이의 완성은 모든 자동차는 연료로 전기를 사용하게 될 것이다. 2050년까지 전기가 자동차 연료로 사용되는 비율은 15~25% 정도로 예상되고 우리나라의 문제는 재생 에너지가 그다지 풍부하지 못하고 핵 발전소도 한계가 있다는 점이다. 전기 1 kWh로 5~6 km를 갈 수 있고 전기자동차 배터리는 약 20 kWh의 용량을 갖는다.

표 4.9 전기와 수소 연료

	장점	개선이 필요한 사항
전기에너지	현재의 전기 설비 이용. 배터리 충방전 손실이 연료전지보다 작고 화석에너지보다 저탄소 에너지이고 안전하게 충전된다.	대용량 축전장치가 필요하다. 전기자동차는 주행거리가 짧고 충전시간이 길다.
수소에너지	충전시간이 20분 정도이고 주행거리가 길다.	700기압의 수소를 만들고 저장하는데 기술이 필요하고 새로운 인프라 구축, 완전한 개발에 오랜 시간 필요하다.

4.8 연료의 이산화탄소 특성

온실가스인 이산화탄소는 연료를 생산하는 방법과 연료의 종류와 관련이 있다. 연료가 온실가스에 미치는 영향을 비교하기 위해서는 연료의 생산, 수송, 저장, 차량 제조, 운행, 폐차시 발생하는 이산화탄소를 전부 고려해야 한다. 이러한 해석법을 라이프사이클 해석(LCA, life cycle analysis)이라 하고 이때 발생하는 CO_2를 $LCCO_2$라 한다.

① 원유에서 바퀴구동까지 발생하는 CO_2 ($WTWCO_2$, well to wheel CO_2)
② 원유에서 연료탱크까지 발생하는 CO_2 ($WTTCO_2$, well to tank CO_2)
③ 연료탱크에서 바퀴구동까지 발생하는 CO_2 ($TTWCO_2$, tank to wheel CO_2)

바이오 연료의 $LCCO_2$는 가솔린과 디젤연료를 바이오 연료로 대체했을 때 CO_2 배출량을 의미한다. 다음은 바이오 에너지를 사용할 때 CO_2 감소량을 나타낸다.

➤ 셀룰로즈로 만든 에탄올 : CO_2 91% 감소
➤ 폐 그리스(waste grease)로 만든 바이오 디젤 : CO_2 76% 감소

- 콩으로 만든 바이오 디젤 : CO_2 60% 감소
- 사탕수수로 만든 에탄올 : CO_2 56% 감소
- 옥수수로 만든 에탄올 : CO_2 22% 감소

표 4.10~4.11은 각종 자동차의 연료에 따른 $WTWCO_2$ 배출량을 나타낸다. 초저탄소 자동차 배출량이 75 g이하로 볼 때 E85 + 초저탄소 재생에너지 사용 플러그인 하이브리드 자동차, 초저탄소 재생에너지 사용 전기자동차, 바이오매스로 부터 얻은 수소 연료전지 자동차, 핵 분해로부터 얻은 수소 연료전지 자동차의 4대 만이 저탄소 자동차에 해당한다.

표 4.10 내연기관 $WTWCO_2$ 배출량, mid-size(출처 : CARB, 2013)

차량	연료	gCO_2-eq/km
내연기관	가솔린 자동차	375 g
	풀 하이브리드 자동차	200 g
	천연가스 자동차	217 g

표 4.11 플러그인 전기자동차(64km) $WTWCO_2$ 배출량

차량	연료	gCO_2-eq/km
플러그인 하이브리드 64 km 주행 전기자동차	가솔린 + 전기에너지	250 g
	가솔린 + 초저탄소 재생에너지	144 g
	E85 + 전기에너지	163 g
	E85 + 초저탄소 재생에너지	56 g

표 4.12 전기자동차 $WTWCO_2$ 배출량

차량	연료	gCO_2-eq/km
160 km 주행 전기자동차	전기에너지	212 g
전기자동차	초저탄소 재생에너지	0 g

4.9 자동차 연료

내연기관 엔진의 CO_2의 저감은 GDI, CRDI, 하이브리드 기술을 개발하고 차량에 적용하여 많은 발전이 있었지만 CO_2의 저감을 위해서는 다양한 저탄소 기술을 개발하여 자동차 연비를 향상시키는 방향으로 기술이 진보되고 있다. 연비의 증가는 CO_2의 감소를 의미한다. 현재의 연료 가격은 정책에 따라 책정되는 전기에너지를 제외하고 가솔린과 디젤이 가장 저렴하다. CTL, GTL, 천연가스 등은 가솔린과 비슷한 수준이며 수소, 에탄올, 바이오디젤 등은 비싼 편에 속한다. 미래에는 모든 연료가 같은 수준으로 가격이 형성되겠지만 전기분해 수소, 핵 수소, 바이오디젤(BDF)의 가격은 여전히 높은 가격을 유지할 것이다. BDF, CTL, GTL 연료는 디젤기관에, 에탄올, CNG 등은 가솔린 기관에 주로 사용이 될 것이다. 자동차 연료의 단위 체적 당 에너지 밀도는 가솔린을 100%로 볼 때 디젤이 110%, 에탄올 65%, 액체수소 27%, 리튬이온 배터리 2.1%이다. 단위 무게 당 에너지 밀도는 가솔린을 100%로 볼 때 디젤이 96%, 에탄올 60%, 액체수소 295%, 리튬이온 배터리 1.1%이다. 즉 액체수소의 에너지는 가솔린의 2.95배로 장점이 있다. 클린디젤, 가솔린 하이브리드, 디젤 하이브리드 차량은 기존 차량보다 연료효율이 20~70% 향상된 자동차이다. 표 4.13은 가솔린(100%)을 기준으로 각 연료별 에너지 밀도를 나타낸다.

표 4.13 에너지 밀도(출처 : icct)

연료	kWh/L		kWh/kg	
가솔린	9.7	100%	13.2	100%
디젤	10.7	110%	12.7	96%
에탄올	6.4	66%	7.9	60%
700 bar의 수소	1.3	13%	39	295%
액체수소	2.6	27%	39	295%
NiMH 배터리	0.1~0.3	2.1%	0.1	0.8%
현재 Li-ion 배터리	0.2	2.1%	0.14	1.1%
미래 Li-ion 배터리			0.28	2.1%
기준	가솔린(100%)			

자동차 연료로 LPG는 석유 정제의 부산물이거나 가스 생산시 생산된다. 대부분 LPG는 가솔린 혹은 디젤과 이중연료로 사용된다. 천연가스는 주성분이 메탄으로 액화하거나 압축시키는

것이 필요하다. 이유는 주행거리 확보와 연료 주입 때문이다. 상온에서 70기압으로 압축하면 -42.2℃에서 액화된다. 천연가스는 트럭과 버스 등 대형 차량에 주로 사용되고 GTL은 천연가스로 만들고 디젤과 혼합하여 사용한다. 이 연료는 엔진의 구조변경이 없이 CRDI 엔진에서 사용할 수 있고 초저황 디젤(ULSD, ultra low sulfur diesel)보다 더 낮은 PM을 발생한다.

바이오 연료는 가솔린, 디젤과 혼합하여 사용하거나 단독으로 현재의 차량에 사용할 수 있다. 자동차에서 바이오 연료를 사용하면 낮은 CO_2가 발생한다. 연료가 연소하면 CO_2가 발생하고 산림은 CO_2를 흡수한다. 바이오 에너지는 이산화탄소 등 오염 배출물을 줄이기 위해서 다양하게 사용할 수 있지만 생산량이 적다. 에탄올은 곡물, 사탕수수에서 생산하며 차량에는 가솔린과 디젤을 섞어서 사용한다. 유채씨 기름인 RME(rapeseed methyl ester)는 디젤의 대체연료이지만 자동차에 사용하기에는 기술적인 문제가 있어 약간의 엔진의 개조가 필요하다. 경유에 RME를 5% 섞으면 100% 바이오 디젤보다 배출물이 더 낮다.

수소는 수소 자동차나 연료전지 자동차에 사용한다. 공기오염이나 GHG 가스를 발생하지 않는다. 연료전지 기능은 배터리와 유사하게 움직이는 부품이 없이 화학 에너지를 조용하게 전기에너지로 변환한다. 배터리와는 다르게 연료전지는 충전이 필요가 없고 수소가 공급되는 한 전기를 생산한다. 차량에 동력을 공급하기 위해 에너지 밀도를 높이기 위해서는 기체 에너지는 압축되거나 액체로 되어야 한다. 압축된 수소가스는 큰 저장용기가 필요하고 액화시키기 위해서는 압축보다 더 많은 에너지인 수소가 가지는 에너지의 25%가 필요하다. 수소의 문제는 저장이 어려운 문제와 완전 액화시 -253℃를 유지해야 한다는 점이다. 표 4.15는 자동차 연료의 특성을 나타낸다. 줄기(cane) 에탄올, 차세대 셀룰로즈 에탄올, 차세대 BTL을 연료를 사용하면 CO_2 발생이 적고, 디젤 화석연료로 만든 수소자동차, 태양광으로 만든 수소 자동차, 태양광으로 만든 전기자동차는 가장 낮거나 거의 0의 CO_2를 발생한다. 액화는 기체를 가압 혹은 냉각으로 액체로 만드는 방법이다. 상온에서 압축만으로 액화되는 것으로 액화 석유가스(LPG)가 있고 상온에서 압축만으로 액화되지 않는 것을 압축가스라 한다. 이에는 CNG가 있다. 기체에 압력과 냉각을 동시에 가하면 액체로 되는 것에는 수소와 천연가스가 있다.

① LPG : 상온에서 7~10기압의 압력으로 압축하거나, 1기압에서 -42.1℃ 이하로 냉각시키면 석유가스는 액화된다.

② LNG : 천연가스를 1기압, -162℃ 이하로 냉각시켜 액화시킨 상태의 가스로, 정제과정을 거쳐 순수 메탄의 성분이 높고 수분의 함량이 없는 청정연료이다, 고가의 냉각과 단열장치가 구비된 초저온 탱크가 필요하다.

③ CNG : 천연가스를 200 bar의 고압으로 압축한 압축 천연가스이다. 부피가 LNG의 3배 정도 크고, 고압 연료탱크를 사용해야 하기 때문에 연료탱크가 파열하면 폭발할 위험이

표 4.14 자동차 연료의 특성(출처 : iea)

연료	에너지밀도	ICE 자동차 적용유무	온실가스 배출량
가솔린	상	적용	상
디젤	상	적용	상
제트연료	상	적용	상
중유(HFO)	상	적용	상
석탄합성연료(CTL)	상	적용	최상
천연가스합성연료(GTL)	상	적용	상
곡식(grain) 에탄올	중	부분적 적용	중상
줄기(cane) 에탄올	중	부분적 적용	하
차세대 셀룰로즈 에탄올	중	부분적 적용	하
유채씨(rape seed) 바이오디젤(RME)	상	부분적 적용	중
차세대 BTL 디젤	상	적용	하
압축천연가스(CNG, 200기압)	하	구조변경	중상
액화천연가스(LNG, -162℃)	하	구조변경	중상
천연가스 메탄올	하	구조변경	중상
천연가스 DME	중	구조변경	중상
화석연료 수소	하	구조변경(수소자동차)	최저
재생에너지(태양광) 수소	하	구조변경(수소자동차)	최저
화석연료 전기	하	전기자동차	중상
재생에너지(태양광) 전기	하	전기자동차	최저
중유(HFO, heavy fuel oil), 디메칠에테르(DME, 기체/디젤 대체연료), 바이오디젤(BDF), 석탄합성연료(CTL, 디젤), 바이오매스 합성연료(BTL, 디젤), GTL(천연가스 합성연료, 디젤), ICE(내연기관)			

있으나, CNG 자체로는 자연발화 온도가 높아 화재 위험에 대해선 안전하다. 9 bar로 감압하여 자동차에 사용한다.

④ 액체수소 : 1기압, 상온에서 수소를 액체로 만들려면 임계온도인 -253℃의 초저온으로 유지해야 한다. 온도 유지와 보관에 비용이 많이 든다. 따라서 자동차에서는 압력을 높여서 압축가스 형태로 저장을 한다. 가장 먼저 개발된 것이 350 bar, 700 bar의 초고압 수소저장 탱크이고 이는 현재 연료전지에 사용된다.

4.10 가솔린 기관 연소

엔진의 연소는 균일연소(homogeneous)와 확산(diffusion) 연소가 있다. 균일 연소는 미리 연료와 공기를 혼합하여 엔진에 공급하는 방식이고, 확산연소는 연료와 공기를 별도로 공급하고 연료와 공기가 확산되면서 혼합하여 연소되는 방식으로 불균일 연소에 속한다. 균일 연소의 대표적인 것이 PFI 가솔린 기관이고 확산연소는 IDI 디젤기관이다. 균일 연소는 연료를 흡입행정시 분사하면 공기와 연료가 혼합되는 시간이 길어 균일한 혼합기가 되고, 확산연소는 공기를 흡입한 후 압축 초기나 말기에 연료를 연소실에 분사하여 혼합시간이 짧아서 불균일 혼합기가 된다.

예혼합 연소는 균일연소(homogeneous), 확산연소는 불균일 연소(hetergenous)이며 확산 불균일 연소는 액체 연료를 분사하면 확산과 혼합 전에 연료가 기화하는 과정이 필요하고 연소 과정은 가솔린 기관보다 복잡하다.

그림 4.5는 예혼합 연소의 예를 나타낸다. 그림에서 실린더 연소의 경우 연소실 중심으로 점화되고 아직 연소하지 않은 미연소 혼합기로 기연가스의 압력에 의해 전파된다. 기연가스와 미연가스는 화염전면으로 명확하게 구분된다. 연소반응은 매우 얇은 화염면으로 예혼합 화염이며, 화염면 안쪽은 기연가스이고 외부의 얇은 부분은 미연 혼합기이다. 예혼합 연소의 경우, 연료와 공기가 균일하게 혼합되어 있기 때문에, 연료가 희박하면 화염전면의 발생이 어려워 잘 연소되지 않고, 연료에 적합한 가연성 혼합범위가 존재하고, 가솔린 기관의 적절한 혼합비는 9~20 정도이다. 연소는 화염면이 미연 혼합기로 전파되어 기연가스의 온도상승에 따라 부피가 팽창하여 연소가 진행되어 화염전파 속도는 기연가스의 체적 팽창속도와 연소속도의 합으로 된다. 연소시간은 자기착화보다는 길고 정적상태에서 연소가 이루어진다. 직접분사식 가솔린 기관은 연료는 직접 실린더 내에 분사되지만, 공기와 혼합되는 시간이 짧아서 혼합기는 국소적으로 불균

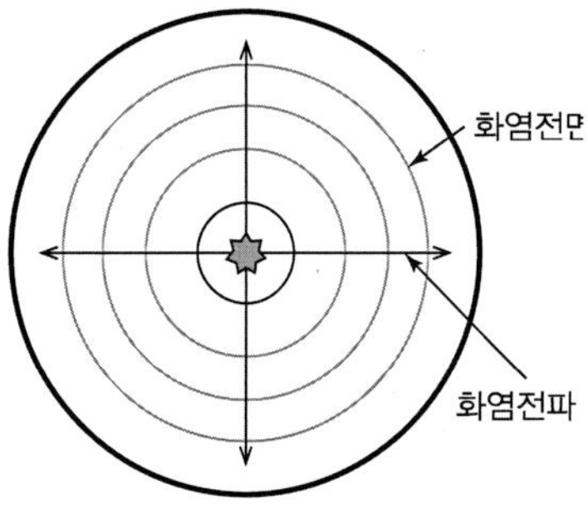

그림 4.5 예혼합 화염의 예

일하게 되어 혼합기가 균일한 일반적인 예혼합 연소와는 다르게 실린더 위치에 따라 연소속도가 다른 불균일 연소가 된다.

가솔린 기관의 연소는 정상적인 화염전면(flame front)의 발생으로 혼합기 전체가 연소하고 정상적인 화염전파가 끝나기 전에 미연의 혼합기가 자발화하면 노킹이 발생한다. 또한 연소실 일부가 고온으로 되어 이 부분에서 혼합기가 가열되어 자발화하면 표면점화로 되고, 다른 부위에서 점화가 전기 점화시기보다 빠르게 발생하면 조기점화로 된다. 노킹이 발생하면 비정상적으로 온도와 압력이 상승하여 엔진의 열변형이 발생한다.

표 4.15 엔진의 연소방식 분류

구분	균일(homogeneous)	불균일(heterogeneous)
전기점화	가솔린 엔진(SI), 균일연소	가솔린 직분식(DISI, GDI), 성층연소, 희박연소
압축점화	Gasoline HCCI, Diesel HCCI(PCCI) 예혼합연소	디젤엔진(CRDI), 불균일연소, 확산연소

(1) 연료의 자발화

연료가 연소되기 위해서는 먼저 증발이 되어야 하며 연료가 너무 빨리 증발하면 화염전면(flame front)에서 빠른 연소가 발생하고, 공급라인에서 증발이 일어나면 베이퍼 록 현상이 발생한다. 연료는 압축말기까지는 액체상태로 있으면 체적효율이 높아진다.

경유는 혼합기의 온도가 충분히 높으면 혼합기는 점화장치가 없어도 연료는 자발화하는데 이 때의 온도를 자발화온도(self ignition temperature)라고 하고, 이는 CI 엔진의 점화 원리이고 경유의 자발화온도는 260℃이다.

대기압에서 가솔린은 90% 증발하는 온도는 103℃, 50% 증발하는 온도는 82℃, 10% 증발하는 온도는 59℃ 정도이고, SI엔진에서 자발화가 발생하면 압력펄스가 발생하여 엔진을 손상시킨다.

(2) 점화지연(Ignition Delay)

연료가 자발화온도 이상이 되면 약간의 시간 지연 후에 자발화가 된다. 이 시간을 점화지연이라 한다. 이는 매우 짧은 시간이며 선점화가 발생하고 점화지연이 지나면 연소한다.

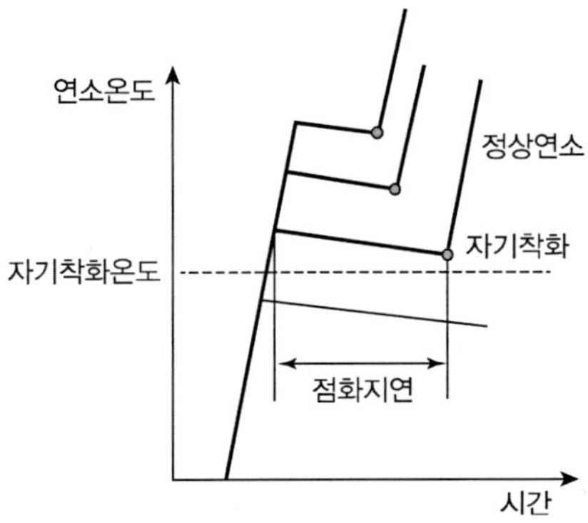

▎그림 4.6▎ 점화지연

(3) 노킹발생과 방지

노킹발생 원리는 다음과 같다.

① 점화 플러그에서 점화가 되면 혼합기의 화염전면이 미연영역으로 퍼져나간다.
② 화염전면의 압력은 미연영역을 작게 만들고 미연영역은 온도와 압력이 높아져 자발화 온도 이상이 되면 미연영역에서 자발화가 일어난다.
③ 미연영역에서 노킹이 발생한다.
④ 표면점화, 연소 퇴적물, WOT 상태의 운전 등은 노킹을 발생시킨다.

노킹의 방지는 압축비 제한, 온도상승 제한, 점화시기를 지연시키고 엔진의 내노크성을 향상시킬 수 있는 첨가제를 사용한다.

(4) 정상연소

흡입된 혼합기는 압축행정에서 압축되어 400℃로 가열된 후 기화되어 점화되기 쉬운 상태가 된다. 전기로 점화하여도 곧 바로 스스로 전파될 만큼 화염은 발생하지 않고 점화 후 약간의 지연을 거친 다음 화염이 발생한다. 정상 연소시 연소속도는 아음속 연소이며 화염전면 발생, 화염전파의 순으로 연소가 진행된다.

① 점화와 화염발달

초기 혼합기가 연소하는 시간이다. 연소는 시작되지만 압력상승은 없고 동력도 발생하지 않는다. 스스로 전파하기 위한 화염핵 형성기간으로 압력상승 지연, 열발생 지연기간이다.

② 화염전파

대부분의 혼합기가 연소하는 시간으로 필요한 동력이 발생한다. 연소에 의하여 압력상승이 나타나는 열발생 기간이다. 기관이 고회전이면 연소는 빨리 일어나고 이때는 연소시간이 짧아 기관속도의 증가에 따라 점화시기를 진각시킨다. 그림 4.7과 같이 점화시기는 최고 온도와 압력이 ATDC 5~10°에서 발생하도록 점화시기를 진각하고 ATDC 15°까지 모든 연소가 끝나도록 한다. 크랭크각으로 35° 내에서 연소가 끝난다. 연소가 ATDC 15°까지 완료되려면 BTDC 20°에서 점화가 되어야 한다. 화염속도는 난류, 스월 및 텀블의 유동, 혼합기의 공연비에 따라 달라지며 희박연소는 화염속도가 느리고 약간 농후한 혼합기에서 화염속도가 최대로 된다.

③ 화염종료

이때는 압력은 감소하고 연소가 종료한다. 화염이 실린더 벽을 만나면 화염속도는 감소되고 연소는 종료한다.

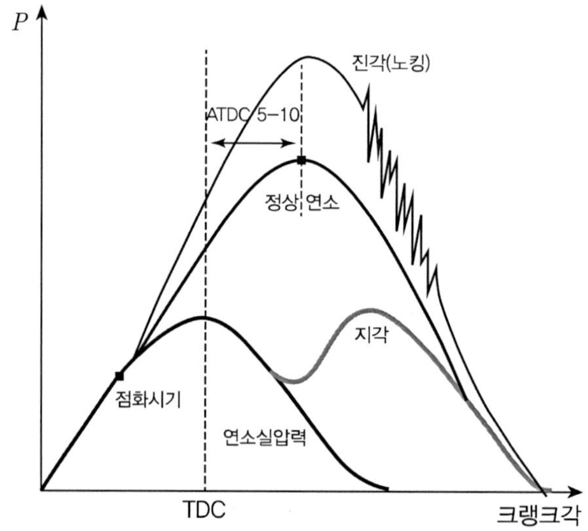

그림 4.7 가솔린 기관 연소실 압력곡선

(5) 이상연소

실린더 내의 미연가스가 자연발화 온도를 넘으면 자연발화에 의하여 전부 연소되어 실린더 내의 화염속도가 300~2000 m/sec에 도달하는데, 이때 발생하는 충격파를 디토네이션파(detonation wave)라 하고 노킹의 원인이 된다. 충격파는 연소 도중 화염면에서 떨어진 미연가스가 자발화를 하여 발생하고 고주파의 압력진동과 소음을 발생하는 원인이 된다. 기관에 과부하,

과열이 발생할 때, 혼합비가 농후할 때, 점화시기가 빠를 때 발생하며 실린더 설계시 압축비를 적게 하고 화염전파 거리를 단축시키고 난류 증대로 화염속도를 높이면 방지된다.

① 고옥탄가의 연료를 사용한다.

② 미연가스의 온도와 압력을 낮추고 연소기간을 단축한다.

③ 점화시기를 늦춘다.

④ 회전속도를 높인다.

⑤ 냉각수 온도를 저하시킨다.

⑥ 흡기온도를 저하시킨다.

EGR량이 너무 많으면 배기가스 온도가 상승한다. EGR 10%는 연소속도가 느려지고, 20%는 부분연소, 30% 이상은 실화가 발생하기도 하므로 배기가스 온도를 낮추어야 공급해야 한다.

(6) 역화, 후연

정상연소, 노킹, 표면점화는 모두 연소실 내에서의 연소이지만 연소실 밖인 흡배기계에서도 연소가 발생하는 경우가 있다. 흡기계에서의 연소를 역화(backfire), 배기계에서의 연소를 후연(after burn)이라 한다.

4.11 디젤기관 연소

디젤연소는 확산 불균일 연소로 실린더 내에서는 정압과정이다. 연료를 공기 중에 분사하는 경우, 연료분사 노즐 출구부근에서는 연료가 100%이고, 인젝터에서 충분히 떨어진 곳은 공기가 100%이다. 확산 불균일 연소는 연료와 공기의 경계부분에서 연료와 공기가 혼합하여 발생한다. 화학 반응속도가 공기와 연료의 확산속도와 비교하여 빠르기 때문에 확산 연소속도는 연료와 공기의 확산 혼합속도에 따라 정해지고, 확산연소에서는 가솔린 기관에서의 화염전면은 존재하지 않는다. 확산연소는 경유 등의 액체연료를 압축한 후 고온 고압의 공기에 분사하여 발생하는 연소로 분무연소라고도 하며 이러한 연소는 과정이 매우 복잡하다. 연료는 인젝터에서 분사하여 1400bar에서 5㎛정도로 미립화 된 후 공기와의 확산, 혼합으로 표면적이 증가하여 연료의 증발이 촉진된다.

디젤기관은 실린더에 직접 연료를 분사하는 확산 불균일 연소로, 실린더 내에서 동시 다발로 자기착화하는 연소이다. 혼합기의 온도가 높게 되면 연료는 자발화한다. 스로틀밸브가 없어 흡기 다기관 내의 압력은 대기압에 가까워 펌핑손실이 없으며, 자기착화 연소를 하므로 높은 압축비가 필요하다. 압축비는 15~20으로 높으며, 연료분사는 압축말기에 이루어지고, 분사되는 연

표 4.16 디젤기관 연소과정

<table>
<tr><th>분사</th><th>자기착화</th><th>분사종료</th><th>최고압력</th><th>연소종료</th></tr>
<tr><td>BTDC 20°</td><td>BTDC 9°</td><td>ATDC 5°</td><td>ATDC 10°</td><td>ATDC 40°</td></tr>
<tr><td></td><td>압력상승</td><td></td><td></td><td></td></tr>
<tr><td colspan="2">점화지연</td><td></td><td></td><td></td></tr>
<tr><td colspan="3">연료분사 크랭크각 25°</td><td></td><td></td></tr>
<tr><td colspan="5">연소기간 크랭크각 60°</td></tr>
</table>

료의 양으로 기관출력이 조절된다. 표 4.16에서 연료분사 기간은 크랭크각으로 25° 정도이며 BTDC 20° 에서 분사가 시작되어 공기와 혼합을 거쳐 ATDC 5° 에서 분사가 끝나고 BTDC 9° 부근에서 연료 당량비가 1~1.5가 되면 자기착화가 발생하며 압력이 높은 실린더로 연료가 분사되기 때문에 높은 연료압력이 필요하다. 높은 압축비로 인하여 실린더 온도가 2400 K의 고온이 되면 NOx 발생이 많아진다.

인젝터는 연료를 아주 작게 미립화하도록 분사해야 하고 17 이상의 높은 압축비로 인하여 연소실 온도가 높아 연료의 증발이 빨리 일어난다. 디젤기관은 연소시간이 50~60° 정도로 길고, 저부하에서는 분사, 미립화, 증발, 혼합하는 시간이 충분하여 스월, 텀블 등 난류는 필요하지 않고 고부하에서는 증발과 혼합을 빨리 하기 위하여 스월, 텀블과 고압의 연료가 필요하다. 점화지연 시간은 연소실 온도가 높고 압축비가 크면 짧아진다. 그림 4.8은 디젤 연소압력을 나타낸다. BTDC 9° 에서 분사가 시작되어 ATDC 5° 에서 완료되고 점화지연을 거쳐 자기착화는 BTDC 9° 에서 발생하고 예혼합 연소, 최고 압력, 확산연소를 거쳐 ATDC 40° 에서 연소가 완료된다. 디젤연소는 불균일 연소이기 때문에 산소가 충분하지 않으면 고체 탄소인 그을음이

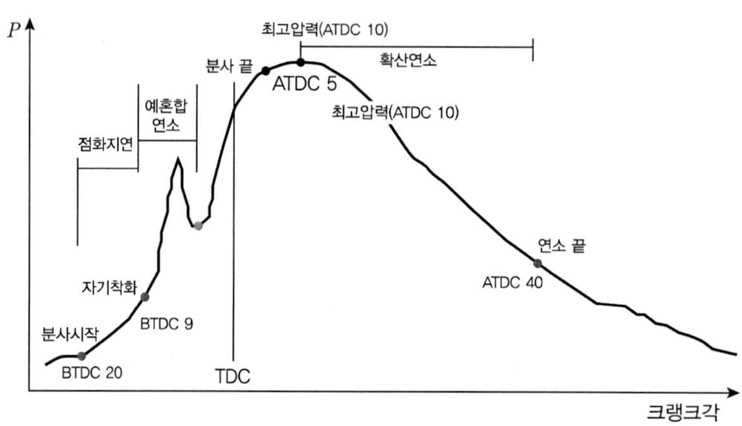

| 그림 4.8 | 디젤 연소압력 곡선

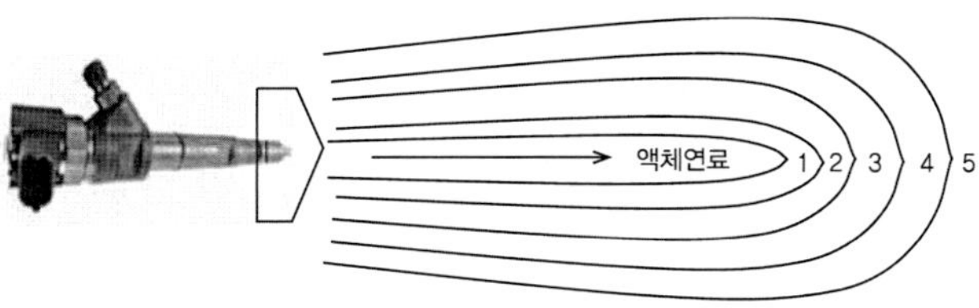

(1: 농후, 2: 가연 농후, 3: 이론공연비, 4: 가연희박, 5: 초희박)

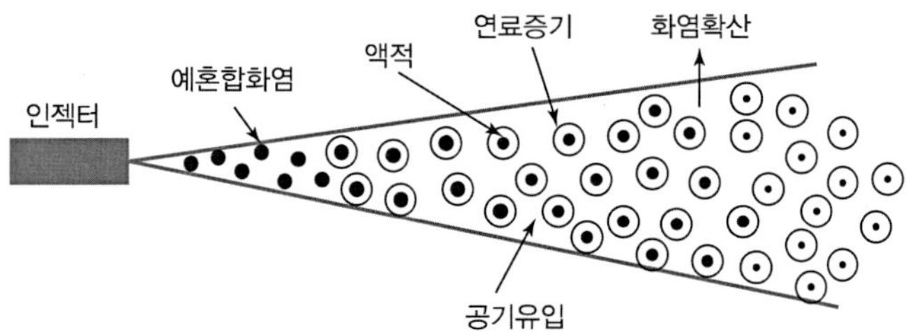

그림 4.9 디젤기관의 확산연소

생성된다. 그을음(soot)은 디젤엔진에서 주로 발생하는 물질로 연료가 산소 부족으로 타지 못하고 발생하는 매연으로 주성분은 탄소이다. 경유는 휘발점이 높아 연소실 내에서도 미처 기화되지 못하면 매연으로 배출된다. 그림 4.9는 디젤연소를 나타내고 가연농후 연료에서 먼저 자기착화가 발생하고, 농후, 이론, 가연희박, 초희박 조건의 순으로 자기착화를 한다.

디젤기관의 경우, 흡입 공기량은 교축밸브가 없어 흡입공기는 실린더 부압에 의하여 흡입되며, 출력제어는 실린더 내에 분사하는 연료의 분사량에 의해 이루어진다. 가솔린 기관의 점화시기에 해당되는 것이 연료분사 시기이다. 압축비는 가솔린 기관보다 높으며 압축말기의 공기온도는 700℃ 정도로 높아진다. 경유의 자발화 온도가 260℃ 정도이므로 여기에 안개 모양의 연료를 분무하면 자연발화가 일어난다.

(1) 연소과정

혼합가스의 부분적인 자기착화에 의해 연소가 시작되어 연료 입자표면의 확산에 의하여 연소가 완료된다.

① 착화지연 기간 : 분사가 개시되고 자연발화가 일어나면서 연소가 시작되어, 실린더내 압력이 높아지기 시작할 때까지의 1~6 ms의 시간 동안의 기간이다. 분사된 연료가 증발하여 공기와 혼합되는 기간이며, 물리적 지연(미립화, 확산, 혼합)과 화학적 지연(연료의 착화성)에 의해 연소시간이 결정된다.

② 무제어 연소기간 : 온도의 상승에 의한 자연발화가 일어나는 화학적 지연을 거쳐, 연료

가 연쇄적으로 반응하여, 급격하게 연소가 발생하여 압력이 급상승하는 기간으로 정적 연소기간이다. 연소실 내의 연소조건이 좋은 곳에서 먼저 자연발화하고, 이때까지 분사된 연료가 전부 연소한다.

③ 제어 연소기간 : 연료가 착화하여 화염이 실린더 내에 확산되면 고온이 되므로, 그 뒤에 분사되는 연료는 분사와 동시에 기화하여 연소하는 정압연소 기간이다. 계속 분사되는 연료가 확산 연소하는 기간으로 연료 분사율에 의해 연소를 제어하는 것이 가능하다.

④ 후연 : 연료분사는 상사점 후 5°에서 완료되며 연료분사가 종료되어도 연소되지 못한 연료가 연소를 계속하는 기간이다.

(2) 디젤노킹

디젤기관은 착화지연(ignition delay)이 길수록 분사되는 연료량이 증가되어 압력상승은 커지게 되고 그 충격력으로 진동이 심해지고 소음이 발생하는 디젤 노킹현상이 나타난다.

① 와일드핑 (wild ping) : 표면점화에 의해 발생한 노킹은 표면점화 연소를 계속하여 고주파음을 내는 현상이다.

② 럼블 (rumble) : 압축비가 9.5 이상이면 노킹음과는 다른 저주파음을 내고 연소실이 깨끗하지 못하면 발생한다.

③ 사드 (thad) : 압축비가 12 이상이면 가속을 하여도 저주파음이 계속 발생하는 현상이다.

④ 표면점화 : 표면점화는 점화시기로 제어할 수 없으므로 조기점화가 발생하면 연소가스가 압축되어, 실린더 압력이 높아지고 표면이 더욱 더 가열되어 점화가 빨리 일어나는 현상이다.

(3) 노킹 방지법

디젤노킹의 방지법은 다음과 같다.

① 발화성이 좋은 세탄가가 높은 연료를 사용하여 착화지연을 짧게 한다.

② 연료 분사시 입자를 무화시켜 분포를 좋게 하고 관통력이 커지도록 한다.

③ 와류를 형성시켜 연소반응을 빠르게 한다.

④ 압축비를 높인다.

⑤ 실린더 온도, 흡기온도, 압축압력을 높인다.

⑥ 연료분사 개시시기를 상사점 전후로 한다.

⑦ 회전속도를 낮춘다.

4.12 균일충전 압축착화 연소(HCCI)

4.12.1 개요

자동차 매연으로 인한 공해를 줄이고 환경 개선을 위해서, 보다 적은 연료로 장거리를 달릴 수 있고 이산화탄소와 매연 등 배기가스도 적게 배출되는 자동차는 인류 생존에 필요한 기술이다. 이러한 기술개발을 위해 자동차 업계는 여러 방면으로 차세대 저탄소 엔진 기술개발에 적극 나서고 있다. 현재는 HCCI 엔진, 플러그인 하이브리드, 전기자동차, 연료전지 자동차 등 다양한 기술 개발이 진행되고 있고 그 중에서 HCCI 엔진은 내연기관 효율향상을 도모하는 기술이다. HCCI 엔진은 전기 점화방식의 SI 엔진과 압축 착화방식의 CI 엔진의 장점을 혼합하여 SI 엔진의 조용함과 CI 엔진의 높은 효율을 가지는 엔진이다. HCCI 엔진은 초기에는 CI 엔진과 비슷한 압축 착화방식으로, 저온에서도 연소가 가능하도록 열구(hot bulb)를 장착하였지만 저온에서 압축착화가 가능한 조건을 만들기 어려웠다. 그러나 현재는 정밀한 센서 개발, EGR 기술, 역밸브 오버랩(NVO)기술, 가변 밸브기술과 정밀 전자제어 기술의 발달로 정상적인 연소가 가능한 HCCI 엔진의 개발 가능성이 높게 되었다.

직접 분사식 엔진의 경우, CRDI엔진은 압축된 공기에 높은 압력으로 연료를 분사하여 자기 착화점화, GDI엔진은 전기점화를 하지만, HCCI엔진의 점화는 가솔린 연료의 자기착화인 노킹 현상을 이용하는 연소방식과 유사하며 가솔린 엔진과 디젤엔진 모두 연료의 자기착화 방식으로 연소한다. HCCI 엔진은 흡입공기를 히터로 예열하여 가솔린 노킹연소를 자연스럽게 유도하면서 자기착화에 의한 균일한 연소가 되도록 한다.

4.12.2 HCCI 연소 원리

1979년, 일본 大西에 의해 고안된 HCCI 연소의 목적은, NO_x 저감과 고효율 엔진의 개발이었다. 그러나 실제로 HCCI 엔진을 개발하는 것은 생각보다 어려웠다. 개발 초기의 단계에서는 일정한 조건 하에서 이상적인 HCCI 엔진의 연소를 실현하는 것은 어려웠고 실제로 자동차에 엔진을 탑재하면 저회전에서 고회전까지 일정하게 엔진이 회전하지 않는 현상이 발생하여 개발에 실패를 하였다. 이러한 문제는 연소실의 정밀 상태의 연소를 상세히 연구하여 제어하는데 성공하여 조금씩 이상적인 연소가 가능하였다. HCCI 엔진은 센서의 개발, 제어방법의 개발, VVA 적용, 연료분사 조건, 점화시기, 연소상태를 정밀하게 전자기술로 제어하여 현재의 실용 가능한 단계까지 발전하였다.

PFI 엔진은 예혼합기 흡입, 점화 플러그의 점화, 화염전면의 전파방식으로 연소하지만 농후

연소나 균일연소만 가능하고 희박연소는 화염전파 생성에 한계가 있다. 엔진에서 (초)희박연소가 가능해야 연비가 향상되지만 당량비 1이하인 희박상태는 점화 플러그로 점화가 잘 되지 않아 화염전면이 잘 발생하지 않는다. 디젤기관은 공기 만을 흡입하여 압축한 후 연료를 분사, 자기착화에 의한 불균일 확산연소를 한다. HCCI 연소는 희박 예혼합기를 흡입하고, 고압축비로 압축한 후, 다점 동시 자기착화를 통한 급속 저온연소를 한다.

화염전파에 의하지 않고 연소하는 방법은 자기착화 방식 뿐이다. 자기착화 방식은 혼합기의 온도와 압력이 높아야 가능한 일이고 연소시에 많은 공기가 필요하다. CRDI 엔진과 GDI 엔진은 연소실에서 예혼합되는 시간이 짧아서 불균일 연소이다. HCCI 연소는 연소온도가 낮아서 NOx와 스모그가 발생하지 않고 NO_x 촉매와 PDF에 의한 스모그 처리도 필요가 없다. HCCI 연소를 가능하게 하려면 연료와 공기를 미리 균일한 예혼합기로 만들고, 고압축비로 압축시켜, 연료를 고온으로 하면 자기착화된다. 그러나 문제는 희박연소는 공기량이 제어되지 않으면 연소 변동률이 나쁘기 때문에 공기량과 압축비 제어를 위해 VVA 기술, 그리고 실린더의 열용량을 증가시키기 위해서는 가변 터보차저 기술을 적용해야 하고, 점화 플러그가 없어 착화시기와 연소시간의 제어가 중요하며 연소실 가스온도 제어를 위하여 연소실에 잔류하는 배기가스의 양을 운전조건에 따라 변화시킬 수 있는 EGR 기술을 적용해야 한다. 가솔린 기관에서 자기착화 점화조건을 얻기 위해서는 배기밸브를 빨리 닫아 기연가스의 열을 유지하고 일부 연료를 역밸브 오버랩 기간에도 분사해야 한다. 즉 역밸브 오버랩(NVO)기술의 적용과 분사 제어기술이 필요하다.

디젤 HCCI 엔진에서는 경유는 착화성이 좋은 연료이기 때문에 경유를 예혼합하면 연료의 조기 착화가 발생하므로 다양한 연료를 사용해야 한다. 연료를 흡기포트에서 분사하여 혼합기가 흡기행정 동안 실린더에 공급되는 예혼합 방법(premixed HCCI), CRDI 엔진보다 빠른 시기인 압축초기에 연료를 분사하여 기존의 CRDI 엔진을 이용하는 방법(early HCCI), CRDI 엔진보다 늦은 시기에 연료를 분사하여 예혼합기 형성 시간을 늘리고 와류를 이용하여 예혼합기 형성을 촉진하는 방법(late HCCI)이 있다.

(a) SI (b) CI (c) HCCI

【그림 4.10】 연소 형태의 비교

현재 기술의 문제는 고부하시에는 연료와 공기의 혼합시간이 늦어 이상연소가 발생되기 쉽고, 안정된 연소영역이 한정되어 있어 이 영역을 넓히는 것이 과제이다. 따라서 HCCI 연소가 어려운 영역에서는 전기점화에 의한 연소, 저부하에서는 HCCI 연소를 하는 2개의 연소방법의 원활한 전환방법 개발이 필요하다. HCCI 엔진이 실용화가 빨리 안 되는 이유는 연료성분, 운전조건에 따라 변하는 점화시기의 제어와 연소속도의 제어의 어려움 때문이다. 특히 고부하에서는 소음이 심하여 HCCI 엔진의 가장 큰 문제점이 되고 있다.

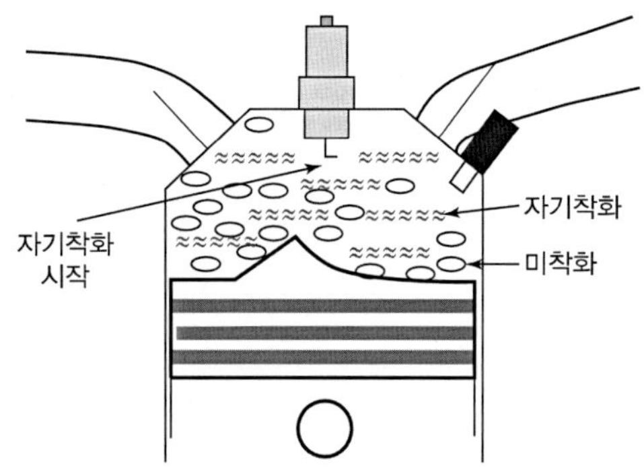

그림 4.11 HCCI 연소

[연습문제]

4.1 중량비로 공기 중의 질소와 산소의 혼합비율로 옳은 것은?

㉮ 산소 24%, 질소 76%　　㉯ 산소 23.2%, 질소 76.8%

㉰ 산소 21%, 질소 79%　　㉱ 산소 18%, 질소 82%

해설 중량 : 산소 23.2 %, 질소 76.8%
체적 : 산소 21 %, 질소 79%

4.2 가솔린을 연소하는데 산소 1 m^3이 필요하다면 소요되는 공기량은 몇 m^3인가?

㉮ 1　　㉯ 4.348

㉰ 4.762　　㉱ 5.762

해설 1/0.21=4.762m^3

4.3 메탄 1 kgf를 공기 중에서 표준상태에서 이론공기로 완전 연소시키기 위한 공기의 체적은 몇 Nm^3인가?

㉮ 5.5　　㉯ 7.0

㉰ 12.6　　㉱ 13.33

해설

	CH_4	+ $2O_2$	→ CO_2	+ $2H_2O$
무게	16kgf	64kgf	44kgf	36kgf
체적	22.4m^3	44.8m^3	22.4m^3	44.8m^3
체적비	1kmol	1kmol	1kmol	1kmol

메탄 1kgf를 연소시키는 데 필요한 산소의 양은
무게 : 64/16 = 4kgf
체적 : 44.8m^3/16 = 2.8Nm^3

메탄 1kgf를 연소시키는 데 필요한 공기의 양은
무게 : 4/0.232 = 4kgf
체적 : 2.8/0.21 = 13.33Nm^3

4.4 탄소 1kgf를 완전 연소시키는 데 필요한 체적 공기량은 다음 중 어느 것인가?

㉮ 8.89 m^3　　㉯ 23.2 m^3

㉰ 21.0 m^3　　㉱ 44.0 m^3

해설 탄소 1kgf를 연소시키는 데 필요한 공기의 양은
무게 : 2.667/0.232 = 11.5kgf
체적 : 1.867/0.21 = 8.89m^3

정답 4.1 ㉯ 4.2 ㉰ 4.3 ㉱ 4.4 ㉮

4.5 중량성분 비율이 다음과 같을 때 석탄 1kgf당 발생되는 저위 발열량을 계산하라? 연소 효율은 85%이다.

C : 45%, H : 5% O : 13% S : 2% N : 3% W : 17%

㉮ 2,306 kcal/kgf ㉯ 2,713 kcal/kgf

㉰ 3,885 kcal/kgf ㉱ 4,542 kcal/kgf

해설 고체연료에 대한 저위발열량은

$$H_l(\text{저위발열량}) = 8100C + 29000(H - \frac{O}{8}) + 2500S - 600W \text{kcal/kgf}$$

$$H_l = 8100 \times 0.45 + 29000(0.05 - \frac{0.13}{8}) + 2500 \times 0.02 - 600 \times 0.17 = 4571 \text{kcal/kgf}$$

실제 석탄 1kgf당 발생하는 저위 발열량은

$$H_l = \eta_c \times H_l = 0.85 \times 4571 = 3885 \text{ kcal/kgf}$$

4.6 중량성분 비율이 다음과 같을 때 석탄 1kgf당 발생되는 고위 발열량을 계산하라?

C : 80%, H : 3.5% O : 6% S : 3% W : 4%

㉮ 4,306 kcal/kgf ㉯ 5,713 kcal/kgf

㉰ 6,860 kcal/kgf ㉱ 7,490 kcal/kgf

해설 $H_h = 8100C + 34000\left(H - \frac{O}{8}\right) + 2500S \text{kcal/kgf}$

$$H_h = 8100 \times 0.8 + 34000\left(0.035 - \frac{0.06}{8}\right) + 2500 \times 0.03 = 7490 \text{kcal/kgf}$$

4.7 자동차 주행거리의 증가와 함께 옥탄가 요구치는 증가한다. 이의 가장 큰 원인은?

㉮ 냉각수 온도 상승 ㉯ 점화시기 불량

㉰ 카본의 퇴적 ㉱ 부품의 노후화

해설 연소실의 카본 퇴적으로 압축비가 높아져 옥탄가의 요구치는 증가한다.

4.8 가솔린 연료의 옥탄가를 향상시키기 위한 내노크제로 부적당한 것은?

㉮ 벤조올 ㉯ 에틸알코올

㉰ 4연화에틸렌 ㉱ 질산염

해설 4에틸납($Pb(C_2H_5)_4$), 벤젠, 에틸 알코올, 아망간산염 등, 질산염은 착화성 향상제

4.9 가솔린 연료의 옥탄가가 80이다. 설명으로 맞는 것은?

㉮ 이소옥탄의 체적비율이 80%이다 ㉯ 이소옥탄의 중량비율이 80%이다

㉰ 정헵탄의 체적비율이 80%이다. ㉱ 정헵탄의 중량비율이 80%이다.

해설 옥탄가 80은 이소옥탄의 체적 비율이 80%, 정헵탄의 체적 비율이 20%이다.

정답 4.5 ㉰ 4.6 ㉱ 4.7 ㉰ 4.8 ㉱ 4.9 ㉮

4.10 가솔린 기관에서 강한 노킹이 발생할 때의 현상이 아닌 것은?

㉮ 실린더가 과열한다.

㉯ 출력이 저하한다.

㉰ 금속성 음이 발생한다.

㉱ 배기가스의 온도가 상승한다.

해설 노킹이 발생하면 진동으로 피스톤으로 열전달이 좋아져 배기가스 온도는 상승하지 않는다. 그러나 피스톤의 소손, 융착, 베어링 파손 등이 발생할 수 있다.

4.11 디젤연료에서 연소전 반응을 빠르게 하여 착화지연을 짧게 하는 물질은?

㉮ 4에틸납　　㉯ 아닐린

㉰ 크실론　　㉱ 초산아밀

해설 착화성 향상제 : 초산아밀($C_5H_{11}NO_3$),아초산아밀($C_5H_{11}NO_2$), 초산에틸($C_2H_5NO_3$),아초산에틸($C_2H_5NO_2$)

4.12 식물, 폐기물과 같은 바이오매스로 만드는 대체 연료는 다음 중 어느 것인가?

㉮ 가솔린(petrol)　　㉯ 경유

㉰ 압축천연가스(CNG)　　㉱ 바이오연료(Biofuel)

해설 바이오매스는 셀룰로즈, 헤미셀룰로즈, 리그닌을 주성분으로 하는 목재, 유기체, 농업, 산림 관련 부산물, 도시 고형 폐기물 등으로 바이오 연료를 만들 수 있다.

4.13 다음의 연료중 질량 에너지 밀도가 가장 낮은 것은?

㉮ 경유　　㉯ 700 bar 수소

㉰ 메탄올　　㉱ 리튬이온 배터리

해설 경유, 700bar 수소, 메탄올, 리튬이온 배터리의 순으로 낮다.

4.14 자동차는 배출 이산화탄소의 배출을 줄이기 위하여 에탄올과 바이오 디젤을 경유와 10~85% 혼합하거나 가솔린과 에탄올을 혼합하여 사용한다. 이러한 혼합연료를 사용하는 자동차를 무엇이라 하는가?

㉮ FFV　　㉯ BEV　　㉰ HEV　　㉱ FCEV

해설 FFV – flexible fuel vehicle

4.15 다음의 바이오 연료 중 경유를 대체하지 못하는 연료는?

㉮ CTL　　㉯ GTL　　㉰ BTL　　㉱ HENG

해설 HENG – 수소 천연가스

정답 4.10 ㉱　4.11 ㉱　4.12 ㉱　4.13 ㉱　4.14 ㉮　4.15 ㉱

4.16 바이오 연료의 LCCO2는 가솔린과 디젤연료를 바이오 연료로 대체했을 때 CO_2 배출량을 의미한다. 바이오 에너지를 사용할 때 CO_2 감소량이 가장 큰 것은?

㉮ 셀룰로즈로 만든 에탄올 ㉯ 콩으로 만든 바이오 디젤

㉰ 사탕수수로 만든 에탄올 ㉱ 옥수수로 만든 에탄올

해설 셀룰로즈로 만든 에탄올은 CO_2를 91% 감소시킨다.

4.17 초저탄소 자동차는 WTWCO_2 배출량이 75 g이하인 자동차를 의미한다. 초저탄소 자동차로 볼 수 없는 자동차는 다음 중 어느 것인가?

㉮ E85 사용 HEV

㉯ 바이오매스로 부터 얻은 수소 사용 FCEV

㉰ 초저탄소 재생에너지 사용 BEV

㉱ 가솔린 사용 PHEV

해설 가솔린, 초저탄소 재생에너지 사용 PHEV는 WTWCO_2 배출량이 144g이다. HEV : 하이브리드 전기자동차, FCEV :연료전지 전기자동차, BEV : 배터리 전기자동차, PHEV : 플러그 인 전기자동차

4.18 다음의 자동차 연료의 특징을 설명한 것 중 틀린 것은?

㉮ LPG : 상온에서 7~10 기압의 압력으로 압축하거나, 1기압에서 -42.1℃ 이하로 냉각시키면 석유가스는 액화된다.

㉯ 수소 : 1기압, 상온에서 수소를 액체로 만들려면 임계온도인 -253℃의 초저온이 필요하고 연료전지 자동차에는 350 bar, 700 bar의 압축수소가 사용된다.

㉰ CNG : 천연가스를 200 bar의 고압으로 압축한 압축 천연가스로 자동차에서는 9 bar로 감압하여 사용한다.

㉱ 바이오 연료 : 엔진의 구조 변경이 없이 사용할 수 있다.

해설 에탄올 등 바이오 연료를 사용하려면 부분적으로 구조 변경을 해야 한다.

4.19 다음 중 연결이 틀린 것은?

㉮ 중유 - HFO ㉯ 디메칠에테르 - DME

㉰ 바이오 디젤 - BDF ㉱ 석탄 합성연료 - GTL

해설 GTL - 천연가스 합성연료, BTL - 바이오매스 합성연료, CTL - 석탄 합성연료

4.20 다음중 엔진의 구조변경이 없이 현재 엔진 그대로 사용할 수 있는 연료는?

㉮ GTL ㉯ CNG

㉰ 천연가스 메탄올 ㉱ 천연가스 DME

해설 GTL은 천연가스에서 추출한 액체 합성연료로 구조변경이 없이 사용할 수 있다.

정답 4.16 ㉮ 4.17 ㉱ 4.18 ㉱ 4.19 ㉱ 4.20 ㉮

[주관식]

1. $LCCO_2$, $WTWCO_2$, $WTTCO_2$, $TTWCO_2$를 구분하고 공부해 보자.

2. 다음의 차세대 자동차 연료의 특징, 장단점을 알아보자.
   ① 액체 합성연료(CTL, GTL, BTL)
   ② 바이오 디젤(BDF)
   ③ 바이오 에탄올
   ④ 압축 천연가스(CNG)
   ⑤ 수소
   ⑥ 셀룰로즈 에탄올

3. 전기에너지와 수소에너지를 비교하고 차세대 에너지로 사용되기 위하여 각각의 연료가 해결해야 할 기술에 대하여 알아보자.

4. 가솔린 기관의 연소과정을 조사해 보자.

5. 디젤기관의 연소과정을 조사해 보자.

열유체 장치

CHAPTER 05

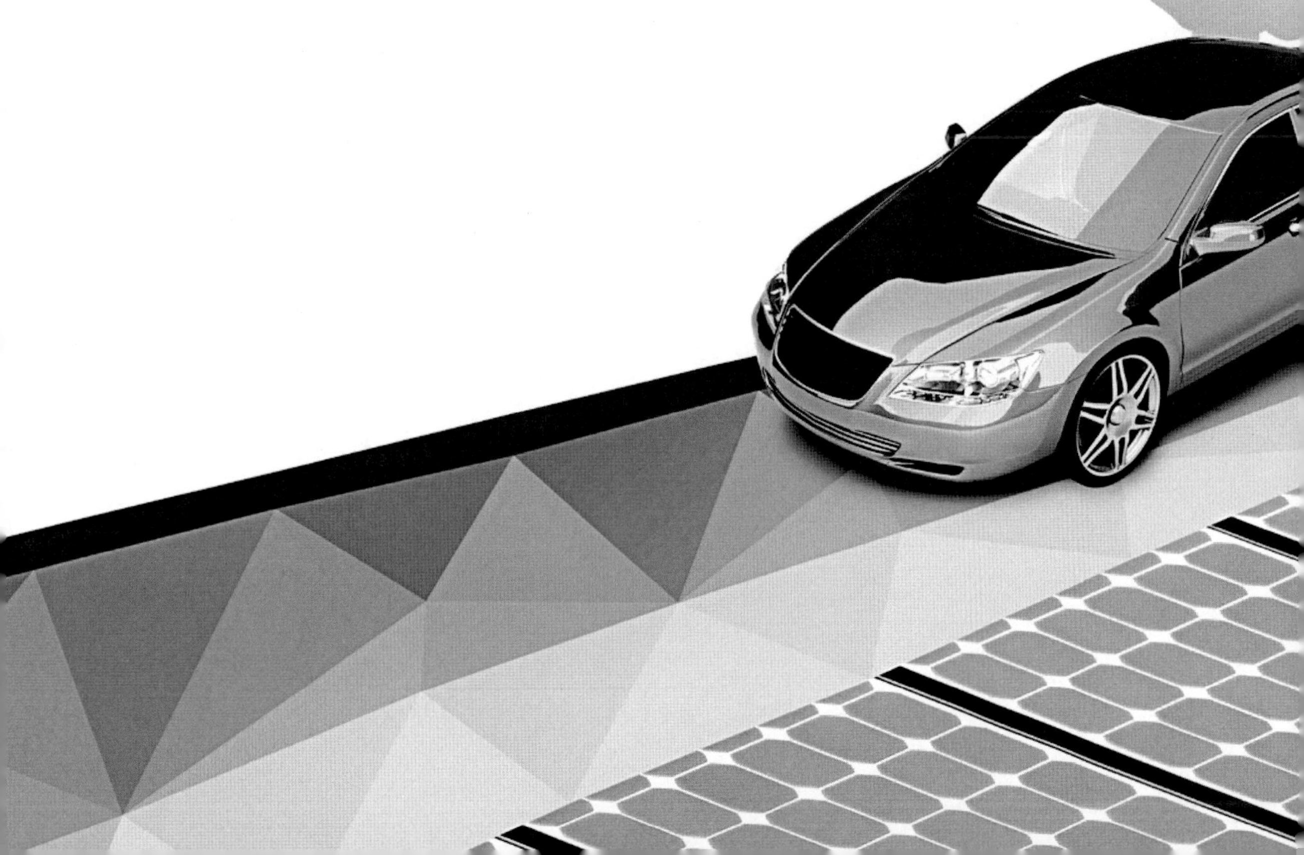

5.1 냉각장치

5.1.1 냉각장치의 목적

연소가스의 최고 온도는 금속의 비점보다 높은 2,500℃ 이상이다. 연소가스를 냉각하지 않으면 연소가스에 직접 접촉하는 금속부분은 적열상태로 되어 중대한 손상이 발생한다. 냉각의 목적은 실린더, 피스톤을 적절한 온도로 유지하기 위함142

이다. 엔진의 과열이나 녹아내림을 방지하려면 열을 효과적으로 제거해야 한다. 이러한 열을 제거하기 위해 실린더 바깥 부분과 헤드의 내부에는 엔진 냉각수가 통과하는 유로가 형성되어 있다. 냉각수는 이들 유로를 통하여 연소실 열을 취득하고 라디에이터를 통하여 열을 배출한다. 엔진을 물로 냉각하는 이유는 연소실 온도가 너무 높기 때문이다. 연료의 에너지를 100으로 보면 35%는 냉각수, 35%는 배기, 20%는 바퀴구동 마찰열, 공기흐름 손실 5%, 엔진마찰 5%로 버려진다.

내연기관에서는 연소가 1-3-4-2 실린더로 간헐적으로 이루어지고 연소실과 피스톤은 고온이 되지만 혼합기와 항상 접촉하므로 엔진 내부의 온도는 크게 상승하지 않는다. 연소가스와 접촉하는 실린더 헤드, 피스톤, 실린더 라이너 부분은 특수한 재질로 냉각을 하지 않아도 연소온도 2,500℃까지 견딜 수 있다. 그러나 엔진 냉각의 목적은 실린더와 피스톤의 온도를 적정하게 하여 엔진의 기계적 강도와 내구성을 유지하고 마찰면의 윤활작용을 원활히 하는데 있다. 그 외 실린더 헤드의 과열에 의한 변형방지, 배기밸브의 과열방지, 윤활유의 연소방지 등의 효과가 있어 냉각 장치는 엔진의 내구성을 유지하는 가장 중요한 장치이다. 표 5.1은 연소실 각 부의 온도를 나타낸다.

표 5.1 엔진 각 부분의 온도

기관 각부	온도	기관 각부	온도
연소실 가스	2,500℃	실린더 벽	150~350℃
배기밸브 헤드	650~730℃	피스톤 헤드	290~310℃
배기밸브 스템	640~850℃	연소실 벽	200~260℃
점화 플러그	450~900℃	피스톤스커트	90~200℃
피스톤 헤드 중심	290~300℃	피스톤링	150~260℃

5.1.2 냉각방식

(1) 공냉식 냉각장치

공냉식 냉각장치는 엔진을 직접 대기와 접촉시켜 열을 전달하는 형식으로, 실린더 헤드와 실린더 블록에 냉각핀이 설치되어 있다. 구조가 수냉식에 비하여 간단하나 운전상태에 따라 온도가 변하기 쉽고, 냉각이 균일하게 되지 않아 과열되기가 쉽다. 냉각방식으로는 램 에어를 이용하여 냉각시키는 자연 통풍식과 팬 강제 통풍식이 있다. 공냉식은 주로 모터 사이클이나 경비행기 엔진에 사용되고 있다.

(2) 수냉식 냉각장치

수냉식 냉각장치는 냉각수를 이용하여 엔진을 냉각하는 방식으로, 물의 순환방식에 따라 자연 순환식과 강제 순환식이 있다. 자연 순환식은 냉각수를 자연대류에 의해 순환시키기 때문에 사용되지 않고 있다. 강제 순환식은 냉각수 펌프를 이용하여 냉각수를 강제로 순환시키는 방식이다.

예제 5·1

연소가스의 온도가 1600℃, 냉각수의 온도 85℃, 전열면적 1.538 m^2인 실린더를 가진 기관의 방열량을 구하라. 단 열통과율 $k = 217.4$ kcal/m^2h℃이다.

풀이 $Q = kA(T_g - T_w)$

$Q = 217.4 \times 1.538 \times (1600 - 85) = 506557\text{kcal/h}$

5.1.3 열전달과 시스템의 구성

(1) 실린더 열전달

그림 5.1과 같은 연소실에서 실린더 벽으로 열전달, 실린더 벽 내부의 열전도, 실린더 벽에서 냉각수로 열전달이 일어나면 다음의 방정식이 성립한다.

$$q_1 = h_1(T_{f1} - T_{w1})$$

$$q_2 = \frac{k}{L}(T_{w1} - T_{w2})$$

$$q_3 = h_2(T_{w2} - T_{f2}) \tag{5.1}$$

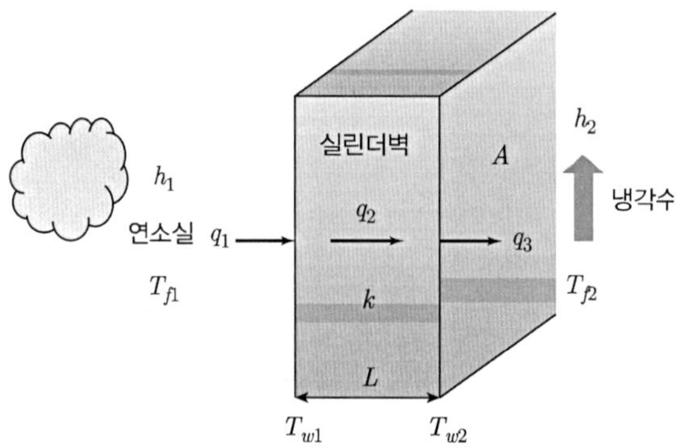

| 그림 5.1 | 연소실에서 냉각수로의 열전달

온도의 항으로 표현하면

$$T_{f1} - T_{w1} = \frac{q_1}{h_1}$$

$$T_{w1} - T_{w2} = \frac{q_2}{k/L}$$

$$T_{w2} - T_{f2} = \frac{q_3}{h_2} \tag{5.2}$$

식(5.2)의 3식을 더하면

$$T_{f1} - T_{f2} = \frac{q_1}{h_1} + \frac{q_2}{k/L} + \frac{q_3}{h_2} \tag{5.3}$$

정상상태에서는 $q_1 = q_2 = q_3$이므로

$$T_{f1} - T_{f2} = q\left[\frac{1}{h_1} + \frac{1}{k/L} + \frac{1}{h_2}\right]$$

$$q = \lambda(T_{f1} - T_{f2})$$

$$\lambda = \frac{1}{\frac{1}{h_1} + \frac{1}{k/L} + \frac{1}{h_2}} \tag{5.4}$$

여기서 $\lambda(\mathrm{W/m^2\,K})$는 실린더 벽의 열통과율을 나타낸다. 평판의 열통과율은

$$Q = \lambda A(T_{f1} - T_{f2}) = \frac{T_{f1} - T_{f2}}{R} \tag{5.5}$$

여기서

$$R = \frac{1}{A\lambda} = \frac{1}{A}\left[\frac{1}{h_1} + \frac{1}{k/L} + \frac{1}{h_2}\right] \tag{5.6}$$

로 되고, 이를 열통과 저항(K/W)이라 한다. 열전달 저항, 열전도 저항의 합이다. 실린더 벽의 열전도율 k는 재질에 의해 결정된다. 주철은 약 40 W/mK이고, k/L는 4000 [W/(m^2 K)]이고, 냉각수 열전달률 h_2[W/(m^2 K)]는 5,000~6,000 W/(m^2 K) 정도이고, 가스 열전달률 h_1[W/(m^2 K)]은 다음과 같이 제안되었다.

① Nusselt 식

$$h_1 = 0.054p^{\frac{2}{3}} T_{f1}^{\frac{1}{3}}(1 + 1.24Nu_m) + \frac{0.421\{(T_{f1}/100)^4 - (T_{f2}/100)^4\}}{T_{f1} - T_{f2}} \tag{5.7}$$

[p : 작동압력(kPa), Nu_m : 평균 누셀트 수(m/s)]

② Eicherberg 식

$$h_1 = 0.247(pT_{f1})^{\frac{1}{2}} N_m^{\frac{1}{3}} \text{ [최대치 800 W/(m}^2\text{ K)]} \tag{5.8}$$

(2) 시스템의 구성

냉각장치는 엔진을 냉각하여 과열을 방지하고 또 적당한 온도를 유지하는 장치이다. 실린더 안의 연소가스 온도는 약 2,000~2,500℃에 이르며, 이 열의 상당한 양이 실린더 벽, 실린더 헤드, 피스톤, 밸브 등에 전달된다. 이 부품의 온도가 너무 높아지면 부품 재료의 강도가 저하되어 고장이 생기거나 수명이 단축되고 연소상태도 나빠져 엔진의 출력이 저하된다. 또한 너무 냉각

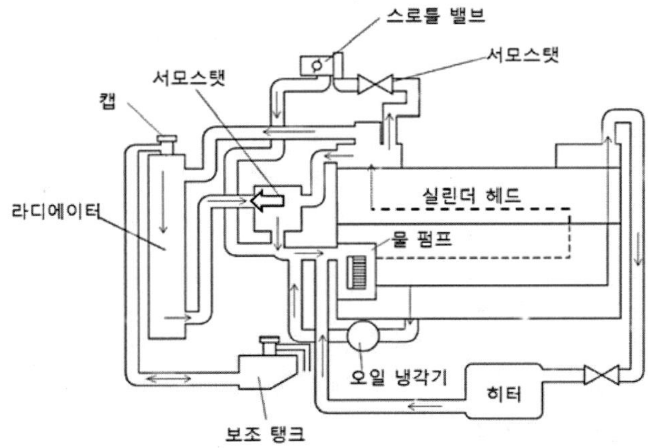

| 그림 5.2 | 도요타 4way 냉각 시스템의 구성

되면 손실되는 열량이 크기 때문에 엔진효율이 낮아지고, 연료 소비량이 증가하는 등의 문제가 생기므로, 엔진의 온도를 약 80~95℃로 유지시키는 것이 냉각장치의 기능이다. 냉각수 펌프는 엔진과 연결된 V벨트에 의해 구동된다. 그림 5.2는 냉각 시스템 구성을 나타낸다.

5.1.4 냉각장치 부품

(1) 기계식 냉각수 펌프

워터펌프는 실린더 블록에 부착되어 냉각수를 순환시키는 장치이며 구동은 구동벨트를 통하여 크랭크축에 의해 이루어진다. 펌프 형식은 그림 5.3과 같은 원심 임펠러식이 많이 사용된다. 기계식 냉각수 펌프는 현재의 엔진에서 사용하는 가장 비효율적인 부품이다. 자동차 엔진에 설치된 냉각수 펌프는 엔진에 연결된 벨트로 구동된다. 엔진의 온도와는 상관없이 엔진의 속도와 같은 속도로 구동된다. 정속주행 시는 라디에이터 팬은 작동을 하지 않고 램(ram)공기에 의해 자연 냉각되고 냉각수 펌프는 엔진의 구동에 따라 계속 구동된다.

그림 5.3 기계식 냉각수 펌프

(2) 전기식 냉각수 펌프

기계식 냉각수 펌프의 문제는 엔진속도에 비례하여 냉각수 펌프가 회전을 하는 것이다. 냉각수 펌프를 전기로 회전하여 펌프의 회전속도를 가변으로 하면 실린더 외벽에서 냉각액으로의 열전달량이 적정량 전달되어 엔진의 온도를 효율적으로 제어할 수 있어, 이때 10 kW의 에너지가 절약된다. 1,600 cc 엔진의 출력이 140 PS라 하면 약 7%에 해당하는 동력이다. 일반적인 연료 소비량 감소는 4~5%에 해당한다. 전기 냉각수 펌프의 순환용량은 15~115 L/min로, 배기량에 따라 다양하고 구성 부품은 전기 냉각수 펌프, 냉각팬, 디지털 제어기, 열 스위치로 구성된다. 디지털 제어기는 목표 온도를 정확한 유량을 순환시켜 맞춘다. 냉각팬 제어방법으로는 기계식, 전자식, 온도 센서식의 열 스위치가 있다. 그림 5.4는 보쉬의 전기 냉각수 펌프를 나타낸다.

① 기계식 열 스위치 : 40~100℃의 온도를 측정하는 열 스위치가 라디에이터 가까운 곳에 부착되어 에어컨이 가동될 때와 열을 배출할 때 팬을 구동한다.

② 전자식 열 스위치 : 40~100℃ 온도를 감지하고 정확한 감지를 위해 라디에이터 핀 위에 장착한다.

③ 온도 센서식 열 스위치 : 온도감지 센서가 라디에이터 호스 안에 부착되어 냉각수 온도를 직접 측정한다.

라디에이터 용량은 냉각수의 양이 아닌 배출하는 열의 양으로 나타낸다.

① 엔진부하와 열부하

엔진부하는 그대로 냉각 시스템의 열부하가 되므로 엔진마력이 30% 증가하면 냉각시스템이 처리해야 하는 열부하도 30% 증가한다.

② 냉각 시스템의 열전달

엔진에서 냉각 시스템으로 전달된 열은 라디에이터와 팬에 의해 외부공기로 버려진다.

③ 라디에이터에서 버려지는 열량

열부하는 라디에이터를 흐르는 유량과 온도강하와 관련이 있다. 엔진속도가 일정하면 열부하와 유량이 일정하여 라디에이터를 통한 온도강하도 일정하다. 일반적으로 냉각 시스템은 라디에이터 입구의 냉각수 온도를 88℃로 설계하고 유량이 정해지면 라디에이터를 통한 온도강하는 5.6℃ 정도이고, 라디에이터 출구온도는 84.4℃가 된다.

| 그림 5.4 | 보쉬 전기 냉각수 펌프

④ 공기, 냉각수가 라디에이터 설계가 미치는 영향

- 냉각수 유량 : 냉각수의 양은 일정하기 때문에 냉각수 펌프의 용량을 늘리거나 냉각

수의 순환을 빨리하여 조절하고 냉각수의 최대 속도는 3 m/sec 이하이다.

- 라디에이터 : 라디에이터의 전열면적을 증가시키면 열전달이 증가한다.
- 라디에이터를 통과하는 공기량 : 라디에이터 면적의 증가로 공기량을 증가시킬 수 있고 공기량을 증가시키면 냉각효율은 좋아진다.
- 냉각수와 변속기 오일의 온도 : 엔진의 최적 성능, 마력 향상, 연비향상을 위해 가장 중요한 요소는 냉각수와 변속기 오일의 온도이다. 디토네이션, 프리이그니션의 원인인 희박연소나 점화시기 지각은 급격한 엔진 과열의 원인이 된다.

(3) 라디에이터

라디에이터는 가열된 냉각수를 코어로 보내어 전열면적을 증대시킨 콜게이트 형식의 알루미늄 핀을 통하여 방열시키는 역할을 하며 상부탱크, 하부탱크, 라디에이터 캡, 코어, 드레인 플러그 등으로 구성되어 있다. 라디에이터는 콜게이트 열교환기로 열교환기의 점유 체적 1 m^3당 전열면적이 500~1000 m^2을 넘는다. 응집도가 높은 열교환기로 금속제의 박판을 양 유체의 유로 내에 핀이 설치되기 때문에 열전달률이 매우 높다.

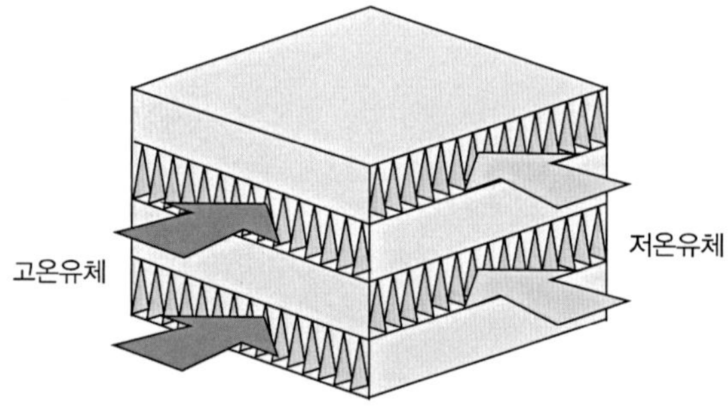

그림 5.5 콜게이트(corrugated) 루버 핀형 열교환기

라디에이터의 성능은 1600 cc인 경우 40,000 kcal/h, 2000 cc인 경우 45,000 kcal/h 정도로 라디에이터 코어 막힘률이 20% 이상이면 라디에이터를 교환해야 한다. 라디에이터는 냉각수가 흐르는 방향에 따라 위에서 아래로 흐르는 다운 플로우(down flow) 형식과 좌우에 탱크가 있어 수평방향으로 흐르는 크로스 플로우(cross flow) 형식이 있다. 라디에이터 평균 내부온도 T_i, 대기온도 T, 냉각액의 열전달률을 h[kcal/(m^2℃)], 전열면적을 A라 하면 방열량[kcal]은 다음 식으로 표시된다.

$$Q = hA(T_i - T) \tag{5.9}$$

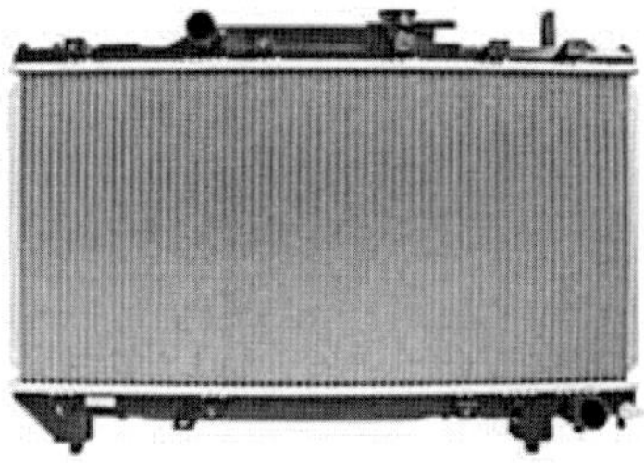

▌그림 5.6▌ 자동차 라디에이터의 구조

예제 5·2

라디에이터 내 온도가 90℃, 외기온도 20℃, 전열면적 2.6 m^2인 라디에이터의 시간당 방열량을 구하라. 단 열전달률 h =220 Kcal/m^2h℃이다.

풀이 $Q = hA(T_i - T)$

$Q = 220 \times 2.6 \times (90 - 20) = 40040 \text{Kcal/h}$

예제 5·3

라디에이터의 냉각수의 용량이 6l인데 라디에이터의 주수량이 4l였다. 라디에이터의 막힘율은 얼마인가?

풀이 $\text{막힘율} = \frac{\text{신품용량} - \text{구품용량}}{\text{신품용량}}$

$\frac{6-4}{6} \times 100 = 33.3\%$

(4) 라디에이터 캡과 보조탱크

만일 라디에이터 내부를 대기와 통하게 하면 물의 온도는 100℃ 이상으로 올라가지 않고 항상 (100℃-대기온도)가 된다. 이 온도차가 크면 냉각효과는 좋아진다.

▶ 개방식 라디에이터 캡

이 방식은 라디에이터 캡의 오버 플로관이 대기와 오픈되어 있어 라디에이터 내의 압력은 대기압과 같다. 냉각수의 압력이 대기압이므로 냉각수는 100℃에서 증발하고 대기와의 온도차가 일정하여 냉각효과가 떨어진다.

가압식 라디에이터 캡

이 방식은 캡의 오버플로관이 보조탱크로 연결되고 라디에이터 캡에 진공밸브와 압력밸브를 만들어 라디에이터 내부를 밀폐하여 냉각수를 가압한다. 따라서 냉각수 온도가 높아지면 물이 팽창하여 라디에이터 내부의 공기를 압축하기 때문에 압력이 높아져 냉각수가 비등하지 않고 외부공기와의 온도차가 커져 냉각효율도 좋아진다.

① 압력밸브(메인밸브)

기관의 운전 중에 냉각 시스템 내에 생긴 압력을 유지하고 냉각수온이 110~120℃ 정도가 되면 압력이 0.83~1.1 kg/cm^{2}되도록 밸브가 개방된다. 그러면 오버 플로관을 통하여 냉각수가 배출되어 냉각 시스템은 항상 일정한 압력으로 유지된다. 보조탱크가 달린 경우에는 보조탱크의 오버 플로관을 통하여 배출된다.

② 진공밸브

기관의 온도가 내려가서 라디에이터 내부의 압력이 대기압보다 낮아지면 진공밸브가 열려 외부공기가 유입된다. 냉각 시스템 내의 부압이 해소되어 파손이 방지되고 개방압력은 -0.078 kg/cm^{2}이다. 라디에이터에 보조탱크가 부착된 경우는 냉각수의 오버플로우 양을 보조탱크에 저장하여 냉각수 손실을 막아 장기간 냉각수 보충을 하지 않아도 된다. 냉각수 온도가 상승하면 팽창하여 넘친 양만큼 보조탱크에 저장되고 냉각수온이 내려가면 냉각수는 수축하므로 보조탱크에서 라디에이터로 사이펀 원리에 의하여 냉각 시스템 내로 돌아간다. 따라서 냉각수가 넘쳐 흘러도 증기만이 외부로 방출되어 냉각수 손실이 거의 없다.

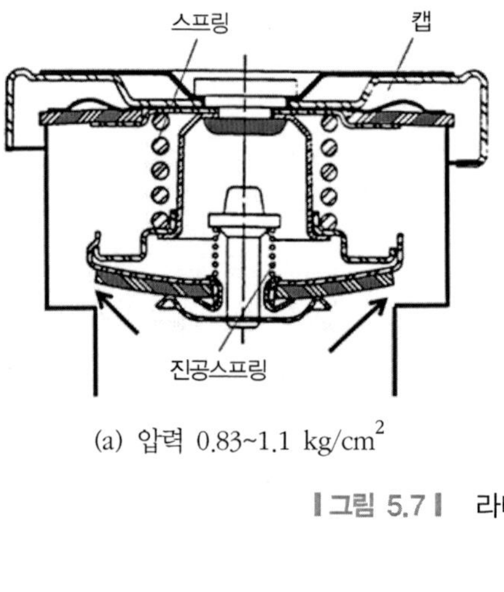

(a) 압력 0.83~1.1 kg/cm^2

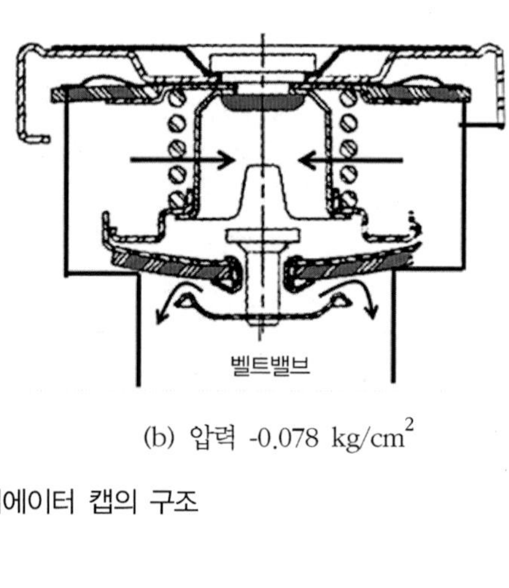

(b) 압력 -0.078 kg/cm^2

그림 5.7 라디에이터 캡의 구조

(4) 라디에이터 팬

냉각팬은 라디에이터 후면에 부착되어 라디에이터 내의 냉각수의 방열을 증가시키고 엔진내부의 열을 강제로 환기시키는 역할을 하며 현재의 차량에는 콘덴서 모터 팬과 같이 부착되어 있다. 2개의 팬 중 약간 크게 설계된 것이 라디에이터 팬이고 작게 설계된 것이 콘덴서 모터 팬의 역할을 한다.

(5) 수온조절기(서모스탯, thermostat)

수온조절기는 실린더 헤드의 냉각수 통로 출구에 설치되어 엔진 내부의 냉각수 온도의 변화에 따라 냉각수 통로를 개폐하여 냉각수를 라디에이터로 흐르도록 하여 냉각수 온도를 일정하게 유지한다. 수온조절기는 차량에 부착된 엔진의 크기, 시스템의 종류에 따라 다르고 출구제어식인 경우 냉각수 온도가 88℃, 입구 제어식인 경우 82℃가 되면 밸브가 개방되기 시작하고, 이 이하의 온도에서는 밸브를 닫아 냉각수가 라디에이터로 흐르지 않도록 한다. 냉각수 온도가 출구 제어식인 경우 100℃, 입구 제어식인 경우 95℃가 되면 밸브는 완전히 열려 라디에이터로 냉각수가 순환되면서 방열된다. 따라서 밸브의 형태는 ON-OFF의 형태가 아니라 온도 12℃ 정도가 증가하는 동안 서서히 개방된다. 이 수온조절기는 ECU의 신호와는 전혀 관계가 없으며 오직 냉각수의 온도에 의해서만 개폐를 한다. 수온조절기의 종류에는 펠릿(pellet)형과 벨로우즈(bellow)형이 있으며 펠릿형이 수압에 강하고, 기능이 좋고, 온도에 따라 정확한 개폐를 할 수 있어 많이 사용한다.

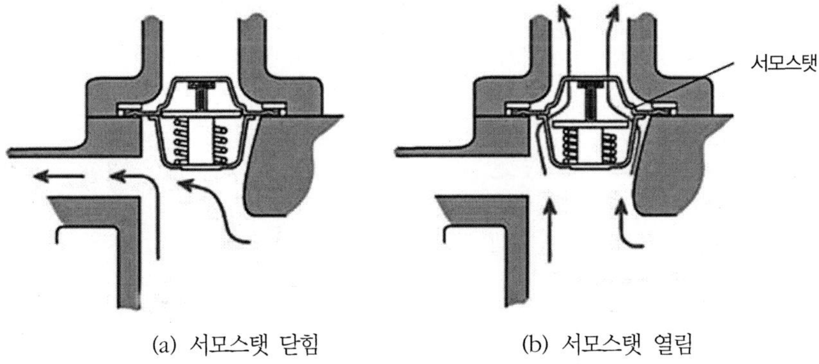

(a) 서모스탯 닫힘 (b) 서모스탯 열림

그림 5.8 펠릿형 서모스탯

▶ 펠릿형

그림 5.9(a)과 같이 케이스에 설치된 스핀들과 펠릿에 설치된 밸브 및 스프링을 결합한 것으로 펠릿 안에는 왁스(wax)와 합성고무가 봉입되어 있다. 이 왁스는 온도에 따라 수축과 팽창을

하는데 냉각수의 온도가 높아지면 왁스가 팽창하여 합성 고무막을 압축하여 스핀들을 축으로 하여 이 스프링을 누르고 내려가면 밸브가 열리고, 냉각수 온도가 낮아지면 팽창했던 왁스가 수축되고 합성 고무막에 가해진 압력이 제거되어 스프링의 힘에 의해 밸브는 닫힌다. 이 형식은 내구성이 우수하고 수압에 의한 영향이 적다.

▶ 벨로우즈형

그림 5.9(b)와 같이 얇은 황동판으로 만든 벨로우즈(초롱형상) 속에 에테르나 알코올과 같은 휘발성이 큰 액체를 밀봉하여 액체의 수축과 팽창에 따라 밸브가 개폐된다. 이 형식은 수압의 영향을 받기가 쉬워 현재는 거의 사용되지 않는다.

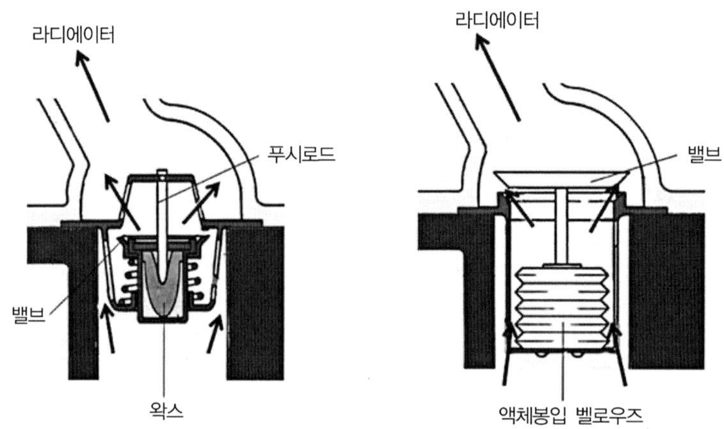

(a) 펠릿 형 (b) 벨로우즈 형

| 그림 5.9 | 수온 조절기

5.1.5 냉각수, 냉각액 및 부동액

(1) 냉각수

냉각용액으로 물을 사용하는 이유는 열을 잘 흡수하고 사용이 용이하기 때문이다. 물은 0℃에서 얼고 100℃에서 비등하지만 물때가 생기기 쉽고 금속을 부식시키는 결점이 있다. 물만을 냉각수로 사용하면 냉각장치의 고장의 원인이 되므로 다음을 보완해야 한다.

- 가압으로 냉각수의 비등점을 올려야 한다.
- 부동액을 사용하여 냉각수의 응고점을 내려야 한다.
- 물의 수질에 따라 첨가제를 사용해야 한다.

(2) 냉각액

수냉식 냉각장치에는 대부분 물을 사용하여 왔으나 무게를 줄이기 위한 알루미늄 라디에이터의 사용으로 인하여 부식이나 녹이 슬게 되어 방청제, 부식방지제, 동결방지제가 첨가된 냉각액을 사용한다. 이러한 냉각액을 롱 라이프 냉각액(long life coolant, LLC)이라 한다. 이것은 에틸렌글리콜에 방청제, 부식 방지제 및 산화 방지제를 첨가하여 장시간 사용할 수 있는 냉각액으로, 금속부식을 방지하고 동결과 과열을 방지하는 성능과 부동액의 역할도 하여 부동액을 쓸 필요가 없다.

(3) 부동액

물은 0℃가 되면 얼어 체적이 10% 정도 커지므로 엔진이 파손될 수가 있다. 겨울철에는 냉각수에 빙점이 낮은 부동액을 첨가하여 파손을 방지해야 한다. 부동액은 에틸렌글리콜(빙점 : -50℃, 비등점 197℃)에 청색물감과 안정제를 넣어 만들고 물과의 혼합비율에 따라 빙점을 변경할 수 있으나 보통 냉각수 60%, 부동액 40%의 비율로 한다. 부동액 농도가 30% 이하이면 내식성이 떨어져 부식이 많이 되고, 60% 이상이면 부동성 및 냉각성이 감소하여 엔진에 나쁜 영향을 미친다. 표 5.2는 냉각수 농도와 비중과의 관계를 나타낸다. 표에서 보면 20℃ 냉각수의 측정 비중이 1.058일 때의 안전 작동온도는 -15℃이다. 따라서 액체 비중계로 냉각수 비중을 측정한 다음 표 5.2로부터 농도를 산출해서 규정농도로 맞추어야 한다.

표 5.2 냉각수 농도와 비중과의 관계

냉각수 온도(℃) 및 비중					빙점(℃)	안전작동 온도 (℃)	부동액 농도 (%)
10	20	30	40	50			
1.054	1.050	1.046	1.042	1.036	-16	-11	30
1.063	1.058	1.054	1.049	1.044	-20	-15	35
1.071	1.067	1.062	1.057	1.052	-25	-20	40
1.079	1.074	1.069	1.064	1.058	-30	-25	45
1.087	1.082	1.076	1.070	1.064	-36	-31	50
1.095	1.090	1.084	1.077	1.070	-42	-37	55
1.103	1.098	1.092	1.084	1.076	-50	-45	60

5.2 흡기장치

5.2.1 개요

열기관은 열에너지를 기계적 에너지로 변환하는 시스템이고 열에너지는 연료의 연소에 의해 발생한다. 그러므로 시스템을 유효하게 이용하기 위해 연료를 완전 연소시키는 데 필요한 신기를 흡입하는 흡기장치와 연소 후 배기가스를 배출하는 배기장치는 중요한 역할을 한다. 신기 혹은 혼합기를 연소가스와 대체하는 것을 가스교환(gas exchange)이라 하고 이것은 엔진의 최대 출력에 직접적으로 영향을 미친다. 가스교환을 정확하게 하기 위해서는 밸브의 개폐시기가 중요하다. 흡입행정에서는 공기 체적효율을 높이고, 배기과정에서는 연소가스를 배출하여 실린더내 연소가스가 잔류하지 않도록 해야 한다. 이를 위해 작동유체인 공기의 압축성과 관성을 고려하여 흡기장치를 설계해야 한다.

(1) 압축성의 영향

작동유체인 공기의 압축성은 밸브 개폐시기에 큰 영향을 미친다. 작동유체가 비압축성이면 이론적으로 흡기밸브는 상사점에서 열리고 하사점에서 닫히면 흡입공기량은 최대가 된다. 그러나 실제 공기는 압축성 유체이므로 흡기밸브는 하사점을 지나서 닫고(intake valve closing, IVC), 배기밸브는 상사점을 조금 지난 시기에 닫으면(exhaust valve closing, EVC) 흡입공기량은 최대가 된다.

(2) 관성의 영향

흡입공기는 밀도가 높기 때문에 관성력이 있다. 엔진의 회전수가 높으면 흡입공기 속도가 빠르게 되어 관성력은 커진다. 관성력은 가스교환을 방해한다. 흡입행정에서 피스톤의 하강작용으로 피스톤이 하강한 체적에는 공기가 없어 부압이 발생한다. 부압에 의해 공기가 유입되면서 유로의 길이 방향으로 압력파가 발생한다. 관성력은 압력파로 설명이 되며 압력파가 흡기밸브에 도달하면 유로 반대방향으로 반사되는 반사 압력파가 발생한다. 이 반사되는 압력파가 음의 압력파가 되면 상쇄되어 밀어 넣는 압력이 약해져서 체적 효율은 떨어지고, 양의 압력파가 되면 중첩되어 밀어 넣는 압력이 강해져서 체적효율은 높아진다. 이 효과를 관성효과(inertia effect)라 하고 흡기튜닝에 이용이 된다. 압력파가 흡기장치를 왕복하는 시간과 흡기밸브가 열리고 있는 시간이 같으면 관성효과가 나타나지만 그 외에는 의미가 없다. 따라서 흡기관의 길이가 중요 설계변수가 된다. 흡기밸브가 닫힌 후에도 흡기관 내에는 압력진동이 잔존하여 서서히 감쇠되어 양의 압력파가 다음 흡기과정에서 중첩되면 체적효율을 증대시킬 수 있고, 음의 압력파가

동조하면 상쇄되어 체적효율은 저하된다. 이와 같이 흡기관 내에 존재하는 압력파가 다음 사이클의 흡기과정에 미치는 영향을 맥동효과(pulsation effect)라 한다. 중저속에서는 관성과 맥동효과는 적게 되고 고속에서 크게 된다. 그림 5.10은 흡기관 내의 압력파의 전파 형태를 나타낸다.

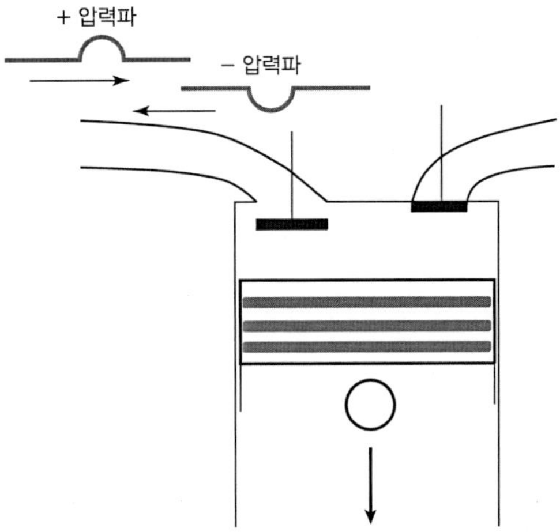

그림 5.10 흡기관 내의 압력파의 전파

(3) 흡기길이와 직경

각 실린더에는 균등하게 공기가 공급되어야 한다. 체적효율을 높이기 위해서는 직경은 커야 하고, 난류를 생성시키기 위해서는 직경이 작으면 좋다. 길이가 길수록 소음은 적지만 체적효율은 떨어진다. 엔진의 출력은 흡입 공기량에 의해 결정되고 공기량은 흡기 시스템의 직경과 길이에 의해 결정된다. 저속에서는 길이가 길고 직경은 작은 흡기 시스템이 좋고, 고속에서는 길이가 짧고 직경은 큰 흡기 시스템이 좋다. 체적효율의 관점에서는 공기가 전부 실린더에 들어왔을 때 연료를 분사하는 것이 좋다. 공기가 들어오는 과정에서 연료가 분사되면 연료가 공기를 대체하여 체적효율이 떨어지고, 또한 연료가 흡기 벽면에 액적으로 붙으면 공연비도 맞지 않게 된다. 유로 형태는 곡면을 이루어야 액적의 흐름이 원활하게 된다. 공기량은 스로틀밸브에 의해 제어되고 연료는 흡기장치(TBI), 흡기 다기관 포트(PFI), 실린더(GDI) 등 분사되는 위치에 따라 공기의 체적효율이 달라진다. 흡기장치에서 연료가 액적(droplet) 상태로 유입되면 양론학적 공연비로 혼합기 공급이 어려워 실린더의 파워 밸런스가 맞지 않게 된다.

(4) 체적효율

체적효율은 흡입된 공기량과 엔진 배기량의 비를 나타낸다. 설계된 배기량의 100%를 공기로 채우기는 어렵고 엔진의 속도에 따라 체적효율은 변한다. 가솔린 기관에서는 저속, 고속에서는 체적효율은 감소하고 중속에서는 약간 증가한다.

액체연료를 사용하면 연료를 나중에 분사하는 GDI가 체적효율이 높고 가장 먼저 분사하는 캬브레다와 TBI는 체적효율이 낮다. 알코올, LPG, CNG 등의 기체연료는 양론학적(stoichiometry) 공연비도 가솔린보다 낮고 액체에서 기체로 되는 증발과정이 필요가 없지만 기체는 부피가 커서 체적효율이 낮다.

흡기온도가 높은 여름에는 공기밀도는 낮아져 체적효율은 낮아지고 겨울에는 흡기온도가 낮아서 체적효율은 높아진다. 고속일 때가 저속일 때보다 공기가 빨리 들어가서 체적효율은 높다. 밸브 오버랩이 있으면 배기가스가 흡기장치로 흐르는 리브레싱이 발생하여 체적효율은 떨어진다. 부분 부하시 스로틀밸브에 의해 펌핑손실이 발생하면 서지탱크에서 압력강하가 발생하여 서지탱크와 실린더 사이에 압력차이가 적어져 체적효율은 전부하시보다 떨어진다. 연료를 압축행정에서 분사하면 포트분사 시보다 체적효율이 높아지고 연료는 액체에서 기체로 된 후 연소하게 되는데 연료의 증발이 늦게 일어나면 체적효율은 높아진다.

스로틀밸브의 열린 공간이 아주 적으면 공기의 속도가 아음속에 도달하고 공기의 속도는 더 이상 증가하지 않는 쵸크(choke)현상이 나타난다. 쵸크유동에서는 속도 증가로 인한 압력강하가 발생하여 체적효율이 감소한다. 밸브개폐시기는 공기량을 결정하는 가장 중요한 변수이지만 밸브 개폐시기를 가변으로 하는 기술은 쉽지 않다.

저속시는 흡기밸브를 늦게 열고 빨리 닫아 공기량을 적게 흡입하고, 고속시는 흡기밸브를 빨리 열고 늦게 닫아 공기량을 많이 흡입하는 VVT(variable valve timing) 기술, 저속시는 밸브의 양정을 작게 하고 고속시는 밸브의 양정을 크게 하는 VVL(variable valve lift) 기술, 2가지 모두 적용하는 VVTL 기술 등도 체적효율을 높인다. 스로틀밸브의 펌핑손실을 없애기 위하여 스로틀밸브를 없애고 밸브개폐로 흡기량 제어를 하는 시스템도 있다.

① 체적효율은 공기의 밀도가 낮거나 기관이 저속이면 떨어진다.

② 밸브 오버랩시 흡기가 배기밸브(후연)로, 배기가스가 흡기밸브(리브레싱)로 유동하면 체적효율은 떨어진다.

③ 스노클(snorkel), 호스 엘보우(hose elbow), 에어 클리너, 흡기 다기관 등의 흡기장치의 점성 유동마찰은 체적효율을 떨어뜨린다.

④ 작게 열린 스로틀밸브, 흡기밸브 등에서 발생하는 쵸크 유동은 체적효율을 떨어뜨린다.

⑤ 흡기밸브를 닫는 시점은 압력의 평형에 도달하여 더 이상 공기가 들어오지 않는 시점이어야 한다. 일정한 밸브 개폐시기는 체적효율을 떨어뜨리므로 밸브 개폐시기를 가변으로 하면 체적효율은 높아진다.

⑥ 실린더내 고온의 잔류 배기(exhaust residual)는 혼합기를 가열하여 체적효율을 떨어뜨

린다.

⑦ EGR은 흡입공기를 대체하고 공기를 가열하여 체적효율을 떨어뜨린다.

⑧ 엔진의 크랭크케이스(crankcase)의 블로바이가스(blowby)는 체적효율을 떨어뜨린다.

(5) 흡기밸브

밸브장치는 흡입행정과 배기행정 때 밸브를 열고, 압축행정과 팽창행정 때 밸브를 닫아 실린더 내의 혼합기와 연소가스를 출입시키는 장치이다. 캠축의 회전에 따라 로커암 혹은 직접 밸브를 개폐시킨다. 흡기밸브는 공기와 연료의 흡입을 제어하는 밸브이며, 엔진을 고출력화하기 위해서는 소형화, 경량화가 필요하고, 소음을 줄이기 위하여 캠의 로브(lobe)에 의해 순간적으로 열리고 스프링에 의해 닫혀야 한다. 요구되는 특성은 내마모성, 높은 피로강도, 내식성이고, 밸브의 모양과 구동방법에 따라 포핏밸브, 슬리브밸브, 회전밸브로 분류되며 일반적으로 사용되는 밸브는 포핏밸브이다.

밸브 지름이 크면 흡배기 효율이 좋지만 배기밸브는 냉각이 곤란하므로 흡기밸브보다 작게 설계를 한다. 밸브의 재료는 고온에서 강도와 경도가 높고 열전달이 잘 되어야 하며, 열팽창계수가 낮고 또한 충격과 열에 강해야 한다. Ni-Cr강이나 Ni-Cr-W강을 주로 사용한다. 캠축에 있는 로브는 밸브가 부드럽게 열리고 닫히도록 완만하게 제작되며 밸브가 열리는 거리를 양정(lift)이라 한다. 밸브 양정은 밸브 직경의 25% 이내로 설계를 한다. 밸브가 실린더 헤드에 접촉하는 부분을 밸브시트(seat)라고 하고 완만하게 하여 유동저항이 최소화되도록 시트의 각도를 설계한다. 밸브 유량계수는 이론적인 공기가 지나가는 면적과 실제 공기가 지나가는 면적의 비로 계산된다.

$$C_d = A_{act}/A_{th} \tag{5.10}$$

그림 5.11은 실린더 연소압력, 흡기포트 압력, 배기포트 압력을 나타낸다. 흡입공기가 흡기밸브를 통하여 흐르는 역유동 현상이 발생한다. TDC 부근의 역유동은 밸브 오버랩과 저부하시, 연소가스가 흡기밸브로 흐르는 리브레싱 현상에 의해 발생하고, 하사점 후 흡기밸브가 늦게 닫힐 때 피스톤의 상승에 의하여 흡입공기가 흡기밸브로 역유동하는 현상이 발생할 수 있다. 고부하시에는 엔진의 회전 속도가 빨라서 이러한 현상은 최소화된다. 이러한 역유동은 밸브 타이밍 제어를 통하여 제어할 수 있다. 정해진 타이밍으로 설계된 밸브를 다양하게 운전되는 속도에 맞추어 밸브 타이밍을 다르게 하면 엔진의 효율은 크게 좋아진다.

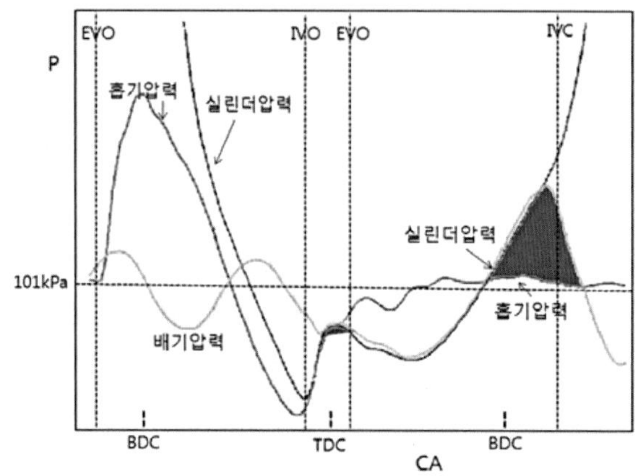

| 그림 5.11 | 흡기공기의 역유동(출처 : www.epi-eng.com)

5.2.2 연소실 내의 유동

연소실로 공기가 흡입되는 과정에서 난류유동인 스월이 흡기 다기관의 형상에 따라 발생한다. 스월은 연료의 기화를 촉진하고, 연소 속도를 증가시켜, 정상 연소를 가능하게 한다. 연소실 내의 혼합기는 피스톤에 의해 압축되고 압축 말기에는 텀블과 캐비티의 형상에 따라 스퀴시의 유동이 발생한다. 흡기관의 내부는 체적효율을 높이기 위해서는 마찰을 적게, 난류생성을 위해서는 마찰이 크게 생기도록 설계를 해야 한다. 엔진에서 흡입되는 공기는 대부분 난류상태이며, 난류는 압축말기까지 연소실 내에서 존재하도록 해야 연소시 화염전파 속도가 빨라져 노킹이 방지 된다. 압축과정에서는 초기에는 난류가 약해지다가, 압축 말기에는 연소실 형상에 의하여 난류는 다시 증가하고 난류 생성은 엔진의 속도에 비례한다.

가스교환을 원활히 하고, 연소를 촉진시키기 위해서 연소실 내 스월, 텀블, 스퀴시 등 난류유동이 필요하다. 스월은 연소실 벽을 따라 회전하는 운동이고, 텀블은 원주축을 회전하는 운동, 스퀴시는 중심을 향한 반경방향 운동이다. 스월은 스월 조절밸브(SCV)와 흡기포트 형상에 의한

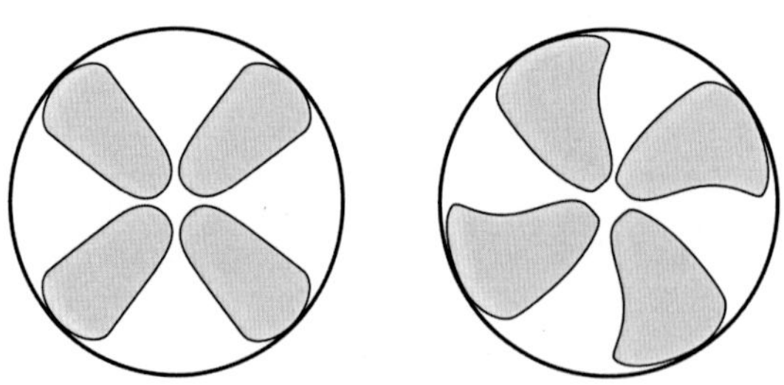

| 그림 5.12 | 연소시 스월의 영향

흡입시 접선방향의 속도에 의하여 발생하고, 크기는 유입시의 혼합기의 흡입속도에 비례한다. 텀블은 흡기포트와 피스톤 캐비티의 형상에 따라 발생하고, 스퀴시는 피스톤이 상사점에 도달하면 피스톤의 가장자리에서 압축된 혼합기가 중심부에 있는 간극체적이나 피스톤 캐비티에 의해 발생하는 유동이다. 스퀴시의 모양과 강약은 캐비티 형상과 관계가 있고 캐비티가 없으면 스퀴시는 발생하지 않는다.

(1) 스월과 텀블

흡기밸브를 통하여 혼합기는 연소실에 충전되고, 흡입행정에서 발생하는 유동은 난류유동이고, 피스톤과 연소실 벽사이의 틈새유동은 층류유동이다. 기관의 회전수가 증가하면 난류는 증가하여 연료와 공기의 혼합이 잘 되어 연소도 잘 된다. 압축행정 동안 스월의 방향은 피스톤과 평행을 이루어 압축 말기에도 존재가 가능하지만, 텀블은 피스톤과 수직으로 형성되어 압축 상사점에서 모양이 바뀌고 작은 텀블로 나누어진다. 압축 상사점에서 혼합 유동의 방향과 속도를 결정하는 것은 남는 스월의 양이고 텀블은 비교적 많이 남지 못한다. 흡기포트의 설계를 나선형 포트나 접선포트로 설계를 하면, 나선형 포트는 흡기밸브를 지날 때 각 운동량을 만들고, 접선 포트는 혼합기가 연소실 벽을 따라 흘러서 스월을 만드는 역할을 한다.

압축 상사점의 난류는 연소에 중요하며 화염전면을 빠르게 전파시켜 자발화인 노킹을 방지할 수 있다. 이러한 난류의 증가에도 불구하고 점화지연은 그대로 유지된다. 연소기간 동안 회전하는 크랭크각인 연소각은 엔진 회전수에 관계없이 일정하게 유지 되도록 점화시기를 진지각하여 제어한다. 엔진 회전수가 빨라지면 점화시기를 BTDC 10° 에서 20° 까지 진각(advanced)시키고, 늦어지면 20° 에서 BTDC 10° 로 지각(retard)시켜 연소각을 일정하게 유지시킨다.

그림 5.13은 스월과 텀블을 나타낸다. 스월은 연소실 축을 회전하는 유동이고 텀블은 연소실 축과 수직인 평면인 축을 회전하는 유동이다. 스월은 공기와 연료의 혼합을 촉진시키고 연소시 화염전면의 전파도 빠르게 한다. 스월의 정도는 스월비로 표시된다.

$$\text{스월비} = \text{스월 유동의 각속도}/\text{평균 피스톤 속도} \tag{5.11}$$

평균 피스톤 속도보다 1~3배의 스월유동의 각속도를 가지며, 벽면에서 유체의 속도는 점성저항으로 인하여 0으로 각운동량도 0이다. 연소실 내에서는 아음속의 속도로 회전하기 때문에 각운동량은 매우 크지만 이러한 각운동량의 30%는 압축행정에서 없어진다. 스월의 강도에 따라 연소 화염형상은 다르게 변한다. 텀블은 GDI 등 성층연소로 작동하는 기관에서 성층(stratified) 혼합을 발생시키는 역할을 하며, 텀블은 피스톤의 캐비티, VVTL 등으로 생성되며 텀블비는 평균 피스톤 속도보다 1~2배의 텀블유동의 각속도를 가지며, 다음과 같다.

$$\text{텀블비} = \text{텀블 유동의 각속도}/\text{평균 피스톤 속도} \tag{5.12}$$

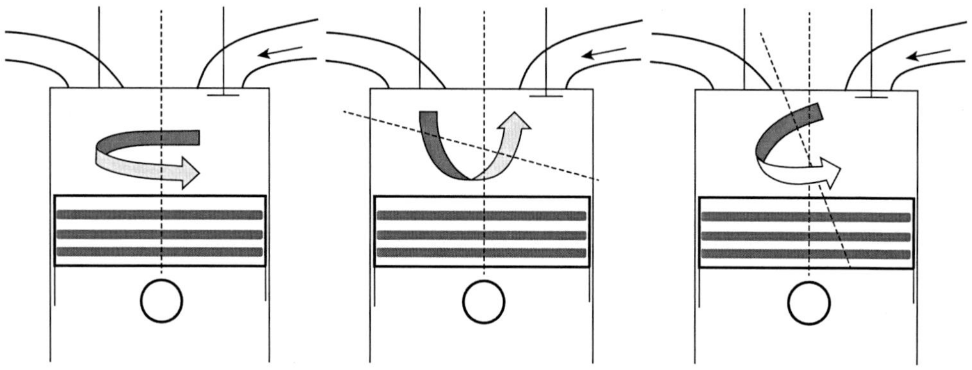

(a) 스월　　(b) 텀블　　(c) 텀블

| 그림 5.13 | 스월과 텀블

(2) 스퀴시

그림 5.14는 가솔린 기관의 펜트 루프식 간극체적과 디젤기관의 보울(bowl, cavity)을 나타낸다. 스퀴시는 펜트 루프식 간극체적과 피스톤의 보울에 의해 발생하고 피스톤이 상사점으로 올라가면 압축된 공기는 간극체적과 보울로 모이게 되고, 유동의 회전 반경은 적어지면서, 회전 각속도는 크게 증가하여 스퀴시가 만들어진다. 스퀴시는 연소실의 가장자리 유동이 중심부로 이동하는 유동으로, 캐비티 형상에 의해서 텀블로 변하고, 연소가 된 후에는 중심부에 모여 있던 연소가스는 피스톤의 팽창에 따라 다시 연소실 바깥부분으로 유동하는 역스퀴시 유동이 발

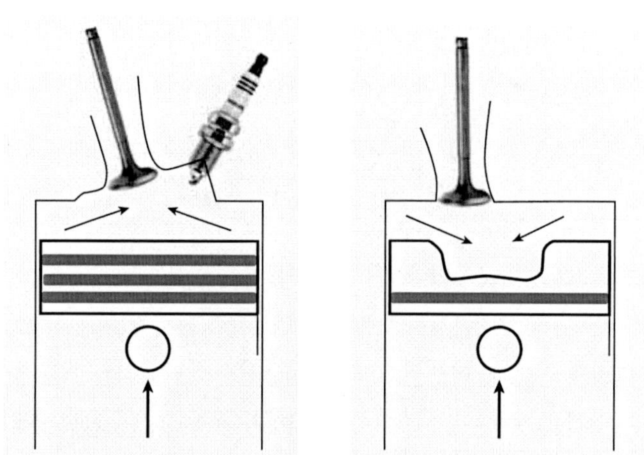

(a) 가솔린 기관 스퀴시　　(b) 디젤기관 스퀴시

| 그림 5.14 | 스퀴시의 발생

생하여 배기가스가 배출되는 것을 돕는다. 이러한 난류 유동의 생성은 전적으로 연소실 내부의 형상에 의존하며 가솔린 기관에서는 난류를 점화 플러그 주변에 모이도록 해야 하고, 디젤기관은 인젝터 주변으로 모이도록 해야 연소시간이 짧아진다.

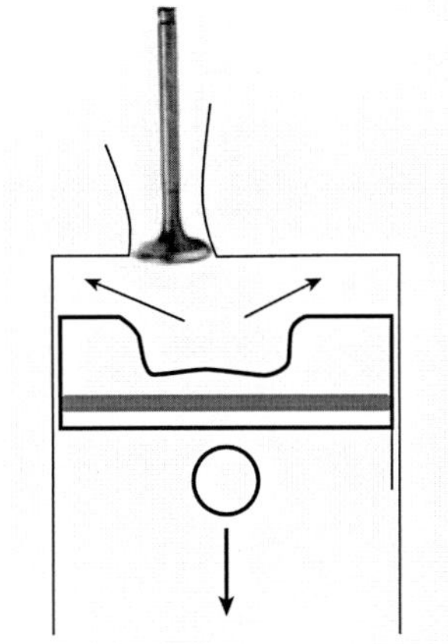

| 그림 5.15 | 역 스퀴시

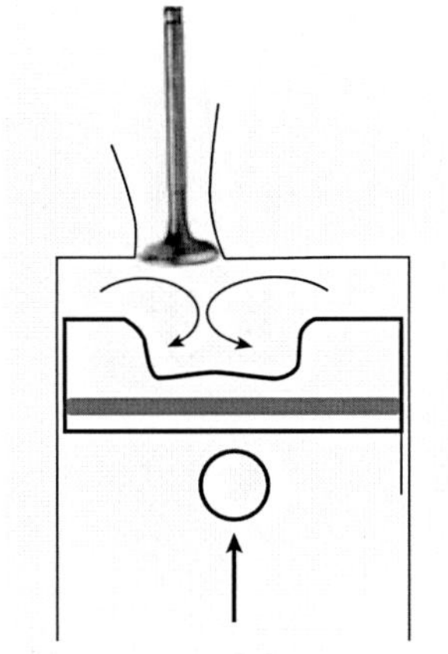

| 그림 5.16 | 스퀴시후 텀블 발생

(3) 성층 급기

GDI 엔진에서는 흡기포트, 피스톤 캐비티, 스월 컨트롤 밸브, 인젝터의 최적인 설계를 통하여 압축과정에서 분사하여 성층혼합이 가능하도록 하고, 흡기과정에서 연료를 분사하여 균일혼합기가 된다.

① 이론연소(균일연소, 예혼합 연소, stoi연소) : 고부하시 (14.7 : 1)
② 성층연소(불균일 연소, 확산연소, 희박연소) : 저, 중부하 (35~50 : 1)

성층연소는 불균일 연소(hetergeneous)로, 점화 플러그 주변에 혼합기가 모이도록 해야 한다. 저부하시 공연비는 최대 50 : 1의 초희박 연소이고, 중부하시는 50 : 1의 희박연소이다. 점화 플러그 주변에 혼합기를 모이게 하는 방법은 연소실 현상과 성층화 기법을 사용한다. 성층화(stratified)란 스월과 텀블이 형성될 때 연료를 분사하면 연료의 입자가 공기입자보다 무거워 압력 차이로 인하여 연료는 안쪽으로 모인다. 이 현상을 이용하기 위하여 인젝터는 점화 플러그로 향하여 연료를 분사하고, 캐비티 형상에 의해 혼합기는 점화 플러그로 모이게 해야 한다.

저부하나 중부하 시에는 스로틀밸브가 적게 열려 펌핑손실이 커져 공기의 흡입이 어려워지므로 흡기밸브 전에 부착된 스월 컨트롤 밸브(SCV)를 약간 열면 공기유속은 빨라지고 이로 인하여 연소실 내에 강한 스월이 만들어 지는데 이를 성층흡기라 한다. 성층흡기와 성층분사가 이루어지면 연소는 초희박 연소가 가능하고 인젝터가 연료를 성층분사하기 위해서는 반드시 200 bar 정도의 고압의 연료압력이 필요하다. 그림 5.17(a)는 SCV를 조금 열어 성층흡기를 만들고 5.16(b)는 인젝터가 성층분사하는 것을 나타낸다.

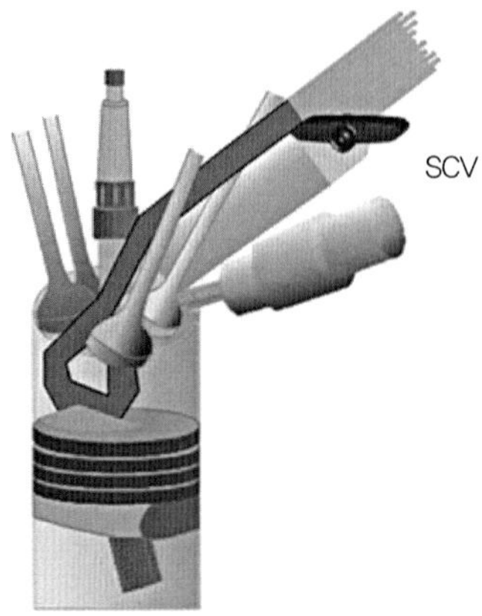

(a) 성층흡기(Audi 2.0 FSI)

(b) 성층분사(slim형)

그림 5.17 성층흡기와 성층분사

(4) 블로우바이 (blowby)

연소실에는 작은 양의 틈새들이 존재한다. 틈새에 혼합기나 연소가스가 연소압력에 의해 들어가면 혼합기나 연소가스의 온도는 연소실 벽면의 온도와 같아진다. 이러한 틈새 유동은 정상적인 연소를 하지 못하여 배출물을 높이거나 연소효율을 저감시킨다. 피스톤에는 2개의 압축링과 1개의 오일링이 있다. 압축링은 연소가스가 크랭크 케이스로 가지 못하도록 방지하는 역할을 하고, 압축링은 크랭크케이스내 오일이 연소실로 들어가지 못하도록 한다. 그럼에도 불구하고 엔진이 노후되면 연소가스는 크랭크케이스로 나오게 되며 이를 블로바이 가스라고 한다. 압축링 사이에 있는 연소가스의 압력이 연소실 압력보다 높아지면 연소가스가 연소실로 유입되는 역 블로바이가 발생한다. 엔진오일이 연소실로 들어가 연소되면 백색의 배기가스가 발생하고, 엔진오일 내의 블로바이 가스는 오일을 열화시키고 오일압력을 증대시키므로 크랭크케이스 배출가스 제어장치로 제거를 해야 한다.

5.2.3 가변밸브 기술

내연기관이 발명된 이래, 엔진의 밸브 설계는 중요하고 어려운 문제였다. 연소실에서의 혼합기와 배기가스의 교환은 배기가스를 배출하고 새로운 혼합기를 연소실로 공급하는 중요한 과정이다. 일반적인 밸브는 캠의 형상이 정해지면 엔진의 부하와 상관없이 밸브 개폐시기와 양정은 변하지 않는다. 이런 방식으로는 엔진의 효율을 높일 수 없다. 저속과 고속에 따라서 밸브 타이밍과 밸브 열림량을 다르게 해야 흡입 공기량을 조절할 수 있고 충전효율이 높아진다. 체적효율을 최대화하기 위해서는 공회전과 저속에서는 흡기밸브를 더 늦게 열고 더 빨리 닫아야 하고, 중속에서는 최적화된 개폐시기로 설계되어 있고, 고속에서는 흡기밸브와 배기밸브를 더 일찍 열고 더 늦게 닫아야 한다. 가변밸브 타이밍과 가변밸브 리프트를 제어하는 통칭의 시스템을 가변밸브 액추에이션(VVA) 기술이라 하고 이는 구조가 아주 복잡하다.

엔진 회전수가 3,000 rpm을 넘지 않는 저부하에서는 밸브 오버랩과 양정을 적게 하고, 엔진 회전수가 3,000 rpm을 넘는 고부하에서는 밸브 오버랩과 양정을 크게 하면 중·저부하, 고부하에서 마력과 토크가 동시에 높아진다. VVA 기술은 캠의 형상설계, 유압, 전자 솔레노이드 적용으로 가능하다. VVA 기술은 기관의 회전속도에 따라서 흡기밸브를 열고 닫는 타이밍을 변경하여 저속과 고속에서 흡기밸브 열리는 시기와 닫히는 시기를 다르게 한다. 열리고 닫히는 시기를 변경하는 방법은 기관의 흡기캠축의 위상(cam phase)을 바꾸어 제어하고 양정을 변경하는 방법은 저속용과 고속용의 2개의 캠을 이용하는 등 다양한 방법으로 캠의 윤곽곡선(cam profile)을 바꾸어 제어한다.

① 캠 위상 변화 기술 : 흡기밸브를 늦게 열고 빨리 닫거나, 빨리 열고 늦게 닫는 기술(VVT)

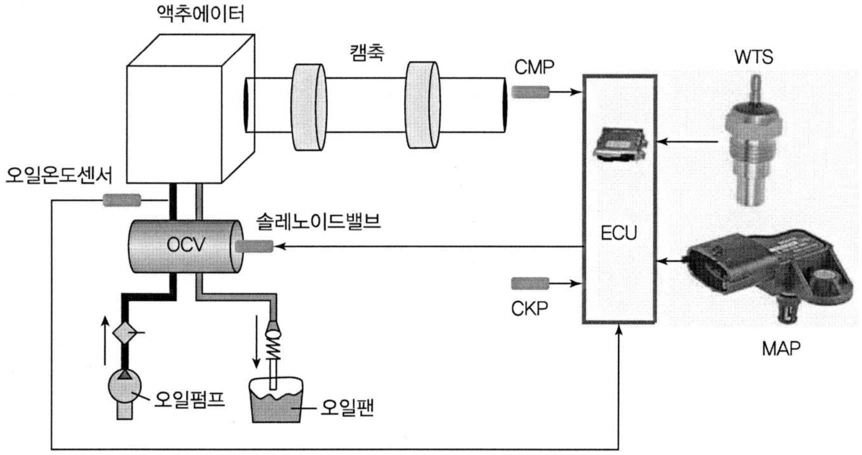

그림 5.18 캠 위상 방식의 VVT 시스템 (출처 : 보쉬)

② 캠 프로파일 기술 : 밸브 양정을 변경하는 기술(VVL)

③ VVA(VVTL) : 흡기밸브를 늦게 열고 빨리 닫거나 빨리 열고 늦게 닫는 기술과 밸브 양정 변경을 동시에 하는 기술

최신의 가변밸브 시스템은 전자기, 전기유압, 혹은 전기 솔레노이드로 밸브를 직접 개폐하여 캠축을 없앤 시스템이다. 이러한 캠축이 없는 액추에이터를 사용하면 캠축 마찰이 없어 밸브 개폐속도가 빨라지고 밸브를 닫을 때도 부드럽게 닫히지만 내구성의 문제가 있다. 자동차 원가 측면에서 보면 흡기 캠축은 전기모터를 적용하고 배기 캠축은 유압을 적용하는 VVA 시스템이 많이 사용된다.

가변밸브리프트(VVL) 기술에서 열림량이 연속적으로 변하면 CVVL(continuously VVL)이라 한다. VVT와 VVL의 기술을 동시에 사용하면 VVTL 기술이 되고 이러한 기술은 가변밸브 액추에이션(VVA, variable valve actuation), VVE(variable valve event)로 통칭되며 가변밸브 타이밍(VVT, variable valve timing), 가변밸브 리프트(VVL, variable valve lift), 가변밸브 타이밍 리프트(VVTL, variable valve timing lift), 가변밸브 이벤트 리프트(VVEL, variable valve event lift), 밸브트로닉스(Valvetronics), 밸브매틱(Valvematic), 멀티에어(Multiair) 등으로 회사마다 다양한 기술이 개발되어 있다. 가변밸브 타이밍 리프트(VVTL) 기술을 사용하면 다음과 같은 장점이 있다.

① 밸브 리프트, 위상이 연속적으로 변한다.

② 흡입 공기량을 흡기밸브로 직접 제어한다.

③ 흡기밸브의 저 리프트화에 따라 캠 구동마찰이 감소한다.

④ 스로틀밸브에 의한 펌핑손실이 감소한다.

⑤ 중·저부하에서의 연비가 향상된다.

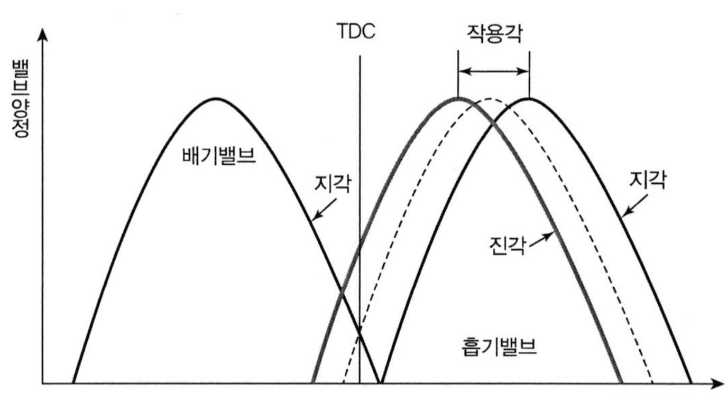

그림 5.19 위상 변화에 따른 밸브 타이밍

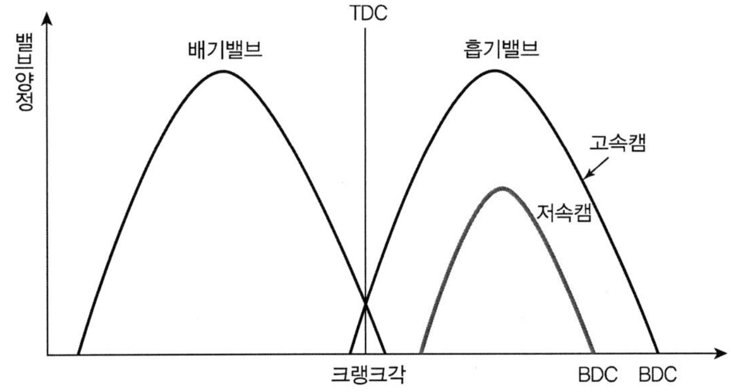

▌그림 5.20▐ 혼다 VTEC 캠 프로파일(양정)

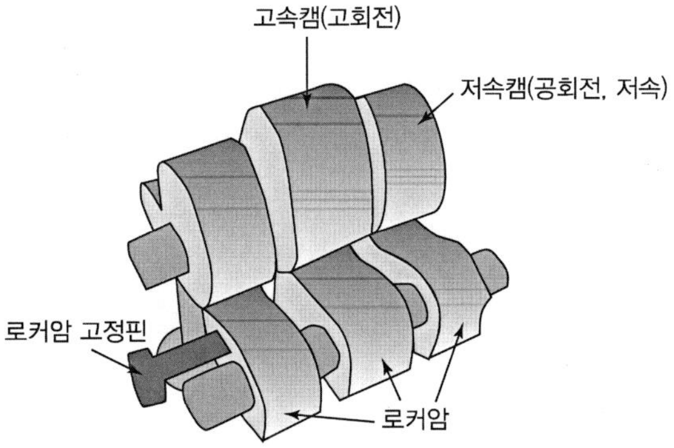

▌그림 5.21▐ 캠 프로파일 방식의 혼다 VETC의 구조

⑥ 동력성능(마력, 토크)이 향상된다.

⑦ 냉간시 배기가스 온도를 빨리 상승시켜 EGR 제어가 빨리 이루어진다.

5.2.4 흡기 시스템의 구성

가솔린 엔진의 흡입 혼합기의 최대량은 흡기장치의 형상과 밸브 개폐시기에 의해 결정된다. 실제 운전상태에서는 공연비가 거의 일정해서 흡입 공기량과 연료량은 정해지게 되고 기관의 출력은 흡입공기량에 의해 결정된다. 디젤엔진의 경우에는 연료 분사량은 흡입공기와 직접 연관이 없지만 분사된 연료를 완전히 연소시키기 위해서 흡입공기를 충분히 확보할 필요가 있다. 이와 같이 최대 출력과 흡입 공기량은 밀접한 관계가 있다. 흡기장치의 전체 구성은 그림 5.22와 같다. 공기의 유로를 형성하고 물의 흡입을 방지하는 에어덕트(스노클), 공기 중의 먼지를 제거하는 에어클리너와 필터, 국소 범위의 흡기소음을 제거하는 레조네이터(공명기), 각 연소실에 혼합기를 분배하는 흡기 매니폴드 등으로 구성되어 있다. 앞서 설명한 바와 같이 흡기계통은 많은 공기를 확보하기 위해 흡기관의 지름과 길이가 설계에 있어서 중요한 변수이다.

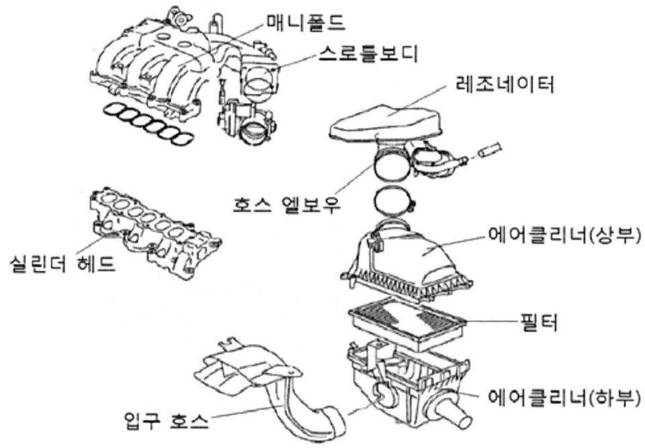

▌그림 5.22▐ 흡기 시스템의 구성도(마쯔다 CX 9)

5.2.5 가변흡기 시스템(VGIS, variable geometry intake system)

(1) 기본 원리

저속 운전시에는 흡기밸브를 닫아서 관로를 길게 하면 관성효과가 커져 체적효율이 높아지고 저속 토크가 증가한다. 고속 운전시에는 밸브를 열면 관로는 짧아지고 유속이 빨라져 흡기 관성이 강해져 충분한 공기가 흡입된다. 저속 운전시는 관의 길이가 짧으면 흡기의 유속이 느리므로 압축압력이 흡기관성보다 커져 밸브가 닫히기 전에 흡입공기를 밀어내게 된다. 관의 길이를 길게 하면 흡기관성이 관의 길이를 통과하는 만큼 커져서 압축압력보다 크게 되므로 체적효율이 높아진다. 이와 같이 가변흡기 시스템은 저속시에는 지름이 작고 길이가 긴 흡기관을 사용하여 저속 토크를 향상시키고, 고속시에는 지름이 크고 짧은 흡기관을 사용하여 고속 토크를 향상시킨다. 그림 5.23은 흡기관의 길이에 따른 엔진 토크의 변화량을 나타낸다.

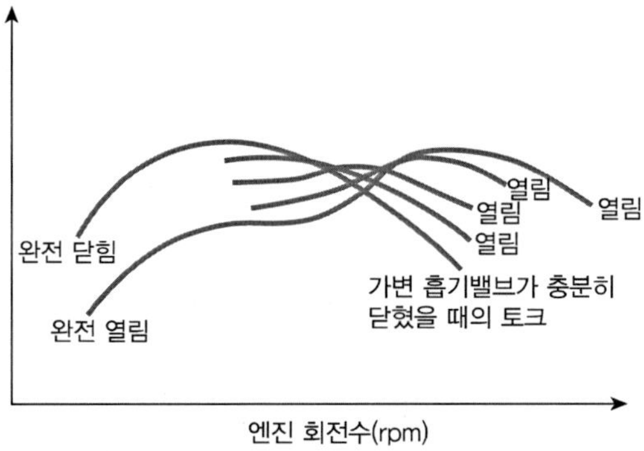

| 그림 5.23 | 흡기관 길이에 따른 토크변화

(2) 시스템 구성

흡입공기의 흐름을 제어하여 엔진 회전수에 따라 최대출력이 나오도록 하고 저속시에는 흡기 유로를 길게 하고 고속시에는 짧게 한다. 밸브의 구동은 모터로 하고 모터는 ECU에 의해 제어된다. 엔진 회전수에 따라 흡기제어 밸브의 목표값을 설정해 놓고 목표값과 실제값의 차이가 생기면 이 차이를 흡기 제어밸브의 위치센서로 감지하여 모터를 작동시켜 목표값과 실제값이 같도록 제어한다. 그림 5.24는 시스템의 구성도를 나타낸다.

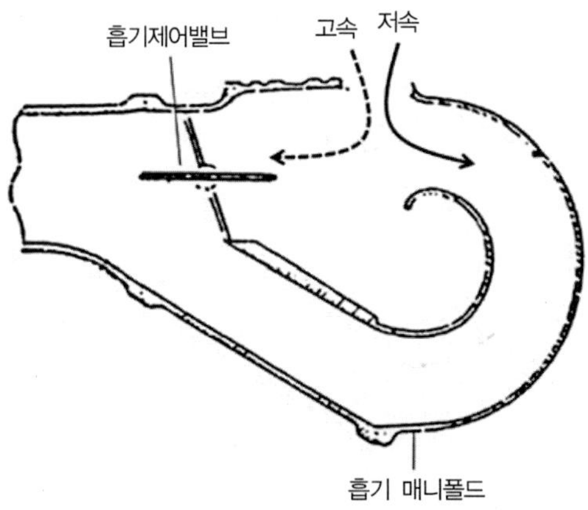

| 그림 5.24 | 가변흡기 시스템의 구성도

5.2.6 과급기(터보차저)

(1) 기본 원리

NA 엔진의 흡입공기의 압력은 대기압인 101 kPa이고 이 압력을 높이면 흡입되는 공기량은 많아진다. 흡입되는 공기량이 많으면 기관의 출력은 높아지므로 흡입공기 압력을 높이는 장치가 과급기(charger)이다. 과급기는 처음에는 항공기 엔진의 고공 성능을 향상시킬 목적으로 개발되었으나 현재는 가솔린 기관, 디젤기관에도 사용되고 있다. 과급기는 흡기장치에 설치되는 압축기로, 흡입공기의 압력을 상승시켜 출력을 증대시키는 수단이지만 과급방법에 따라 열효율의 개선 정도가 다르다. 과급기는 기관의 출력인 크랭크축의 회전력을 사용하거나, 배기가스로 구동되는 터빈을 이용하여 압축기를 압축하여 공기의 밀도를 증대시킨다. 배기가스가 가지는 배열 에너지를 이용하여 터빈을 구동하고 이때 얻어지는 동력으로 터빈축과 일체로 연결된 압축기를 구동하는 터보 과급기가 자동차에는 보편화되어 있다. 기관의 출력을 20~30% 증가시킬 수 있으며, 기관의 중량과 부피가 작아지는 엔진 다운사이징 기술에는 필수적으로 사용되고 있고, 엔진 다운사이징 기술은 이산화탄소 저감 기술 중 하나이다.

(2) 과급기의 종류

일반적으로 시내 주행에서는 교통정체, 신호 등에 의한 정지시는 과급을 하지 않고, 과급이 유효한 경우는 고속도로 주행, 가속등판, 급가속, 고지대 주행 등 고출력이 필요할 때이다. 그러나 엔진 다운사이징으로 엔진을 작게 하면 시내주행에서도 고부하 운전조건이 발생하여 과급을 해야 한다.

▶ 기계구동식 과급기

크랭크축 출력으로 직접 용적형 펌프를 구동하는 루트식 과급기에 해당한다. 이 과급기는 그림 5.27에 표시한 루트 형상의 로터가 회전하는 용적식 펌프이다. 기관 회전속도의 1.4~2.0배의 속도로 회전되고 가솔린, 디젤기관에 적용된다. 기계 구동방식의 장점은 기관 회전수의 변화에 대하여 과급하는 시간의 지연이 적고 엔진의 출력의 일부를 구동력으로 사용하기 때문에 출력 손실이 있는 단점이 있다.

▶ 배기터빈 과급기(터보차저)

배기가스로 터빈을 회전시키고 터빈에 연결된 압축기로 공기를 압축하는 방식의 과급기를 터보차저라고 한다. 초기에는 대형 엔진의 과급 방법이었다가 지금은 소형 엔진에도 사용하고 있다. 응답성은 약간 떨어지지만 배기가스의 버려지는 에너지를 이용하므로 에너지를 회수하여 출력의 증가가 가능하다. 배기계에 설치되는 터빈은 배기관 압력을 약간 높여 출력의 감소를 유발하지만 이는 크게 문제가 되지 않고, 압축기를 구동하기 위해서는 100,000 rpm 이상의 터빈 회전을 필요로 한다. 이러한 고속회전은 가속페달을 밟을 때 터빈의 응답이 늦은 터보지연(turbo lag)을 발생시켜 충분한 공기의 흡입이 어렵게 된다. 터보지연은 흡배기 설계를 통하여 개선시킬 수 있다.

압축기에서 공기가 압축될 때 마찰력이 발생하여 단열압축 때보다 큰 마찰력이 필요하여 폴리트로픽 과정이 된다. 압축기의 성능은 단열온도 효율 η_{ad}로 표시하며, 이는 단열시 압축일과 실제 압축일의 비이고, 단열 등엔트로피 압축 $T_{1i} - T_1$에 의한 온도 상승과 실제 온도상승 $T_{2r} - T_1$의 비와 같다.

$$\eta_{ad} = \frac{T_{1i} - T_1}{T_{2r} - T_1} \tag{5.13}$$

흡입 공기량의 압력을 높이면 공기의 온도도 동반 상승한다. 이는 엔진의 모든 사이클에서 온도를 높여 가솔린 기관은 노킹 문제를, 디젤기관에서는 NO_x 발생을 야기시킨다. 이 온도를 낮추는 방법으로는 냉각기 적용, EGR 적용, 압축비 저감 등을 이용하기도 한다.

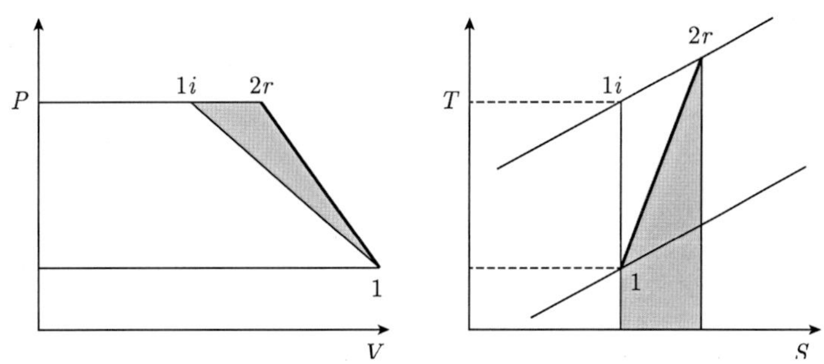

| 그림 5.25 | 압축기 출입구 상태변화

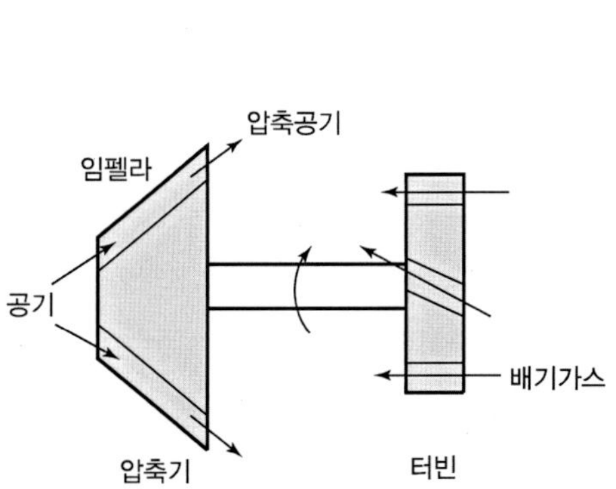

| 그림 5.26 | 배기터빈 과급기

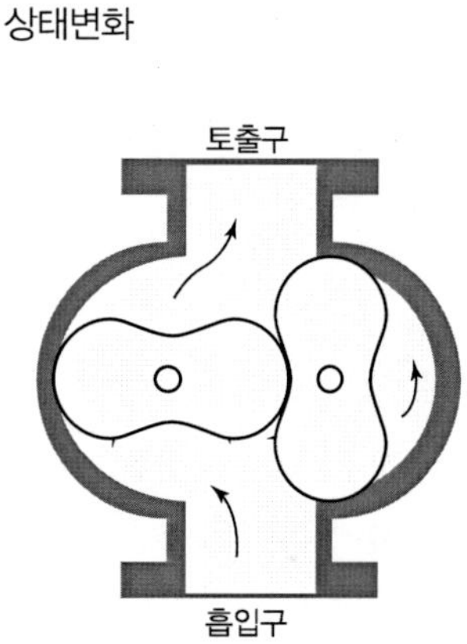

| 그림 5.27 | 루트식 과급기

5.3 배기장치

5.3.1 개요

잔류가스가 연소실 내에 많이 남으면, 배기가스가 혼합기 중에 많이 포함되므로 연소속도와 연소온도가 저하한다. 배기가스 저감을 위하여 특별히 잔류가스를 많게 하는 경우를 제외하고는 잔류가스는 가능한 한 적은 것이 좋고 배기가스를 충분히 배기되는 형태로 배기장치는 설계된다. 가스교환 과정은 기관의 출력과 연소에 영향을 미치는 중요한 과정이며 배기장치는 연소실 배기가스의 유로 역할을 한다. 산소센서가 장착되는 배기 매니폴드, 엔진의 진동이 배기관을 통하여 실내로 전달되는 것을 방지하는 벨로우즈(bellows), 배기가스를 정화하는 산화 분위기의 촉매변환장치, 배기소음을 줄이고 물이 역류하는 것을 방지하는 프런트 머플러와 리어 머플러로 구성되어 있다. 배기장치는 원활하게 배기가스를 배출하기 위해 배기관의 지름과 길이, 소음 및 유동저항이 적도록 배기관 내의 압력, 즉 배압(back pressure)을 낮추는 것이 설계상 중요한 변수이다. 배기장치의 전체 구성은 그림 5.28과 같다.

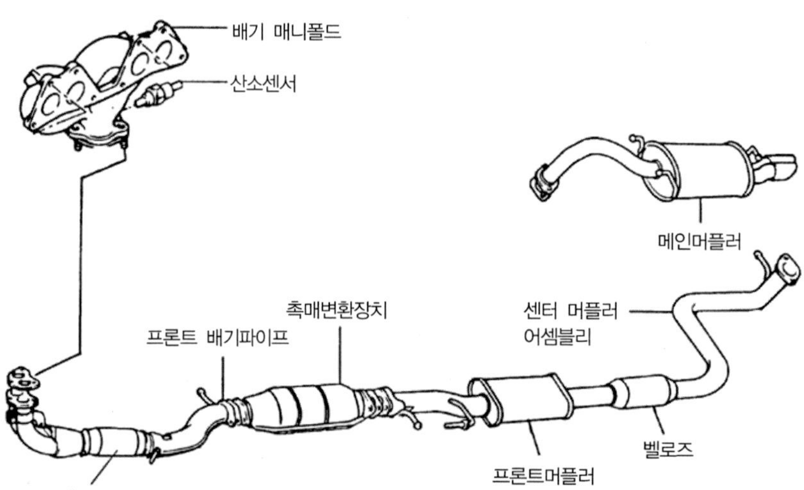

| 그림 5.28 | 배기 시스템의 구성도

배기관에 장착되는 산소센서는 위치가 중요하고 엔진에 따라 다양한 산소센서가 적용된다. GDI 엔진에서와 같이 희박한 상태로 운전하는 기관에서는 일반 산소센서는 반응폭이 작아 공연비를 정확하게 출력할 수 없는 단점이 있어 그림 5.29의 광역(wide band) 산소센서를 사용하고 공연비 센서는 광역 산소센서의 일종이다. 삼원촉매 전후에 있는 상하류 산소센서는 촉매의 정화상태를 제어한다. 배기가스가 촉매에서 정화되면서 배기가스의 온도는 20~40℃ 상승하

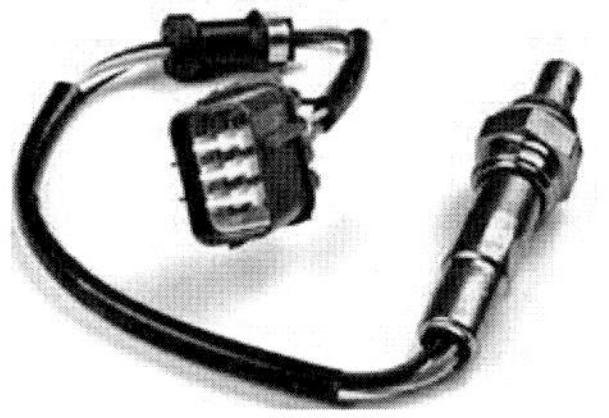

▎그림 5.29▎ 광역 산소센서

▎그림 5.30▎ 상하류 산소센서

▎그림 5.31▎ 덴소의 공연비 센서

지만 촉매 앞에 달린 상류 산소센서보다 하류 산소센서 위치의 배기가스 온도가 상대적으로 낮아, 상류 센서보다 하류 센서를 더 가열시킨다. 그러면 양 센서의 온도는 거의 같은 상태에서 신호를 발생한다.

5.3.2 배기계통의 소음

흡기소음은 공기의 맥동효과 때문에 발생하고 흡기장치의 공명기와 에어 클리너에 의해 제거된다. 높은 주파수의 소음은 스로틀밸브에 의해 생기는 유동의 와류에 의해 발생하며 흡기 시스템의 공명기와 에어클리너에 의해 소음이 감소된다. 배기소음은 방사소음, 투과소음 등 여러 종류가 있으며 배기관 내에서 소음이 줄어 들거나 압력파를 흡수하는 형식으로 머플러를 설계한다. 현재의 엔진은 과급기의 사용으로 고출력화와 탑재 방법의 다양화로 인하여 흡배기계의 소음이 증대되고 있고 이를 제거하기 위해 여러 장치가 개발되고 있다.

머플러(소음기)는 음파가 전달되는 통로에서 음파의 감쇠를 목적으로 사용된다. 소음기는 크게 수동형 소음기와 능동형 소음기로 나누어지며 전자는 전달되는 음파가 외부 에너지의 도움이 없이 소멸되도록 한 머플러이며, 후자는 줄이려는 소음의 크기와 위상을 측정하여 정반대의 소음을 전기적으로 발생시켜 상쇄시키는 머플러이다. 자동차에는 수동형 소음기가 장착되며 반사형과 흡음형의 2가지가 있다. 배기장치는 기관에서 배출되는 고온의 배기가스의 온도를 600~750℃로 유지하고, 압력을 3~5 bar 정도 줄이는 역할을 한다. 일반적으로 소음기의 형태는 공동형, 삽입관 공동형, 흡음형, 공명형 등이 있고 이것을 조합하여 원하는 소음의 특성을 얻는다.

흡기와 배기에 사용되는 소음기의 원리는 같다.

▶ 공동형(cavity type)

에어클리너와 간단한 머플러가 공동형에 속한다. 팽창실의 길이, 팽창실의 단면적, 출입구의 관의 단면적에 의해 소음 감쇠량이 정해진다.

▶ 삽입관 공동형(insert-pipe type)

배기 머플러는 이 형식에 속한다. 공동형과 비교할 때 소음 감쇠량이 우수하다.

▶ 흡음형(absorbtion type)

흡음재로서 글라스 울(glass wool), 록 울(rock wool), 스틸 울(steel wool)을 사용하여 흡음재와 음파와 마찰에 의한 음향 에너지가 감쇄된다. 2~3 kHz의 주파수를 중심으로 넓은 범위에 대하여 효과가 있다. 메인 머플러가 이 형식에 속한다.

▶ 공명형(resonator type)

헬름홀츠(Helmholtz) 공명기로 알려져 있다. 공명실의 체적, 관의 단면적, 길이에 의해 감쇄되는 음파의 주파수 및 감쇠량이 결정된다. 흡기 시스템에 많이 장착되어 있다.

▶ 측지공명형(side branch type)

분기관의 길이와 관의 지름에 의해 감쇄되는 음파의 주파수가 결정되고 흡기관에 장착된다.

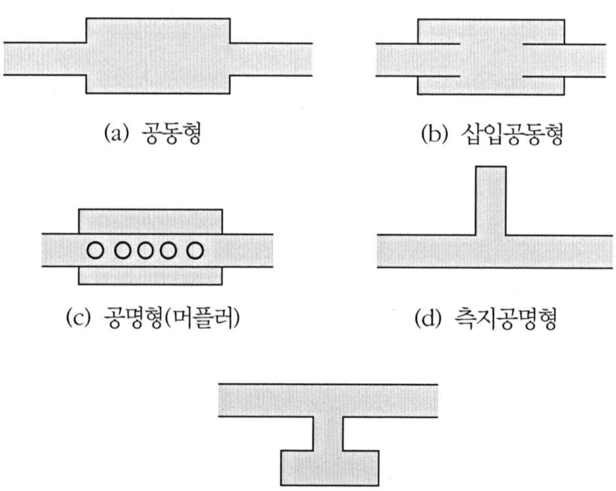

(a) 공동형 (b) 삽입공동형 (c) 공명형(머플러) (d) 측지공명형 (e) 공명형(공명기)

| 그림 5.32 | 소음기의 원리

5.4 윤활장치

5.4.1 윤활의 목적

윤활장치는 엔진 내부의 각 윤활부에 오일을 공급하여 마찰을 감소시키고 마모를 방지하며, 마찰부분의 열과 피스톤의 열을 냉각시키는 작용을 한다. 기관이 운전될 때 윤활부에는 마찰열이 발생되며, 이 열이 상당히 축적되었을 때에는 베어링이 고착되기도 한다. 윤활장치는 이러한 것을 방비하는 장치로 윤활부의 각 섭동면에 유막을 만들어 고체마찰이 마찰력으로 인하여 아주 작은 유체마찰이 되게 한다. 따라서 마찰저항이 작아져 마모가 적어지고 마찰열의 온도상승도 방지하게 된다. 윤활은 기본적으로 마모의 방지, 밀봉작용 및 냉각작용의 3대 작용이외에 세척작용, 응력분산 작용, 방청작용 등의 작용이 있다.

▶ 마모방지

마찰이 가장 작은 상태인 완전윤활을 유지하고 한계상태에서도 강인한 유막을 형성하여 섭동부분의 표면 마찰과 이에 기인하는 마멸을 방지한다.

▶ 밀봉작용

실린더 부분윤활에서와 같이 피스톤링과 함께 고압가스의 누설을 방지한다.

▶ 냉각작용

윤활부에서 발생된 마찰열을 흡수하여 오일 팬등 다른 곳으로 방열시킨다.

▶ 세척작용

윤활부에서 발생하는 카본 및 철분 등의 불순물을 흡수한 후 오일필터에 저장시켜 윤활부를 항상 깨끗하게 한다.

▶ 응력 분산작용

윤활부에는 국부적 혹은 순간적으로 큰 압력이 걸려 유막을 파괴하여 고착을 일으키게 하는 현상이 생긴다. 이때 윤활유는 액체의 성질로 국부압력을 액 전체에 분산시키는 작용을 한다.

▶ 방청작용

윤활면에 수분이 침투하면 녹이 발생하게 되고 부식이 일어난다. 윤활유는 수분이나 부식성 가스의 침투를 막아준다.

5.4.2 윤활의 상태

윤활작용에 있어서 마찰면 사이에서 유막으로 두 금속면이 완전히 분리될 때를 유체윤활 혹은 완전윤활이라 하고, 이때의 마찰력은 윤활유자체의 내부 저항력으로 매우 작고 마찰계수는 윤활유의 점도, 마찰면 사이의 상대속도와 면적에 비례한다. 이에 반하여 상대속도나 점성이 작아지고 작용하는 하중이 커지거나 충격적으로 가해지는 경우에는 유막이 얇아져서 파괴되어 금속면이 직접 접촉하게 된다. 이러한 상태를 경계윤활 혹은 불완전 윤활이라 한다. 엔진의 마찰력 및 마멸량을 좌우하는 요인은 각 섭동부의 윤활상태이고 윤활상태의 기본적인 분류는 다음과 같다.

▶ 유체윤활

유체윤활을 완전윤활 또는 점성윤활이라 한다. 충분한 유막이 형성되어 고체 접촉이 되지 않는 이상적인 윤활상태이다.

▶ 혼합윤활

형성된 유막의 두께가 섭동면의 거칠기보다 얇으므로 고체 접촉이 많은 경우이며 마모나 소착이 생길 수 있는 임계적 윤활상태이다.

▶ 경계윤활

유체윤활과 혼합윤활의 중간이다.

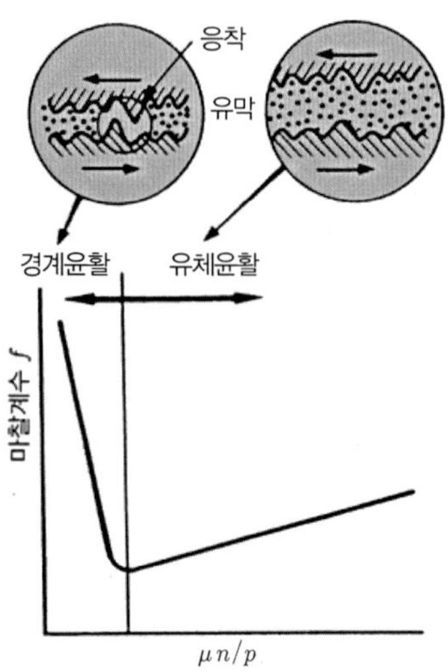

| 그림 5.33 | 유체윤활과 경계윤활 (μ : 점도, n : 회전수, p : 축하중)

5.4.3 기관의 윤활법

초기 엔진에서는 항상 새로운 윤활유를 공급하는 형태로 되어 있어 급유량이 적을 때는 경계 윤활이 되기 쉽고 또한 윤활유에 의한 냉각도 어려웠다. 지금은 2행정 사이클 기관을 제외하고는 윤활유를 엔진 내로 강제순환시킨다. 이를 강제급유, 순환급유라 한다. 윤활유를 대량으로 공급하기 때문에 안정한 윤활을 할 수가 있지만 윤활유의 열화로 교환해야 한다. 자동차 기관에서는 오일펌프를 이용하여 오일을 가압하고 각 부로 공급하고 소형기관에서는 비산식 윤활법을 채용하고 있다. 2행정 사이클 엔진에서는 혼합식과 분리 윤활식이 사용된다.

▶ 비산식

그림 5.34와 같이 커넥팅 로드 대단부 끝에 붙어 있는 오일디퍼(oil dipper)를 사용하여 오일 팬의 윤활유를 크랭크축이 회전할 때 오일을 퍼 올려 비산시켜 크랭크축 베어링, 캠축, 실린더 벽과 피스톤링, 피스톤핀, 밸브 등에 오일을 공급한다. 이 방식은 단기통, 2 행정 사이클 엔진 등 소형기관에 사용한다.

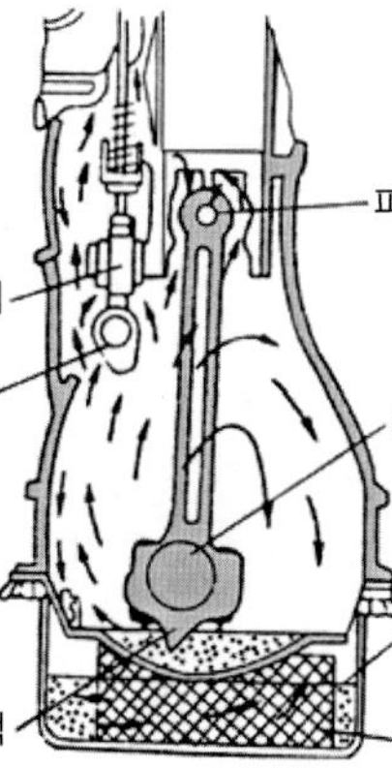

▌그림 5.34▐ 비산식

▶ 압송식(강제식, 순환식)

오일펌프에 의하여 오일 팬 내에 있는 오일을 가압하여 각 윤활부에 강제 순환시키는 방법이다. 오일펌프에 의해 흡입된 윤활유는 실린더 블록의 크랭크 케이스쪽에 있는 주 오일 통로로 들어가고 다시 크랭크 저널 베어링, 캠축으로 공급된다. 압송식은 경주용차등 특수차량에 사용된다.

▶ 비산 압송식

그림 5.35와 같이 오일 스트레이너를 통해서 오일 팬의 윤활유를 크랭크축 베어링, 캠축 베어링, 밸브 등에는 압송식으로 윤활되고 실린더 벽, 피스톤핀 등은 비산식에 의해 윤활되는 방법

이다. 이것은 현재의 자동차 기관에서 가장 많이 사용되는 방식이다.

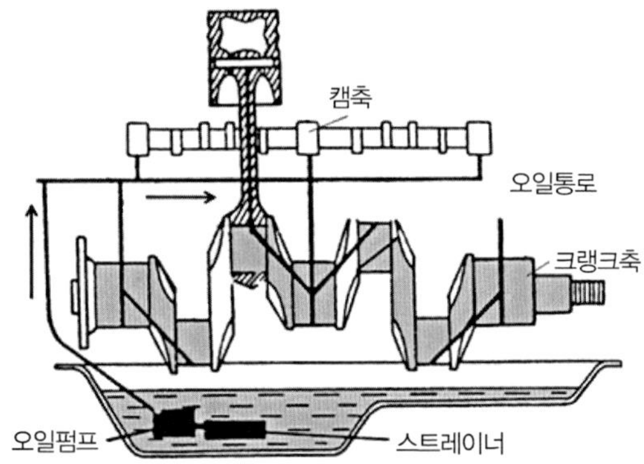

| 그림 5.35 | 비산 압송식

대부분의 엔진에서는 크랭크실의 하부에 윤활유를 남게 하는 습식 윤활법이 사용되고 크랭크실에 오일을 모아 두지 않고 크랭크실 하부에 떨어진 윤활유를 받아 두는 접시의 역할로서 여기에 배유펌프로 오일탱크로 회수한다. 이 방식은 건식윤활이고 항공기용 기관등 대형기관에서 볼 수 있다.

5.4.4 윤활장치의 경로

가솔린 엔진의 윤활장치는 그림 5.36과 같이 오일 팬, 오일 스크린, 오일펌프, 릴리프 밸브 및 오일 압력 스위치 등으로 구성되며, 윤활경로는 다음과 같다.

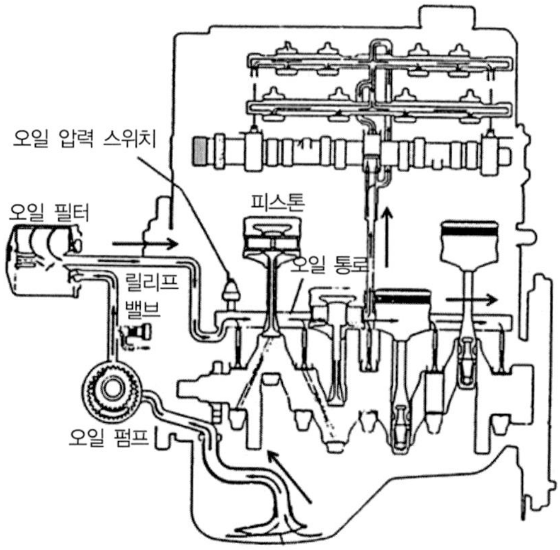

| 그림 5.36 | 윤활장치와 윤활경로

➤ 오일 팬 → 오일 스크린 → 오일펌프 → 릴리프 밸브(감압 밸브) → 오일필터 → 주 오일통로

➤ 주 오일통로 → 크랭크 축 → 커넥팅 로드 → 실린더 및 피스톤
↳ 실린더 헤드 → 로커암 축 → 캠 및 밸브
↳ 캠 축(저널)

5.4.5 윤활장치의 구성

(1) 윤활펌프

오일펌프는 오일통로 내의 오일을 흡입 및 가압하여 각 윤활부에 보내는 일을 한다. 펌프의 용량은 송유량(*l*/min)과 송유압력(bar)으로 표시하고, 오일의 과도한 송출이나 높은 압력은 유압 조절기(Relief valve)로 조절한다. 오일펌프의 종류에는 로터리식, 기어식, 플런저식, 베인식이 있고 기어식과 로터리식이 주로 사용된다.

① 트로코이드 펌프 : 로터리 펌프의 일종으로 그림 5.37과 같이 케이싱 내에 2개의 회전로터가 있어 안쪽에 있는 내부 회전로터는 트로코이드 곡선의 기어이고 기어축의 중심은 케이싱의 중심과 편심을 이루고 있다. 바깥쪽의 외부 회전로터는 케이싱과 동심이고 그 내면에는 내부 회전로터의 잇수보다 1개 더 많은 잇수의 이가 있으며 내부 회전로터의 회전으로 구동된다.

② 기어펌프 : 기어펌프에는 그림 5.38과 같은 외접 기어펌프, 그림 5.39와 같은 내접 기어펌프가 있고 작동방법은 비슷하다. 2개의 기어는 흡입구와 배출구 외에는 거의 틈새가 없는 관계로 치차가 물리는 용적에 따라 오일을 흡입하고 배출한다.

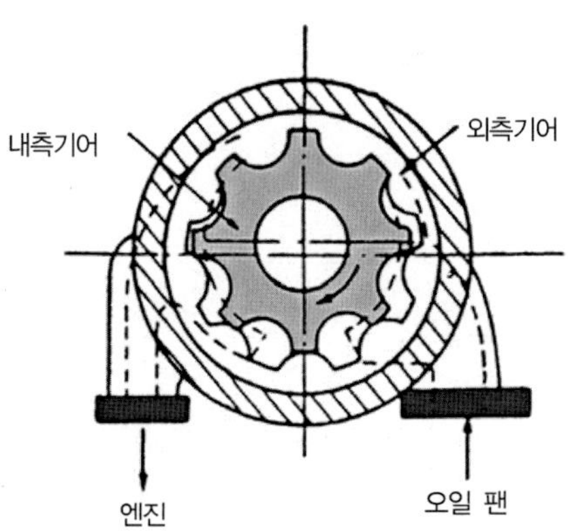

그림 5.37 트로코이드 펌프

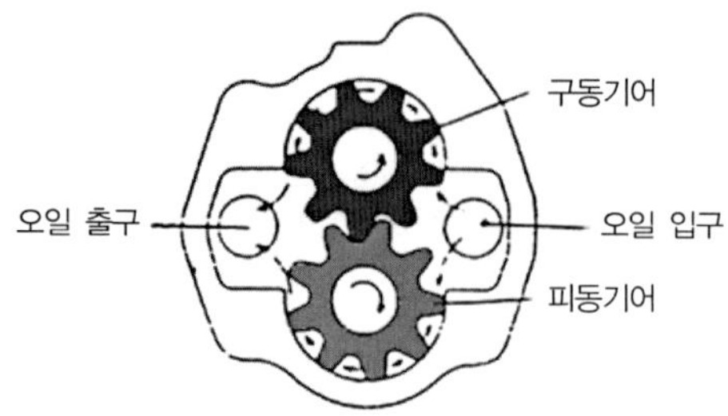

┃그림 5.38┃ 외접 기어펌프

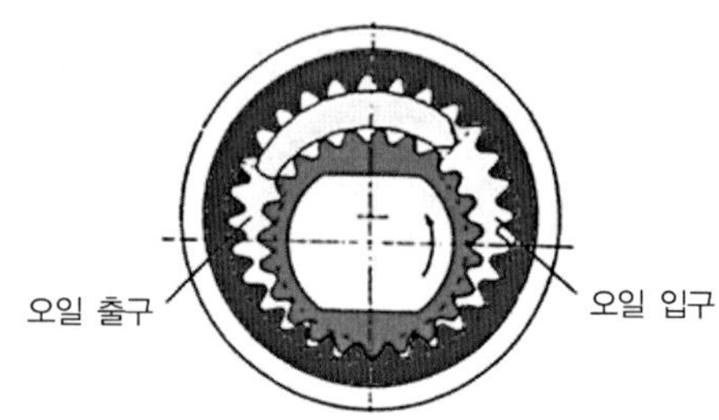

┃그림 5.39┃ 내접 기어펌프

③ 베인펌프 : 베인펌프는 그림 5.40과 같이 둥근 하우징과 그 속에 편심으로 설치되어 있는 로터로 구성된다. 로터에는 2개의 날개가 스프링을 사이에 두고 있어 축이 회전하면 펌프실 안쪽면과 날개가 접촉되면서 오일을 흡입, 배출한다.

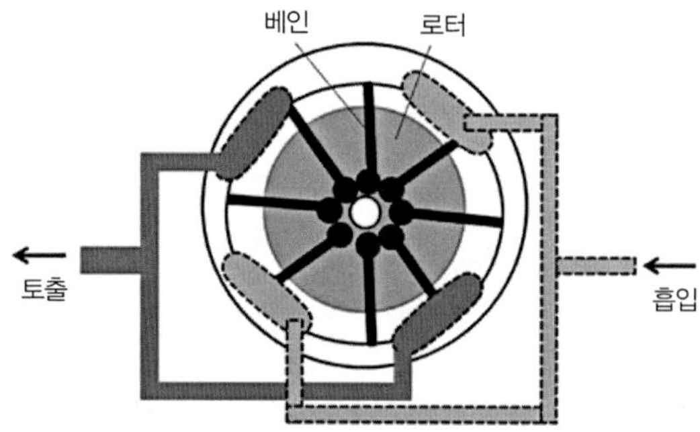

┃그림 5.40┃ 베인 펌프

(2) 오일 스크린

오일 스크린은 오일 팬 내의 오일을 펌프로 유도하고 동시에 오일 가운데 포함된 비교적 큰 입자의 불순물을 제거하기 위해 철망 스크린이 설치되어 있다.

(3) 릴리프 밸브

압력 조절밸브는 윤활회로 내의 유압이 과도하게 올라가는 것을 방지하여 오일압력을 일정하게 유지하는 기능을 하며, 프런트 케이스 측면에 설치되어 감압밸브라고도 한다. 릴리프 밸브는 그림 5.41과 같이 윤활회로에 과도한 압력이 걸리게 되면 릴리프 밸브의 스프링 힘을 이기고 과도한 압력만큼의 오일을 오일 팬으로 복귀시킨다. 이 밸브의 동작이 원활하지 못하면 윤활회로에 유압이 과도하게 걸리게 되고, 심할 경우에는 오일필터가 파열되어 결함이 발생하기도 한다.

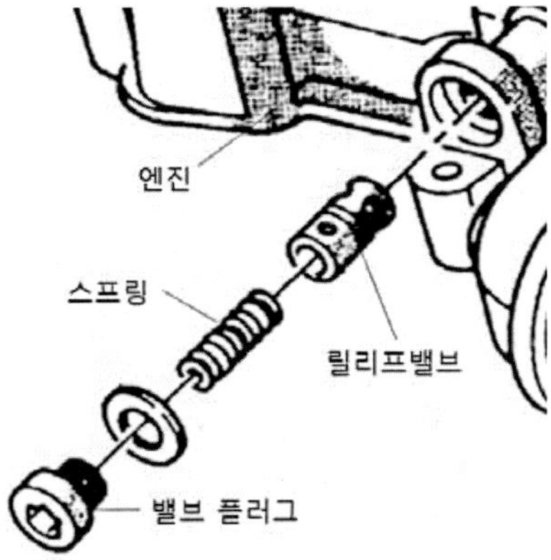

┃그림 5.41┃ 릴리프 밸브

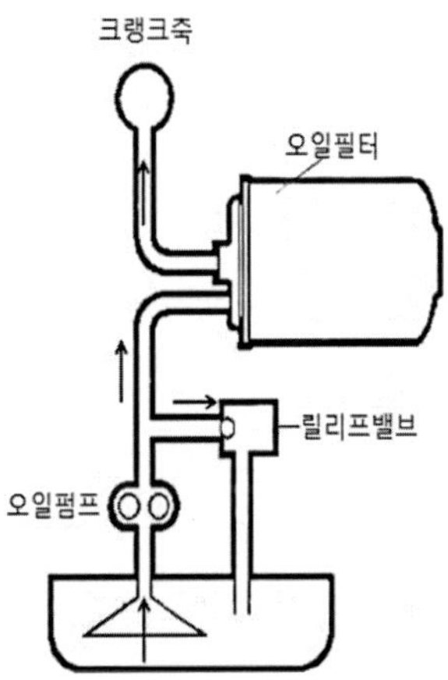

┃그림 5.42┃ 오일 압력 조절의 원리

(4) 오일필터

오일필터(oil filter)는 윤활회로 내에 설치되어 오일에 혼입된 먼지, 카본, 금속분말, 산화 생성물 등을 제거하는 역할을 하며 보통 5,000~10,000 km 주행 시마다 엔진오일과 함께 교환한다. 오일필터의 구조는 그림 5.43과 같이 케이스, 엘리먼트, 바이패스 밸브 등으로 구성되며, 필터 내의 바이패스 밸브는 엘리먼트가 막혔을 때 열려 여과되지 않은 오일을 공급하도록 되어 있다.

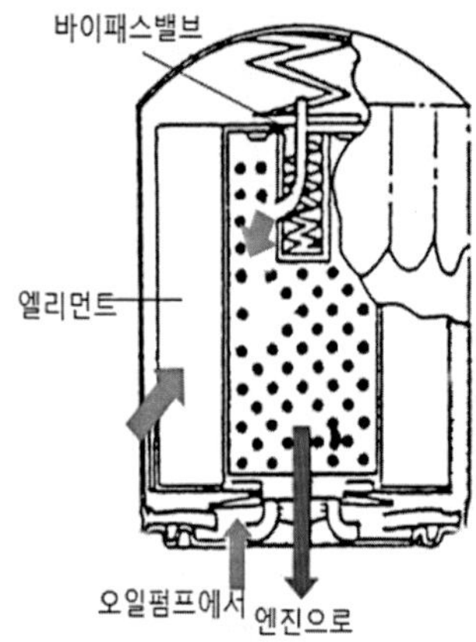

그림 5.43 오일필터의 바이패스 밸브

(5) 오일의 냉각장치

엔진오일의 온도는 90℃를 넘지 않는 것이 좋으나, 각 윤활부와 실린더 및 피스톤 등에 의해 오일의 온도가 높아지게 되면 윤활성을 상실하기 때문에 오일을 냉각시킬 필요가 있다. 가솔린 엔진의 경우는 오일 팬에 의해 냉각이 가능하지만 디젤엔진의 경우는 열방산이 부족하기 때문에 별도의 오일쿨러를 설치하여 오일을 냉각시킨다. 오일쿨러에는 냉각수를 공급하여 오일을 냉각시키고, 낮은 온도의 윤활유는 냉각수에 의해 적합한 온도까지 열을 가하기도 한다.

5.4.6 엔진오일

(1) 엔진오일의 성질

엔진오일의 성질은 엔진의 성능 발휘나 엔진의 경제적 사용 등에 영향을 준다. 엔진오일의 성질은 원유나 정제방법에 따라 달라지며, 엔진오일에는 성질을 향상시키기 위한 첨가제가 포함되어 있다. 다음은 오일의 필요한 성질을 나타낸다.

① 점도지수가 높을 것

점도지수가 높은 오일은 저온이나 고온을 통하여 점도의 변화가 적어서 저온일 때에는 엔진의 기동이 쉽고 고온에서도 유막 형성이 쉽다.

② 청정성이 좋을 것

연소과정이나 오일의 열화에 의해 오일이 오염되어, 윤활 불량에 의한 장애를 일으킨다. 오일은 항상 깨끗하게 유지되어야 한다.

③ 산화 안정성이 좋을 것

엔진은 고온하에 장시간 운동하므로 고온에 의해 오일은 산화 변질되기 쉬워 엔진오일은 산화에 대한 충분한 저항력을 가져야 한다. 산화의 의미는 오일이 산소와 결합하는 것이다.

④ 부식 방지성이 좋을 것

연소에 의한 생성물이나, 오일의 열화물은 실린더 내면 등 마찰부분의 금속부분을 부식시킨다. 오일은 부식을 막는 성질이 요구된다.

⑤ 기포발생이 적을 것

오일에 기포가 발생하면, 오일펌프의 기능이 저하되어 오일이 순환이 좋지 않게 되어 윤활 부족현상을 일으키므로 기포발생에 대한 저항력이 있어야 한다.

⑥ 응고점이 낮을 것

응고점이 낮은 오일은 저온에서 유동성이 좋아 엔진의 기동이 쉽다.

(2) 오일의 첨가제

오일의 성질을 개선시키기 위해 다음과 같은 첨가제를 넣는다. 유성은 오일이 금속면에 부착하는 힘이다.

① 산화 방지제 : 페놀계 화합물, 유황 화합물, 아민류, 유기금속 화합물
② 점도지수 향상제 : 지방산, 불포화 탄화수소 등의 고분자 중합물
③ 청정 분산제 : 플러싱 오일(flushing oil)
④ 부식 방지제 : 인의 유기 화합물, 금속염
⑤ 기포 방지제 : 규소유
⑥ 유동점 강화제 : 유기 화합물
⑦ 유성 향상제 : 지방산, 에스테르, 비누류, 파라핀 산화물

(3) 오일의 분류

엔진오일의 규격은 보통 오일의 점도를 나타내는 SAE(Society of American Engineers) 규격과 사용조건을 나타내는 API(American Petroleum Institute) 규격으로 분류된다.

▶ SAE 분류

SAE에서 분류하는 방법은 0W에서 11까지 12종류가 있다. W는 겨울의 약어이고 저온용이다.

액체는 온도가 높아지면 점도는 낮아지는 성질이 있고 점도의 감소율은 윤활유에 따라 다르다. 숫자가 클수록 점성이 크다.

① SAE 등급

5W, 10W, 20W, 20, 30, 40, 50

② 다등급

다등급을 사계절용이라 하고 10W/20, 10W/30, 20W/20, 20W/30, 20W/40로 분류된다. 다등급 오일에서 10W/20의 의미는 저온에서는 10W와 같은 성질이 있고, 고온에서는 20과 같은 성질이 있다는 것이다.

표 5.3 SAE에 의한 점도 분류

SAE number	점도(cSt)	
	−17.8℃	98.9℃
5W	8,609 이하	
10W	1,303~2,606	
20W	2,606~10,423	
20		5.73~9.62
30		9.62~12.93
40		12.93~16.77

표 5.4 외기온도와 사용 윤활유

온도범위	SAE 등급
-30~-20℃	5W-20, 5W-30
-20~10℃	10W-30
-20~30℃	10W-40, 10W-50
0~30℃	30, 20W-40, 20W-50

API 분류

API는 기관의 종류와 사용조건에 따라 분류한다.

① 가솔린 기관

SA, SB, SC, SC, SD, SE, SF, SG, SH, SJ, SL, SM, SN급으로 분류되며 보통 승용차에는 SF급 이상을 사용한다.

표 5.5 API 분류표

용도	기호	설명
가솔린	SA	순광유계
	· ·	SB, SC, SD, SE, SF, SG
	SH	1992년식 엔진용
	SJ	1996년식 이후 엔진용
	SL	2001년식 이후 엔진용
	SM	2004년식 이후 엔진용
	SN	2010년식 이후 엔진용
디젤	CA	경도 중간정도 엔진용
	· ·	CB, CC, CD, CE, CF, CG
	CH	1998년식 이후 엔진용
	CI	2002년식 이후 엔진용
	CJ	2011년식 이후 과급엔진용

② 디젤 기관

CA, CB, CC, CD, CE, CF, CG, CH, CI, CJ급으로 분류되며 일반적으로 CC급 이상을 사용한다.

5.5 연료장치

5.5.1 구조와 작동원리

연료장치의 구성은 연료펌프(릴리프 밸브, 체크 밸브), 연료필터, 연료탱크, 압력 조절기, 인젝터, 캐니스터, 퍼지 컨트롤 밸브, 롤오버 컨트롤 밸브(rollover control valve), 공급라인(feeding line), 리턴라인(return line) 등의 부품으로 되어 있다. 이러한 부품은 각 회사마다 구조가 다르고 부품 명칭도 약간씩 차이가 있지만 전체적인 구성은 유사하다.

연료장치의 작동은 연료탱크 내에 설치된 연료펌프(in-tank reservior)에 의해 공급라인을 통해 연료필터로 압송되고 여기서 연료 내의 이물질이 제거된다. 필터를 거친 연료는 공급라인에 설치된 연료압력 조절기에 의해 일정 압력이 유지되어 인젝터에 가해진다. 흡기관의 부압에 의

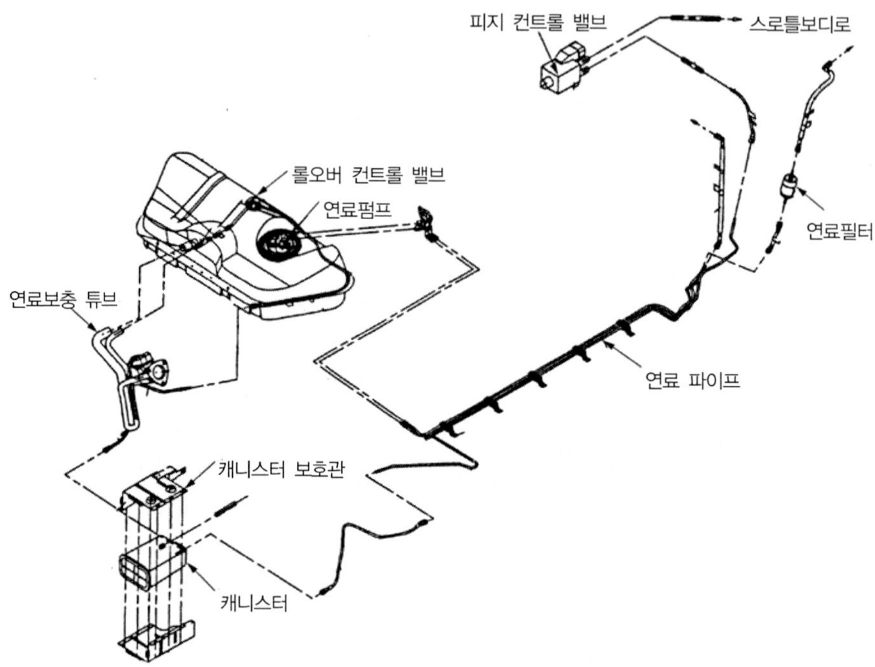

| 그림 5.44 | 연료장치 구성도

해 연료압력 조절기기 작동되면, 남는 연료는 회수라인을 통해 연료탱크로 되돌아온다. 주유시 연료는 연료 보충 튜브(fuel filler tube)를 통하여 연료탱크로 공급되고 연료액면이 탱크 내의 연료 보충 파이프(fuel filler pipe)를 통하여 연료 보충 튜브로 연료가 차오르면서 연료 주입건에 신호를 주게 된다. 증발가스의 양이 많아지는 여름철에는 겨울철보다 연료의 주입이 원활하지 못하기 때문에 연료장치 설계는 중요하다.

연료탱크의 상부에 잔류하는 연료 증발가스는 롤오버 컨트롤 밸브를 통하여 캐니스터로 포집되고 캐니스터의 활성탄의 용량에 따라 성능이 좌우된다. 보통 배기량 1,600 cc 기준으로 850 ~ 1,850 cc 내외 용량의 캐니스터가 사용된다. 포집된 증발가스는 진공 PCV 밸브가 열리면 퍼지라인, 스로틀보디에 부착된 진공포트를 통하여 서지탱크로 유입되어 연소된다. 연료 시스템 중 연료탱크 상부에 부착된 롤오버 컨트롤 밸브와 진공 PCV 밸브는 중요한 역할을 하는 부품이다. 이것을 연료 증발가스 제어장치(evaporative emissions control system)라 한다. 연료 증발가스는 HC 가스로 인체에 유해하므로 대기 중에 방출되지 않도록 해야 한다. 이러한 시스템을 개발할 때 100,000 km 증발가스 시험을 수행하여 차량이 100,000 km 운행 후 차량으로부터 방출되는 HC의 양이 규정값 내에 들어야 시스템에 대한 보증을 인증 받게 된다. 그 외 롤오버 시험, 연료보충 튜브 기능시험이 있다. 롤오버 시험은 규정된 충돌시험 후 차량을 규정 시간 회전시킬 때 연료라인이나 밸브등 모든 연료장치로부터 연료의 누출여부를 시험하는 것으로 이때 연료의 누출이 규정이하이어야 한다.

5.5.2 연료펌프

자동차에 탑재되는 연료펌프는 다음과 같다.

① 공급펌프(feeding pump) : 연료탱크에서 연료를 펌핑하여 커먼레일로 공급한다. 일반적으로 연료펌프는 피드펌프를 의미한다.

② 프라이밍 펌프 : 초기 차종에서 연료부족과 시동시에 수동으로 연료를 보낸다.

③ 분사펌프(injection pump) : 커먼레일 식을 제외한 디젤엔진과 가솔린 직분사 엔진의 연소실에 연료를 고압으로 분사한다.

④ 고압 공급펌프 : 커먼레일 디젤엔진에서 연료를 가압하여 공급한다.

(1) 전기식 연료 펌프

전기식 펌프는 기관의 동력에 의하여 작동하지 않고 배터리 전원에 의해 모터동력으로 작동한다. 이 형태는 임의의 위치에 설치할 수 있어 베이퍼록 현상이 적고 펌프의 송출능력도 기관의 회전속도에 영향을 받지 않는 장점이 있다. 그림 5.45(a)는 전기식 연료펌프를 나타낸다.

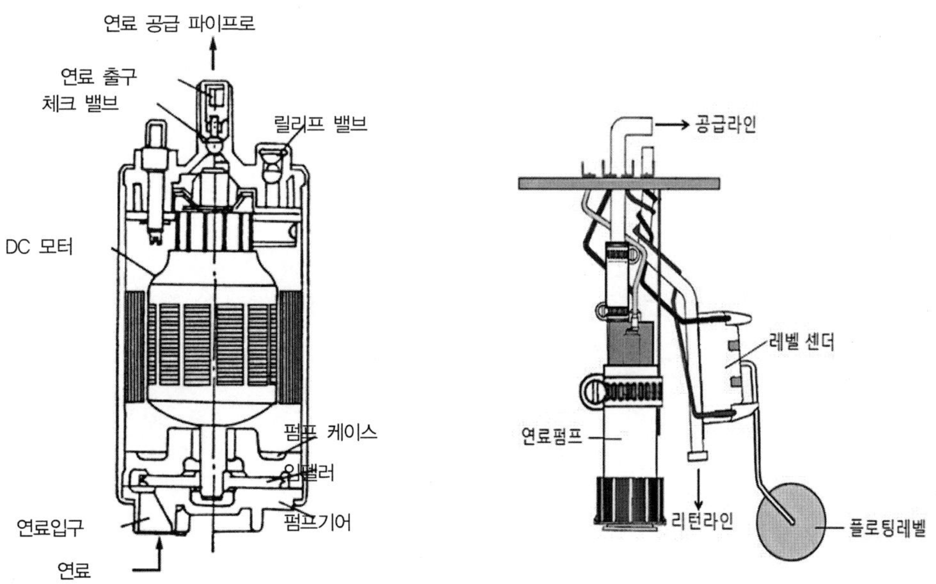

(a) 전기 연료펌프 (b) ITR(agcoauto.com)

| 그림 5.45 | 전기식 연료펌프와 ITR

(2) 연료탱크내 부착된 전기식 연료펌프 (in-tank reserved fuel pump)

가솔린 차량에는 연료펌프를 탱크에 내장하여 소음을 저감하고 연료라인의 맥동 노이즈 및 베이퍼록 현상을 방지한다. 연료펌프, 연료 게이지를 별도로 한 형식과 일체로 한 형식이 있다. 펌프는 직류모터에 의해 회전하기 때문에 엔진의 회전속도와는 상관없이 송출되는 연료량은 일정하고 송출압력은 3.0~6.0 bar 정도로 연료소비가 많은 고속회전을 기준으로 설정되어 있다. 엔진이 저속회전하면 연료라인에 과대한 압력이 걸리고 연료라인 연결부위가 파손되어 화재가 날 염려가 있다. 이때는 릴리프 밸브가 열려 연료입구로 들어온 연료는 연료탱크로 되돌아간다. 체크밸브는 한 방향으로만 흐르게 하는 역할을 하며 엔진이 정지하면 스프링에 의해 자동으로 닫혀 연료라인 내 잔압유지, 온도상승에 의한 베이퍼록 방지, 연료의 역류를 방지하여 엔진의 재시동성을 향상시킨다.

(3) 압력 조절기 (pressure regulator)

흡기 다기관 내의 압력변화에 대응하여 연료 분사량을 일정하게 유지하기 위하여 인젝터에 걸리는 연료압력을 흡기 다기관 내의 압력보다 2.6~3.35 bar 정도 높게 조정한다. 압력 조절기의 스프링 챔버(spring chamber)는 진공호스로 서지탱크에 연결되어 항상 흡기다기관의 부압이 걸린다. 연료압력이 규정압력보다 높을 때는 다이어프램이 밀려 올라가 여분의 연료는 회수라인을 통하여 연료탱크로 회수된다. 고속시에는 연료 분사량이 많기 때문에 작동하지 않으나 저속시에는 연료 소비량이 적으므로 연료탱크로 돌려보내 압력이 일정하게 유지된다. 그림 5.46은 압력 조절기의 구조를 나타낸 것이다.

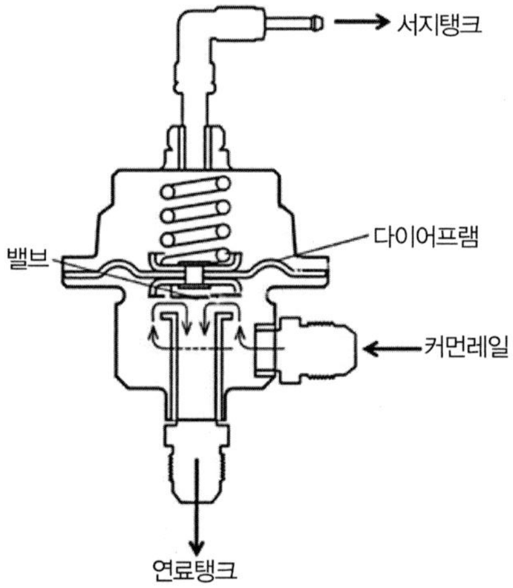

▌그림 5.46▐ 연료 압력 조절기

(4) 인젝터 (injector)

ECU로부터 전달된 신호에 의해 연료를 분사하는 솔레노이드밸브가 내장된 분사노즐이다. 실린더의 다기관에 한 개씩 설치되어 있으며 니들밸브와 플런저가 일체로 되어 있어 인젝터의 작동시 플런저와 같이 전개의 위치까지 올려져 분사구가 열린다. 분사량은 분구의 면적, 연료의 압력이 일정하기 때문에 니들밸브의 개방시간에 의해 결정된다. 인젝터는 단공, 다공 등 여러 가지 종류가 있고 직경은 1 mm 이내, 분사속도는 매우 빠르다. SI 기관에서는 흡기관에서 분사하는 인젝터는 3 bar의 연료압력으로 비교적 저압으로 분사되는 안전한 인젝터가 필요하고 직접 분사와 같이 압력이 높은 실린더에 분사할 때는 고압 인젝터가 필요하고, 실린더 내의 악조건을 견디는 내구성을 가지고 분사량도 극소량이어야 한다. 분사시간이 매우 짧기 때문에 작은 액적으로 만들기 위해서는 높은 속도로 분사되어야 한다.

분무형태를 결정하는 인젝터는 PFI와 같이 연료압력이 낮은 때는 넓은 분무각을 형성하고 관통력이 작아도 되지만, GDI와 같이 연료압력이 높을 때는 제한된 시간 안에서 혼합기를 형성하도록 미립화가 우수한 것이 좋고 인젝터의 성능을 평가하는 SMD(sauter mean diameter)는 20 μm 정도이다. 미립화는 분사압력과 관련이 있고 미립화에 필요한 최소한의 압력은 50~80 bar이다. SMD가 같아도 압력이 높으면 입자는 작게 된다. 고압화는 관통력을 크게 하지만 인젝터가 부담해야 하는 힘은 커져 내구성이 요구된다.

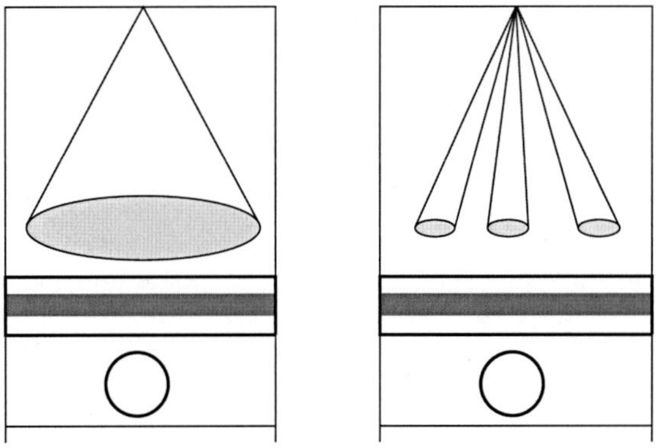

| 그림 5.47 | GDI 인젝터와 분사모양

(5) 롤오버 컨트롤 밸브 (rollover control valve)

연료탱크 상단에 부착된 컨트롤 밸브는 차량이 언덕에서 주차할 때 연료에 잠기지 않도록 충분히 높은 위치에 설계되어야 하며 연료탱크 내의 압력을 조절하는 밸브이다. 이 밸브의 역할이 전체 연료 시스템의 압력조절에 큰 비중을 차지한다.

[연습문제]

5.1 냉각장치 온도 조절기인 서모스탯에 대한 설명 중 틀린 것은?

㉮ 온도가 100℃에서 열리기 시작하여 110℃가 되면 완전히 열린다.

㉯ 온도 조절기 내에는 에텔이 들어 있다.

㉰ 온도 조절기에는 벨로우즈형과 펠릿형이 있다.

㉱ 온도 조절기는 엔진의 오버히트를 방지한다.

해설 온도 조절기는 60℃부터 서서히 열린다.

5.2 물의 냉각방식 중 물을 워터쟈켓 내로 펌프를 이용하여 냉각수를 순환시키는 방법은?

㉮ 자연 수냉식　　㉯ 강제 순환식

㉰ 압력 순환식　　㉱ 자연 통풍식

해설 자연 수냉식 - 자연대류 이용
강제 순환식 - 물재킷 내로 펌프로 냉각수 순환
압력 순환식 - 냉각장치를 밀폐하여 냉각수 순환
밀봉 압력식 - 팽창된 냉각수는 오버 플로우관을 통하여 보조탱크로 간다.

5.3 다음 중 가압식 라디에이터 캡의 역할이 아닌 것은?

㉮ 냉각수를 일정 압력으로 유지　　㉯ 냉각장치의 부압 해소

㉰ 냉각수 유량 제어　　㉱ 냉각장치 파손 방지

해설 압력밸브 - 냉각수를 일정 압력으로 유지
부압밸브 - 냉각장치에 부압 발생시 처리

5.4 가압식 라디에이터 캡의 압력밸브가 개방되는 압력은 얼마인가?

㉮ 0.63~0.9 kgf/cm^2　　㉯ 0.83~1.1 kgf/cm^2

㉰ 1.13~1.3 kg/cm^2　　㉱ 0.43~1.53kgf/cm^2

해설 개방압력 0.83 ~ 1.1 kgf/cm^2에 도달하면 압력밸브가 열린다.

5.5 전기식 냉각수 펌프의 장점이 아닌 것은?

㉮ 엔진속도에 비례하여 냉각수 펌프가 회전한다.

㉯ 엔진의 온도를 효율적으로 제어할 수 있다.

정답 5.1 ㉮　5.2 ㉯　5.3 ㉰　5.4 ㉯　5.5 ㉮

㉰ 목표 온도를 맞추기 위하여 정확한 유량을 순환시킨다.

㉱ 펌프의 회전속도가 가변이다.

해설 엔진속도에 비례하여 냉각수 펌프가 회전하는 것은 기계식 냉각수 펌프이다.

5.6 전기식 냉각수 펌프를 사용하는 냉각장치의 구성부품이 아닌 것은?

㉮ 전기 냉각수 펌프　　㉯ 디지털 제어기

㉰ 디지털 컨버터　　㉱ 열 스위치

해설 전기식 냉각수 펌프에는 디지털 제어기, 열 스위치 등을 사용한다.

5.7 자동차 냉각장치중 효율 개선도가 높은 부품이 아닌 것은?

㉮ 핀이 없는 라디에이터 개발　　㉯ 전기식 워터펌프 적용

㉰ 고효율 열교환기의 개발　　㉱ 기계식 워터펌프의 개선

해설 기계식 워터펌프로는 효율을 개선할 수 없다.

5.8 흡기장치 설계시 고려해야 할 사항이 아닌 것은?

㉮ 입구호스의 위치　　㉯ 에어클리너의 체적

㉰ 레조네이터의 적용 여부　　㉱ 리브레싱 기술 적용

해설 리브레싱 기술은 밸브 개폐시기에 관한 기술이다.

5.9 흡기장치에서 공기가 흡입되면서 조금 열린 밸브를 만나면 열린 공간으로 유동이 모여져 속도가 빨라지고 베르누이 법칙에 따라 압력강하가 발생하는 현상을 무엇이라 하는가?

㉮ 교축현상　　㉯ 맥동현상

㉰ 쵸킹현상　　㉱ 캐비테이션

해설 맥동현상 - 흡기관 내에 존재하는 압력파가 다음 사이클의 흡기과정에 미치는 현상
쵸킹현상 - 열린 공간이 아주 적으면 공기의 속도가 아음속에 도달하고 공기의 속도는 더 이상 증가하지 않는 현상
캐비테이션-공동현상

5.10 다음 중 흡기장치 부품이 아닌 것은?

㉮ 호스 엘보우(hose elbow)　　㉯ 공명기(resonator)

㉰ 가변 밸브 타이밍(VVT)　　㉱ 스노클(snorkel)

해설 가변 밸브 타이밍은 캠 위상 변화기술이다.

정답 5.6 ㉰　5.7 ㉱　5.8 ㉱　5.9 ㉮　5.10 ㉰

5.11 저속 시에는 긴 흡기관을 사용하여 저속토크를 향상시키고 고속 시에는 짧은 흡기관을 사용하여 고속토크를 향상시키는 장치는 어느 것인가?

㉮ VGIS ㉯ VVTL

㉰ NVO ㉱ PCSV

해설 VGIS – variable geometry induction system

5.12 다음 중 연결이 잘못된 것은?

㉮ 에어덕트 – 공기의 유로를 형성하고 물의 흡입을 방지한다.

㉯ 에어 클리너와 필터 – 공기 중의 먼지와 이물질을 제거한다.

㉰ 레조네이터 – 국소 범위의 흡기소음을 제거한다.

㉱ 흡기 매니폴드 – 공기의 체적효율을 낮춘다.

해설 흡기 매니폴드 – 각 실린더에 혼합기를 배분

5.13 배기가스가 가지는 유효 에너지를 이용하여 터빈을 구동하고, 이때 얻어지는 동력으로 터빈 축과 일체로 연결된 압축기를 구동하여 공기의 밀도를 높이는 장치를 무엇이라 하나?

㉮ VGT ㉯ VVTL

㉰ VVT ㉱ VVA

해설 VGT – variable geometry turbocharger
VVTL - variable valve timing lift
VVT - variable valve timing
VVA - variable valve actuation

5.14 배기장치 설계시 고려사항으로 틀린 것은?

㉮ 연소가스가 충분히 배기되도록 설계한다.

㉯ 소음을 저감하도록 설계한다.

㉰ 배압이 높게 되도록 설계한다.

㉱ 물이 역류되지 않도록 설계한다.

해설 유동저항이 적도록 배기관 내의 압력인 배압이 낮도록 설계한다.

5.15 다음 중 배기장치에 사용하는 하지 않는 부품은?

㉮ 벨로우즈 ㉯ 배기 파이프

㉰ 삼원촉매 ㉱ 캐니스터

해설 캐니스터는 연료장치 부품이다.

정답 5.11 ㉮ 5.12 ㉱ 5.13 ㉮ 5.14 ㉰ 5.15 ㉱

5.16 윤활유의 요구 조건이 아닌 것은?

㉮ 점도가 적절할 것 ㉯ 화학적으로 안전할 것
㉰ 고온, 고압에 견딜 것 ㉱ 점도지수가 낮을 것

해설 점도지수가 낮으면 온도에 따른 점도의 변화가 많아 유막형성이 어렵고 경계마찰의 발생, 융착의 원인이 된다.

5.17 기관의 윤활방식 중 윤활유가 여과기 필터를 모두 통과하는 방식은?

㉮ 전류식 ㉯ 분류식
㉰ 중력식 ㉱ 션트식

해설 전류식 : 윤활유가 여과기 필터를 모두 통과하는 방식
분류식 : 바이패스되는 오일을 여과하여 오일 팬에 보내는 방식
션트식 : 전류식과 분류식의 혼합방식

5.18 윤활유의 유성을 설명한 것 중 틀린 것은?

㉮ 오일의 흡착 성질이다.
㉯ 유성이 크면 유막 형성이 쉽다.
㉰ 유성 향상제는 OH, COOH, Cl, S 등이 있다.
㉱ 동식물유 유성은 광물유보다 적다.

해설 동식물유 유성은 광물유보다 크고 유성이 크면 유막 형성이 쉽다.

5.19 내연기관의 윤활유 급유법이 아닌 것은?

㉮ 압송식 ㉯ 혼기식
㉰ 비산식 ㉱ 자연 순환식

해설 비산식 - 오일 디퍼로 공급, 2사이클 엔진에 사용
압송식 - 오일 펌프로 강제순환
혼기식 - 베어링, 캠축 윤활은 압송식, 실린더 벽, 피스톤핀은 비산식

5.20 금속의 고체마찰이나 고착을 방지할 때 사용하는 첨가제는?

㉮ 점도지수 향상제 ㉯ 소포제
㉰ 유성 향상제 ㉱ 유동점 강하제

해설 점도지수 향상제 - 온도의 상승에 점도 저하방지
유동점 강하제 - 유막의 표면에 보호막을 만들어 결정의 성장을 방해
유성 향상제 - 금속표면에 흡착막을 만들어 고착방지
소포제 - 거품 생성방지
청정제 - 산화에 의한 슬러지 제거(칼슘, 바륨, 아연, 알루미늄)

정답 5.16 ㉱ 5.17 ㉮ 5.18 ㉱ 5.19 ㉱ 5.20 ㉰

5.21 오일이 금속 마찰면에 유막을 만드는 성질은 다음 중 어느 것인가?

㉮ 점도지수　　㉯ 윤활성

㉰ 유성　　㉱ 점성

해설 윤활유의 유성이 클수록 유막의 형성이 잘 된다.

5.22 가솔린 기관의 정상적인 윤활시의 유압은 몇 kgf/cm^2인가?

㉮ 0.7~1.0　　㉯ 1.0~2.0

㉰ 2.0~3.0　　㉱ 3.0~4.0

해설 가솔린 기관 : 2~3 kgf/cm^2, 디젤기관 : 3~4 kgf/cm^2

5.23 다음은 윤활유에 대한 설명이다. 옳은 것은?

㉮ 윤활유의 점도는 온도가 높아지면 커진다.

㉯ 그리스 윤활은 오일윤활에 비교하여 마찰저항이 적다.

㉰ 윤활유가 열화하면 점도가 커진다.

㉱ 스핀들유는 점도가 가장 낮다.

해설 온도와 점도는 반비례한다.
그리스는 반고체 윤활제이다.
스핀들유는 점도가 가장 낮아 고속용으로 사용한다.

5.24 마찰계수 f는 무엇에 비례하는가? 단 μ는 점성계수, p는 베어링 하중, n은 엔진 회전수이다.

㉮ $f \propto \frac{\mu n}{p}$　　㉯ $f \propto \frac{p}{\mu n}$

㉰ $f \propto \frac{pn}{\mu}$　　㉱ $f \propto \frac{\mu p}{n}$

해설 마찰계수는 점성계수에 비례하고 하중에 반비례한다.

5.25 실린더 라이너와 피스톤링 사이에는 무슨 마찰이 발생하는가?

㉮ 건식마찰　　㉯ 유체마찰

㉰ 고체마찰　　㉱ 경계마찰

해설 대부분 유체마찰이고 실린더 라이너와 피스톤링 사이는 경계마찰이다.

정답 5.21 ㉰　5.22 ㉰　5.23 ㉱　5.24 ㉮　5.25 ㉱

5.26 다음 중 윤활유의 첨가제로 부적당한 것은?

㉮ 유동점 강하제 ㉯ 유성 향상제

㉰ 산화 촉진제 ㉱ 부식 방지제

해설 유동점 강하제 - 고분자 화합물
유성 향상제 - 파라핀 화합물
소포제 - 규소유

5.27 다음 중 연료장치 부품이 아닌 것은?

㉮ 컨트롤 밸브 ㉯ PCV 밸브

㉰ 압력 조절기 ㉱ 캐니스터

해설 PCV 밸브는 크랭크케이스 배출가스 제어장치 부품이다.

5.28 다음 중 액체연료가 캐니스터로 들어가는 것을 방지하는 부품은?

㉮ 롤오버 밸브 ㉯ PCV 밸브

㉰ 압력 조절기 ㉱ 캐니스터

해설 롤오버 밸브, 컨트롤 밸브는 같은 의미로 일종의 증기 분리기이다.

5.29 연료장치 내의 가솔린은 여름철에는 증발되기가 쉽다. 증발량이 많아지면 연료장치 내에서 베이퍼 록, 압력증가, 누유 등의 결함이 발생할 수도 있다. 이를 방지하기 위한 부품은 무엇인가?

㉮ 롤오버 밸브 ㉯ PCV 밸브

㉰ 압력 조절기 ㉱ 캐니스터

5.30 전기식 저압 연료펌프의 송출압력은 얼마인가?

㉮ 3~6 kgf/cm^2 ㉯ 4~7 kgf/cm^2

㉰ 7~8 kgf/cm^2 ㉱ 9~10 kgf/cm^2

5.31 직렬로 저항체를 넣어서 전압을 낮추어 제어하는 방식의 인젝터는?

㉮ 전압 제어식 인젝터 ㉯ 전류 제어식 인젝터

㉰ 피에조 인젝터 ㉱ 고압 스월 인젝터

해설 전압 제어식 인젝터(저저항식 인젝터) : 인젝터 솔레노이드 코일의 저항이 적기 때문에 인젝터에 저항을 사용한다.
전류 제어식 인젝터(고저항식 인젝터) : 인젝터 솔레노이드 코일의 저항이 크기 때문에 인젝터에 저항을 사용하지 않는다.

정답 5.26 ㉰ 5.27 ㉯ 5.28 ㉮ 5.29 ㉱ 5.30 ㉮ 5.31 ㉮

[주관식]

냉각장치

1. 냉각장치의 구조를 스케치하고 작동 원리를 설명하라. 그리고 임의의 차량에서 냉각 부품을 확인해 보자.

2. 라디에이터 캡과 보조탱크의 작동 원리를 설명하시오.

3. 라디에이터의 역할은 무엇이며 제거 열량과 온도 강하는 어느 정도인가?

4. 오버히트가 가장 일어나기 쉬운 조건은 어떤 경우이며 방지법은 무엇인가?

5. 라디에이터의 다운 플로우(down flow) 형식과 크로스 플로우(cross flow) 형식을 설명하고 차량을 조사하여 어떤 형식이 적용되고 있는지 확인해 보자.

흡배기장치

1. 흡기장치의 구조를 스케치하고 작동 원리, 에어 클리너와 공명기의 역할을 설명해 보자.

2. 배기장치의 구조를 스케치하고 작동 원리, 벨로우즈, 앞, 뒤 소음기의 역할을 알아보자.

3. 가변 흡기 시스템(VGIS, variable geometry intake system)의 원리를 알아보자.

4. 흡배기 계통의 소음을 줄이는 방법을 나열하고 흡기계통의 공명기, 에어 클리너, 머플러가 어떤 방법으로 소음을 줄이는지 비교해 보자.

5. 흡기계통으로 유입되는 공기량과 배기계통의 배압은 엔진의 성능에 어떤 영향을 미치는가?

6. 흡기계통의 관성효과, 맥동효과에 대하여 알아보자.

7. 배기장치에서 머플러의 체적이 커지면 소음은 어떻게 되는지 알아보자.

8. 흡기장치의 길이가 길어지면 엔진성능과 엔진소음이 어떻게 변하는지 알아보자.

○ 윤활장치

1. 차량에서 오일압력 스위치와 릴리프 밸브의 위치를 알아보고 각각의 역할을 알아보자.

2. 엔진오일이 엔진 내부에서 순환되는 유로를 확인해 보자.

3. 엔진오일의 압력은 기관을 정상적으로 운전하는 데 중요하다. 유압이 높아지는 원인은 무엇인가?

4. 각각의 급에 적합한 윤활유는 첨가제에 의해 결정된다. 윤활유의 첨가제에 대하여 알아보자.

5. 유체윤활, 경계윤활 및 혼합윤활에 대하여 설명해 보자.

○ 연료장치

1. 여름철에는 겨울철보다 연료의 주입이 원활하지 못하다. 그 이유는 무엇인가?

2. 여름철 대기온도가 높을 때 경사진 곳에 차량을 주차시키면 연료탱크 내에 증발압이 커져 연료 시스템에 문제가 발생할 수도 있다. 이를 방지하기 위한 부품은 무엇인가?

3. 연료장치에서 압력 조절기의 위치는 어디이며 이 조절기의 역할은 무엇인가?

4. 연료장치 시스템의 구조를 그려보자.

5. 가솔린, 디젤엔진 종류마다 연료의 압력이 어떻게 다른지를 조사해 보고 이유를 생각해 보자.

가솔린 기관

CHAPTER 06

6.1 가솔린 연료분사 장치

6.1.1 개요

국내에서 1970년대 후반부터 연료분사 장치로 많이 사용되었던 기화기(Carburettor)방식의 연료장치는 정비가 쉬운 장점에도 불구하고 전자기술의 발달과 배기가스 규제 강화 법규를 만족시키지 못하여 1980년 중반부터 전자제어 가솔린 분사장치(MPI, PFI)로 대체되었다. 전자제어 가솔린 분사장치는 기관의 회전속도에 따라 이론 공연비에 가깝도록 연료의 양을 조절하여 실린더에 공급하여 엔진의 출력을 높이고 배기가스를 저감시킨다.

가솔린 기관은 흡입 공기량 측정 방법에 따라 직접 측정과 간접 측정, 연료공급 개수에 따라 싱글 포인트 인젝션(SPI)과 멀티 포인트 인젝션(MPI), 인젝터의 위치에 따라 SPI, PFI, GDI(gasoline direct injection)로 나누어진다. SPI는 스로틀 밸브 앞에 인젝터를 설치하고 PFI는 각각의 흡기포트에 인젝터를 설치하고 GDI는 실린더 내부에 인젝터를 설치한다.

① SPI : 흡기장치에 장착된 1개의 인젝터를 통해 연료를 분사하는 방식으로 각 실린더로 연료의 균일한 분배를 할 수 없는 단점이 있지만 연료 혼합시간이 길어 균일분사에 속한다.

② PFI : 각 흡기포트에 인젝터를 두어 연료를 분사하는 방식으로 균일분사이다.

③ GDI : 각 실린더에 연료를 직접 분사하여 성층분사, 균일분사가 가능하고 연소실의 혼합비를 조절하여 연비를 향상시킨다.

그림 6.1에 전자제어 가솔린 엔진 시스템의 예를 나타내고 구성은 ECU, 센서, 흡기장치, 배기장치, 연료장치, 배기장치, 제어장치 등으로 되어 있다.

공기 계측방법과 점화시기 제어의 발달 역사를 정리하면 표 6.1과 같다. 가솔린 기관의 전자제어 분사장치는 K제트로닉, D제트로닉, L제트로닉, Mono제트로닉, 모트로닉 등이 있다. 제트로닉(jetronic)은 분사(injection)와 전자(electronic)의 합성어로 공기량 측정을 기계식으로 한다.

공기량 측정방법은 제트로닉(Jetronic)과 모토로닉(Motronic) 방식을 모두 고려하면, 열선(hot wire), 열막(hot film), 칼만 와류법을 사용하여 공기량을 측정하면 직접 측정방식이 되고, MAP센서를 이용하여 흡기 매니폴드 압력을 검출하여 간접적으로 흡입 공기량을 계측하면 간접 측정방식이다. 가솔린 엔진의 제어는 ECU로 연료분사 제어, 점화시기 제어, 노크제어 등을 종합적으로 하며 엔진을 항상 최적인 상태로 유지하여 동력특성, 배기가스 정화, 연비향상 등의 효과를 얻는다.

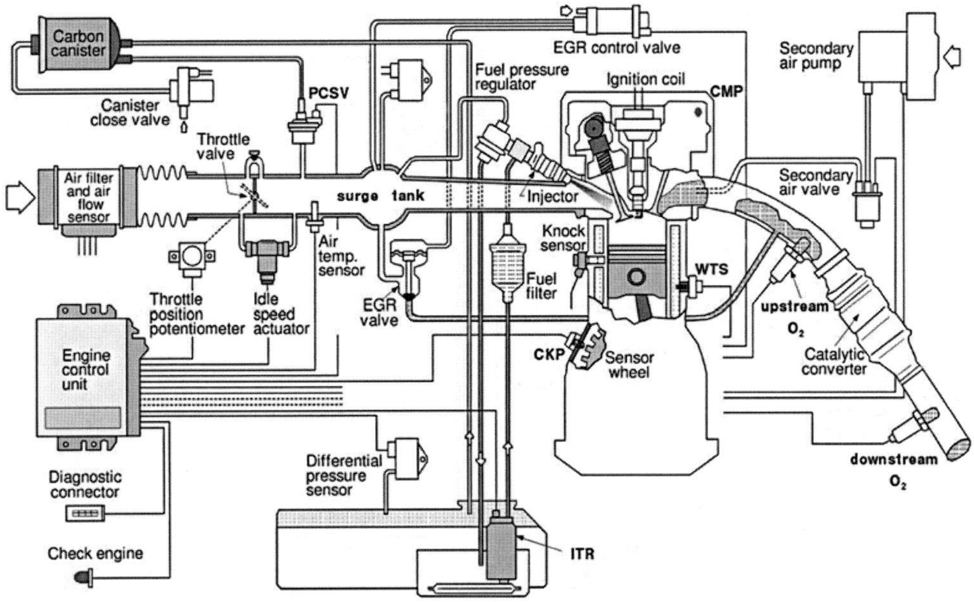

그림 6.1 보쉬 PFI 전자제어 가솔린 시스템

표 6.1 가솔린 분사장치의 분류

형식	제어방법	공기량계측방법	비고	구분
K-jetronic	기계식	센서플레이트	학습제어방식	점화장치와 분사장치를 분리하여 기계식 혹은 전자적으로 제어
D-jetronic	기계식 전자식	흡입공기량 간접측정(MAP)	추론제어방식, 응답이 느리나 가격이 싸다	
L-jetronic	전자식	흡입공기량 직접측정(AFM)	가동베인식(베인의 회전에 따라 전압이 변함)	
Mono-jetronic	전자식	Throttle body injection(TBI)	Single Point Injection (SPI)	
M-motronic	전자식	흡입공기량 직접측정(L) (칼만와류식, 열선식, 열막식)	비례미적분제어방식/ Port Fuel Injection 방식(PFI)	점화장치와 분사장치를 결합하여 전자적으로 제어
ME-motronic	전자식	흡입공기량 직접측정(L) (열선식, 열막식)	비례미적분제어방식/ ETC(Electronic throttle control) 적용	
MED-motronic	전자식	흡입공기량 직접측정(L) (열선식, 열막식)	비례미적분제어방식/ ETC+DI 방식	

제트로닉과 모토로닉의 차이점은 점화시기 제어방법에 있다. ECU로 제어하면 모토로닉, 원심 진각기구나 진공 진각기구를 이용하면 제트로닉 방식이다.

일반적으로 연료 분사방식의 분류는 기계식 분사방식과 전자식 분사방식으로 분류되며 기계식 분사는 이론 공연비 피드백 제어가 되지 않고, 전자식 분사방식은 피드백 제어, 점화시기 제어 등의 전자제어가 가능하다. 그림 6.2는 기계식 분사방식과 전자식 분사방식을 정리한 그림으로 K(kontinuierlich, continuous)제트로닉은 학습제어 방식을 사용하고 KE 제트로닉은 기화기에 산소센서를 부착한 엔진(feed back carburetor, FBC)으로 추적제어 방식이다. D(Druck, pressure)제트로닉은 속도 밀도(speedy density) 보정방식으로 MAP센서를 이용하여 공기량을 간접 측정하는 방식이고, L(Luft, air)제트로닉은 가동 베인식의 AFM(air flow meter)를 사용하는 공기량 직접 측정방식이다.

|그림 6.2| 연료분사 방식의 종류

6.1.2 기계식 연료분사 장치 (K-jetronic)

독일 보쉬(Bosch)가 개발한 K제트로닉은 독일어로 영어로는 연속분사의 의미인 CI(continuous injection)시스템으로 1972년, 질량유량 측정방식의 2종류의 연료분사 장치가 발표되었는데 K제트로닉과 D제트로닉이었다. K제트로닉은 가솔린 엔진에 처음으로 ECU를 붙인 시스템으로 공기량 측정방법은 그림 6.3과 같다. 엔진이 회전하면 연료 분배기에 연결된 인젝터에서 연속적으로 연료가 분사되고 연료 분사량 제어는 공기유량 센서와 연료 분배기에 의해 수행된다. 흡입공기의 세기에 따라 센서 플레이트가 작동하고 이 작동에 의해 컨트롤 플런저

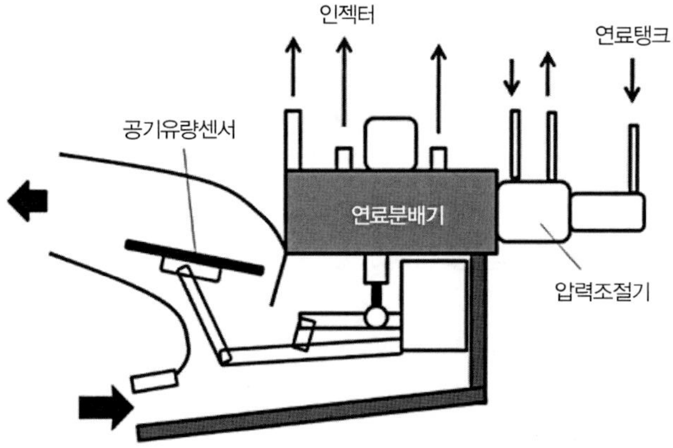

▮그림 6.3▮ K 제트로닉의 공기유량 센서

(control plunger)가 움직여 인젝터로 통하는 통로 면적을 변화시켜 연료 분사량을 조절한다. 이 시스템은 냉간시동, 공회전, 저속운전 및 가속시 등 여러 부하 상태에 따라 적절한 혼합비를 공급하고 특히 냉간 시동시의 시동성을 좋게 하기 위하여 추가적인 웜업 레귤레이터를 사용한다.

K제트로닉은 흡입 공기량을 공기유량 센서로 측정하기 때문에 비교적 정밀하게 공연비 제어를 할 수 있으나 공기유량 센서의 센서 플레이트는 흡입부압에 의해 작동하여 연료가 제어되므로 연료 소비율이 높았다. 이 단점을 보완하기 위해 KE 제트로닉이 개발되었는데 이 시스템의 연료라인(fuel line)의 기준압력은 기존의 3.5kgf/cm^{2}에 비하여 5.0kgf/cm^{2}으로 고압이고, 람다센서를 사용하여 공연비 피드백 제어도 가능하다.

6.1.3 부압 감지식 전자제어 장치 (D-Jetronic, MAP방식)

D제트로닉은 druck menge messer system을 의미하며 druck는 독일어로 압력을 의미한다. D제트로닉은 배기가스 감소 대책 중의 하나로 공연비 제어가 가능한 전자제어 장치로 공기량 측정부분이 K제트로닉과는 다른 그림 6.4와 같은 MAP 센서를 사용한다. 공기유량을 정확하게 측정하는 이유는 이론 공연비로 혼합기를 연소시키기 위해서 이며 이를 위해서는 배기가스 내의 산소량도 정확하게 측정되어야 한다.

D제트로닉은 맵센서(MAP)를 사용하여 스로틀밸브에 의해 발생하는 흡기 매니폴드 부압을 측정하여 이 절대압력과 엔진 회전수를 이용하여 흡입 공기량을 산출하고 공기량을 추정하는 간접적인 방식이기 때문에 응답시간이 늦은 단점이 있다.

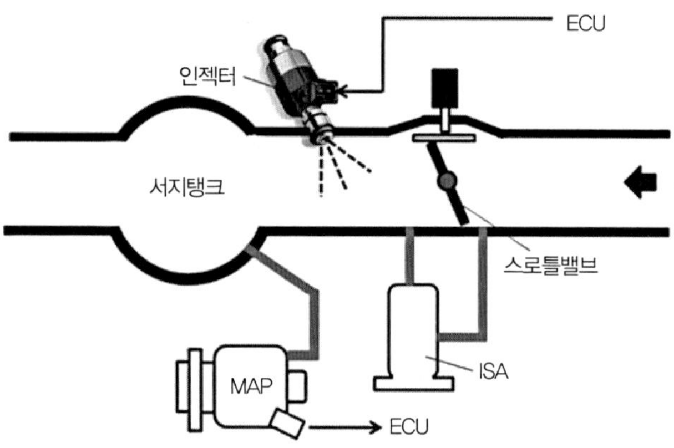

| 그림 6.4 | D 제트로닉의 공기 계측방법(MAP 방식)

6.1.4 공기량 감지식 전자제어장치 (L-Jetronic)

L제트로닉은 luft menge messer system을 의미하며 luft는 독일어로 공기를 의미한다. L제트로닉은 흡입되는 공기량을 공기유량 센서를 이용하여 측정하고 그에 상응하는 연료량을 인젝터에 공급하는 전자제어 분사장치이다. 이것은 흡입 공기량을 직접 측정하는 방식으로 처음에는 공기유량미터(AFM)의 베인방식이 사용되었고 LH, LE, LU로 발전하였다. 열선(hot wire) 및 열막(hot film)방식이 이에 속한다. LH제트로닉은 L제트로닉에서의 공기 체적유량 측정방식의 AFM 대신에 공기 질량유량을 검출하는 열선(hot wire)센서를 사용한다. LE제트로닉은 L제트로닉에 이론 공연비 제어를 위하여 산소센서가 추가되고 LU제트로닉은 L제트로닉에 공회전 속도 제어(ISC) 장치가 추가된다.

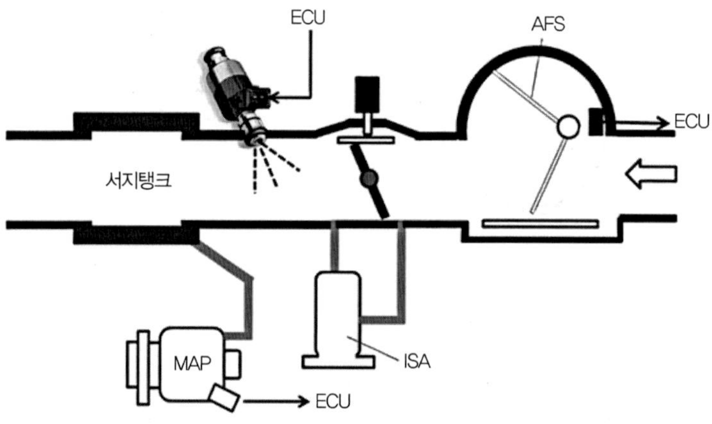

| 그림 6.5 | L 제트로닉의 공기 계측방법(가동베인식)

그림 6.5는 베인방식의 공기유량 센서이다. L제트로닉은 간헐분사 방식으로 일정 압력으로 조절된 연료를 공기 흡입관 내로 분사하는 방식이어서, 분사량의 제어는 연료 인젝터를 엔진 매 사이클당 흡입 공기량에 대해서 필요한 시간만큼 열어 놓는데 따라서 수행된다. 인젝터에서 공급되는 연료 분사량은 식(6.1)과 같다.

$$\text{연료분사량} = D \times \text{기본분사량} \times \frac{\text{흡입공기량}}{\text{엔진회전수}} + \text{증량보정분사량} \tag{6.1}$$

여기서 D는 엔진 특성에 따른 계수이고 흡입 공기량을 검출하는 공기유량 센서는 플랩의 열림 폭을 포텐쇼미터(potentiometer)를 사용하여 전압비로 변경하고 흡입 공기량을 계측한다. 이때는 EGR 밸브도 없었고, 유연 휘발유가 사용되었지만 1986년부터 배기가스 규제가 시작되면서 무연 휘발유로 전환되었다. L제트로닉 방식에 사용되는 각 센서의 역할을 표 6.2에 나타낸다.

표 6.2 L 제트로닉 센서의 역할

센서	역 할
공기유량 센서	흡입 공기량을 포텐쇼미터에 의해 전압비로 검출하고 이 신호에 따라 ECU는 기본 분사시간을 정한다.
스로틀위치 센서	스로틀밸브의 개도에 의해 공회전 및 고부하 상태를 검출한다.
엔진온도 센서	엔진 냉각수온을 검출하는 서미스터로 수온에 따라 연료 분사량을 증감하는 역할을 한다.
람다센서	배기관 내의 산소량을 검출하여 공연비 피드백 제어를 수행한다.
점화 1차 신호	점화1차 신호에 따라 점화시기와 엔진 회전수를 검출한다.

6.1.5 모노-제트로닉 (Mono-jetronic)

모노 제트로닉은 SPI(single point injection)방식으로 스로틀밸브 부근에 인젝터 1개를 설치하여 각 실린더로 혼합기를 분배하는 방식이다. 분사된 연료는 기화기처럼 흡기관을 통하여 실린더에 흡입된다. 모노 제트로닉은 공기량 측정 방법으로 포텐시오미터 형식의 스로틀 위치센서를 사용하고 연소가 잘 되었는지의 여부를 산소센서 신호로 파악하여 연료량을 제어한다. TBI(throttle body injection) 엔진은 모노 제트로닉에 속하며 그림 6.6은 TBI의 시스템을 나타내고 공기입구 통로에 큰 인젝터가 1개가 장착되어 있고 삼원촉매와 증발가스 제어장치도 적용되었다.

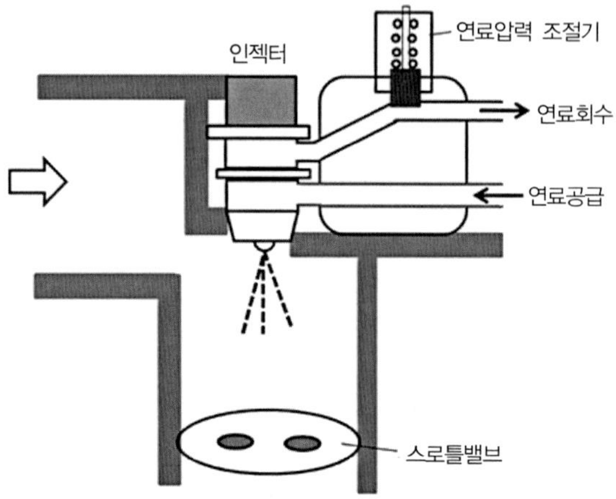

▌그림 6.6▐ Mono 제트로닉의 기본 시스템(TBI)

6.1.6 모트로닉 (Motronic, PID 제어)

제트로닉은 흡입 공기량을 측정하여 그에 적당한 양의 연료를 분사하고, 또한 점화시기를 결정하여 점화코일 모듈에서 1차코일을 직접 단속하여 원심식 혹은 진공식으로 점화시기를 제어하는 방식이었다. 반면에 모트로닉은 L제트로닉과 비슷하지만 점화장치와 연료분사 장치를 전자적으로 결합하여 제어함으로써 점화장치와 분사장치를 개별적으로 제어하는 제트로닉보다 효율성이 좋다. 전자적으로 점화시기를 제어하기 위해서는 1번 실린더의 위치와 엔진 회전수를 알아야 하므로 CAS(crank angle sensor)와 NO.1 TDC센서가 필요하게 되었다. L제트로닉에 CAS와 NO.1 TDC센서가 추가되면 모토로닉이 되며 모노 제트로닉에 모트로닉이 추가되면 모노 모트로닉이 된다. 모트로닉은 점화시기를 ECU로 제어하고 냉각수온 센서와 공기온도 센서의 신호를 이용하여 연료 분사량을 보정하기도 한다. 모트로닉은 4개의 실린더에 1개의 점화코일과 배전기를 사용하는 방법, 2개의 실린더에 1개의 점화코일을 사용하는 그룹 점화 무배전기 방법, 1개의 실린더에 1개의 점화코일을 사용하는 독립 점화 무배전기 방법으로 발전되었다. 모트로닉은 초기에는 L제트로닉에 전자식 점화시기만 추가된 시스템이었지만 엔진성능 향상과 배출가스 감소를 위하여 공회전 속도제어, 증발가스 제어, EGR제어 등이 추가되었다. 모트로닉 시스템의 분류는 모트로닉의 M 다음에 오는 영문에 따라 다양하게 분류된다. MA는 SPI엔진, ML은 AFM사용, MP는 맵센서 사용, ME는 ETC(electronic throttle control)사용, MED는 ETC와 DI를 사용하는 시스템이다.

M 모트로닉(M-motronic)

1979년, 보쉬는 사용되어 오던 연료분사 시스템과 점화 시스템을 하나로 통합했는데 이를 M모트로닉이라 하였다. 점화시기를 전자적으로 제어하고 그림 6.7(b)와 같은 매니폴드 분사시스템(PFI)으로 공기량의 제어는 스로틀밸브(throttle valve)를 사용하였다.

ME-모트로닉(ME-motonic)

가속페달(accelerator pedal)과 스로틀밸브(throttle valve)의 연결이 케이블로 연결되는 기계적이 아니고 페달(pedal)의 위치는 페달에 부착된 페달위치 센서(pedal travel sensor)로 감지하고 그림 6.7(a)의 전자스로틀 밸브(ETC, electric throttle valve control)를 사용하여 제어하는 방식으로 운전자의 페달 답력에 즉각 반응하지 않아서 나쁜 운전습관에 따른 연비효율 저하를 방지한다.

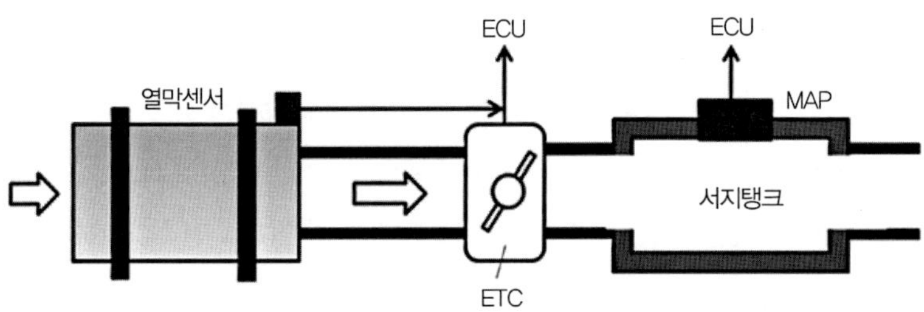

(a) 열막 센서, ETC

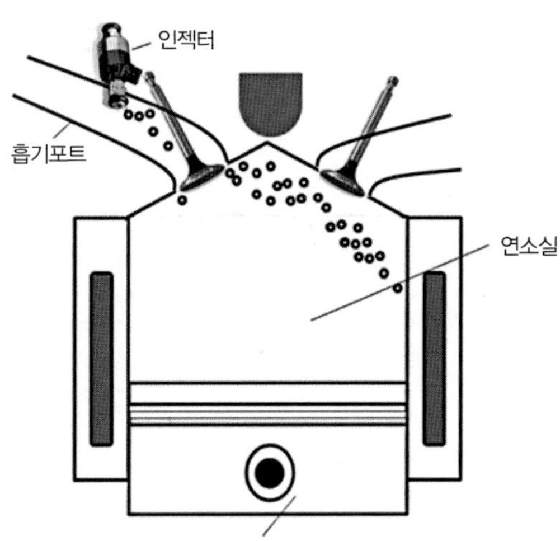

(b) 포트 인젝션

| 그림 6.7 | ME 모트로닉의 기본 시스템(Port Injection, PFI)

▶ MED 모트로닉(MED-motronic)

ME모토로닉 시스템에 분사방식으로 실린더 직접분사(direct Injection)를 적용한 것으로 그림 6.8은 MED-모트로닉의 기본 시스템을 나타낸다. ETC시스템, 고압펌프, 직분식의 인젝터를 적용하여 배기가스의 배출이 적다. 연료를 직접 연소실로 분사하여 초희박 연소를 실현하여 연비와 출력을 동시에 향상시키는 엔진이다. GDI는 가솔린 직분식(gasoline direct injection, FSI, fuel stratified injection)의 의미로 연료를 실린더에서 직접 분사하는 방식으로 MED 모토로닉 방식이다.

PFI 가솔린 엔진에서는 가솔린을 흡기포트 내에 분사를 하여 에어 클리너를 통과한 공기와 혼합되어 연소실 내에 공급이 된다. 압력이 낮은 흡기포트 내에 분무상태로 분사되기 때문에 응답성과 연료량 제어에 한계가 존재하여, 이의 해결을 위하여 직접 분사식 디젤기관과 같은 방식으로 가솔린 기관도 연료를 연소실 내에 직접 분사한다. 환경적인 측면에서 매연가스 감축으로 공기오염의 심각성 해소, 연비향상을 목적으로 개발되었다. PFI 가솔린 엔진에서는 한계가 있는 부분을 개선하고 고 정밀도의 연소제어를 통하여 최소의 연료로 최대의 출력을 얻으며 고속, 고부하 영역에서는 출력 향상, 저속, 중속, 부분부하 영역에서는 희박연소를 하여 연비를 저감시킨다. GDI 엔진이 성능향상과 연비를 향상시킬 수 있는 이유는 저부하 영역에서 발생하는 흡기행정 중의 펌핑손실을 저감시켜 희박과 초희박 상태에서도 연소가 가능하고, 그리고 연소온도도 낮아져 냉각손실이 줄어들기 때문이다. 실린더에서 직접 분사된 가솔린은 흡기와 함께 실린더 내부를 냉각시키는 기능도 있기 때문에 충전효율이 향상되고 이는 압축비를 높이는 효과와 같다. 즉 실린더 내 고압 직접분사와 성층연소 기술은 MED 모토로닉 방식의 핵심적인 기술이다.

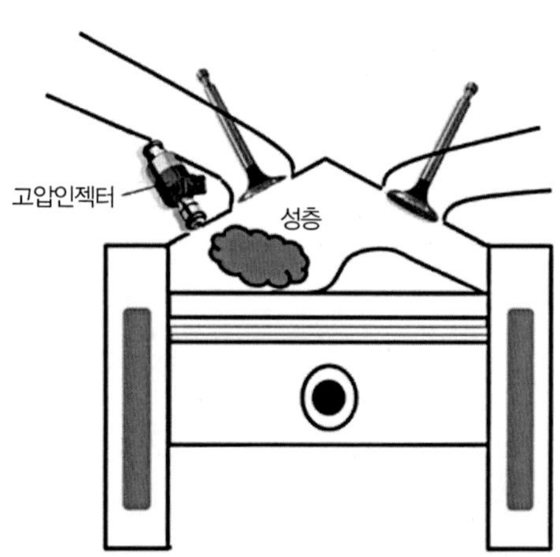

그림 6.8 MED 모트로닉의 Direct Injection

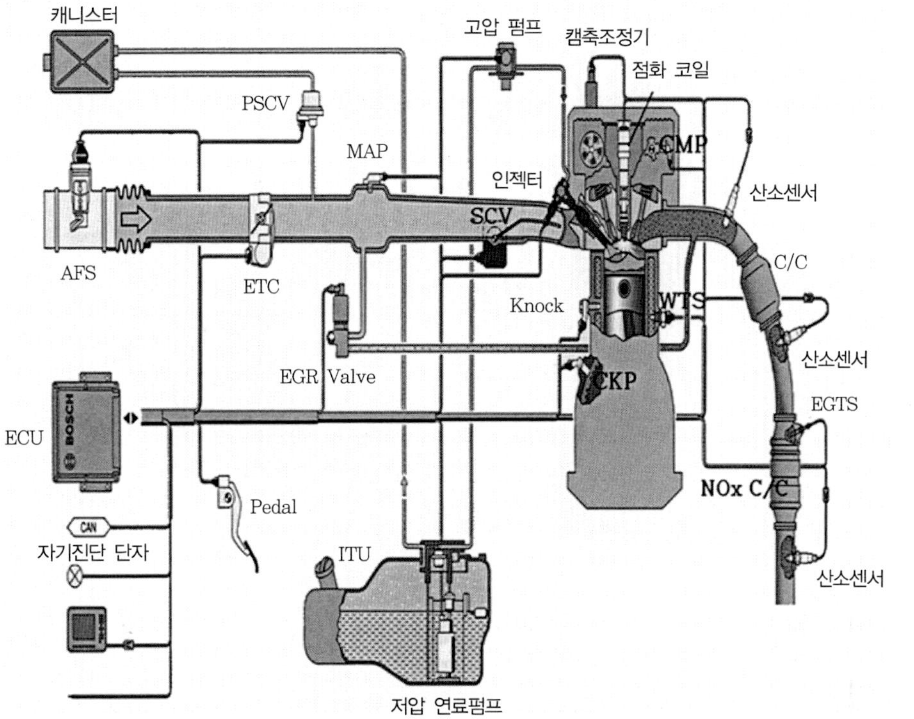

그림 6.9 보쉬 MED-motronic의 구성(PCSV : purge control solenoid valve, EGTS : exhaust gas temperature sensor, SCV : swirl control valve, AFS : air flow sensor, ITU : in tank unit)

6.1.7 가솔린 인젝터

인젝터는 연료를 분사하는 노즐이며 분사에는 압력이 필요하다. 그림 6.10은 인젝터의 구조를 나타낸다. 인젝터는 ECU의 신호에 의해 자화되는 솔레노이드 코일, 자화에 의해 열리는 플런저와 니들밸브로 구성되어 있다. 크랭크각 센서의 출력신호를 ECU가 감지하여 인젝터에 분사신호를 보내면 솔레노이드 코일은 자화되고 플런저와 일체형으로 되어 있는 니들밸브는 열려 연료가 분사하게 된다. 인젝터의 솔레노이드 자력이 전극을 들어 올리고 핀틀을 시트로부터 격리시켜 니들밸브를 개폐한다. 연료는 핀틀이 열려져 있는 동안 분사되며 전압공급이 차단되면 코일은 자력을 잃게 되며 스프링의 힘으로 핀틀은 노즐 막게 된다. 인젝터는 솔레노이드 코일과 커넥터를 갖는 하우징 셸(housing shell), 보디, 밸브시트와 마그네틱 보호관이 장착된 니들 어셈블리로 구성되어 있다. PFI 인젝터는 연료의 유입방향에 따라 하부 또는 측면에서 연료가 들어오는 하부 연료분사와 인젝터의 상부에서 연료가 들어오는 상부 연료분사가 있으며 2가지 모두 연료는 노즐 분사구를 통하여 분사된다. 분사구는 1개인 단공, 여러 개인 다공이 있고, 0.2~1 mm의 직경으로 분사속도는 100 m/s 이상이다. 인젝터는 연료의 압력과 분사되는 위치의 혼합

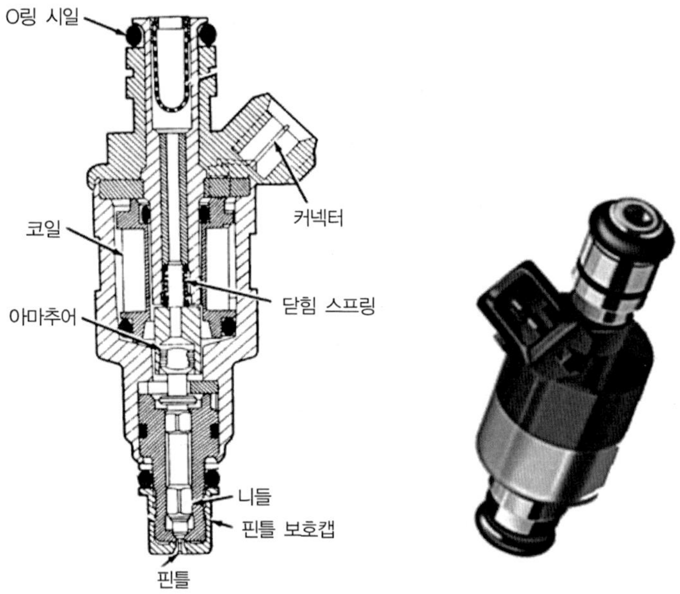

| 그림 6.10 | 인젝터 구조

기 압력과의 차이로 분사되기 때문에 연료의 압력이 필요하고 PFI 기관은 3.5 bar, GDI 기관은 200bar, CRDI 기관은 2000bar의 압력을 필요로 한다.

▶ 연료량 산정

인젝터는 연료의 양이 많고 적음에 관계없이 연료가 잘 분사되어야 한다. 니들밸브가 항상 열린 상태에서 연료를 분사하는 방법과 밸브가 열리고 닫히는 상태에서 연료를 분사하는 방법이 있다.

▶ 선형특성

가솔린 기관의 인젝터는 작은 구동 펄스폭에 해당하는 시간 만큼 선형적으로 연료를 분사한다. 인젝터에서 분사된 연료량은 구동 펄스폭에 비례하고 구동펄스가 가해지면 약간의 시간지연이 있은 후 구동되고, 구동펄스가 없어진 후에도 잠시 후 닫히므로 약간의 오차가 발생한다. 선형특성은 이상적인 상태와 실제 상태에서의 차이가 일정 편차 이내에 들어오는 특성을 가져야 한다.

▶ 열림시간과 닫힘시간

인젝터의 열림시간은 구동펄스가 가해진 후 니들밸브가 완전히 열리는 위치에 도달할 때까지 걸리는 시간을 의미하며, 닫힘시간은 구동 펄스가 제거된 후 니들밸브가 완전히 닫히는 시간을

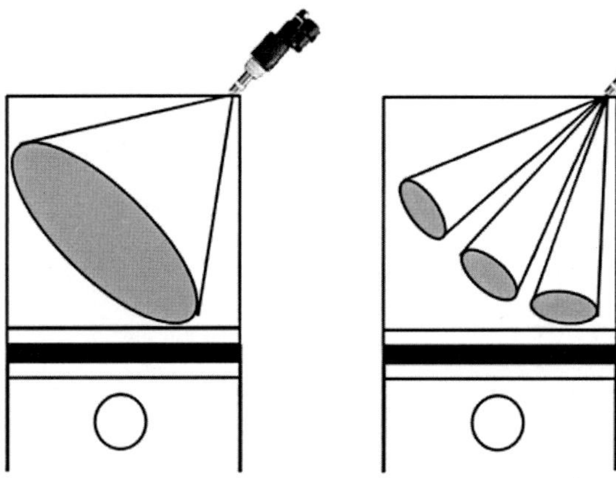

그림 6.11 분사에 의한 혼합기 냉각 (출처:마쯔다)

의미한다. 인젝터의 열림시간은 공회전시 1~3 ms 정도이며, 전압파형의 측정으로 열림시간을 측정할 수 있고 인젝터의 열림시간이 길면 연비가 나쁨을 의미한다.

연료분사시 발생하는 연료의 기화잠열은 연료를 냉각시키고 연료가 냉각되면 연소온도와 연소실 온도가 낮아져 노킹을 방지할 수 있어 기화잠열이 발생하는 모양으로 인젝터를 설계해야 한다. 일반적인 인젝터는 그림 6.11(a)처럼 하나의 부채꼴 모양으로 분사하지만 인젝터 설계를 잘하면 그림 6.11(b)처럼 6~7개의 부채꼴 모양으로 분사하는 멀티홀 인젝터를 만들 수 있고 이는 연소실을 냉각시켜 노킹을 방지할 수 있다. 연소실 온도를 낮추는 중요한 방법은 냉각 EGR을 적용하여 배기가스를 냉각시켜 연소실로 순환시키면 연소온도는 낮아지고 노킹이 방지된다.

6.2 증발가스 제어장치

가솔린에 포함되어 있는 증발(HC) 가스는 대기 중으로 배출되는 경우 법적인 규제를 받게 된다. 연료장치내 가솔린은 대기의 온도가 높아지면 증발하여 증발가스를 발생시키므로 만약 연료 시스템에 숨구멍도 없이 밀폐된 상태이면 연료탱크의 팽창, 연료압력의 증가와 같은 문제점이 나타난다. 이러한 문제를 해결하기 위해 연료탱크의 상단 면에는 롤오버 밸브(컨트롤 밸브)를 장착하고, 연료탱크 내에서 생성되는 증발가스는 롤오버 밸브 밸브를 통하여 캐니스터 활성탄에 흡착시키고 있다가 일정한 조건이 되면 엔진 연소실로 흡입시켜 증발가스를 제거해야 한다. 증발가스 제어장치는 연료탱크와 연료 계통에서 증발가스가 대기로 배출되는 것을 막는 시스템이다.

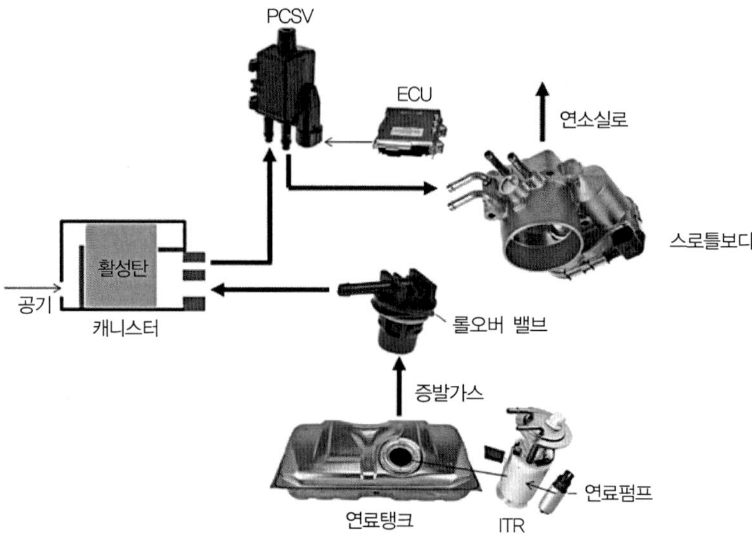

| 그림 6.12 | 전자식 증발가스 제어장치 구성도

그림 6.12는 증발가스 제어장치의 구성도를 나타낸다. 증발가스를 실린더로 보내는 밸브인 퍼지제어 솔레노이드 밸브(purge control solenoid valve), 캐니스터, 롤오버 밸브 등으로 구성된다. 퍼지제어 솔레노이드 밸브는 ECU에 의해 제어되는 PWM(pulse with modulation) 방식, 서지탱크 내의 부압으로 작동하는 방식, 그리고 ECU 온-오프 제어 형식이 있다. 이 밸브는 엔진의 냉각수온이 낮거나 공회전시에는 닫히고 정상 작동시에는 밸브가 열려 캐니스터에 저장되었던 증발가스는 서지탱크로 유입된다. PWM 방식은 밸브 열림을 원하는 양으로 제어할 수 있고, 부압방식은 형성되는 부압에 따라 제어되고, ECU 온-오프 제어는 열림, 아니면 닫힘으로 제어된다. ECU은 엔진이 정상 온도일 때와 공전시에는 PWM 신호를 보내어 PCSV 밸브를 열어 증발가스를 제거하여 연료장치의 안정성 문제를 해결한다.

캐니스터 내의 활성화된 숯은 증발가스를 흡착하고 흡착은 증발가스가 숯 입자의 외부에 달라붙는 것을 의미한다. 증발가스가 입자내부로 흡수되는 것은 아니며 엔진시동이 걸리면 신선한 공기가 캐니스터로 유입되어 공기는 증발가스와 혼합된다. 이 혼합기는 흡기 매니폴드로 퍼징(purging)된다. 공회전 상태에서는 증발가스는 캐니스터에 포집되고, 중속과 고속 상태에서는 신호에 의해 PCSV를 열어 포집되어 있던 증발가스를 실린더로 보낸다. 증발가스의 흐름은 다음과 같다.

➤ 연료탱크내 증발가스 → 컨트롤 밸브 → 캐니스터 → PCSV 밸브 →
서지탱크, 흡기 다기관 → 실린더에서 연소

2웨이 밸브

압력밸브와 진공밸브가 있으며 압력밸브는 연료탱크의 내부압력이 규정보다 높으면 개방되고, 진공밸브는 연료탱크 내에 진공이 있을 때 개방된다. 연료의 압력을 조절하고, 법규에 따라 증발가스 제어장치의 부착이 필요하지 않는 차량에서 연료탱크에서 대기로의 연료가 누출되는 것을 방지할 때 사용한다.

퍼지제어 솔레노이드 밸브

퍼지제어 솔레노이드 밸브는 흡기 다기관의 부압상태, 냉각수 온도 등의 조건에 따라 ECU에 의해 듀티 제어된다. ECU는 냉각수온 70℃ 이상, 부압, 산소센서 피드백 보정량을 감안하여 듀티 제어량을 계산한다. 듀티가 0%일 때는 밸브는 닫히고 100%일 때는 완전히 열린다. 공회전 상태에서 듀티량은 1~3% 정도이고 최대 제어량은 92%이다. 퍼지제어를 계속 수행하는 것은 아니고 캐니스터가 증발가스를 포집할 때는 작동을 중단한다.

활성탄 캐니스터(charcoal canister)

활성탄 캐니스터는 금속 패킹내에 금속망과 활성탄으로 만들어 진다. 활성탄의 증발가스 흡수중량이나 포집시간에 의하여 캐니스터의 규격이 정해지고 용량이 큰 캐니스터는 증발가스의 처리능력도 커서 연료 시스템이 안정된다.

증기 분리기(vapor separator)

캐니스터에는 증발가스인 기체만 연료탱크로부터 흡입되어야 한다. 증기 분리기는 액체 가솔린이 연료탱크에서 차콜 캐니스터로 들어가는 것을 막는 장치이다. 컨트롤 밸브, 롤오버 밸브, 롤오버 컨트롤 밸브도 같은 의미이다. 증기 분리기는 필터로 채워져 증발가스는 통과시키고 액

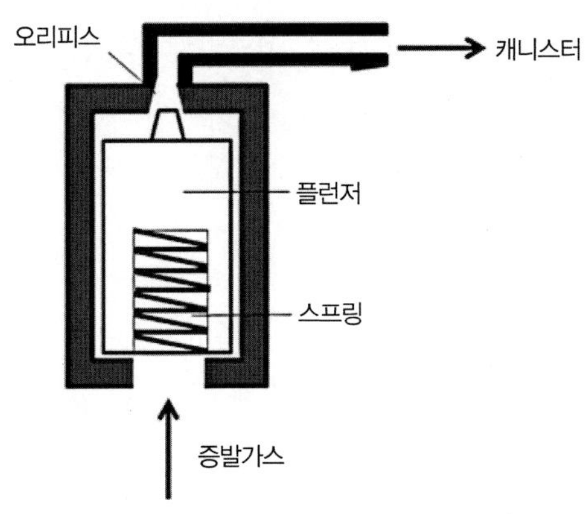

그림 6.13 증기 분리기의 구조

체 가솔린은 통과시키지 않는다. 연료탱크의 상부에 설치되며 액체가 유입되면 밸브 내의 플로팅이 상승하여 배출 구멍을 막는다. 여름철 연료탱크에 연료가 가득차면 연료의 온도는 상승하여 그 압력에 의해 캐니스터로 연료가 유출될 수 있다. 그림 6.13은 증기 분리기의 구조를 나타낸다.

6.3 배기가스 재순환 장치(EGR)

6.3.1 개요

자동차 배기가스 성분 중 NO_x는 광화학 스모그의 주 원인으로 CO, HC와 같이 규제가 강화되고 있다. NO_x는 연소온도의 상승과 함께 증가하고 CO와 HC는 불완전연소의 결과로 발생된다. 디젤기관에서 성층연소 과정에서 열손실이 없이 완전 연소를 할 때 도달하는 연소가스의 온도를 이론 연소온도라 한다. 그러나 연소 생성물은 연소가스 온도가 이론 연소온도를 벗어나 1,500℃ 이상으로 높아지면 연소 생성물 중의 안정분자인 CO_2와 H_2O의 일부는 각각 CO, O_2, H_2 및 OH로 분해하기 시작하는 열해리(thermal dissociation) 현상이 나타난다. 열해리에 의해서 연소실 온도는 높아지고, NO_x가 발생한다. 연소실의 최대 연소온도가 2,000~2,500℃에 도달하면 많은 NO_x가 생성된다. 불활성 기체인 배기가스의 일부를 흡기계통으로 재순환시켜 연소하면 연소실 온도는 낮아져 NO_x는 저감된다. 이러한 장치를 배기가스 재순환(EGR) 장치라고 한다. 엔진의 부하상태에 따라 실린더 체적의 5~20%의 배기가스를 흡기 매니폴드로 재순환하면 열용량이 증가하여 연소가스 온도는 낮아진다. 가솔린 기관에서는 부분부하에서 흡기 매니폴드에 진공이 걸리면 EGR 밸브가 열려 배기가스는 흡기 매니폴드로 들어간다. 스로틀밸브가 완전히 열리면 매니폴드 진공은 없어져 EGR 밸브는 닫히지만 이때는 고부하시로 연소속도가 빨라져서 NO_x는 생성되지 않는다. 자동차 배출물 법규가 강화되어 디젤엔진의 후처리 장치의 가격이 상승하면 디젤 자동차의 경쟁력은 떨어지고 가솔린 기관과 가솔린 하이브리드 차량의 경쟁력은 더 높아진다. 디젤엔진은 가솔린 엔진보다 배출물 기술이 열악한 상태여서 좀 더 발전된 EGR기술을 이용하여 후처리 장치를 없애는 것도 좋은 기술적인 방법이다.

① 가솔린 기관 : EGR장치는 PFI에서는 적용을 하지 않지만 GDI 기관, 하이브리드 전기자동차에서 효율을 높이기 위해 적용한다. 냉각수를 EGR 밸브로 순환시켜 배기가스를 냉각시키며, 압축비가 높은 가솔린 기관에서는 노킹방지를 위해 냉각 EGR(Cooled EGR)을 적용한다.

② 디젤 기관 : 디젤기관은 반드시 EGR 시스템을 사용한다. 터보차저에 의해 압축된 공기

를 냉각하는 중간 냉각기(intercooler)와 배기가스를 냉각하는 EGR 냉각기(cooler)를 사용한다. 그림 6.14(a)는 선형 EGR, 그림 6.14(b)는 진공 EGR, 그림 6.15는 전자식 EGR 밸브를 나타낸다.

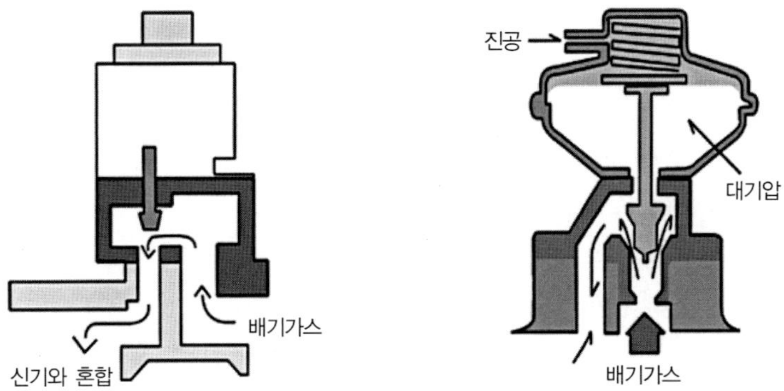

(a) LEGR (b) 진공 EGR

| 그림 6.14 | EGR 밸브

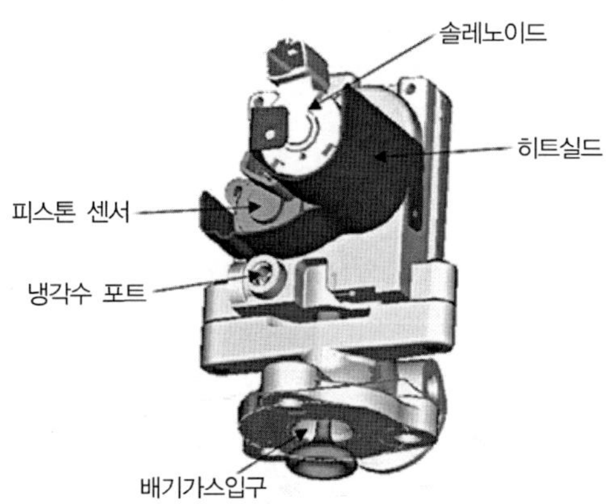

| 그림 6.15 | EEGR 밸브

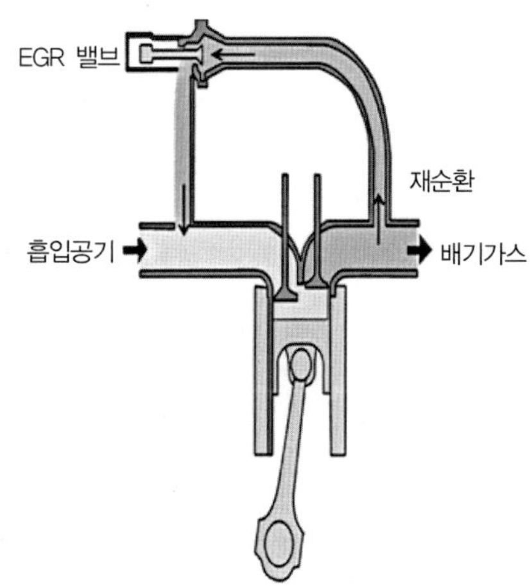

| 그림 6.16 | 이스즈의 가솔린 기관 외부 EGR

6.3.2 진공식 EGR

진공식 EGR은 매니폴드 부압으로 EGR 벨브를 작동시킨다. 흡기 매니폴드와 배기관이 파이프로 연결되어 있고 중간에 EGR 밸브가 설치된다. 운전상태에 따라 가장 적합한 제어조건에서 연소실 체적의 20%이내의 배기가스를 흡기계로 재순환시킨다. 배기가스가 흡기계로 재순환되는 EGR은 스로틀밸브의 상류 방향으로 재순환시키는 상류 EGR과 하류 방향으로 재순환시키는 하류 EGR이 있고 NO_x 저감을 위해서는 EGR율이 일정하게 되는 것이 바람직하다.

$$\text{EGR률} = \frac{\text{배기가스 재순환량}}{\text{흡입공기량} + \text{배기가스 재순환량}} \times 100\% \qquad (6.2)$$

6.3.3 선형 EGR (LEGR)

EGR 밸브가 0%, 25%, 50%, 75%,100%로 선형적으로 열리면 통과하는 배기가스의 양이 선형적으로 변하고, 펄스폭 변조(PWM, pulse with modulation) 방식으로 LEGR 밸브를 제어한다.

6.3.4 EGR의 제어방법

EGR 제어방법에는 내부 EGR과 외부 EGR 방식이 있다. 내부 EGR은 흡배기 밸브를 이용하여 제어하고, 외부 EGR은 EGR밸브를 사용한다.

① 가변밸브 타이밍(VVT) 제어 : 내부 EGR
② 진공식 EGR 밸브 : 부분 부하시 작동(외부 EGR)
③ 전자식 EGR 밸브 : 선형 EGR, 무단계 제어(외부 EGR)

내부 EGR은 VVT로 제어하고, 진공식 EGR은 흡기 매니폴드의 부압으로 제어하고, 전자식 EGR은 ECU에 의해 제어한다. 전자식 EGR은 무단계 제어를 하고 스로틀밸브와 연동하여 EGR량을 제어한다. EGR 설계시 다음의 사항을 고려해야 한다.

① 터보차저를 사용하여 혼합기의 압력을 높인다.
② 높은 연료압력으로 연료를 미립화하면 낮은 실린더 온도에서도 완전 연소할 수 있다.
③ 원활한 EGR 순환을 위해 흡기압력과 배기압력의 측정과 제어가 필요하다.
④ 대형 디젤의 경우 배기가스를 냉각시키기 위해서는 냉각 시스템의 성능이 좋아야 한다.

6.3.5 냉각 EGR (Cooled EGR, CEGR)

소형 디젤 자동차는 2014년 10월 시행되는 EURO VI 이후 배출물이 발생하지 않는 정도로 되었지만 대형 디젤 자동차는 아직 기술개발이 필요하다. 공기는 질소와 산소의 혼합물이고 질소는 온도가 높으면 산소와 결합하여 NO_x로 변한다. NO_x를 감소시키기 위해서는 연소실의 온도를 감소시켜야 한다. 1990년대에는 연소실의 온도를 감소시키는 방법으로 흡입공기를 중간 냉각기로 냉각시키거나 분사시기를 늦추었다. 2000년대에 들어서 NO_x + 비메탄 탄화수소(NMHC)의 규제가 2.5 g/bhp · h를 초과할 수 없는 법이 마련되자 공기를 냉각하는 중간 냉각기나 분사시기를 늦추어도 해결을 할 수 없었다. 이때부터 연소실의 온도를 감소시키기 위해서 냉각 EGR 기술(CEGR)이 등장하였다.

냉각 EGR은 재순환되는 배기가스의 온도가 900℃로 뜨거워, EGR 냉각기를 이용하여 온도를 150℃로 낮추어 흡기 매니폴드로 공급하는 것을 의미한다. 냉각된 배기가스는 흡입공기와 혼합되면 단위 질량당 산소분자가 적어지고, 혼합된 배기가스는 연소과정 동안 발생한 열을 흡수하여 연소온도를 감소시킨다. EGR적용 기관에서 배기가스 재순환으로 낮아지는 출력은 흡입공기의 양을 증가시켜 해결한다. 이를 위하여 터보차저가 사용되고 흡입공기는 압축이 되기 때문에 배기가스가 혼합되어도 엔진의 출력은 떨어지지 않는다. 따라서 EGR을 사용하는 기관의 마력이 사용하지 않는 기관과 동등하거나 높게 되고 NO_x는 50% 이상 저감된다.

(1) 디젤기관의 CEGR

질소산화물(NO_x)의 배출과 그을음이나 수용성 유기 물질(SOF) 등으로 이루어진 입자상 물질(PM)이 트레이드 오프(trade off) 관계에 있어 동시 저감이 어렵다. 디젤엔진은 연소실의 연료증기와 주변 공기의 혼합상태가 충분하면 연소온도가 고온이 되어 다량의 NO_x가 생성되고, 반대로 혼합이 불충분하면 국소적으로 연료가 농후해져 PM이 많이 생성된다. 디젤 자동차에서 배출되는 NO_x의 대부분은 NO이지만, 대기 중에서는 이산화질소(NO_2)로 변화한다. NO_2는 환경기준이 0.04~0.06 ppm로 매우 낮고 인체에 대한 유해성이 매우 강한 물질로 호흡기 질환, 자외선에 의해 광화학 스모그의 원인이 되는 물질이다. PM은 국소적인 대기 환경의 악화와 발암성 문제 등 인체에 악영향이 우려된다. NO_x와 PM 이외에도 유해 성분으로 일산화탄소(CO)와 탄화수소(HC)도 배출되지만 산화촉매(DOC)에 의한 감소가 쉽기 때문에 디젤 배출가스는 NO_x와 PM이 문제가 된다. 자동차용 촉매로는 이론 공연비로 가솔린을 연소하는 가솔린 엔진에 적용되는 삼원촉매가 가장 유명하다. 이 촉매는 높은 전환효율로 CO와 HC를 이산화탄소(CO_2)로 산화시키고 동시에 NO_x를 N_2와 H_2O로 환원할 수 있어 가솔린 엔진의 경우 배기가스 문제는 쉽게 해결할 수 있지만, 문제는 삼원촉매는 이론 공연비 부근에서 연소할 때 과잉 산소가 존재하지 않는 경우에만 유효하기 때문에, 디젤엔진과 같이 배기가스에 과잉 산소가 많은 산화 분위기에서는 배기가스의 온도가 낮아져 삼원촉매는 450℃로 활성화되지 않아 NO_x를 환원시키는 것이 불가능하다. 이것이 가솔린 엔진과 디젤엔진의 배기가스 처리의 차이점이다.

디젤엔진은 엄격해지는 배출물 규제에 대하여 후처리 장치를 추가 적용하면 차량의 가격이 높아진다. 비교적 후처리 장치를 적게 사용하여 해결하는 방법이 냉각 EGR량을 증가시키는 기술이다. 기존의 착화지연 시간을 길게 하거나 희박연소에 의한 스모그 저감 방법과는 다르게 대량의 EGR 적용은 연소온도를 대폭적으로 저감시키고 연소실 온도가 낮은 상태에서 미립화된 연료를 연소시키면 배출물은 발생하지 않는다.

CRDI 엔진은 가변 터보차저(VGT)를 사용하여 공기를 압축하고, EGR 냉각기로 배기가스 온도를 낮추고, 스월 컨트롤밸브(SCV, swirl control valve)를 사용하여 스월을 만들지만, 디젤엔진에 CEGR의 등장은 터보차저를 복잡하게 만들었다. EGR 유량을 제어하기 위해서는 압축기의 부스트 압력, 터빈의 압력, 터빈의 가변 유량제어가 필요해졌다. 터빈의 가변 유량제어는 진공이나 스텝모터를 사용하여 노즐 링을 움직여 터빈 블레이드 유량 통로면적을 변화시키면 가능하다. VGT는 터보래그 현상을 없애고 반응을 좀 더 빠르게 하기 위해 반드시 높은 부스트 압력이 필요하지만 이 때문에 배기 매니폴드의 배압은 높아지고 높아진 배압은 배기가스가 흡기 시스템으로 잘 들어가도록 도와주기도 한다.

또한 흡기관으로 들어가는 유량을 제어하기 위해서는 ECU에 의해 제어되는 전자 EGR 밸브가 필요하고, ECU는 엔진 회전수, 스로틀위치 센서, 매니폴드 진공센서(MAP), 냉각수온 센서의 신호를 받아 EGR 밸브를 제어한다.

대형 디젤인 경우 그림 6.17과 같은 EGR용 밸브 리프트를 이용하기도 하며, 외부 CEGR 시스템은 EGR 냉각기, 중간 냉각기, 배기계에는 NOx 흡장 환원촉매를 사용한다. 그림 6.19는 EGR량과 스모그 배출량을 나타낸다. EGR량이 증가하면 공연비는 감소하고, EGR을 증가하고 공연비를 저하시키면 스모그는 증가하지만, 무연 저온연소 영역에서는 의외로 스모그가 감소한다. 이처럼 대량의 EGR에서 스모그 배출량은 EGR의 증가에 따라 단순히 증가하는 것이 아니라, 공연비 22이하를 식점으로 반대의 특성을 갖는다.

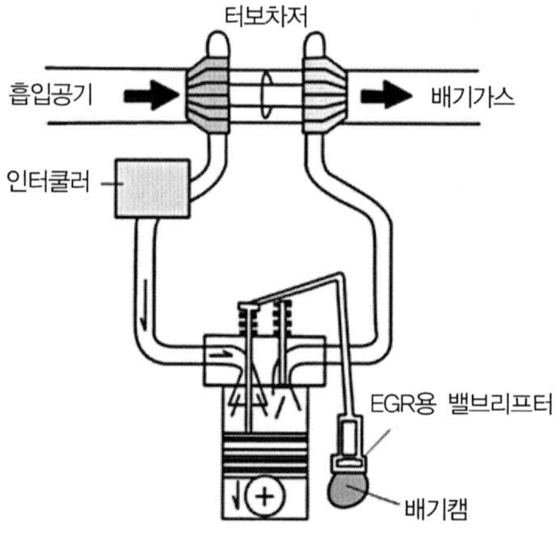

▎그림 6.17 ▎ 대형 디젤 EGR 시스템(출처: Hino)

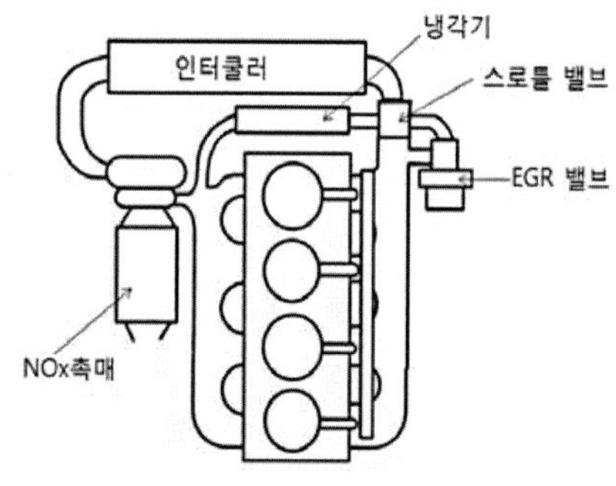

▎그림 6.18 ▎ 외부 CEGR 시스템

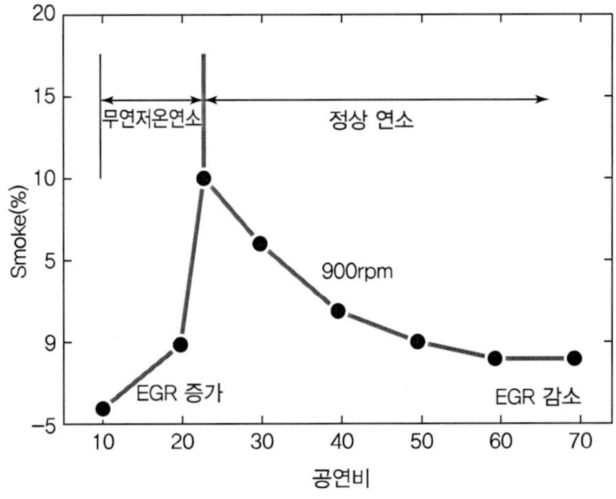

| 그림 6.19 | EGR량과 스모그 배출량(출처: 도요타)

(2) 가솔린 기관의 CEGR

가솔린 기관에서 진공식 EGR은 부분 부하시에만 작동하고 고부하시는 작동을 하지 않는다. EGR을 적용하면 부분 부하시에는 흡입 공기량이 감소하여 작은 배기량 엔진을 주행하는 것과 동등한 효과를 얻을 수 있고, 고부하시는 펌핑손실이 적어져 효율이 좋아진다. 이러한 이유로 가솔린 기관에서는 냉각 EGR 시스템의 적용이 늘어가고 있다. 외부 EGR을 장착한 가솔린 기관은 냉각기를 사용하지 않고 냉각수를 EGR 밸브로 순환시키거나 간단한 열교환 장치를 이용하여 냉각하기도 한다. 내부 EGR 시스템의 장점은 배기행정 말기에서 배기밸브가 배기가스(HC)를 트랩하여 그대로 혼합기와 같이 연소시킬 수 있는 것이다. 따라서 외부 EGR 시스템과 비교하여 HC 저감효과가 크다. 외부 EGR은 냉각기를 통과시켜 배기가스 온도를 낮출 수 있지만 내부 EGR은 온도를 낮출 수 없다. 배기가스 냉각은 가솔린 기관보다 NO_x가 많이 발생하는 디젤기관에서는 중요하다. 가솔린 기관의 대량의 EGR은 점화가 어렵고 연소가 불안정하여 연소 제어가 어려워 아직 실용화는 되지 않고 있다.

가솔린 기관의 CEGR은 스로틀밸브가 만드는 펌핑손실과 노킹에 의한 효율저감의 문제를 해결하기 위해 적용한다. 엔진노킹을 감소시키기 위하여 배기가스 온도를 700℃에서 90~150℃까지 낮춘다. 노킹과 연소가스 온도를 감소시키면 열응력에 의한 크랙이 많이 발생하는 터빈의 재료 선정이 쉽고 엔진 다운사이징시 설계가 쉬운 장점이 있다. 따라서 가솔린 기관도 압축비를 15까지 올릴 수 있어 효율이 좋아진다. 그림 6.20은 EGR률과 터빈을 들어가기 전 배기가스 온도를 나타낸다. EGR률이 증가하면 배기가스 온도는 전체 회전수 영역에서 감소함을 알 수 있다. 그리고 EGR량이 증가하면 모든 회전수 영역에서 배기가스의 온도는 낮아진다.

2,000rpm(1)은 14 bar 제동 평균유효압력(bmep)일 때이고, 2,000 rpm(2)는 18 bar bmep일 때이다. 그림 6.21은 1단 냉각 EGR 시스템을 나타낸다.

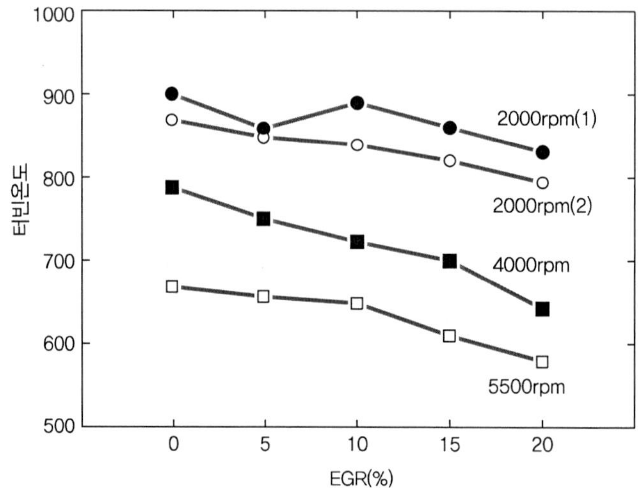

그림 6.20 1,600 cc GDI EGR

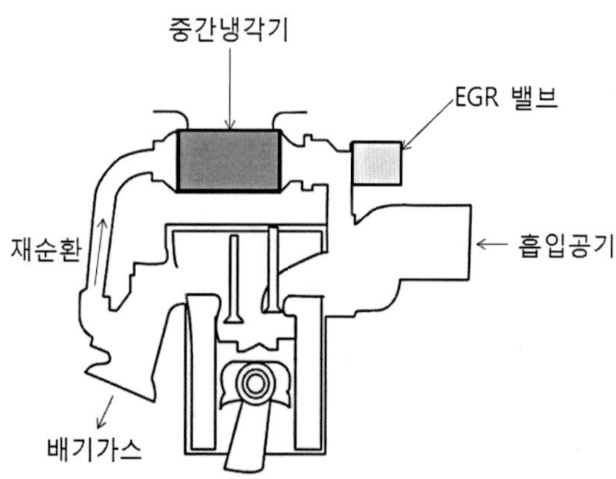

그림 6.21 1단 Cooled EGR

6.3.6 하이브리드 EGR 시스템 (Hybrid EGR)

CRDI 엔진에서 후처리 기술과 냉각 EGR 기술은 중요한 기술이다. 부스트 압력을 높게 만들면 EGR 순환이 좋아져 배기가스의 유량이 증대되고 압력을 높게 하려면 2단의 하이브리드 EGR이 필요하다. 이를 이용하면 터보차저의 펌핑손실이 감소되어 효율이 좋아지고 대량 EGR의 사용이 가능하여 후처리 장치를 제거할 수 있다. 대형 디젤의 경우는 NO_x 발생이 많아서 부분부하, 고부하 등 모든 영역에서 2단 냉각 EGR을 적용해야 한다. 그림 6.22는 2단(hybrid) 냉각 EGR 시스템을 나타낸다. 그림에서 2단 냉각 EGR은 배기가스는 터빈을 돌리고 터빈은 압축기로 연결되어 있다. 압축기는 믹서를 통해 나오는 혼합기와 저압 냉각기에서 공급되는 EGR을 압축하여 중간 냉각기로 보낸 후, 스로틀밸브를 거쳐 실린더로 들어간다. 2단 EGR은 1단 EGR에 저압 EGR 밸브, 저압 냉각기, 배기 스로틀밸브, 믹서 등이 추가된다. 2단 EGR은 배기가스를 취득하는 지점이 터빈 전의 고압부분과 터빈 후인 저압부분의 2곳에서 취득하여 고저압 냉각기, 고저압 EGR 밸브, 스로틀밸브를 거쳐 실린더로 공급된다.

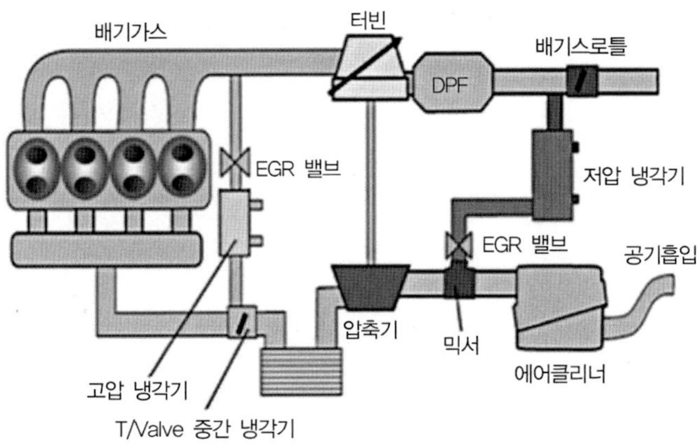

| 그림 6.22 | 2단(hybrid) cooled EGR (출처 : Borgwarner)

(1) 고압루프

고압루프는 배기가스가 터빈 전에서 EGR 밸브, 고압 냉각기, 스로틀밸브에서 들어오는 2단 압축 혼합기와 만난다. 고압루프는 터빈과 압축기 사이의 압력차이가 커서 이 압력 차이로 저압루프보다 많은 배기가스가 실린더로 들어간다. 고압루프는 정속주행과 같은 부하가 적게 걸리는 운전조건에서 사용한다.

(2) 저압루프

저압루프는 EGR 밸브 전후의 압력의 차이가 적고 흡입공기가 압축기를 통과하면 압력이 높아져 배기가스는 흡기장치 쪽으로 가지 못한다. 저압루프는 시스템의 유로가 길어 적은 양의 배기가스가 취득되어 응답성이 떨어지는 단점이 있어 이를 개선하기 위하여 고압루프와 같이 사용한다. 저압 루프는 시내주행과 같은 부하가 많이 걸리는 조건에서 사용하고 저압루프와 고압루프의 EGR량에 따라 연비상승도 가능하다.

EURO IV에서는 CO_2를 증가시키지 않는 양인 15~18%를 재순환시키는데, EGR량을 무조건

증가시키면 연소의 불안정성과 엔진의 내구성에 문제가 발생한다. NO_x를 저감시키는 기술은 다음과 같다.

- EGR 냉각기를 적용하고 EGR량 증대기술
- 연료를 고압으로 하는 기술
- 가변유량을 적용시킨 터보차저 기술
- 센서기술을 사용한 연소제어 기술

6.3.7 전용 실린더 EGR (Dedicated EGR)

미국의 SwRI에서 개발한 전용 실린더(Dedicated) EGR 시스템은 3개의 실린더와 1개의 실린더를 따로 분리하여 다른 배기 매니폴드를 만들고 3개의 실린더는 이론 공연비 연소후 연소가스를 배기시키고, 1개의 실린더는 농후 공연비 연소를 시켜 배기가스 내의 CO와 HC를 CO와 H_2로 개질시켜 노킹을 억제하는 새로운 제어개념이다. 농후 공연비 연소를 하는 1개의 실린더의 배기가스는 전량 흡기장치로 재순환시킨다. EGR량은 25%이상이며 기존의 EGR 효과인 펌핑손실의 감소, 냉각손실의 감소, 수소의 노킹 억제효과로 10%의 연비향상과 배출물을 감소시킨다. 이 엔진은 2018년경, PSA 푸조 시트로엥에 의해 상용화될 전망이다.

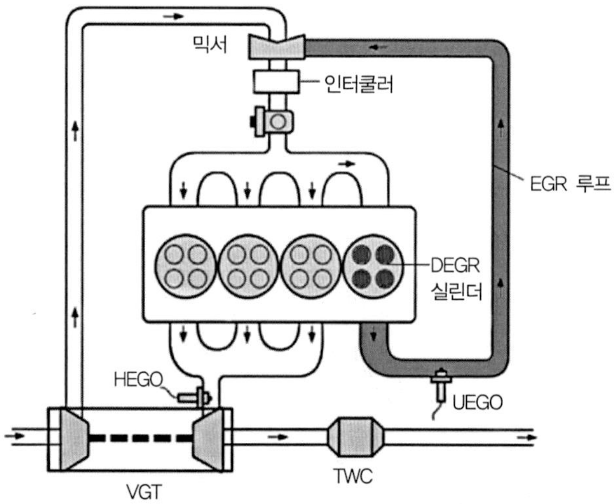

| 그림 6.23 | DEGR의 구조(출처: SWRI)

▶ UEGO 센서(전영역 공연비 산소센서, universal air fuel ratio heated exhaust gas oxygen sensor)

전영역 공연비 제어를 실현하기 위하여 지르코니아 등을 주성분으로 하는 고체 전해질의 양면에 전극을 갖춘 2개의 셀을 중공의 측정실을 통해 적층하고, 측정실에 배기가스를 도입하여 배기가스 중의 산소농도를 검출하는 전영역 공연비 센서를 사용한다. 광역 산소센서, 공연비 센서라고도 한다.

▶ HEGO 센서(가열형 배기가스 산소센서, heated exhaust gas oxygen sensor)

산소센서, 상류 HEGO 센서, 하류 HEGO 센서 등은 활성화를 위하여 가열한 후 산소농도를 측정, 촉매의 전환효율 모니터링에 사용한다.

6.4 크랭크 케이스 배출가스 제어장치

크랭크 케이스내 블로바이 가스(blowby gas, HC)를 대기 중으로 방출되는 것을 방지하기 위하여 블로바이 가스를 서지탱크로 재순환하여 연소시킨다. 미연소 가스인 HC가스를 재순환시켜 연소시키므로 배출가스를 정화할 수 있고 블로바이 가스에 의한 엔진 내부부식, 엔진오일의 열화(슬러지)를 방지할 수 있다. 엔진과 서지탱크 사이에는 PCV(positive crankcase ventilation valve)밸브가 부착되어 있어 흡기 매니폴드의 부압에 따라 블로바이 가스의 유량을 조절한다. 그림 6.24는 크랭크케이스 배출가스 제어장치의 구성도를 나타내며 PCV 밸브의 구조와 매니폴드 부압 관계를 그림 6.25에 나타내었다. 흡기 매니폴드 측에 진공이 없으면 통로는 막히고, 약한 진공이 걸릴 때 가장 통로가 크게 열리고, 강한 진공이 걸리면 통로는 작게 열린다.

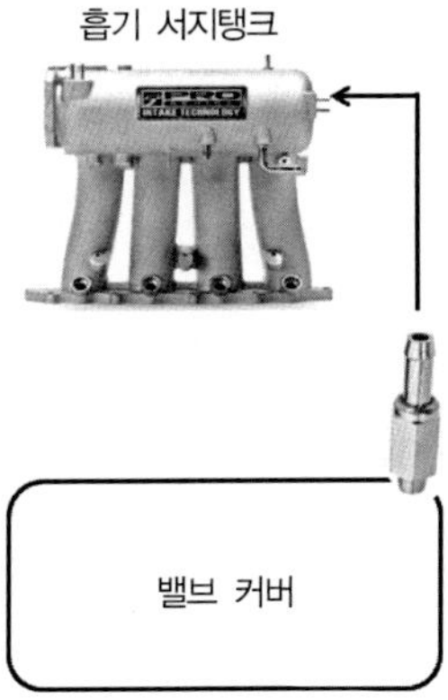

Ⅰ그림 6.24Ⅰ 크랭크 케이스 배출가스 장치 구성도

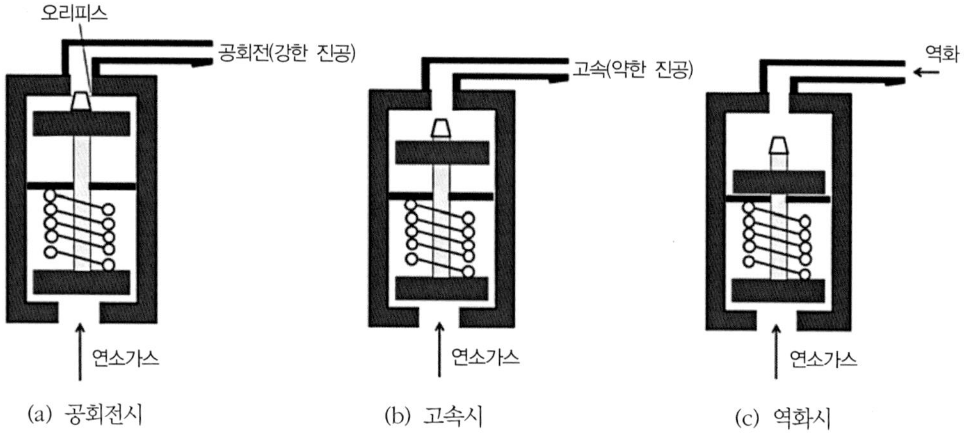

| 그림 6.25 | 그림 PCV 밸브의 작동 원리(www.agcoauto.com)

[연습문제]

6.1 다음 중 공기량을 직접 측정하는 기계식 분사방식으로 기관이 작동하는 동안 분사가 연속적으로 이루어지는 시스템은?

㉮ K-jetronic　　㉯ D-jetronic

㉰ L-jetronic　　㉱ LH-jetronic

해설 K-jetronic : 기계식, 연속분사
D-jetronic, L-jetronic : 전자식, 정기분사

6.2 가솔린 기관의 인젝터에 대한 설명 중 틀린 것은?

㉮ 인젝터의 분사신호는 ECU 제어에 따라 이루어진다.

㉯ 인젝터는 연료펌프의 압력이 일정 이상이 될 때 연료가 분사된다.

㉰ 인젝터는 연료펌프의 압력과는 무관하다

㉱ 저항방식의 인젝터는 레지스터를 사용하고 전압 제어식이다.

해설 연료압력이 일정 이상 걸려야 한다.

6.3 가솔린 기관에서 기관 회전속도와 점화시기의 관계는?

㉮ 회전수 증가에 따라 진각을 크게 한다.

㉯ 회전수 증가에 따라 진각을 작게 한다.

㉰ 회전수에 관계가 없다.

㉱ 회전수 증가에 따라 지각을 크게 한다.

해설 제한된 크랭크 각도에서 연소를 마치기 위해 회전수 증가에 따라 진각을 크게 한다.

6.4 다음 중 기관을 과급하는 주된 목적으로 맞는 것은?

㉮ 압축 초기압력이 높아 착화지연 기간을 길게 하기 위해서

㉯ 기관 회전수를 높이기 위해서

㉰ 연료 소비량을 많게 하기 위해서

㉱ 흡입공기의 밀도를 증가시켜 출력을 증가시키기 위해서

해설 과급은 배기계에 터빈을 부착하여 공기량을 증가시킨다. NA 엔진 흡입공기 압력 20kPa, 터보 흡입공기 압력 20~250kPa이다.

정답 6.1 ㉮　6.2 ㉰　6.3 ㉮　6.4 ㉱

6.5 배기가스중 질소산화물의 생성에 가장 큰 영향을 미치는 인자는?

㉮ 불완전 연소 ㉯ 소염 경계층

㉰ 연소온도 ㉱ 희박연소

해설 연소실 내의 온도가 2500K이면 NO_x 발생이 많아진다.

6.6 가솔린 기관의 연소실이 고온, 고압일 때 공기 중의 질소와 공기의 산화로 발생하는 가스로 눈을 자극하며 광화학 스모그의 원인이 되는 것은?

㉮ NO_x ㉯ CO ㉰ HC ㉱ CO_2

해설 NO_x는 스모그의 원인 물질이다.

6.7 엔진의 크랭크 케이스 내의 블로우바이 가스를 환기시키는 하는 이유는?

㉮ 오일의 열화방지 ㉯ 이산화탄소 제거

㉰ 오일 슬러지 제거 ㉱ 산소공급

해설 엔진이 작동할 때 크랭크 케이스에는 블로우바이 가스에 의해 어느 정도의 연소가스와 혼합기가 유입되므로 오일에 희석되거나 변질되어 오일 슬러지를 생성한다.

6.8 배기가스 재순환 장치의 주된 적용 목적은?

㉮ 스모그의 저감 ㉯ HC의 감소 ㉰ NO_x의 저감 ㉱ CO의 감소

해설 배기가스 재순환 장치(EGR)는 NO_x 저감이 가장 큰 목적이다.

6.9 다음 중 공회전 속도 제어장치가 아닌 것은?

㉮ ISA ㉯ ISC servo ㉰ EGR ㉱ ETC

해설 EGR은 배기가스 재순환 장치이다.

6.10 EGR 제어장치에 대한 설명으로 틀린 것은?

㉮ 배압제어 ㉯ 배기가스 감소

㉰ 배기가스를 흡기장치로 재순환 ㉱ 내외부 EGR로 제어

해설 EGR 제어장치의 주목적은 배기가스 감소이다.

6.11 EVAP 제어장치에 대한 부품이 아닌 것은?

㉮ 캐니스터 ㉯ PC(crankcase)V

㉰ 컨트롤 밸브 ㉱ PCSV

해설 EVAP 제어장치는 증발가스 제어장치이다. PCSV-purge control solenoid valve

정답 6.5 ㉰ 6.6 ㉮ 6.7 ㉮ 6.8 ㉰ 6.9 ㉰ 6.10 ㉮ 6.11 ㉯

6.12 EGR의 종류를 나열한 것이다. 틀린 것은?

㉮ LEGR ㉯ DEGR

㉰ CEGR ㉱ GEGR

해설 LEGR-linear EGR, HEGR-hybrid EGR, CEGR-cooled EGR, DEGR- dedicated EGR,

6.13 EURO V에 적용된 기술이 아닌 것은?

㉮ PCV 적용 ㉯ Cooled EGR 적용

㉰ VGT 적용 ㉱ 가변스월 시스템 적용

해설 PCV-positive crankcase control valve

6.14 다음 LEGR 밸브의 제어 방법으로 가장 많이 쓰이는 방법은?

㉮ PWM control ㉯ P control

㉰ PI control ㉱ PID control

해설 PWM-pluse width modulation, P control(비례 제어), PI control(비례적분제어)

6.15 다음 중 EGR 장치의 목적이 아닌 것은?

㉮ SI기관-냉각손실 감소 ㉯ CI기관-후처리 장치 제거

㉰ NO_x 감소 ㉱ CO, HC 감소

해설 EGR은 NO_x 감소, 가솔린 기관은 냉각손실 감소, 디젤 기관은 후처리 장치를 없애기 위하여 적용한다. CO, HC는 삼원촉매가 제거한다.

6.16 배기가스 재순환 장치를 사용하면 출력이 떨어진다. 이를 보완하는 기술은?

㉮ Boosting ㉯ VVT

㉰ HEGO ㉱ LAF

해설 Boosting 기술 - 과급(최대 240kPa)
VVT - 가변밸브 타이밍
HEGO - heated exhaust gas oxygen
LAF - lean air fuel

6.17 엔진의 제어 종류가 아닌 것은?

㉮ 증발가스 제어 ㉯ EGR 제어

㉰ 노킹제어 ㉱ 스퀴시 제어

해설 엔진제어의 종류에는 증발가스 제어, EGR제어, 노킹제어, 점화시기 제어, 연료보정 제어, 공회전속도 제어 등이 있다. 스퀴시는 디젤기관에서 발생하는 와류유동이다.

정답 6.12 ㉱ 6.13 ㉮ 6.14 ㉮ 6.15 ㉱ 6.16 ㉮ 6.17 ㉱

6.18 고회전시 점화시기를 진각으로 제어하는 이유로 타당한 것은?

㉮ 디토네이션 발생 ㉯ 텀블유동 유도

㉰ 노킹방지 ㉱ 핑(ping)발생 유도

해설 점화시기를 진각으로 제어하지 않으면 노킹이 발생한다. Ping은 노킹과 같은 의미이다.

6.19 다음 중 연결이 틀린 것은?

㉮ mono-jetronic : TBI

㉯ DI-motronic : GDI

㉰ ME—motronic : PFI

㉱ D-jetronic : hot wire

해설 D-jetronic은 MAP센서를 사용하고 hot wire는 L-jetronic이다.

6.20 가솔린 기관의 유해 배기가스 저감에 사용되는 차콜 캐니스터의 주 기능은 무엇인가?

㉮ 연료 증발가스의 흡착과 저장

㉯ 질소산화물의 정화

㉰ 일산화탄소의 정화

㉱ PM의 정화

해설 캐니스터는 HC 가스를 흡착한다.

6.21 전자제어 가솔린 기관에서 EGR 제어장치에 대한 설명으로 맞는 것은?

㉮ 배기가스 중 CO와 HC를 저감하기 위하여 사용한다.

㉯ 디젤기관에는 사용하지 않는다.

㉰ 공회전, 급가속시에는 EGR을 차단하여 출력을 향상시킨다.

㉱ 초기 시동시 불완전 연소를 억제하기 위하여 작동한다.

해설 EGR은 최고 연소온도(2500℃)를 낮추어 NO_x 배출을 줄이는 것이다. 시동시, 공회전시, 가속시, 냉간시, 고부하시에는 작동을 하지 않고 중저부하, 온간시에만 작동한다.

6.22 가솔린 기관에 비교하여 디젤기관의 배출물이 문제가 되는 이유가 아닌 것은?

㉮ 압축비가 높아서 ㉯ 배가가스내 산소성분이 적어서

㉰ 연소실 온도가 높아서 ㉱ 삼원촉매가 작동되지 않아서

해설 디젤기관은 압축비가 높아 연소온도가 높고 배기가스 온도가 낮아서(산소성분이 많음) 촉매의 활성화가 잘 되지 않는다.

정답 6.18 ㉰ 6.19 ㉱ 6.20 ㉮ 6.21 ㉰ 6.22 ㉯

[주관식]

1. 캬브레다 엔진에서부터 MED-모토로닉까지 전자제어 가솔린 엔진의 발전 역사를 알아보자.

2. 실린더 유동인 스월, 텀블, 스퀴시 유동에 대하여 알아보자.

3. 증발가스 제어장치의 원리에 대하여 설명해보자.

4. EGR 시스템의 원리를 설명해 보고 특히 내부 EGR 시스템과 외부 EGR 시스템의 차이점을 알아보자.

5. 크랭크 케이스 블로바이가스 배출장치에 대하여 설명해 보자.

디젤기관

CHAPTER 07

7.1 개 요

1867년 루돌프 디젤이 디젤기관을 발명한 후 벤츠에 의해 1924년 디젤 트럭, 1936년 디젤 승용차가 개발되었고, 1973년, 1979년 오일 쇼크가 발생하여 본격적인 디젤 승용차의 보급이 세계적으로 시작되었고, 1997년 PM, NO_x 규제가 강화되면서 보쉬가 승용차용 커먼레일을 개발하였다. 현재는 제 3, 4세대 커먼레일이 EURO VI 규제에 맞추어 개발이 완료되어 있다. 유럽에서 보급이 확산된 최신의 디젤 승용차는 기술혁신과 연료 품질향상에 따라 대폭적인 성능 향상과 배출가스 클린화가 진행되고 있어 디젤 자동차의 이미지인 흑연의 배출은 이제 사라지고 있다. 디젤기관은 그 원리에서 가솔린 기관과 비교하여 연비가 좋고, 출력이 높고 CO_2 배출량도 약 20% 적은 특성이 있으며 유럽은 디젤 자동차의 비율이 약 50% 이상이다. 연료분사, 후처리를 비롯한 디젤엔진 관리시스템이나 부품의 개발이 계속되고 있으며, 이러한 시스템 개발은 환경성능이 뛰어난 클린디젤을 실현하고 있다. 디젤기관은 흡입행정 동안 공기만을 흡입하고 이것을 압축하여 고온, 고압으로 만들고 여기에 연료를 분사시켜 자기착화시키는 엔진이다. 따라서 디젤기관은 압축비와 연소압력이 가솔린 기관에 비하여 2배 이상 높으며, 높은 연소압력 때문에 소음과 진동이 심하고 연소실 온도도 높아 NO_x의 배출도 많다.

7.2 연소실의 종류

디젤기관은 공기만 흡입한 상태에서 압축하여 연료를 분사하여 연소시키므로 공기와 연료의 혼합상태는 불균일 혼합이다. 양호한 혼합상태를 얻기 위하여 여러가지 형상의 연소실이 적용된다. 디젤 연소실을 분류하면 직접 분사식(DI)과 간접 분사식(IDI)인 부실식이 있고 연료와 공기의 혼합방법이 다르다. 간접 분사식의 분사압력은 400~500 bar이고, 분사펌프로 압력을 발생시켜 압력이 높아지면 인젝터 노즐을 통하여 부실에 연료를 분사시켜 엔진 회전속도에 의존하므로 분사 자유도가 없다. 직접 분사식은 최소 1,000 bar 이상의 압력으로 실린더 캐비티에 인젝터의 다공 홀을 통하여 연료가 분사되고, 대부분 커먼레일 직접분사식이다. CRDI엔진은 압축연료를 만들어, 커먼레일에 저장한 후, ECU 제어에 의해 다공 홀로 구성되는 인젝터를 통하여 분사된다. 디젤기관은 높은 압축비로 인하여 간극체적이 거의 없어 피스톤에 캐비티를 만들어 연소실로 사용하면 직접 분사식이 되고, 와류식실, 예연소실과 같은 부실을 만들어 사용하면 간접 분사식이다. IDI 엔진은 주, 부실 사이의 통로에 의한 교축손실과 와류실 벽면을 통한 열손실 때문에 CRDI 엔진에 비해 15% 정도 연비가 떨어진다. 디젤엔진은 불균일 연소이므로

CO, HC는 문제가 되지 않지만, CRDI 엔진은 분무의 관통력이 강하고 연료의 벽면부착이 많으므로 IDI 엔진보다 HC는 늘어난다. NO_x는 실린더내 압력 상승률이 높은 CRDI 엔진이 IDI 엔진보다 더 많고, 스모그는 연료의 불완전 연소로 인하여 IDI 엔진이 CRDI 엔진보다 많다.

7.2.1 간접 분사식 (Indirect Injection, IDI)

엔진의 회전수가 빠르면 혼합기의 혼합시간과 연소시간이 짧아져야 하기 때문에 강한 공기의 소용돌이가 필요하다. 간접 분사식은 주실에서는 만들 수 없는 공기 와류를 만들기 위하여 주실과는 별도로 부실(divided chamber)을 설치하는데 종류에는 와류실, 예연소실식, 공기실식이 있다. 압축행정중 피스톤이 상승하면 부실 내에는 공기유동이 발생하고 압축말기에 부실에서 연료가 분사된다. 연료압력은 500 bar이하, 연소는 불균일 연소의 일종인 확산연소이다.

▶ 예연소실

부실인 예연소실의 체적은 주실의 30~40%이며 예연소실과 주실을 작은 구멍인 분공, 분구로 연결한다. 예연소실 체적과 주실 체적의 비를 용적비라고 하고, 연결 구멍의 면적은 피스톤 면적의 0.4~0.6%이고, 예연소실의 압력이 높아지면 연료는 분사되지만 예연소실에서는 공기 부족으로 전체 연료는 연소되지 못한다. 혼합기는 100~300 m/s의 속도로 분공을 통하여 분무되고 연료입자는 5~15 μm의 연료 증기로 되어 주실의 중앙부에서 자기착화한다. 예연소실식에서는 분사연료와 적은 양의 공기는 충돌하지 않으면서 분공 근처에 모이게 되고, 예연소실에 분사된 연료의 일부는 먼저 연소되고, 그것에 의해 생긴 압력차에 의해 미연소 부분을 주실로 분출시켜 분출력에 의해 공기와 혼합된 후 나머지를 연소한다. 연료의 선택 범위가 넓고, 엔진 회전속도의 변화에 따라 분사시기를 조절할 필요가 없다.

▶ 와류실식(swirl chamber)

1931년, 리카르도(Ricardo)가 개발한 것으로 와류는 구형 모양의 와류실에서 생성하고, 와류실과 주실의 크기가 비슷하여 용적비는 50% 정도이다. 주실과 와류실을 접선방향으로 포트로 연결하고 포트의 면적은 피스톤 면적의 0.9%이다.

피스톤이 상승하면 와류실에는 강한 와류가 발생하고, 예연소실과 마찬가지로 공기 부족으로 부실에서는 연소가 발생하지 않고, 연료증기는 구멍을 통하여 주실로 분출된다.

압축행정 중에는 와류실로 공기를 넣어 와류실의 중심부에는 강제 소용돌이, 원주부에는 자연 소용돌이가 발생된다. 연료분사는 와류실에서 소용돌이의 중심이 생성될 때, 중심부가 아닌 원주부를 향하여 분사하여, 원주부는 고온의 화염과 기연가스로 밀도가 낮기 때문에 연소는 중심방향으로 이동한다. 저온의 공기는 역방향인 원주방향으로 이동하는 데 이러한 현상을 열혼합 효과라고 하고, 고온의 가스가 소용돌이 효과로 중심부에 갇히는 현상을 열핀치(pinch) 효과라 한다. 고온의 기연가스와 저온의 흡입공기가 열혼합 효과로 혼합된다. 이 방식은 분사압력이 높으면 좋지 않고 벽면에 연료가 충돌하면 그을음이 생긴다. 연소 후반에는 열혼합 효과가 없어져 예연소실과 같은 모양이 된다. 그림 7.2는 예연소실과 와류식실을 나타낸다.

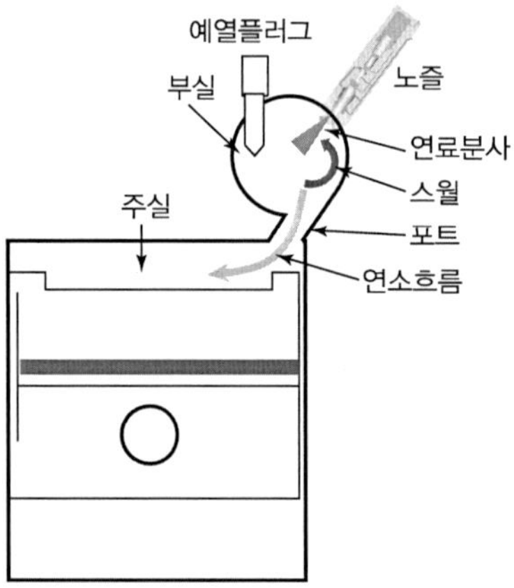

|그림 7.1| 와류실식

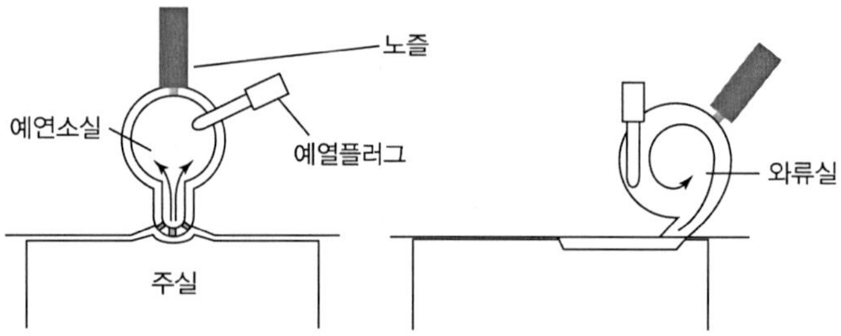

(a) 예연소실식 (b) 와류실식

|그림 7.2| 예연소실과 와류식실

7.2.2 직접 분사식 (Direct Injection, DI)

피스톤 캐비티(cavity)의 종류에 따라 직접 분사식은 그림 7.3과 같이 분류된다. 디젤엔진은 압축비가 크고 간극체적이 적어서 사용하는 부실식은 효율이 낮아서, 부실을 없애고 피스톤에 캐비티를 만들어 연소실로 사용하는 방식을 직접 분사식이라 한다. 직접 분사식은 다공 홀 노즐로 캐비티에 직접 연료를 분사하고, 연료의 분사와 공기의 혼합여부가 연소를 좌우하므로 분사노즐의 성능과 캐비티에서 발생하는 소용돌이가 중요하다. 흡기포트와 캐비티에 의해 발생하는 소용돌이 내에 연료를 직접 분사하여 연료와 공기는 혼합된다. 그림 7.4와 같이 분사된 연료는 소용돌이에 의해 원주방향으로 밀려 공기와 혼합되고, 스쿼시는 혼합을 마무리하는 역할을 한다. 캐비티의 형상에 따라 소용돌이가 강하게 발생하여 연소특성이 결정되고 캐비티에는 반구형, 하트형, 구형이 있다. 그림 7.4는 VW의 1.9TDI 엔진의 캐비티를 나타낸다.

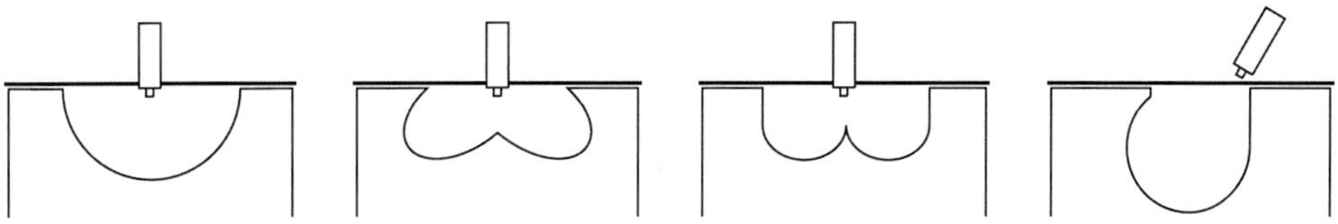

(a) 반구형 (b) 하트형 1 (c) 하트형 2 (d) 구형

| 그림 7.3 | 직접 분사식 캐비티 형상

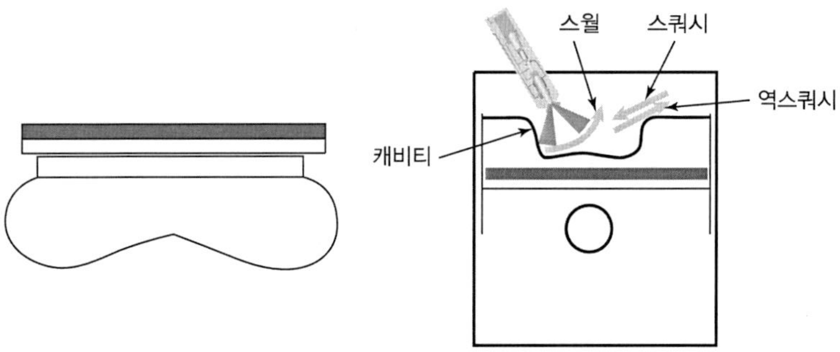

| 그림 7.4 | TDI 캐비티와 직접 분사식(출처: VW)

7.3 예열장치

디젤기관은 높은 압축비로 공기를 압축하고 연료를 자기착화시킨다. 그러나 냉간시에는 연소실의 온도가 낮아 시동시 실화가 일어난다. 이를 방지하기 위하여 보조 열원으로 세라믹 예열플러그(glow plug)를 장착하여 연소실을 800~900℃로 가열하여 압축공기를 예열한다. 한냉지, 공기밀도가 낮은 고도가 높은 지역에서는 흡입공기 온도가 착화에 필요한 온도에 도달하지 못하여 예열이 필요하다. 예열장치는 냉간시 시동성을 향상시키고 동시에 연료의 착화성을 나타내는 세탄가의 저하로 인하여 발생하는 매연을 방지한다. 커먼레일식은 흡기히터가 설치되고 부실식은 예열 플러그를 장착하여 예열하고, 초기 엔진에서는 30초의 긴 예열시간이 필요하였으나 지금은 히터 재질의 발달로 예열 대기시간이 필요가 없다.

(1) 예열 플러그식

▶ 보통형 예열 플러그

파이프 안의 열선을 통전하면 파이프 끝 부분이 발열한다. 내부 공간은 절연분말로 되어 있어 히트 코일과는 절연되어 있다.

▶ 자기온도 제어형 예열 플러그

러쉬(rush)코일, 균형 코일, 브레이크 코일을 직렬로 연결한다. 균형 코일과 브레이크 코일은 온도의 상승에 따라 저항 값이 증가하는 특성이 있어, 통전 초기 러쉬코일에 큰 전류를 흘리면 선단부가 적열되면서 균형 코일과 브레이크 코일이 가열되고 전류가 저하된다. 따라서 러쉬코일에 흐르는 전류도 억제되어 온도가 낮아지지 않도록 자기 제어된다.

▶ 세라믹형 예열 플러그

보통형 예열 플러그의 끝단인 금속 보호관을 세라믹화 한 것으로, 발열부가 발열체(전도성 세라믹)와 절연체(절연성 세라믹)로 구성된다. 세라믹형 예열 플러그는 보통형과 비교하여 높은 전류를 흘려 단시간에 고온으로 할 수 있고 자기온도 제어기능도 있다.

(2) 흡기 가열식

흡기히터가 흡기 매니폴드에 설치되어 흡기를 가열한다. 직접분사식 디젤엔진은 예열 플러그는 사용하지 않고, 흡기히터를 사용한다.

7.4 연료분사 장치

디젤엔진은 스로틀밸브와 점화장치가 필요 없지만 연료분사 시스템의 가격이 비싸고, 무겁고, 진동이 심하다. 그리고 중량대비 엔진 출력이 낮아서, 경량화가 요구되는 항공기에는 거의 사용되지 않고 또한 압축 자기착화 연소 방식이므로 저온, 저압에서는 시동성이 부족하여 예열 플러그를 사용해야 한다. 디젤엔진은 불균일 확산연소를 하기 때문에 PM이 발생하기 쉽고, 연소실이 고온, 고압상태이고, 희박연소 영역(35 : 1~50 : 1, 당량비 1 이하)에서는 산소와 질소가 많아져서 NO_x도 발생하기 쉽다. 배출물 대책으로, 배기 중의 잔류산소가 많은 산화환경에서는 가솔린 기관에 사용하는 삼원촉매를 사용할 수 없어 PM과 NO_x 처리에 별도의 후처리 장치가 필요하다. 연료 분사계는 분사펌프, 고압펌프와 분사노즐로 구성된다. IDI 디젤엔진은 주사기의 원리로 분사노즐을 이용하여 연료를 분사하고, 엔진 회전수와 비례하여 분사펌프 내의 실린더를 플런저가 왕복운동을 하여, 연료를 압축분사하고, CRDI 엔진은 캠축의 회전력을 이용하여 고압펌프로 연료를 압축한 후 커먼레일에 저장한 후 필요할 때 꺼내어 사용한다.

(1) 연료분사 조건

연료가 실린더 내에서 정상적으로 연소되기 위해서는 연료입자가 미세하게 무화되어야 하고, 분포가 균일해야 하고, 연료가 연소실 구석까지 잘 관통되어야 한다.

① **무화** : 연료입자가 안개 입자처럼 미세하게 되는 것이며 연료가 미세화될수록 공기와 접촉 면적이 커져서 연소시간이 짧아진다.

② **관통력** : 연료입자가 실린더 내의 구석까지 도달하는 것을 말하며 관통력은 연료 입자의 지름이 커야 하며 연료입자가 크면 관통력은 양호하나 연소시간이 길어진다. 이 관통력은 무화와 반대되는 조건이다.

③ **분포** : 연료가 실린더 내에서 공기와 균일하게 혼합되는 것을 말하며 분포가 잘되게 하기 위해서는 실린더 내에 강한 와류를 형성시켜야 한다.

(2) 연료분사 시스템

다양한 디젤엔진의 연료분사 장치가 개발되어 있고, 최근에는 2,200bar CRDI 디젤엔진도 개발되어 있다. 분사장치는 연료를 압축하여 고압화하고 적절한 양의 연료를 적당한 시기에 연소실 내로 분사한다. 그림 7.5는 부실식인 간접 분사식 연료분사 시스템을 나타낸다. 연료탱크에서

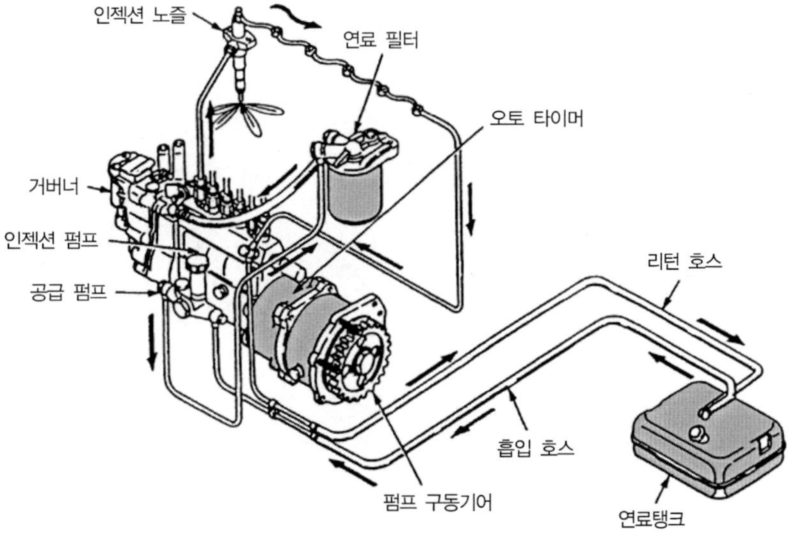

그림 7.5 연료분사 시스템의 구성

연료를 흡입하여 압축한 후 연소실로 분사하고, 남는 연료는 연료탱크로 회수하는 구조로 되어 있고, IDI 디젤엔진에서 연료를 압축하는 장치는 분사펌프, CRDI 디젤엔진에서는 고압펌프 혹은 공급펌프라고 하고 연료를 분사하는 장치는 노즐, 인젝터라고 한다.

(3) 분사펌프와 고압펌프

분사펌프와 고압펌프는 연료를 압축하여 고압으로 만든다. 분사펌프는 크랭크축과 캠축 구동력 또는 타이밍 벨트로 엔진의 구동력을 이용하여 연료를 압축한다. 분사펌프는 압축행정 말기에 노즐로 고압연료를 실린더로 분사하고, 이때 필요한 연료압력은 연료의 무화를 위해, IDI 디젤엔진 최대 800 bar, CRDI 엔진 최소 1,250 bar의 압력이 필요하다. 처음에는 CRDI 디젤엔진도 기계식 분사펌프에 전자제어식 인젝터를 사용하였지만, 전자식 분사펌프, 고압펌프로 발전을 하여 엔진의 효율을 높이고 있다. 기계식 분사펌프는 내부부품의 마모를 방지하기 위하여, 경유에 유황성분이 필요하지만 배출가스 규제로 유황성분을 사용하지 못하게 되었다. 분사펌프와 고압펌프는 연료의 분배방식에 따라 열형(列型, 인라인) 펌프, 분배형 펌프, 독립 분사형 펌프, 유닛 인젝터식, 커먼레일식으로 발전을 하였다. 다음은 우리나라의 디젤 연료펌프의 발전 역사를 나타낸다.

- 1980년대 : AD 펌프(750bar, IDI)
- 1990년대 : P 펌프(800bar, IDI)
- 2000년대 : TICS 펌프(1000bar, DI)
- 2010년대 : CRDI 펌프(1300bar, CRDI)
- 2020년대 : 차세대 CRDI 펌프(2200bar, CRDI)

【그림 7.6】 보쉬 인라인 분사펌프

▌그림 7.7▌ 보쉬 분배형 분사펌프

① 열형(인라인) 분사펌프

엔진 실린더 수와 같은 수의 캠과 플런저가 직렬로 늘어선 것으로 엔진 실린더 수의 제한이 없어, 중대형 차량용 디젤엔진에 널리 사용된다. 펌프 본체, 거버너, 타이머, 피드 펌프 등으로 구성되어 있다.

② 분배형 분사펌프

1개의 플런저로 연료를 각 실린더에 분배하는 구조로서 부품 수가 적다.

③ 독립형 분사펌프

실린더마다 개별 분사펌프가 설치되어 있으며 분사량 제어는 캠과 플런저로 하고, 최대 분사압력은 1,850 bar이다.

④ 유닛 인젝터(UIS)

분사노즐과 고압펌프를 일체화한 것으로 고압라인이 필요가 없고 실린더 헤드에 설치

▌그림 7.8▌ 보쉬 유닛 인젝터(UIS)

한다. 유닛 인젝터 내의 펌프 플런저가 태핏 또는 로커암을 통하여 엔진의 캠축에 의해 작동을 하면 연료는 압축된다. 그림 7.8은 보쉬의 유닛 인젝터(UIS)를 나타낸다.

⑤ 커먼레일식 고압펌프

고압펌프는 연료를 압축하여 엔진의 작동에 필요한 고압의 연료를 어큐뮬레이터인 커먼레일에 저장하여 사용한다. 커먼레일 시스템은 엔진의 회전수와는 관계없이 일정한 고압의 연료를 사용할 수 있고, 레이디얼 피스톤 펌프로 압축하고, 연료는 ECU의 제어에 의해 전자식 인젝터로 분사된다. 분사제어는 커먼레일 압력과는 별도로 각 인젝터에서 이루어지므로 종래의 분사펌프 방식과는 다르게 연료량과 분사시기, 분사율의 정밀제어가 가능하다. 배출가스 규제에 대응하여 정밀하게 연소를 제어하는 방식이다. 그림 7.9는 보쉬의 고압펌프를 나타낸다.

그림 7.9 보쉬 고압펌프

(4) 열형 분사펌프의 구성요소

열형 분사펌프는 피드펌프, 펌프 본체 및 거버너(조속기) 및 타이머 등으로 구성된다.

① 피드펌프 : 연료를 연료탱크로부터 흡입하여 연료필터를 경유하여 분사펌프 본체에 연료를 보낸다.

② 펌프 본체 : 연료를 고압으로 만들어, 분사 파이프로 압송하는 플런저와 캠축으로 이루어진 압송기구와 압송되는 연료 분사량을 조절하는 장치가 있다.

③ 거버너(조속기) : 펌프 본체의 분사량 조절 장치와 연결되어 엔진 회전수와 부하에 따라 분사량을 제어한다.

④ 타이머 : 엔진 회전수에 적합한 연료 분사시기로 제어하며 보쉬 A형은 펌프와 타이밍

기어 커플링으로 제어하며 분사시기가 너무 빠르면 배기가스가 흑색이다.

⑤ 스피드 드롭(speed drop) : 엔진의 과부하에 따라 엔진 속도가 떨어지는 것을 방지하는 장치이다.

⑥ 앵글라이히 장치 : 공기와 연료의 비율을 조절한다.

디젤엔진 분사펌프는 그림 7.10과 같이 구성되고, 압축연료를 저장하는 커먼레일이 없다. 플런저가 캠축의 작용으로 연료를 압축하고 노즐을 통하여 분사한다.

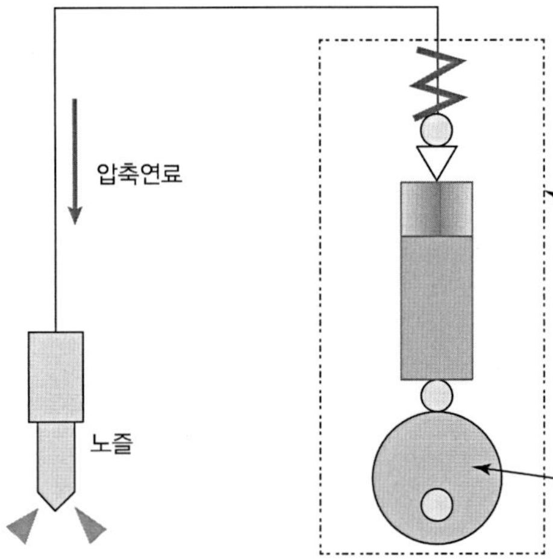

❙ 그림 7.10 ❙ 분사펌프 시스템의 구성

분사펌프는 엔진부하에 관계없이 플런저의 스트로크가 일정하고 부분 부하시에는 랙을 이동하여 일체로 되어 있는 배럴을 회전하여 공급 연료량을 조절한다. 연료 공급과정은 그림 7.11과 같다.

① 흡입 : 피드 홀을 통하여 연료실의 연료가 플런저실로 들어간다.

② 압송과 동시에 분사 : 플런저가 상승하여 플런저 상부가 피드 홀을 닫으면 플런저실의 연료압력이 높아지면서 압송행정이 시작되고 압력이 상승한 연료는 딜리버리 밸브를 밀어 올려 분사 파이프로 공급된다. 분사 파이프 내의 연료압력이 상승하여 분사노즐의 개방압력보다 높으면 분사노즐의 니들이 상승하여 연료는 분사된다.

③ 분사종료 : 플런저가 계속 상승하면 플런저 리드가 피드 홀과 관통하여 고압연료는 회수되어 연료실로 유출되고, 압력강하가 시작되어 압송행정은 종료한다.

펌프 엘리먼트는 플런저와 플런저 배럴로 구성되며 펌프 하우징 내에 고정되어 있는 플런저 배럴과 플런저가 상하운동으로 연료를 압축하여 분사노즐로 보내는 장치이다.

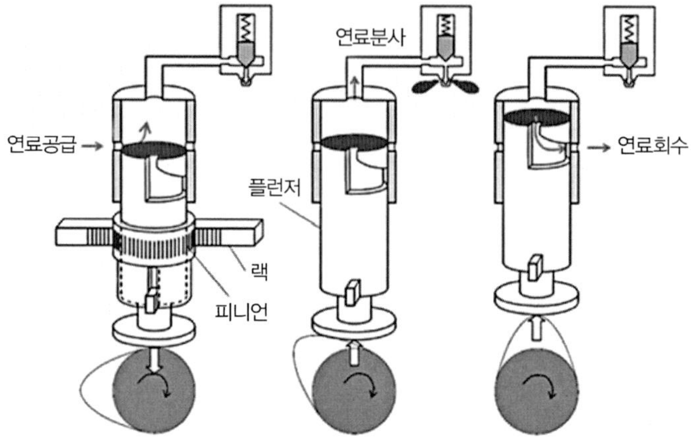

▎그림 7.11▎ 연료 공급 과정

① 예행정 : 하사점으로부터 플런저 윗면이 연료의 공급구멍을 막을 때까지 움직이는 행정이다.

② 유효행정 : 플런저 윗면이 연료 공급을 막은 후부터 제어 홈이 플런저 배럴의 연료공급 구멍에 도달할 때까지 연료를 압송하는 기간이다.

연료량 제어기구는 제어랙, 제어 슬리브, 제어 피니언 등으로 구성되고, 각 플런저의 분사량을 균등하게 하기 위해 제어 피니언과 슬리브의 관계 위치를 변화시켜 펌프 엘리먼트의 분사량을 조절한다. 유효행정을 크게 할수록 분사량은 증대되고 플런저의 우측으로 회전시켰을 때 유효행정이 증대되는 우 리드형, 좌측으로 회전시켰을 때 증대되는 좌 리드형이 있다.

- 우(정)리드 : 분사 초기에 분사시기 일정, 분사 말기에 분사시기 변화
- 좌(역)리드 : 분사 초기에 분사시기 변화, 분사 말기에 분사시기 일정
- 양리드 : 분사 초기에 분사시기 변화, 분사 말기에 분사시기 변화

분사노즐은 1910년, 보쉬가 연료압력 90 bar, 공기 압축식 인젝터를 개발한 이래, 현재는 2,200 bar, 피에조식 인젝터까지 발전을 하였다. 분사노즐은 니들이 상하 왕복운동하는 노즐 어셈블리와 노즐 개변압을 설정하는 스프링을 가지고 있는 노즐 홀더로 구성되고 연료를 무화시킨다. 분사노즐의 분무조건은 다음과 같다.

① 무화가 양호할 것

② 관통력이 클 것

③ 분포가 잘 이루어 질 것

④ 분산도가 양호할 것

⑤ 분사율이 양호할 것

그림 7.12와 같이 분사노즐은 개방형과 밀폐형으로 나누어지고 밀폐형에는 다공홀형, 핀틀형, 스로틀형이 있다. 스프링의 토크력보다 연료 압력이 크면 노즐이 밸브시트에서 떨어져 분공에서 연료가 분사된다. 다공홀 노즐은 분공 수만큼의 다분사가 만들어지고 핀틀 노즐과 스로틀 노즐은 원추형의 단일분무를 형성한다. 스로틀 노즐은 분공 개구면적을 변경하여 분사량을 변경할 수 있다.

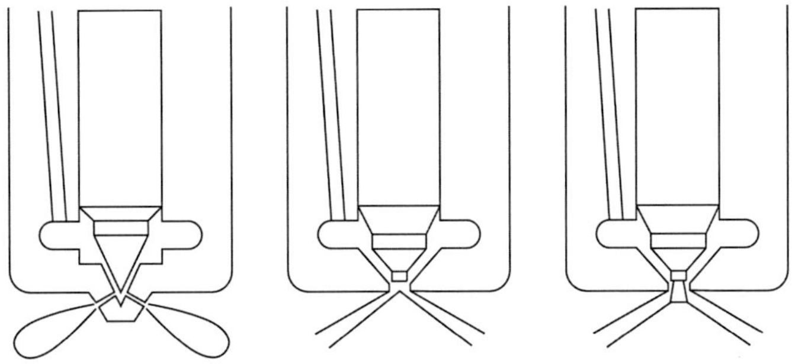

(a) 다분공 홀 노즐　　(b) 핀틀 노즐　　(c) 스로틀 노즐

┃그림 7.12┃ 분사노즐의 종류

① 개방형

분사펌프와 분사노즐 사이에 노즐 스프링과 니들밸브가 없어 항상 열려져 있는 형식이다. 니들밸브가 없어 분사압력을 조절하지 못하고 무화가 좋지 않아 후적이 일어나기 쉽다.

② 밀폐형

분사펌프와 분사노즐 사이에 니들 밸브를 두어 필요할 때만 열어 분사하는 형식이다.

- 구멍형 : 단공형, 다공형 및 분공형이 있고, 분사구멍의 지름 0.2~0.4 mm, 직접 분사식에 사용되고 연료 소비량이 적다.
- 핀틀형 : 분사구멍의 지름은 1~3 mm이고 초기 분사량이 많아 노킹이 일어나기 쉽고 부식실에 사용된다.
- 스로틀형(교축형) : 핀틀형을 개량하여 니들밸브를 2단으로 한 것으로 분사초기에 연료 분사량을 감소시켜 노킹을 방지하고 부실식에 사용된다.

[연습문제]

7.1 IDI 디젤기관에서 연료의 분사량이 부족한 원인이 아닌 것은?

㉮ 딜리버리 밸브의 접촉 불량

㉯ 분사펌프 플런저 마모

㉰ 딜리버리 밸브의 시트 마모

㉱ 기관의 저 회전속도

해설 딜리버리 밸브 : 연료를 분사할 때 통로를 열고, 분사 끝에서 연료압력을 감소시켜서 분사의 단속을 양호하게 한다.
플런저 : 가속페달로 랙은 좌우로, 플런저는 회전운동을 한다. 플런저가 하강하면 플런저로 연료가 유입되고, 플런저가 상승하면 연료는 공급된다.

7.2 디젤기관에서 딜리버리 밸브의 3대 역할이 아닌 것은?

㉮ 역류방지 ㉯ 분사량 조절

㉰ 후적방지 ㉱ 잔압유지

해설 딜리버리 밸브 : 플런저에 의한 연료의 송출이 끝날 때 닫히고 분사 파이프에서 펌프로 연료가 역류하는 것을 방지하고, 분사노즐의 분사 단절을 좋게 하여 후적(after drop)현상을 방지한다.

7.3 디젤기관의 독립형 연료 분사장치에서 연료의 분사압력을 조절하는 부품은?

㉮ 공급펌프 ㉯ 딜리버리 밸브 스프링

㉰ 연료필터 스프링 ㉱ 분사노즐의 스프링

해설 인젝터내의 분사노즐 스프링은 연료 압력을 조정한다.

7.4 디젤기관의 연소실중 부실식 연소실이 아닌 것은?

㉮ 공기실식 ㉯ 와류식실

㉰ 예연소실 ㉱ 피스톤 캐비티

해설 피스톤 캐비티-DI 디젤기관

7.5 디젤기관이 가솔린 기관에 비하여 장점으로 적당한 것은?

㉮ 시동이 쉽다. ㉯ 열효율이 높다.

㉰ 기관의 무게가 가볍다. ㉱ 소음진동이 적다.

해설 디젤기관 열효율 : 약 30~45%, 가솔린 기관 열효율 : 약 25~32%
디젤기관의 단점 : 무겁고 시동에 필요한 동력이 크다.

정답 7.1 ㉱ 7.2 ㉯ 7.3 ㉱ 7.4 ㉱ 7.5 ㉯

7.6 디젤기관의 회전속도가 2,000rpm일 때 20° 의 착화지연 시간은 얼마인가?

㉮ 0.67 ms　　㉯ 2.67 ms

㉰ 0.1 ms　　㉱ 1.67 ms

해설 $t = \frac{\text{착화지연각도}}{6 \times \text{rpm}} \times 1000 = \frac{20}{6 \times 2000} \times 1000 = 1.67\text{ms}$

7.7 디젤기관의 인젝터에 사용하는 노즐로 종류가 다른 것은?

㉮ 핀틀 노즐형　　㉯ 개방 노즐형

㉰ 스로틀 노즐형　　㉱ 다분공 노즐형

해설 밀폐형 : 다분공(구멍)형, 핀틀형, 스로틀형

7.8 CRDI 디젤기관의 기본 원리로 다음 중 적당한 것은?

㉮ 고압연료를 저장하여 사용한다.

㉯ 간접분사식이다.

㉰ 예열장치의 대기시간이 필요하다

㉱ 부품의 마모를 방지하기 위하여, 경유에 유황성분이 필요하다

해설 CRDI기관은 연료를 고압으로 하여 커먼레일에 저장하여 사용한다.

7.9 디젤기관의 압축비가 높은 이유는?

㉮ 연료를 자기착화시키기 위하여

㉯ 연료의 분사를 용이하게 하기 위하여

㉰ 기관의 진동을 작게 하기 위하여

㉱ 연료를 압축하기 위하여

해설 연료를 자기착화시키기 위해서는 압축비가 높아야 한다.

7.10 디젤기관에서 연료를 압축하는 장치가 아닌 것은?

㉮ 전기식 저압펌프

㉯ 독립형 분사펌프

㉰ 유닛 인젝터(UIS)

㉱ 인라인 분사펌프

해설 전기식 저압펌프는 연료탱크에 내장된 순환펌프이다.

정답 7.6 ㉱　7.7 ㉯　7.8 ㉮　7.9 ㉮　7.10 ㉮

7.11 디젤연료의 요구조건을 열거한 것이다. 틀린 것은?

㉮ 연료에 잔류 탄소분의 함량이 적을 것

㉯ 연료에 이물질과 수분의 함량이 적을 것

㉰ 연료에 유황분의 함유량이 적을 것

㉱ 연료 점도가 높을 것

해설 무화에 가장 큰 영향을 주는 것은 점도이고 점도가 크면 무화가 잘 되지 않는다.

7.12 IDI 디젤기관의 연료 고압펌프에서 분사량을 조절하는 부품은?

㉮ 인젝터 ㉯ 고압펌프

㉰ 태핏 ㉱ 플런저 행정

해설 분사량 조정 – 플런저 행정, 조속기
분사시기 조정 - 타이머

7.13 다음 중 디젤엔진의 분사펌프에서 제어하는 것이 아닌 것은?

㉮ 분사시기 ㉯ 분사량

㉰ 플런저 ㉱ 분사압력

해설 분사압력 - 노즐의 스프링 장력(노즐 홀더의 조정 스프링)이 제어, 압력이 낮으면 노즐 스프링의 자유 높이를 작게 한다.

7.14 디젤엔진에서 플런저 윗면이 배럴의 연료 공급구멍을 막은 다음부터 바이패스 홈이 배럴의 공급구멍에 이를 때까지의 행정을 무엇이라 하나?

㉮ 예행정 ㉯ 유효행정

㉰ 플런저 행정 ㉱ 배럴행정

해설 예행정 : 플런저가 하사점에서 상승하여 플런저 윗면이 흡입구멍과 배출구멍을 닫는 송출 전까지의 행정
유효행정 : 플런저 윗면이 배럴의 연료공급 구멍을 막은 다음부터 바이패스 홈이 배럴의 공급구멍에 이를 때까지의 행정

7.15 디젤엔진에서 분사량은 다음 중 어느 것에 의하여 결정되나?

㉮ 플런저의 행정 ㉯ 플런저의 유효행정

㉰ 플런저의 유효 리이드 ㉱ 플런저의 길이 홈

해설 유효행정이 크면 연료 분사량이 많아진다.
(연료 분사량 = 플런저 단면적 × 유효행정)

정답 7.11 ㉱ 7.12㉱ 7.13 ㉱ 7.14 ㉯ 7.15 ㉯

7.16 다음은 디젤기관 분사펌프의 작동부품이다. 관계없는 것은?

㉮ 플런저 ㉯ 노즐

㉰ 딜리버리 밸브 ㉱ 랙 피니언

해설 노즐은 인젝터에 있다.

7.17 디젤기관의 열형 분사펌프의 구성부품이 아닌 것은?

㉮ 거버너 ㉯ 타이머

㉰ 앵글라이히 ㉱ 분사노즐

해설 분사노즐은 연료를 분사하는 인젝터 구성부품이다.

7.18 연료 분사펌프 시험기로 각 실린더의 분사량을 측정하였더니 최대 분사량이 33 cc이고, 최소 분사량이 29 cc이며, 각 실린더의 평균 분사량이 30 cc였다. 분사량의 (+) 불균율은 얼마인가?

㉮ 10% ㉯ 20%

㉰ 30% ㉱ 35.5%

해설 $\frac{33-30}{30}\times 100 = 10\%$

7.19 연료 분사펌프 시험기로 최대 회전수 2000 rpm으로 분사량을 측정하였더니 1 실린더 100 cc, 2 실린더 110 cc, 3 실린더 105 cc, 4 실린더 95 cc로 측정되었다. 불균율이 3%일 때 실린더의 수정치 범위는 얼마인가?

㉮ 100.43~109.58 cc ㉯ 100.1~100.58 cc

㉰ 96.54~104.23 cc ㉱ 99.43~105.58 cc

해설 $\frac{100+110+105+95}{4} = 102.5$, $102.5 \pm (102.5\times 0.03) = 99.43\sim 105.58$ cc

7.20 터보차저 구성부품 중 속도 에너지를 압력 에너지로 전환하는 부품은?

㉮ 임펠러 ㉯ 플로팅 베어링

㉰ 디퓨저와 스페이스 하우징 ㉱ 터빈 하우징

해설 디퓨저 : 압축기에 있는 디퓨저는 운동 에너지를 압력으로 변환한다.

정답 7.16 ㉯ 7.17 ㉱ 7.18 ㉮ 7.19 ㉱ 7.20 ㉰

7.21 IDI 디젤기관의 보쉬형 분사펌프에서 분사량 조정법으로 플런저의 유효행정을 바꾸어 분사량을 조절하는 방식은?

㉮ 스필 포트식　　㉯ 스필 밸브식

㉰ 교축 밸브식　　㉱ 스로틀 밸브식

해설 스필 포트식 : 플런저의 유효행정 조정
스필 밸브식 : 분사시기 변경
교축 밸브식(스로틀밸브식) : 분사압력 변경

7.22 디젤기관에서 연료 분사펌프 중 초기에는 분사시기를 일정하게 하고 말기에는 변화시키는 리드형은?

㉮ 정리드　　㉯ 역리드

㉰ 양리드　　㉱ 단리드

해설 정(우)리드 : 초기의 분사시기 일정, 말기 변화(플런저를 오른쪽으로 돌리면 유효행정이 길어진다)
역(좌)리드 : 초기의 분사시기 변화, 말기 일정(플런저를 왼쪽으로 돌리면 유효행정이 길어진다)
양리드 : 초기의 분사시기 변화, 말기 변화

7.23 디젤기관의 앵글라이히 장치의 작용으로 맞는 것은?

㉮ 조정랙의 위치를 변경하여 분사시기를 조정한다.

㉯ 조정랙의 위치를 변경시켜 분사량을 크게 한다.

㉰ 조정랙의 위치가 동일할 때 기관의 흡입공기에 맞는 연료를 분사한다.

㉱ 조정랙의 위치를 변경시켜 분사량을 적게 한다.

해설 앵글라이히(angleichen) 장치 : 제어래크가 동일한 위치에 있어도 모든 범위에서 공기와 연료의 비율을 균일하게 유지한다.

7.24 엔진이 고속으로 회전할 때 밸브개폐 속도가 너무 빨라 닫힐 때의 충격으로 불규칙적인 떨림 현상을 무엇이라 하나?

㉮ 채터링　　㉯ 차징

㉰ 블로우다운　　㉱ 캐비테이션

해설 채터링(chattering) : 엔진이 고속으로 회전할 때 밸브개폐 속도가 너무 빨라 닫힐 때의 충격으로 발생하는 불규칙적인 떨림 현상
차징(charging) : 실린더로 신기를 흡입하는 것
블로우다운 : 배기과정
캐비테이션 : 공동현상

정답 7.21 ㉮　7.22 ㉮　7.23 ㉰　7.24 ㉮

7.25 디젤기관에서 감압장치의 설명으로 틀린 것은?

㉮ 효율을 높인다. ㉯ 겨울철 시동시 이용한다.

㉰ 시동 보조장치이다. ㉱ 흡배기 밸브에 작용한다.

해설 감압장치 : 디젤엔진을 시동할 때 감압레버를 잡아당겨 흡기밸브와 배기밸브를 강제적으로 열어 실린더내의 압력을 감압시켜 엔진의 회전이 원활하게 이루어지도록 하는 시동 보조장치이다.

7.26 디젤기관에서 노킹 발생 원인이 아닌 것은?

㉮ 흡입공기의 온도가 높을 때

㉯ 자기착화시간이 길 때

㉰ 기관 압축비가 낮을 때

㉱ 압력이 급상승할 때

해설 흡입공기의 온도가 높으면 충전률은 적어져 성능 면에서는 불리하지만 노킹은 방지된다. 디젤엔진의 노킹은 연료의 발화 지연기간이 길 때, 압력 상승률 과다, 압축비가 낮을 때 발생한다.

7.27 디젤노킹을 일으키는 원인과 관련이 없는 것은?

㉮ 낮은 공기온도 ㉯ 세탄가가 낮은 연료

㉰ 높은 착화성 ㉱ 저압축비

7.28 디젤기관의 독립형 연료 분사장치의 설명으로 틀린 것은?

㉮ 실린더마다 개별 분사펌프가 설치되어 있다

㉯ 분사량 제어는 캠과 플런저로 한다.

㉰ 분사압력은 500 bar이상이다.

㉱ 1개의 플런저로 연료를 각 실린더에 분배한다.

해설 분배형 분사펌프 : 1개의 플런저로 연료를 각 실린더에 분배한다.

7.29 디젤기관에서 연료를 압축하는 펌프의 종류가 아닌 것은?

㉮ AD 펌프 ㉯ TICS 펌프

㉰ CRDI 펌프 ㉱ 인젝터 펌프

해설 AD 펌프(750bar, IDI), P 펌프(800bar, IDI), TICS 펌프(1000bar, DI), CRDI 펌프(1400bar, CRDI)

정답 7.25 ㉮ 7.26 ㉮ 7.27 ㉰ 7.28 ㉱ 7.29 ㉱

[주관식]

1. IDI 디젤엔진의 구성부품에 대하여 알아보자.

2. IDI 디젤엔진의 연료압력과 배기가스의 관계를 알아보고 CRDI 디젤엔진으로 발전한 이유를 생각해 보자.

3. 디젤엔진의 분사량 조절방법을 설명해 보자.

4. 디젤엔진에서 EGR과 배출가스의 상관관계를 토론해 보자.

5. IDI 디젤엔진, DI 디젤엔진, CRDI 디젤엔진의 차이점을 연구해 보자.

전자제어 기관

CHAPTER 08

8.1 전자제어 센서

가솔린 엔진에서 공기와 가솔린의 혼합비율을 공연비라고 하며 A/F로 표현한다. 공연비는 연료에 대한 공기의 비이며 이론공연비는 연료가 완전 연소하는 이상적인 공연비로 가솔린 연료는 14.7:1이다. 공연비가 이론공연비보다 큰 경우는 공기의 양이 많으므로 희박(lean)상태라고 하고, 반대로 공연비가 이론 공연비보다 작으면 농후(rich)상태라고 한다. 농후 공연비이면, 필요한 공기량에 비하여 공기가 적고, 희박 공연비이면 필요한 공기량에 비하여 공기가 많이 존재하여 과잉산소 상태가 된다.

엔진의 부하에 따라 공연비도 변하고 냉간 시동시에는 9:1, 공회전시에는 12:1, 중속인 부분 부하 시에는 14.7:1 정도이다. 공연비가 변화하는 이유는 항상 연소 가능한 혼합기를 실린더로 보내기 위해서이다. 냉간 시동시는 낮은 대기온도로 인하여 연료의 일부만이 기화하고 연료가 포트벽면에 묻어서 농후한 혼합비가 필요하다. 전자제어 엔진은 자동차에서 가장 많이 사용하는 영역인 부분 부하시의 혼합비를 항상 이론공연비로 유지하도록 제어한다. 기화기식 엔진은 흡기 매니폴드 끝 부근의 벽면에 연료가 붙는 현상이 발생하여 정확한 공연비 제어가 어려웠고, TBI는 1개의 인젝터와 짧은 연료라인으로 인하여 각 실린더 간의 공연비가 일정하지 않아 실린더간 힘의 균형이 맞지 않는 문제가 있었다.

포트분사(PFI) 엔진은 전자제어 엔진으로 각 실린더에 같은 양의 연료가 공급되기 때문에 각 실린더의 공연비는 일정하여 엔진성능이 향상되고 동시에 배출 물질의 감소도 된다. 전자제어 엔진은 각종 센서들의 전기적 신호를 ECU로 보내고, ECU는 공연비를 계산하고, 계산된 공연비로 인젝터에서 연료량이 분사되도록 제어한다. 엔진의 센서들은 다음 항목의 신호를 ECU에 전달한다.

① 엔진 회전수(CKP)
② 스로틀 개도(TPS)
③ 흡기 매니폴드 내의 절대압력(MAP)
④ 엔진 냉각수 온도(WTS, ECT)
⑤ 흡입되는 공기의 온도(ATS)
⑥ 배기가스 내의 산소량(산소센서)

ECU은 모든 정보를 수집하여 기억장치의 룩업테이블(look up table)에 저장되어 있는 다른 데이터들과 비교한 후, 인젝터의 분사시기와 열림시간을 결정한다. 공회전 상태일 때 인젝터의 분사시간은 약 0.003초이며, 인젝터 열림시간은 전압파형의 (-)듀티일 때의 펄스 폭의 시간을 의미하며 펄스 폭이 증가되면 ECU는 열림시간을 길게 한다. 그림 8.1은 전자제어 시스템의 구조를 나타낸다. 공기량 측정은 매니폴드 진공압력으로, 엔진 회전속도는 크랭크각 센서로, 스로틀밸브 개도는 TPS로, 냉각수의 온도는 WTS로 측정해서 ECU로 보내면 ECU는 연료량을 계산하여 인젝터를 구동시키고 연소가 발생한 후 산소센서에 의해 배기관 내의 산소농도는 ECU로 피드백이 된다.

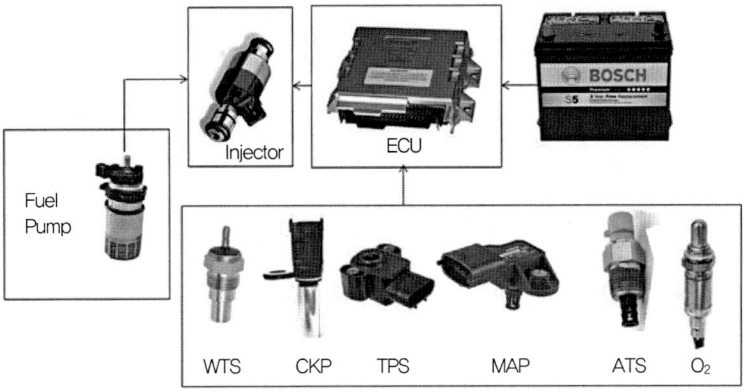

▎그림 8.1▎ 전자제어 시스템의 기본 구조

8.1.1 스트레인 게이지

탄성체에 힘을 가하면 일정량의 탄성변형이 발생하고 탄성변형의 비율을 측정하여 힘이나 회전력을 감지하는 센서가 변위센서이다. 원리는 탄성체 표면에 저항의 변화가 큰 재질을 부착하여 변형의 정도를 저항의 변화로 검출한다. 저항이 변화하는 재질로는 금속 저항형과 반도체형이 있다.

탄성체 표면에 가는 금속선을 부착하고 선의 변형에 따라 길이변화를 저항변화로 변환하는 방식이다. 전기저항 R은, 길이 L과 단면적 A 및 고유금속 전기 저항률 ρ에 따라서 다음과 같이 주어진다.

$$R = \rho \frac{L}{A} \tag{8.1}$$

따라서 인장압축에 의해서 길이가 ΔL만큼 변할 때 ΔR만큼의 저항이 변하면 식(8.2)의 관계가 성립한다.

$$\frac{\Delta L}{L} = \beta \frac{\Delta R}{R} \tag{8.2}$$

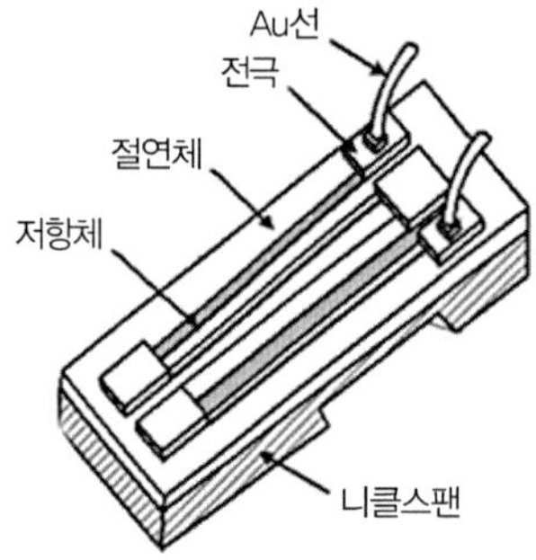

┃그림 8.2┃ 변위센서의 구조

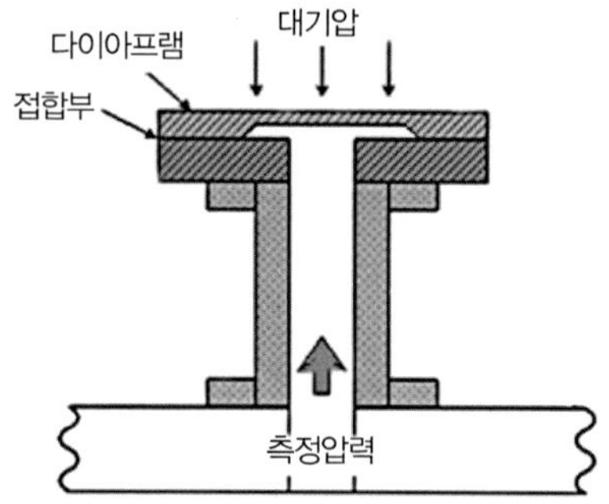

┃그림 8.3┃ 반도체 압력센서

이때 β는 변형감도 계수이며, 센서의 재질은 감도계수는 크고, 저항의 온도계수는 작아야 한다. 그림 8.2는 변위센서의 구조이며 니켈 판 위에 저항체는 절연체로 분리되어 있고 저항체는 금(Au)으로 연결되어 전극에 따라 변형이 다르게 된다.

8.1.2 반도체 압력센서

압력을 측정하는 방식에는 재료에 압력을 가하면 금속의 결정 저항이 변하는 피에조 저항효과를 이용하는 피에조 저항식과 반도체(Si, Ge)에 압력을 가하면 전기저항이 변하는 피에조 저항효과를 이용하는 반도체 피에조 저항식이 있다. 기체의 압력에 의해 센서 내의 다이어프램이 찌그러지면 반도체 전기저항이 변하고 그에 따라 출력전압도 변한다. 게르마늄(Ge)이나 실리콘(Si) 등의 반도체는 반도체에 압력을 가하면 재료 조직의 대칭성이 변화하면서 전기저항이 변하게 된다. 금속이 가지는 감도계수가 2~3인 것에 비하여 반도체는 100~200의 감도계수를 가지므로 정밀하다.

반도체 피에조 저항식은 1990년대, 가솔린 엔진에서 101 kPa의 대기압을 측정하는 대기압센서(BPS)에 처음으로 적용된 후, 3.5 Mpa의 고압냉매 압력, 0.2 Mpa의 저압냉매 압력, 5 kPa의 퍼지컨트롤 솔레노이드밸브(PCSV)작동 진공압력, 20 Mpa의 GDI 연료압력 , 200 Mpa의 커먼레일 연료압력 등의 측정에 사용되고 있다.

8.1.3 와전류식 변위센서

도체판에 교류 자속이 가해지면 와전류(eddy current)가 발생하고, 와전류에 의해 코일에 전류가 흘러 코일은 도체로 되고 자장의 변형이 발생하고, 도체판에서는 에너지 손실이 발생하여 교류 신호의 진폭의 크기는 줄어드는 현상이 나타난다. 이때 진폭의 크기는 와전류와 관련되므로, 센서와 금속과의 거리에 비례하는 값을 가진다. 비접촉식으로 금속체와의 거리를 감지할 수 있는 변위센서이다. 그림 8.4는 와류식 변위센서를 나타낸다.

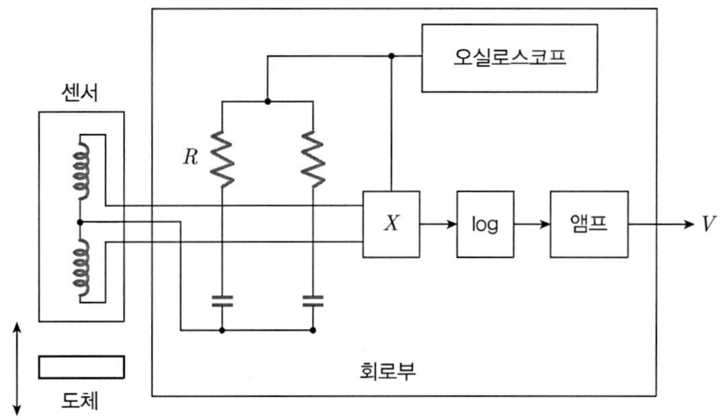

| 그림 8.4 | 와전류식 변위센서

① 오실로스코프(OSC)-발진기(일정 파형 형성)

② 신호처리(X-Log-AMP)

③ 저항(R)-코일(L)-콘덴서(C)회로

8.1.4 온도센서

온도를 측정하는 방법은 재질의 열팽창을 이용하는 것이 가장 기본적이며, 수은 온도계, 바이메탈 온도센서, 압력식 온도계 등이 있고 전기저항의 변화를 이용하는 것으로는 백금체와 반도체 온도계가 있다. 그외 트랜지스터의 온도 변화에 따른 전류의 변화를 이용하는 온도센서도 있다.

▶ 백금

온도에 따라서 백금의 전기저항이 변하는 것을 이용하는 것으로 순수한 금속을 사용하여 전기저항이 낮고 사용 온도범위는 -200℃~+500℃이다.

▶ 트랜지스터 온도계

트랜지스터를 이용하여 회로를 설계할 때에 가장 어려운 점이 온도의 영향을 최소화하는 것이다. 그러나 이를 역으로 이용하면, 트랜지스터로 온도를 측정할 수가 있다. 그림 8.5에서 트랜지스터에서 V_{bc} 전압과 전류는 온도의 변화에 따라 변한다. 전류를 일정하게 하면, 베이스와 이미터간의 전압은 온도에 반비례하므로 이를 측정하여 온도로 환산한다. 연산 증폭기를 사용하여 반전 증폭기를 구성하고 궤환요소에 트랜지스터를 연결하면 출력이 온도가 된다. 흐르는 전류는 연산 증폭기의 가상 접지의 효과에 의해서 항상 상수가 되고 온도변화에 따라 설정 온도

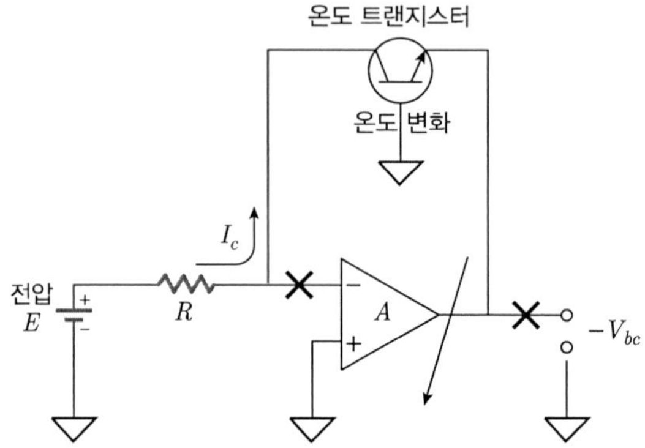

| 그림 8.5 | 트랜지스터 온도계

이상이면 트랜지스터로 전류가 흐른다. 트랜지스터를 통과한 전류는 연산 증폭기로 들어가고 (−)12 V로 흐르고 이 과정에서 파의 증폭으로 (+)파는 (−)파로 되는 반전이 발생한다. (+)12 V에서 나온 전류는 트랜지스터로 흐르지만 트랜지스터에 의해 차단되고 미세한 온도의 변화에 따른 파형의 변화가 발생한다.

▶ 열전대(thermocouple)

2 종류의 서로 다른 금속의 양끝을 연결하여 폐회로를 만들면 열기전력이 발생한다. 연결된 2개의 접합점의 온도가 같을 때는 전류가 흐르지 않고 온도의 차이가 발생하면 제백(Zeebeck) 현상에 의하여 전류가 흐른다. 구리 60%, 니켈 40%인 합금의 열전대인 경우, 한쪽 점을 0℃, 다른 점을 100℃로 유지하면 100℃의 접합점을 통하여 전류가 구리 쪽으로 흐르고 발생하는 열기전력은 4.2 mV이다. 접합점의 온도를 일정하게 유지하면서 회로의 중간에 제3의 다른 금속을 연결하고 양쪽 접합점의 온도를 같게 하면 열기전력은 변하지 않고 이 현상을 이용하면 열기전력을 mV로 얻을 수 있다. 한쪽 점의 온도를 0℃로 유지할 때 다른 쪽의 온도 0℃와 열기전력 V사이에는 다음의 식(8.3)의 관계가 있다.

$$V = \alpha T + \frac{1}{2}\beta T^2 \tag{8.3}$$

여기서 α, β는 열전대에 따른 금속의 고유상수이고, 이 식으로 전압을 온도로 전환할 수 있다. 열을 가하면 기전력이 발생하는 대표적인 금속은 백금, 로듐이 있고 측정할 수 있는 온도는 1,450℃ 정도이다.

① 온도센서의 정의

온도변화에 의해서 내부 저항값, 전압 및 전류가 변하는 센서이다.

② 저항 온도계의 원리

저항체의 저항을 이용하여 온도를 측정하는 온도계이다.

- PT센서 : 저항체의 저항값을 이용하는 센서이다.
- 서미스터(정특성 서미스터, 부특성 서미스터) : 온도의 변화에 따라 저항이 커지거나 작아지는 특성을 이용하는 센서이다. 서미스터(thermistor)는 온도와 시간에 따라 저항 값이 변하는 반도체 소자로서 열(thermo)과 저항(resistor)의 합성 단어이다.
- 열전대(thermocouple) : 서로 다른 2종의 금속을 접합하여 기전력의 차이로 온도를 측정하는 센서이다.

▶ 자동차의 온도 센서

① 냉각수온 센서(WTS)

엔진온도 센서(ECT)라고도 하고 냉각회로 위에 설치되며 연료량을 계산할 때 ECU는 이 신호를 사용하고 사용온도의 범위는 -40~+130℃이다.

② 공기온도 센서(ATS)

이 센서는 공기가 흡입되는 곳에 설치되며 MAP 센서의 신호와 함께 공기질량을 계산하는데 사용되고 EGR등 신호 제어시 사용된다. 사용 온도의 범위는 -40 ~ +120℃이다.

③ 엔진오일 온도 센서

이 센서는 엔진오일의 교환주기를 나타내는 신호로 사용하고 사용 온도의 범위는 -40 ~+170℃이다.

④ 연료온도 센서

이 센서는 디젤 연료라인 중 저압라인에 사용된다. 연료의 온도는 정확한 연료 공급량을 계산하는데 사용하고 사용 온도의 범위는 -40~+120℃이다.

⑤ 배기가스 온도센서

이 센서는 배기가스의 온도를 측정하고 사용 온도의 범위는 -40~+ 1,000℃이다.

자동차의 온도센서는 반도체 저항을 이용한다. 이 반도체는 NTC(negative temperature capacity)저항형이고 NTC는 열을 받으면 저항이 적어진다. 반면에 금속저항인 PTC는 열을 받으면 저항이 커진다. 온도에 따라 저항이 변하고 저항의 변화에 따라 전류, 전압도 변한다. 측정 저항은 아날로그 5V로 출력되고 A/D 컨버터로 디지털로 된다. 아날로그와 디지털의 차이는 선과 숫자로 구별된다. 아날로그는 곡선의 형태로 정보를 전달하고, 디지털은 1과 0이라는 숫자를 통하여 정보를 전달한다. 예를 들면 아날로그 신호는 전류의 주파수나 진폭 등 연속적으로 변화하는 형태로 전류를 전달하고, 디지털 신호는 전류가 흐르는 상태인 1과 흐르지 않는 상태인

0의 2가지를 조합하여 전달한다.

① 정특성(positive temperature capacity) : 열을 받으면 저항이 커져 전기가 잘 통하지 않고 금속 종류이다.

② 부특성(negative temperature capacity) : 열을 받으면 저항이 적어져 전기가 잘 통하고 반도체 종류이다.

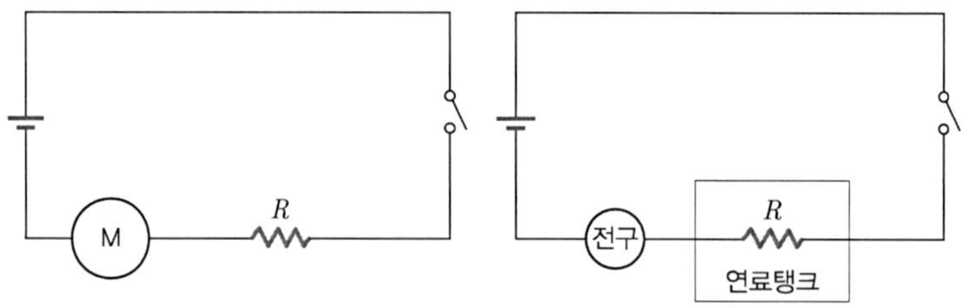

(a) 문잠금 회로 (b) 연료잔량 경보등

| 그림 8.6 | 정특성과 부특성의 원리

그림 8.6(a)는 저항이 정특성 특성으로 문잠금 모터(door lock actuator motor)를 나타낸다. 처음에는 열을 받지 않아 전기가 잘 통하지만 오래 누르면 열을 받고 저항이 증가하여 전기는 통하지 않고 모터가 돌아가지 않는다. 타이머의 일종으로 사용된다.

그림 8.7(b)는 저항이 부특성 특성으로 연료잔량 경보등에 사용된다. 연료탱크에 가솔린이 많으면 서미스터(열저항)가 가솔린에 잠겨서, 온도가 낮고 저항은 커져서 불이 들어오지 않는다. 가솔린이 적어지면 서미스터가 공기 중에 노출되고 온도가 높아져, 전기가 통하여 계기판에 불이 들어온다.

8.1.6 냉각수온 센서 (Water Temperature Sensor)

냉각수온 센서는 냉각수 온도를 감지하는 센서이다. 냉각수 온도가 낮으면 엔진은 냉간상태이므로 연료의 증발이 어려워지고 연료가 액체로 되어 흡기장치 벽면에 붙게 된다. 연료의 양이 줄어들어 공기의 양과 맞지 않게 되므로 ECU는 연료를 엔진의 온도에 따라 보정한다. 냉각수온 센서의 신호를 이용하여 엔진 냉각수가 뜨거워지면 냉각 팬을 가동시킨다.

냉각수온 센서는 냉각수 통로부에 설치되며, 온도의 변화를 저항의 변화로 검출하여 전압을 ECU에 보내면 ECU는 연료량과 점화시기를 보정한다. 냉각수온 센서의 감지 온도범위는 -30℃에서 120℃의 150등분이고 그림 8.7은 냉각수온센서를 나타낸다.

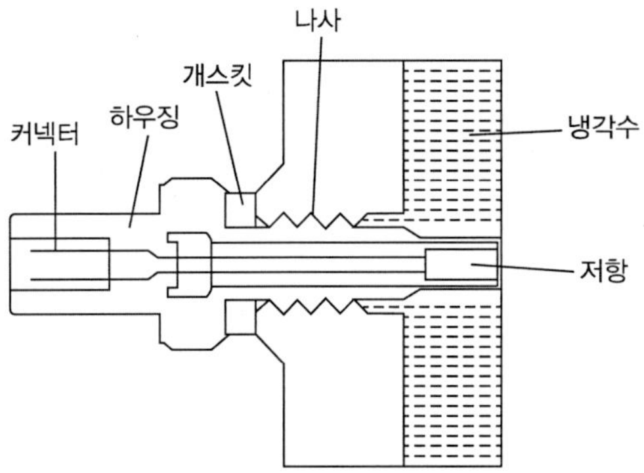

| 그림 8.7 | 냉각수온센서

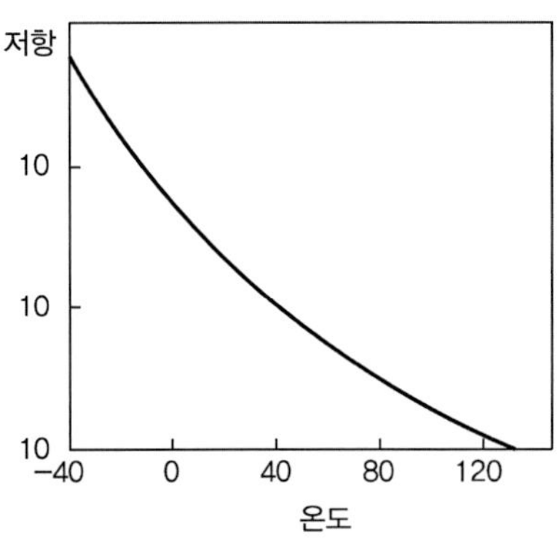

| 그림 8.8 | 냉각수온센서의 출력(온도℃, 저항 Ω)

저항의 변화가 온도의 변화로 나타나고 저항은 전압으로 출력된다. 저항이 적어지면 냉각수 온도는 높아지고 저항이 커지면 냉각수 온도는 낮아진다. 센서는 냉각수와 접촉하고 있으며 센서의 저항이 2.5KΩ이면 8.44V를 출력하고 온도는 20℃를 나타낸다. 표 8.1은 냉각수온 센서의 규정 출력 전압값을 나타낸다.

표 8.1 냉각수온 센서 규정 출력 전압값

냉각수 온도(℃)	규정출력 전압(소나타)
0	4.05 V
20	8.44 V
40	2.72 V
80	1.25 V

▶ 수온 조절기(Thermostat, 서머스탯)

수온 조절기는 실린더 헤드의 냉각수 통로 출구에 설치되어 엔진 내부의 냉각수 온도의 변화에 의해 냉각수 통로를 개폐하여 냉각수를 라디에이터로 순환하여 냉각수 온도를 일정하게 유지한다. 수온 조절기는 차량의 엔진의 배기량, 시스템의 종류에 따라 다르나 냉각수 온도가 출구 제어식인 경우 88℃, 입구 제어식인 경우 82℃가 되면 밸브가 개방되기 시작하고 그 이하의 온도에서는 밸브를 닫아 냉각수는 라디에이터로 순환되지 않는다. 냉각수 온도가 출구 제어식인 경우 100℃, 입구 제어식인 경우 95℃가 되면 밸브는 완전히 열려 라디에이터로 냉각수가 순환을 해서 방열이 된다. 따라서 밸브의 형태는 온(on), 오프(off)의 형태가 아니라 온도가 증가하는 동안 서서히 개방된다. 수온 조절기는 ECU의 입출력 신호와는 관계가 없으며 냉각수의 온도에 의해서만 개폐된다. 수온 조절기의 종류에는 펠릿(pellet)형과 벨로우즈(bellow)형이 있으며 펠릿형이 벨로우즈형보다 수압에 강하고 온도에 따라 정확히 개폐를 할 수 있어 많이 사용한다.

▶ 냉각수온 센서와 냉각수 온도 게이지 유니트

냉각수온 센서는 라디에이터에 들어가기 전에 설치되고 온도의 변화에 따라 전기 저항 값이 변하는 서미스터 형식으로 되어 있다. 출력 전압을 기준으로 ECU는 엔진의 온도상태를 파악하여 냉간시 연료량 보정제어를 한다. 냉각수 온도 게이지 유니트는 수온센서와 같은 곳에 설치되어 냉각수 온도를 계기판에 표시하여 운전시 엔진의 냉각수 온도를 볼 수 있도록 하는 장치이다. 온도에 따라 저항치가 변하는 반도체 소자 서미스터를 사용하여 아날로그 신호를 A/D 컨버터를 이용하여 디지털 신호로 변경하여 계기판에 표시한다. 수온 스위치는 라디에이터 하부에 설치되어 냉각수 온도를 감지하여 미리 설정된 온도에서 접점이 개폐하도록 되어 있다. 냉각수 온도가 90℃정도가 되면 냉각 유닛(cooling unit)에 음의 신호를 주어 냉각 팬의 작동을 낮은(low) 속도로 돌게 하고 냉각수 온도가 100℃가 되면 냉각 팬의 작동을 높은(high) 속도로 돌게 하는 스위치이다.

8.1.7 대기압 센서 (Barometric Pressure Sensor)

대기의 공기량은 고도 0m에서는 산소량이 21%이지만 고도 1000m에서는 산소량이 18%, 4000m에서는 산소량이 12%로 줄어든다. 높은 고지에서는 산소가 줄어 들어 농후상태로 되어 불완전 연소가 발생한다. 이때는 연료를 적게 넣는 보정을 해야 한다. 이상기체 상태방정식에 의하면 대기압력과 공기온도에 따라 공기의 밀도가 변한다. 공기온도가 높고 대기압력이 낮으면 공기의 밀도는 작아지며, 공기온도가 낮고 대기압력이 높으면 공기의 밀도는 커진다. 대기압 센서는 대기압력을 측정하여 연료를 보정하는 신호를 제공한다. 세계 최고 고도의 도시 볼리비

아의 Altiplano는 고도가 4000m이므로 공기 중에 산소량이 적어 연료를 적게 넣고 점화시기도 지각시키는 보정을 해야 한다.

표 8.2 고도와 산소량

고도(m)	산소농도	산소량	기압
0	100%	21%	101 kPa
500	94%	20%	95.6 kPa
1000	88%	18%	89.9 kPa
1500	83%	17%	84.7 kPa
2000	78%	16%	79.5 kPa
2500	73%	15%	74.8 kPa
3000	68%	14%	70.1 kPa
3500	64%	13%	65.9 kPa
4000	볼리비아 Altiplano(세계 최고도 도시)		

공기유량의 측정시 베인식, 칼만 와류식 등 체적유량을 감지하는 방식은 대기압의 변화에 따라 흡입 공기량도 변한다. 공기량 변화는 산소량의 변화를 의미하므로 연료량을 보정하여 완전 연소를 유도한다. 대기압 센서는 고도 0 m에 해당하는 760 mmHg일 때는 4.5 V의 출력이 나오고, 고도가 높아져 산소는 희박해지면 전압도 저하된다. 대기압 센서는 피에조 저항 효과를 이용하는 반도체식 압력센서를 사용하고 피에조 저항효과는 2개의 평면에 압력을 가하면 평면은 찌그러지고 그 정도에 따라 저항이 변하고 그 변화에 따른 전압을 발생하는 센서이다. 표 8.3은 대기압 센서의 규정 출력 전압값을 나타낸다.

표 8.3 대기압 센서 규정출력 전압값

압력		출력전압	비 고
760 mmHg	101 kPa	4.5 V	고도가 높아지면 전압은 작아진다.
357 mmHg	48 kPa	1.84 V	
150 mmHg	20 kPa	0.97 V	

8.1.8 공기온도 센서 (Air Temperature Sensor)

이상기체 상태방정식에 의하면 공기온도는 낮을수록 공기밀도는 증가한다. 공기의 온도가 높아지면 공기밀도는 낮아져서 흡입 공기량이 적어지고, 온도가 낮아지면 공기량이 많아져서, 연료량이 일정하면, 혼합기는 희박하게 되므로 공기온도에 따른 연료량 보정을 해야 한다. 공기의 온도를 −50~80℃까지 130등분으로 나누어 출력하고, 서미스터 소자를 사용한다. 서미스터는 온도에 따라 저항이 변한다. 저항이 작아지면 온도가 높아지고 저항이 커지면 온도는 낮아진다. 공기온도 센서는 서미스터를 사용하는 저항 내장형 센서이며, 반도체를 사용하면 서미스터는 부특성(NTC) 특성으로 낮은 전압이 높은 온도, 높은 전압이 낮은 온도를 나타낸다. 공기온도 센서는 공기온도가 높으면 저항은 낮아지고 차가우면 저항은 높아진다. 공기온도 센서는 고장 시 공기 온도 값은 20℃로 고정된다. 그림 8.9는 공기온도 센서의 구조를 나타내고 표 8.4는 공기온도 센서의 규정 출력 전압값을 나타낸다.

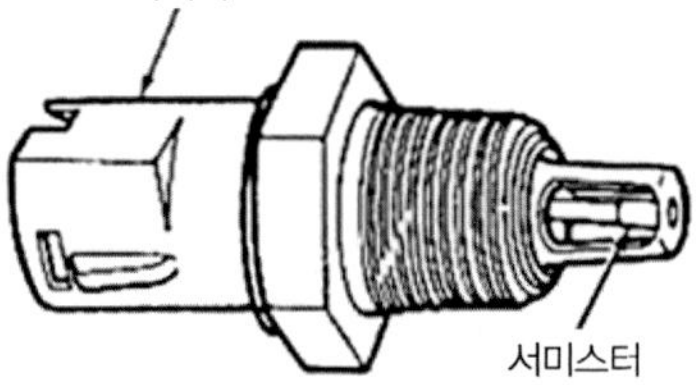

그림 8.9 공기온도 센서

표 8.4 흡기온도 센서 규정 출력 전압값

흡입공기 온도(℃)	출력전압	비고
0	8.4 ~ 8.6 V	공기 온도가 높아지면 전압은 낮아진다.
20	2.5 ~ 2.7 V	
80	0.6 ~ 0.8 V	

8.1.9 스로틀 위치 센서 (Throttle Position Sensor)

교축(throttle)효과는 엔탈피는 변하지 않고 온도가 하강하는 현상으로 유속이 빨라지면 압력이 떨어지는 베르누이 정리에 따른다. 스로틀밸브는 교축밸브를 의미한다. 대기압 상태의 흡입 공기가 약간 열린 스로틀밸브를 통과하면 아음속에 가까운 쵸킹유동이 되고, 교축효과가 일어나 스로틀밸브 뒷면에서는 공기의 압력이 떨어져 부압인 진공압으로 된다. 스로틀밸브가 약간 열리는 시속 40 km/h이하에서, 공기가 스로틀밸브를 지나면 매니폴드와 서지탱크에서는 부압이 발생되고 이는 실린더 내부까지 공기가 들어가는 데 방해의 요소가 된다.

엔진에서 공기가 흡입되는 원리는 실린더가 상사점에서 하사점으로 내려가고 발생하는 체적 공간에 의한 부압의 발생으로 대기압과의 차이로 흡입된다. 서지탱크에서 부압이 발생하면 흡기손실이 발생하고 이를 펌핑손실(pumping loss)이라 한다. 밸브가 완전히 열리는 WOT 상태에서는 부압이 발생하지 않아 펌핑손실이 없어 공기가 연소실로 빨리 들어가 엔진의 효율은 좋아진다. 디젤엔진은 스로틀밸브가 없어 공기량은 엔진의 회전수에 비례하여 흡입되고 가솔린 엔진과 비교하여 공기 유입시 저항이 적고 펌핑손실이 없다.

운전자가 가속 페달을 밟으면 그 상황을 빨리 알아야 추가로 연료량을 증가시켜 엔진의 성능을 유지할 수 있는데 이때 필요한 신호가 스로틀 위치와 엔진의 회전수 신호이다. 스로틀 위치 센서(TPS)는 가속페달을 밟는 정도를 감지하고 엔진 회전수는 크랭크축 위치 센서(CAS, CKP)가 감지한다. 그림 8.10은 스로틀 위치 센서의 회전식과 선형식을 나타낸다. 회전식인 경우, 와이퍼 블레이드가 위치하는 곳의 저항이 출력전압으로 되고, 선형식인 경우, 기준 전압방향이 전개상태, 접지 쪽이 닫힘상태를 나타내고 저항값의 변화로 감지한다.

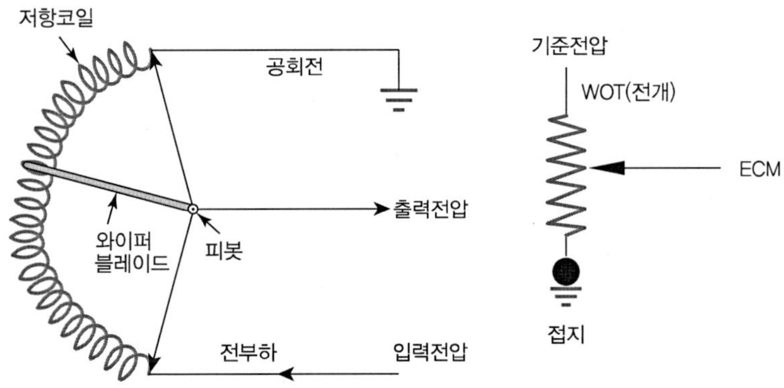

(a) 회전식 (b) 선형식

그림 8.10 스로틀 위치 센서의 종류

▶ 접점식

가이드 캠의 홈을 따라 움직이는 가동접점, 고정 파워접점 및 공회전 접점으로 구성된다. 가이드 캠은 스로틀밸브와 같은 축에 고정된 레버에 의해 작동하고 스로틀밸브의 열림각은 1.3° 이하, 1.3~75°, 75° 이상으로 나누어지며 각각 공회전 상태, 중속상태, WOT 상태를 감지한다. 접점식은 가변 저항식과 비교하여 검출성은 나쁘지만 가격이 저렴하다. 밸브가 열리면 가이드 캠이 회전하고, 회전하지 않을 때는 아이들 접점, 회전할 때는 기동 접점, 파워접점으로 전압신호가 발생한다. 그림 8.11에서와 같이 온(on), 오프(off) 상태로 ECU로 신호가 보내진다.

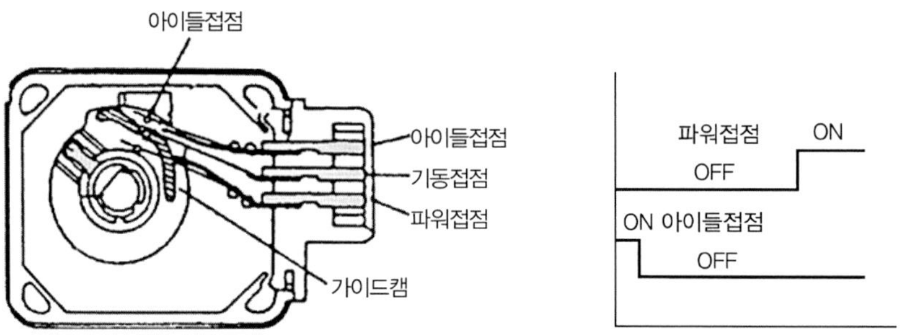

▎그림 8.11 ▎ 접점식 TPS

▶ 가변 저항식

스로틀밸브와 같이 움직이는 2개의 브러쉬와 1개의 접점이 저항체 위를 움직여서 출력 전압값을 얻고 전압의 크기에 따라 열림 정도를 알 수 있다. 가변 저항식 스로틀밸브는 스로틀밸브 닫힘상태를 확실하게 검출하기 위하여 공회전 접점신호가 따로 설치되고, 접점식보다 열림상태를 정확하게 측정할 수 있다. 표 8.5는 공회전시 스로틀 위치 센서의 규정 출력 전압값을 나타낸다.

표 8.5 TPS 규정 출력 전압값

구 분	소나타PFI	아반테DOHC
공회전 위치	450~550 mV	100~875 mV
서서히 열림	열림에 따라 증가	열림에 따라 증가
완전히 열림	4500~5500 mV	

▶ 전자식 스로틀제어(ETC, electronic throttle control)

모트로닉은 전자제어 연료분사 장치 중 가장 발달된 형태로, 장치의 구성은 L-제트로닉과 비슷하지만 점화장치와 분사장치를 결합하여 전자적으로 제어하며, 종류에는 M-모트로닉, ME-모트로닉, MED-모트로닉이 있다. ME-모트로닉은 가속페달과 스로틀밸브의 연결이 기계적이 아니고, 페달의 위치는 PTS(pedal travel sensor)로 감지하고, 전기모터로 스로틀밸브의 열림을 제어한다. 이러한 ETC는 운전자의 나쁜 운전 습관을 엔진에 그대로 전하지 않고 제어를 하여 연비를 향상시킨다. 그리고 전기모터의 오작동을 방지하는 림홈기능(Limp-home function)으로 자동차의 속도를 제한하여 사고를 방지한다.

| 그림 8.12 | 히타치의 ETC

8.1.10 공기유량 센서

흡입 공기량을 측정하면 연소에 필요한 산소량이 정해지고 그에 따라 연료량도 정해지므로 기본 분사량 산정이 가능하다. 흡입 공기량을 검출하는 센서를 공기유량 센서(AFS)라고 하고 공기량을 직접 측정하는 방식과 간접 측정하는 방식이 있다.

직접 측정법의 종류에는 공기가 많이 들어가면 연료가 많이 들어가고, 공기가 적게 들어가면 연료가 적게 들어가는 기계적인 구조를 가지는 센서 플레이트 방식, 가동 베인식(AFM), 공기가 열선이나 열막에서 열량을 빼앗아, 열량이 질량유량과 비례하는 원리를 이용하는 열선과 열막 방식, 볼텍스 와류의 갯수를 초음파로 감지하는 칼만 와류법 등이 있다. 간접 측정법은 스로틀 밸브에 의해 발생하는 부압을 측정하여 공기량을 추정하는 방식인 MAP센서 방식이 있다. 흡입 공기량 측정법의 분류는 그림 8.13과 같다.

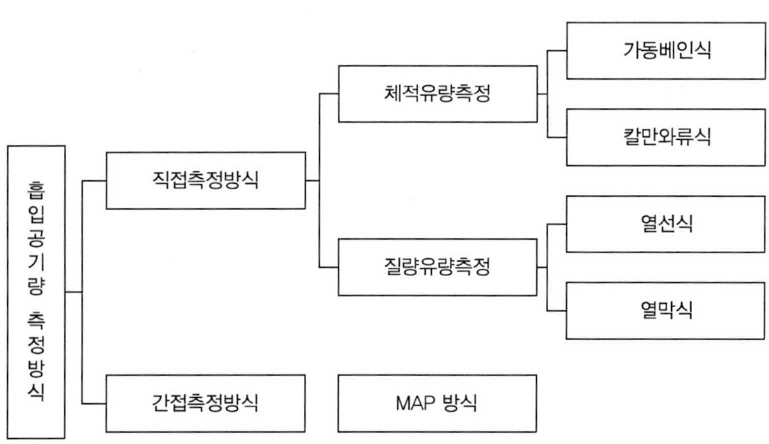

| 그림 8.13 | 흡입 공기량 측정법의 분류

직접 측정방식

직접 측정방식에는 센서 플레이트 방식, 가동 베인식, 열선방식, 열막방식 등이 있다.

① 센서 플레이트 방식

초기의 K제트로닉 시스템에 사용한 방식으로 스로틀밸브의 개도에 따라 흡입되는 공기가 플랩을 밀어 플랩의 위치가 변함에 따라 들어가는 연료량이 기계적으로 정해진다. 그림 8.14(a)는 센서 플레이트 방식을 나타낸다.

② 가동 베인방식

초기의 L제트로닉 시스템에 사용한 방식으로. 유입되는 공기가 스프링이 달린 베인을 밀어내고 베인이 밀린 위치 만큼 전압값이 변한다. 베인에는 리턴 스프링이 있어서 흡입 공기량에 의해 베인을 미는 힘과 스프링의 제어력이 평형을 이루는 위치에서 전위차계를 부착하여 전압신호를 얻어 공기량을 계측한다. 그림 8.15(b)의 가동 베인식을 나타낸다.

③ 칼만 볼텍스(Karman Vortex Sensing Air Flow Meter) 방식

흡입공기가 그림 8.15의 스트럿(strut)을 만나면 소용돌이가 발생하고 유속이 빠르면 소용돌이가 많이 생기고, 느리면 적게 생긴다. 발진회로로 초음파를 만들어 소용돌이를 송신장치에서 수신장치로 통과시키면 소용돌이 내에서 잡음이 발생하고 이 잡음이 소용돌이 개수이다. 이 잡음을 디지털 처리를 하여 펄스 파로 만들면 엔진 공회전시 32.9 Hz가 발생하여 1초에 32.9개의 소용돌이가 만들어진다. 초음파를 송수신하는 영역을 칼만와류가 통과하면 이 와류가 초음파를 끊으면서 출력이 주파수로 나온다. 와류개수가 많아 초음파를 자주 끊으면 주파수는 상승한다. 그림 8.15와 같이 흡기관 내에 스트

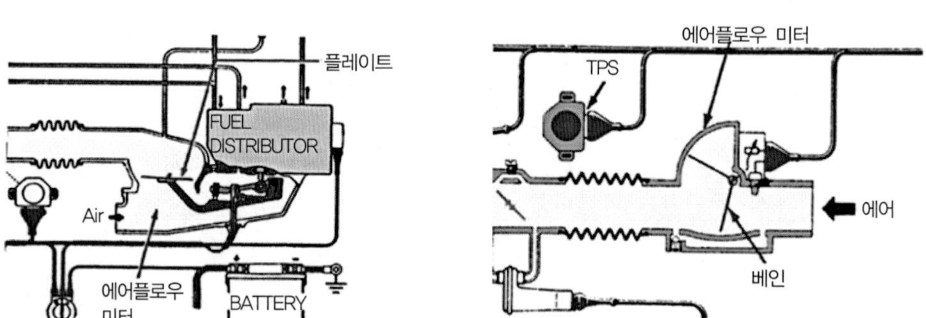

(a) 센서 플레이트 방식(K-jetronic)　　(b) 가동베인 방식(L-jetronic)

| 그림 8.14 | 직접 측정 방식

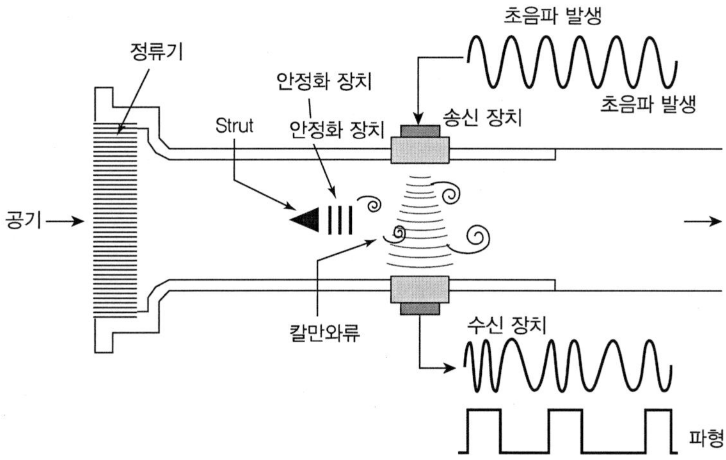

| 그림 8.15 | 칼만와류 타입 공기유량센서

렛으로 칼만와류를 발생시킨다. 칼만와류는 유체역학적으로 물체의 양측으로부터 발생하는 와류가 규칙적으로 양쪽에 나란히 발생하여 유속에 따라 와류수가 비례적으로 증가하는 원리를 이용한 것이다. 와류의 수와 유속과의 관계식은 다음과 같다.

$$f = k\left(\frac{v}{d}\right) \tag{8.4}$$

식에서 f는 칼만와류의 발생 주파수, v는 유속, d는 와류 발생주의 직경, k는 Strouhal수인 0.2를 나타낸다. 간접적으로 공기량을 계측하는 방법이지만 응답성에 문제가 없고, 디지털 신호이기 때문에 ECU에 유리하고, 잡음에 강하여 펄스의 빠짐이 발생하여도 문제는 크게 없다.

④ 열선방식(hot wire type)

그림 8.16은 열선타입 공기유량 센서를 나타낸다. 이 방법은 휘스톤 브릿지 전기회로에 저항 4개중 R_1은 가변저항, R_3 열선, R_2, R_4는 고정저항으로 구성된다. 열선에 전기를 가열하면 공기가 유입되면서 백금선의 온도가 변하면 V_2의 전압이 발생한다. R_1은 온도에 따라 저항이 변하는 가변저항으로 가열되면 저항이 높아지고 공기가 지나가면 저항은 떨어진다. 발열된 백금열선은 공급된 전류에 의해 뜨겁게 되고 흡입되는 공기는 열선을 냉각시키고, 공기량이 많을수록 열선에서 많은 열이 손실된다. 많은 열이 손실되면 더 많은 전류를 공급하여 특정 온도로 계속 유지시킨다. 전류의 변화를 검출하여 냉각될 때 가변저항이 변화되는 원리를 이용하여 공기량을 계측한다. 흡기관내에 백금열선을 두고 일정 전압으로 전류를 흘려 가열한 다음, 공기를 흐르게 하면 그 냉각효과

로 열선의 가변저항이 변한다. 이때 가는 열선에 공기가 지나가면서 열선으로 부터 빼앗은 열량과 질량 공기흐름은 다음 식(8.5)의 관계가 있다.

$$\Delta Q = \Delta T(C_t + (2\pi d C_v \dot{m}_a)^{1/2} \quad (8.5)$$

여기서, ΔQ : 공기유량 변화에 기인한 열량변화, ΔT : 공기와 센서 사이의 온도차, C_t : 공기 열전도도, d : 열선 지름, C_v: 공기의 열용량, $\dot{m}_a$: 공기 질량유량이다. 열선에 공기가 많이 흐르면 열선의 저항값이 작아지면 전압이 증가하여 저항에는 많은 전류가 흘러 다시 열선저항은 증가한다. 흡입공기의 증감에 따라 미소하게 가변저항이 변하여 출력전압(V_2)이 발생하고, 흡입공기의 증가에 따라 출력 전압은 증가하며 4V 인 경우 50~55L/s의 공기가 들어간다. 그림 8.16은 R_1은 가변저항, R_3 열선저항, R_2, R_4는 고정저항의 휘스톤 브리지이다. V_1은 가해지는 전압, V_2는 출력전압으로 열선저항에 공기가 통과하면 온도가 떨어져, R_1의 저항은 떨어지고 1-3과 2-4가 같은 전류가 되기 위해서는 R_3저항은 가열된다. 흡입공기에 의해 R_1 저항이 ΔR만큼 변화하면 키르히호프 제1법칙에 의거 다음의 식이 성립한다.

$$(R_1 + \Delta R) \times R_4 = R_2 \times R_3 \quad (8.6)$$

저항 1-3으로 흐르는 전압과 저항 2-4로 흐르는 전압을 빼면 출력 전압이 되고 이는 공기량이 된다.

$$V_2 = V_{13} - V_{24} = \left[\frac{R_1 + \Delta R}{R_1 + R_3} - \frac{R_2}{R_2 + R_4}\right] \times V_1 \quad (8.7)$$

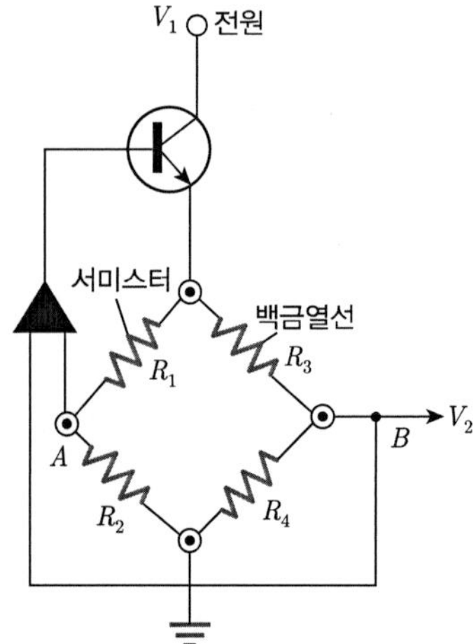

❙그림 8.16❙ 열선 타입 공기유량 센서의 원리

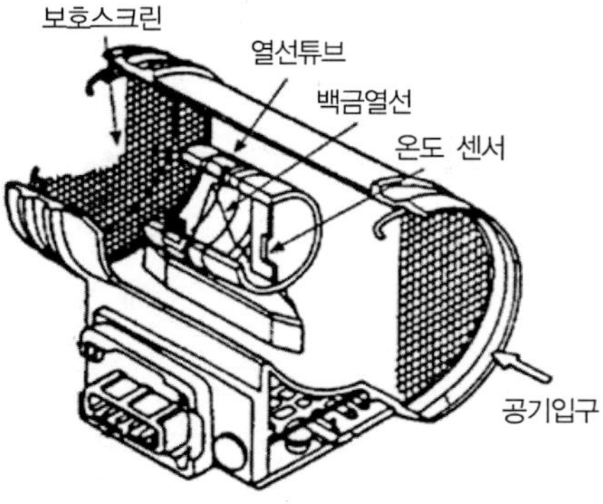

(a) 열선식 AFS

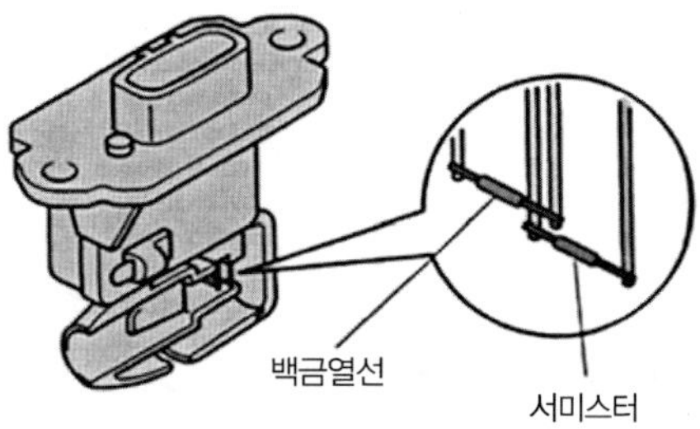

(b) 백금열선과 서미스터

그림 8.17 열선타입 공기유량센서

백금열선은 스크린으로 보호되고 그 안에 온도센서가 내장되어 있다. 백금을 사용하는 이유는 백금은 재료 특성이 좋고 사용 온도인 160℃에서도 열전달 특성이 좋다. 0.07mm로 가늘게 하면 반응성은 좋지만, 열선에 먼지가 묻으면 감도가 떨어지므로 처음 시동시 열선의 온도를 450℃로 올려 백금 선에 있는 먼지를 태워 없애는 클린 버닝을 한다. 열선타입은, 진동이나 쇼크에 의해 선이 끊어지기 쉬워서 백금 선을 얇은 막으로 만든 열막 방식이 개발되었다. 그림 8.18은 열선타입의 유량과 전압과의 관계를 나타낸다.

⑤ 열막방식(hot film type)

원리는 열선방식과 같지만 열선은 공기 중의 이물질이 흡착되면 감도가 떨어지므로 열선대신 열 필름을 사용하여 내구성을 높인 것이다. 고온물질로 코팅된 금속박막이나 니켈격자를 사용하여 이 막을 흐르는 전류가 필름을 가열하고, 필름을 통과하는 공기가 필름을 냉각시켜 필름은 일정한 온도로 유지된다.

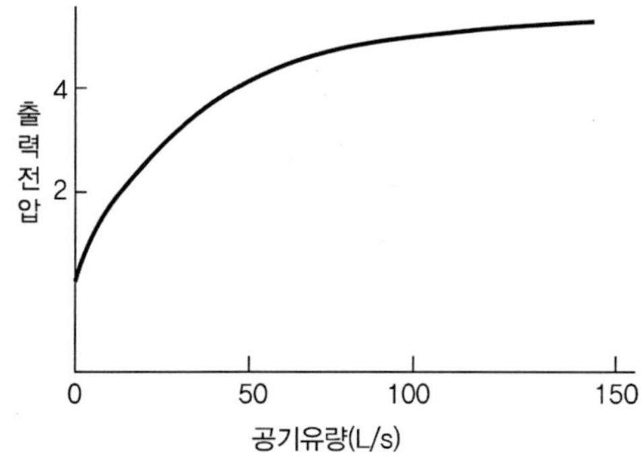

그림 8.18 열선 타입의 유량과 전압과의 관계

열막(hot film) 방식의 공기유량 센서는 흡입 측에 금속 망으로 된 흐름 망(flow grid)이 있고 흐름 망은 입구 측에서 유입되는 공기의 흐름을 안정화시킨다. 열선(hot wire)의 백금선 대신에 세라믹 기판 위에 열막센서(hot film sensor)를 코팅(coating)해 놓았다. 그림 8.19는 열막 타입의 회로도와 전압과 공기량을 나타내고, 공회전시 0.5 V, 2000 rpm일 때 1 V의 출력전압을 나타낸다. 열선에 해당하는 히팅저항에 가해지는 전류에 의해 가열된다. 공기가 흐르면 센싱저항은 감소하고 휘스톤 브리지의 균형을 위해 히팅저항이 가열되면 가열 전류량은 늘어난다. 공기량은 전류량에 비례한다.

간접 측정방식

스로틀밸브가 약간 열리면 부압이 커져 진공도가 커지고 가속페달을 깊게 밟으면 스로틀밸브가 완전히 열려 부압은 없어지고 대기압에 가까워지므로 흡기 매니폴드의 절대압력을 측정하여

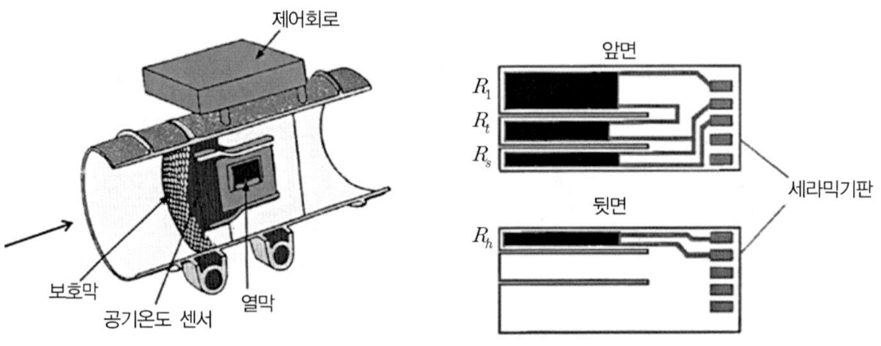

(a) 구조　　(b) 열막의 구조

그림 8.19 열막 센서 구조도

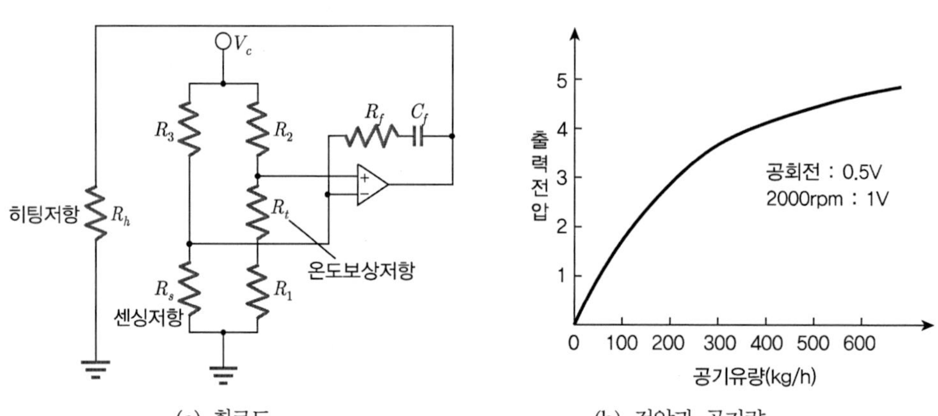

(a) 회로도　　(b) 전압과 공기량

그림 8.20 열막 센서

흡입 공기량을 간접적으로 측정하는 방식이다. MAP센서는 매니폴드의 압력과 MAP센서 진공실의 압력차이를 측정하여 흡입 공기량을 간접 계산한다. 종류에는 대기압 게이지에 의한 방법과 진공 게이지에 의한 방법이 있다. 그림 8.21과 같이 다이어프램으로 2개의 공간으로 분리되어 있고 그림 8.21(a)는 대기압을 기준으로 하는 대기압 게이지이고, 그림 8.21(b)는 MAP 공간을 진공으로 만든 진공 게이지이다. 대기압 게이지는 대기압이 변하기 때문에 정확성이 진공 게이지보다 떨어진다. 진공실과 매니폴드 압력사이에는 피에조 압전효과를 이용하는 센서 칩이 있어 양단의 압력차이에 따라 저항값이 변하고 이 값을 전기신호로 변화시킨다. 피에조 압전효과는 반도체에 힘이 가해지면 저항이 선형적으로 변하고 기전력이 발생되는 효과이다. 매니폴드의 진공변동에 따른 기전력을 증폭하여 흡입 공기량으로 하고 이를 ECU에 입력하면 엔진의 부하에 따른 연료의 분사량과 점화시기를 결정된다.

그림 8.22(a)는 MAP 센서의 회로도이다. 피에조 저항 R_1이 변하면 휘스톤 브리지는 균형을 이루기 위해 출력 전압이 변한다. 압력차이에 의해 반도체의 센서 칩에 찌그러짐이 발생하면 그 변형에 따라 피에조 저항이 변한다. 이 저항의 변화를 휘스톤 브리지로 증폭을 시키면 아날로그 출력전압이 발생한다. 그림 8.22(b)는 MAP의 출력전압을 나타내고 특성은 선형적으로 변한다. 공회전시, 150 mmHg의 높은 부압으로 출력전압은 1V, 전부하시는 대기압 760 mmHg으로, 출력전압은 3.7 V이다. 스로틀밸브가 적게 열리면 매니폴드의 진공은 높아지고, MAP 센서의 출력전압은 낮게 되어 연료 분사량은 적어진다. 가속시 스로틀밸브가 많이 열리면 매니폴드 진공은 낮아지고, MAP 센서의 출력전압이 높게 되어 연료 분사량은 많아진다. 그리고 450~500 mmHg의 중간 진공은 배출가스 제어장치, 브레이크 배력장치, 증발가스 제어장치에 이용한다. MAP 센서를 이용하는 간접 측정방식은 흡기저항에 영향을 주지 않아 흡기관의 경량화, 원가절감, 고장 등에 유리하지만 공기밀도의 변화에 따라 빠르게 대응하지 못하는 단점이 있다. 간접 측정방식은 정확성은 떨어지지만 원가가 낮은 장점으로 많이 사용이 되고 있다.

8.1.11 캠축, 크랭크축 위치센서

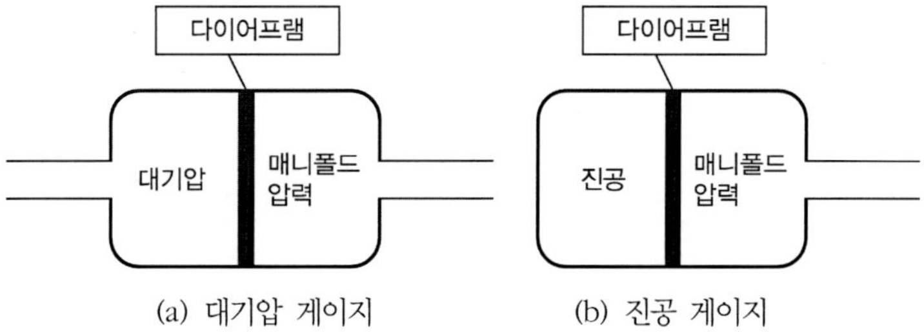

그림 8.21 대기압 게이지와 진공 게이지

흡입 공기량을 계측할 때 공기유량 센서는 1사이클마다 흡입 공기량의 검출은 불가능하여 단위 시간당 흡입 공기량을 검출한다. 단위 시간당 흡입 공기량을 검출하고 분사시기, 점화시기 제어를 위해 캠축과 크랭크축 위치를 검출해야 한다. 캠축과 크랭크축의 위치를 감지하는 센서는 엔진 회전수, 연료 분사시기와 점화시기에 대한 기준 신호를 제공한다. 캠축 위치는 1번 실린더의 상사점 위치를, 크랭크축 위치는 크랭크축의 회전속도를 계산하는데 필요하다. 캠축의 위치를 측정하는 센서를 No.1 TDC 센서, 캠축위치 센서(camshaft position sensor, CMP), 크랭크축 위치를 측정하는 센서를 크랭크각 센서(CAS), 크랭크각 위치 센서(crankshaft position sensor, CKP)라고 한다. No.1 TDC와 CAS센서는 배전기내에 결합되어 있는 형이고, CMP와 CKP는 분리형이다. 감지하는 방법은 마그네틱 픽업 방식, 홀효과 방식, 광전식 등이 있고 배전기 방식의 No.1 TDC와 CAS센서는 배전기에 내장된 광전식을 사용하고, 무배전기 점화방식(DLI, DIS)에서는 CMP, CKP라고 하며 마그네틱 픽업방식 혹은 홀효과 방식을 사용한다. 마그네틱 픽업방식은 크랭크축에 타이밍 디스크나 펄스 링이 장착되고 그 위에 돌기나 노치가 있는 설치되고, 캠축에는 돌기가 만들어져 있다. 캠축 센서는 1번 실린더 압축 상사점을 감지하여 실린더 점화순서를 결정하는 신호이고, 크랭크각 센서는 크랭크축의 위치를 감지하여 엔진 회전수, 엔진 1회전당 흡입 공기량, 연료 분사시기, 점화시기 등을 계산하는데 사용한다.

ECU는 이들 신호를 이용하여 점화시기와 분사시기를 제어하고 각 실린더의 연료분사 순서도 결정한다. 센서의 신호가 정확하지 않으면 순차분사가 되지 않아 시동이 꺼질 수 있으며 공회전이 불규칙해진다. 크랭크각 위치 센서의 종류에는 CMP, 1번 TDC 센서, G센서, 페이즈(phase) 센서 등이 같은 의미이고 캠각 위치 센서의 종류에는 CKP, CAS, NE 센서 등이 같은 의미이다. 표 8.6은 CMP과 CKP의 종류를 나타낸다.

① 마그네틱 픽업 센서(magnetic pick up sensor) = 무배전기 타입
 = 자기 저항형 센서(reluctance sensor)
 ▷ CKP(crankshaft position sensor)
 ▷ CMP(camshaft position sensor)

② 홀효과 센서(hall effect sensor) = 무배전기 타입
 ▷ CKP(crank position sensor)
 ▷ CMP(cam position sensor)

③ 광전식 센서 = 배전기 타입
 ▷ CAS(crank angle sensor)
 ▷ NO.1 TDC sensor

표 8.6 CMP과 CKP의 종류

센서 종류	신호	종류	방식	역할
캠축센서	1번 실린더 압축 상사점 감지	CMP, G sensor, Phase sensor, NO.1 TDC sensor	• magnetic pick up 방식 • 홀효과 방식 • 광전식	실린더를 판별하여 점화 순서를 결정하는 신호
크랭크각 센서	상사점에 관련된 크랭크축의 위치를 감지하는 센서	CKP, NE sensor, CAS	• magnetic pick up 방식 • 홀효과 방식 • 광전식	센서에서 나오는 신호를 기초로 하여 연료 분사 시기를 결정하고 엔진 1 회전당 흡입 공기량, 점화시기 등을 계산

마그네틱 픽업 방식(magnetic pick up method)

영구자석에 코일을 감고 전기를 가하면 전자석이 된다. 이 전자석에 자석을 가까이 혹은 멀리 하면 자기장이 발생하고, 이 자기장을 변화시키면 전자석에는 전자기 유도현상에 의해 전기가 발생한다. 즉 전자기 유도현상은 코일이 헐겁게 감긴 영구자석을 움직이면 코일에 전기가 발생하는 현상이다. 영구자석에 코일을 감은 것을 픽업코일이라 하고 일종의 소형 교류 발전기이며, 스테이터(stator)라고도 한다.

픽업코일의 자기저항(reluctance)은 자속을 통과하지 못하도록 하는 저항으로 외부의 진동에 의해 산과 골에서 자기저항이 변하고, 자기저항이 변하면 코일의 리액턴스와 임피던스가 변하여 아날로그파의 파형이 발생한다. 외부에서 가하는 진동이 크면 높은 전압이, 진동이 약하면 낮은 전압이 발생한다. 즉 플라이휠에 장착되어 회전하는 타이밍 디스크(감쇠자, reluctor)는 회전에 의해 진동을 발생하고, 진동이 고정된 픽업코일의 자기저항을 변화시키면, 픽업코일에서 전압파형이 발생한다. 타이밍 디스크에는 많은 돌기가 새겨져 있으며 픽업코일이 돌기(산)를 짧게, 평면(골)은 길게 지난다. 돌기를 지날 때는 강한 자기장의 펄스가 만들어지고, 평면을 지날 때는 약한 자기장의 펄스가 만들어진다. 타이밍 디스크와 픽업코일 사이의 갭에 따라 자기장의 세기가 달라지며, 타이밍 디스크의 돌기가 36개이면, 35개의 돌기와 1개가 돌기가 빠진 골이 있어 크랭크축의 1회전에 35개의 일정한 전압파형과 1개의 큰 전압파형이 발생한다. 전압파형으로 엔진의 회전수를 계산한다. 캠축의 돌기와 픽업코일에 의해 만들어진 전압파형은 1번 실린더 상사점 위치를 계산한다. 타이밍 디스크의 돌기에 픽업코일을 지나가면 높은 전압신호가 발생한다. 파형 1개의 각도는 360/36 = 10° 이며 9, 27번째인 곳이 TDC이고 1개 전인 10° 에서 폭발이 일어나고, 2개전인 20° 에서 인젝터에서 연료가 분사한다. 전체가 36개인 돌기가 플라이휠에 그림 8.23와 같이 되어 있고, 플라이휠 1바퀴 회전에 2번의 폭발이 일어난다. 플라이휠에서 CKP, CMP 기능을 같이 하는 방법과 크랭크축에서 CKP, 캠축에서 CMP 기능을 하는 방법이 있으며 후자는 전자보다 더 정확하다. 표 8.7은 저항의 종류를 나타낸다. 전선은 저항으로 표시되고, 코일은 유도 리액턴스, 콘덴서는 용량 리액턴스, 임피던스는 R-L-C회로의 합성저항, 자석의 저항은 릴럭턴스라고 한다.

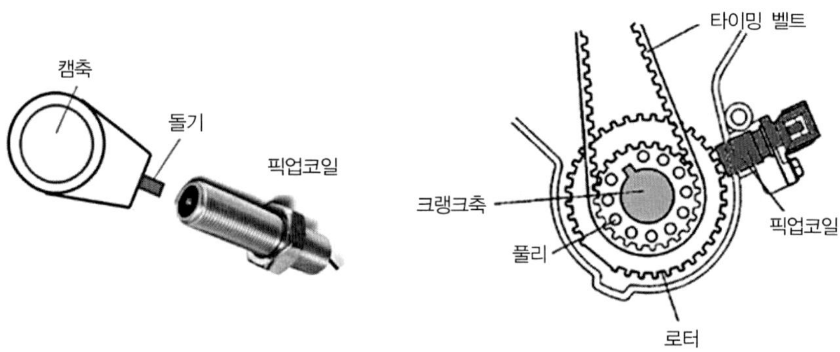

(a) CMP (b) CKP

| 그림 8.23 | 마그네틱 픽업방식

표 8.7 저항의 종류

종류	저항
전선	저항(R)
코일	유도 리액턴스(L)
콘덴서	용량 리액턴스(C)
임피던스	R-L-C 합성저항
자석	릴럭턴스

그림 8.24는 마그네틱 픽업방식의 파형을 나타낸다. 표 8.8은 가솔린 엔진에서 사용되는 센서의 계측방법을 나타내고 표 8.9는 디젤엔진의 센서의 계측방법을 나타낸다. CRDI 엔진의 경우, CMP는 홀효과, CKP는 마그네틱 픽업방식을 많이 사용한다. 이 방식은 구조가 간단하고 원가가 적은 장점이 있지만 파형은 아날로그 신호를 발생한다.

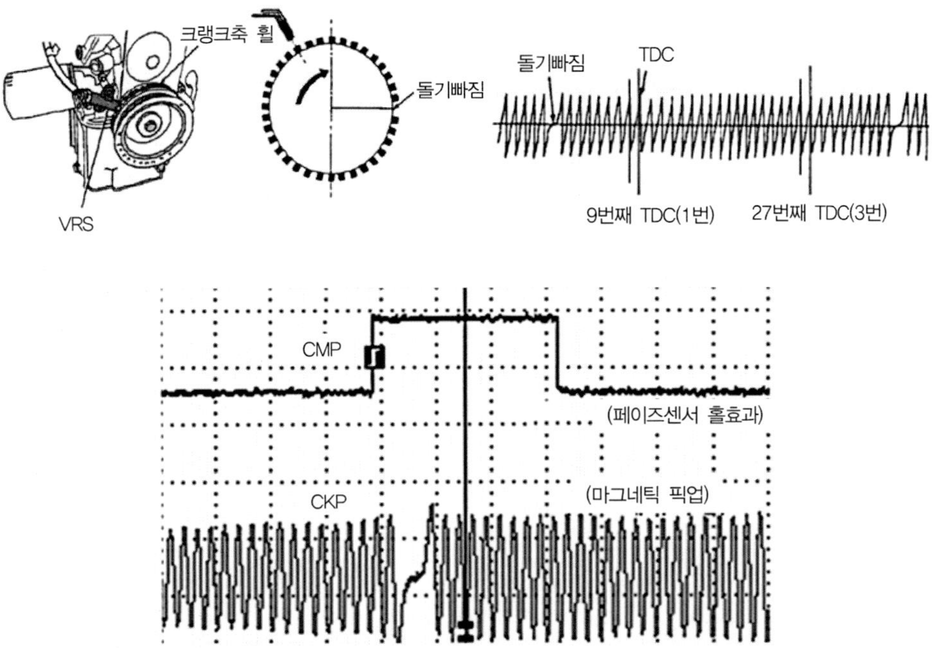

| 그림 8.24 | 마그네틱 픽업 방식의 파형

표 8.8 가솔린 엔진별 센서 종류

종류	CMP 센서	CKP 센서
ϵ 엔진	광전식, 홀효과	광전식, 홀효과
α 엔진	홀효과	마그네틱 픽업
β 엔진	홀효과	홀효과
시리우스 II 엔진	홀효과	홀효과
δ 엔진	홀효과	홀효과
Σ 엔진	홀효과	홀효과
Ω 엔진	홀효과	홀효과

표 8.9 디젤엔진별 센서 종류

종류	CMP 센서	CKP 센서
D 엔진	홀효과	마그네틱 픽업
A 엔진	홀효과	마그네틱 픽업
J 엔진	홀효과	마그네틱 픽업

홀효과 센서

홀효과는 그림 8.25와 같이 전기장이 자기장을 가로 질러 존재하면 도선을 가로지르는 전위차가 발생하는 현상이다. 즉 편형한 반도체 판에 전류를 길이방향으로 가하고 자기장을 편평한 판에 수직으로 가하면, 반도체에는 전압이 발생하는데 이 전압이 디지털 방식의 홀전압이다. 홀효과는 크랭크각 센서(CKP)와 캠각 센서(CMP)에 사용되어 엔진 회전수와 피스톤의 위치를 감지한다. 홀효과는 마그네틱 픽업 대신에 P 타입 반도체인 홀 엘리먼트를 사용한다. 이 반도체에 영구자석의 자기장을 돌기를 이용하여 가까이 혹은 멀리하거나, 셔터와 윈도우을 이용하여 전달과 차단, N극, S극의 자석링을 교대로 가하면, 홀전압을 발생시킨다. 홀소자 IC는 트리거휠과 영구자석 사이에 위치하며 홀소자에 전류를 가하고, 홀소자 IC 앞에 붙어 있는 자석 로터의 회전에 따라 홀소자 IC를 통과하는 자기장을 변화시키면 자기장의 세기에 따른 홀전압이 발생한다. 그림 8.26(a), (c)는 홀효과를 이용한 크랭크각 센서의 구조를 나타낸다.

그림 8.26(b)의 셔터와 윈도우 방법은 마그네틱 픽업방식의 타이밍 디스크에 해당하는 인터럽트 링에 셔터와 윈도우가 만들어져 있고, 4기통인 경우, 영구자석과 홀소자 IC를 차단하는 4개의 셔터가 있다. 중심축은 캠축과 연결되어 회전하고, 윈도우를 통해 영구자석에서 자기장이 전달된다.

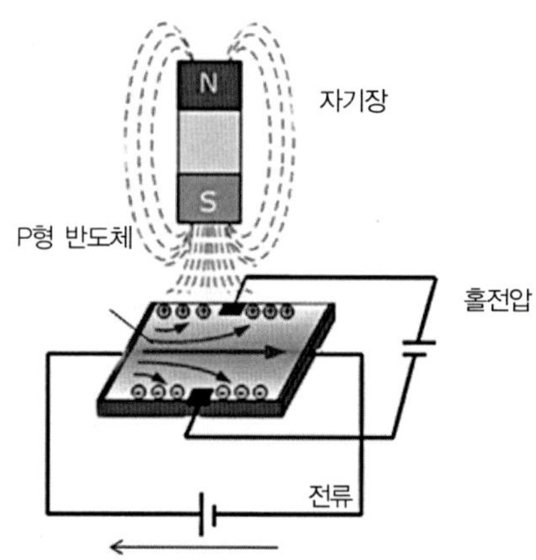

그림 8.25 홀효과의 원리

(a) 자석링 방법

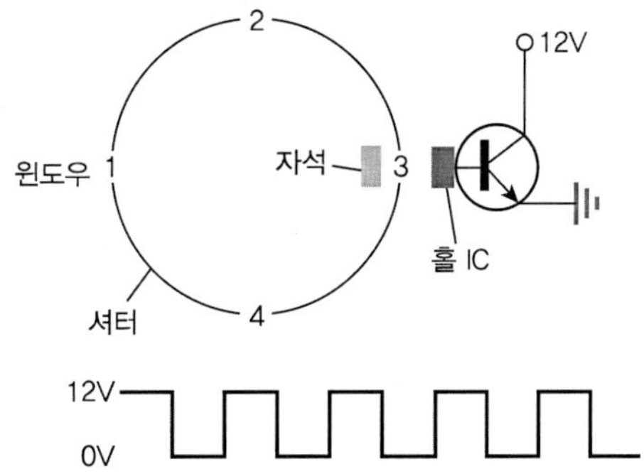

(b) 셔터와 윈도우 방법(배전기 타입)

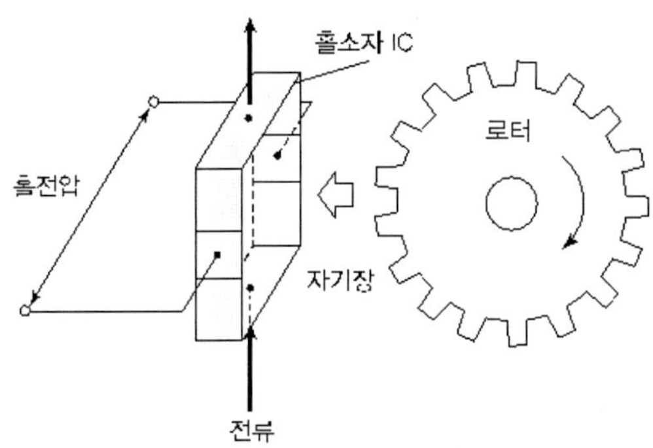

(c) 돌기 방법(무배전기 타입)

| 그림 8.26 | 홀효과를 이용한 캠각, 크랭크각 센서 구조도

만약 4개의 윈도우와 홀IC가 만나면 홀IC에 자기장이 가해지고 변화량 만큼의 홀전압이 생성된다. 윈도우가 영구자석과 홀IC 사이의 갭을 지나가면 자기장에 의해 전압이 발생하고 트랜지스터는 ON된다. 셔터가 영구자석과 홀 IC 사이를 지나가면 자기장이 차단되고 홀전압도 발생하지 않는다. 홀효과 방식은 디지털 신호로 출력되기 때문에 ECU는 디지털 신호를 바로 인식할 수 있다. 이 방식과 마그네틱 픽업 방식의 구별법은 커넥터핀의 수가 3개이면 홀효과를 이용한 센서이고, 2개이면 마그네틱 픽업 방식을 이용한 것이다. 페이즈 센서(Phase Sensor), 캠 위치 센서인 CMP는 캠축의 회전을 이용하여 1번 실린더 상사점을 검출하고, 실린더 점화순서를 결정한다. 피스톤이 상사점에 있으면 실린더는 압축이나 배기행정 상태이다.

▶ 광전식 센서(Photoelectric Sensor)

광전식 크랭크각 센서(CAS)는 배전기에 내장되어 있다. 캠축의 회전에 의해 배전기의 로터가 회전하고 발광 다이오드와 포토 다이오드 사이에 빛이 통과할 수 있는 그림 8.27과 같은 슬릿

(slit)판을 두어, 캠축이 회전하면 슬릿 판도 같이 회전하여 발광 다이오드에서 발광되는 빛이 슬릿을 통과하여 포토 다이오드에 도달한다. 이 빛은 전기신호로 변경되고 전기신호는 연산증폭기에 의해 증폭되어 전압파형으로 출력된다. 디스크 슬릿 판과 다이오드는 배전기축에 고정되어 축의 회전에 따라 회전한다. 디스크 슬릿 판에는 90° 간격으로 4개의 홈이 파져 있는 슬릿과 1개의 홈이 파져 있는 슬릿 총 5개로 구성되어 있어, 축에 고정된 디스크가 1회전할 때 4번 빛을 투과시키는 슬릿이 크랭크각 센서 신호이고 1번의 빛을 길게 투과시키는 것이 1번 실린더 TDC 센서이다. 1번 실린더 TDC 센서는 점화에 기준이 되는 실린더의 위치를 검출하고 슬릿 판 360° 중 70~110° 의 각도로 홈이 파져 있다. 그림 8.27은 광전식 센서의 구조와 파형을 나타낸다. CAS(crank angle sensor)는 4개의 슬릿으로 NO.1 TDC는 1개의 슬릿으로 구성된다. 그에 따른 파형모양은 디지털로 CAS가 4개의 전압파형을 발생할 때 TDC는 1개의 전압파형을 발생한다. CAS는 컨트롤 릴레이를 통하여 12V를 공급받아 내부 회로를 구동하고 캠축의 회전에 의해 슬릿 판이 회전하면 출력측에는 CAS와 TDC 신호가 디지털 파형으로 출력되고, ECU는 이 신호로 엔진 회전수, 연료 분사량, 점화시기를 계산한다.

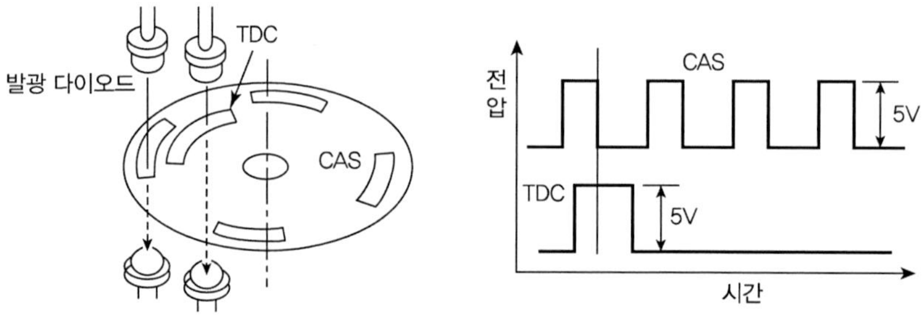

┃그림 8.27┃ 광전식 센서의 구조와 파형

▶ MRE(magnetic ring element) 센서

이 센서는 회전하는 N, S극 자석링을 사용하여 홀소자 IC 대신에 자석저항 엘리먼트(MRE)를 사용하여 자기장의 변화를 감지한다. 자기장의 변화는 전압을 디지털 신호로 출력한다. N극에서 12V, S극에서 0V의 출력이 발생되고 차량의 속도를 측정하는 센서이다.

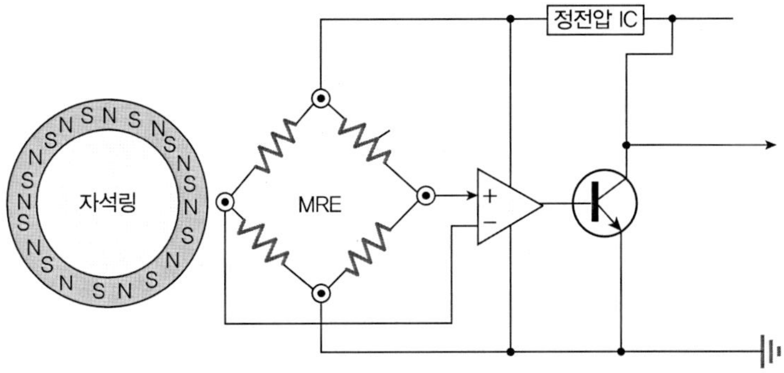

▌그림 8.28▐ MRE 센서

8.1.12 산소센서(Oxygen Sensor)

엔진은 스로틀밸브의 펌핑 손실에도 불구하고 저속시에 공기가 많이 들어오면 많은 연료를 분사하는데 그 이유는 가솔린 기관은 공기가 많이 들어온 상태에서 연료를 적게 분사하면 희박연소가 되어 연소가 잘 되지 않기 때문이다. PFI 엔진은 주로 농후상태나 이론공연비 상태로 제어를 하고 이를 알 수 있는 방법은 배기가스 내의 산소량을 측정하여 산소가 많으면 희박연소, 산소가 적으면 농후연소로 판정한다.

- 산소(O_2)센서 : 배기가스내 산소의 분압을 측정하여 이론 공연비 부근에만 적용이 되는 이론공연비 센서이다.
- 람다센서(λ센서) : 공연비를 가로축에, 세로축에 출력을 그리면 완전 연소의 당량비 1인 점에서 TWC 효율이 가장 좋아, 그 형태가 λ와 비슷하여 붙여진 이름이다.
- 공연비 센서(A/F센서) : 공기와 연료의 비를 측정하는 센서로 (초)희박 공연비에도 사용이 된다.
- 공기비(λ) : 실제 연소에 필요한 공기량과 이론 공기량의 비를 나타내며, 1이상이면 희박상태, 1이하이면 농후상태이다.
- 당량비(Φ) : 공기비의 역수이며, 1이상이면 농후상태, 1이하이면 희박상태이다.

산소센서는 배기 매니폴드나 배기 파이프에 설치되며 배기가스 내의 산소의 양을 측정한다. 산소가 산소센서에 닿으면 배기가스 내의 산소량에 따라 1~5 V의 전압이 발생하고 산소량이 많을수록 작은 전압이 발생된다. ECU는 이 신호를 이용하여 혼합비가 농후한지 희박한지 판단하여 이론공연비 제어를 한다. 지르코니아식 전압신호는 0~ 1000 mV 사이이며 450 mV이면 이론공연비에 가깝고, 450 mV 이상이면 산소량은 적어 공연비는 농후하고, 450 mV 이하이면 산소량이 많아 공연비는 희박하게 된다. 지르코니아식 산소센서의 특징은 다음과 같다.

① 지르코니아 소자는 소자 안과 바깥의 산소 농도차이가 있으면 작은 기전력을 발생하는 특징이 있다.
② 지르코니아 소자는 온도가 낮으면 비전도체가 되어 온도가 350~600℃에 도달해야 전압신호를 발생한다. 따라서 센서 냉간시에는 제어는 개방회로로 있게 되어 ECU는 산소센서의 모든 신호를 무시하고 이론공연비를 유지하기 위해 ECU에 저장된 룩업 테이블(look up table)의 데이터를 이용한다.
③ 작동온도에 도달하면 산소센서는 전압신호를 발생하고 ECU는 폐회로로 전환된다.
④ 산소센서 전극에 사용하는 백금은 배기가스 내의 산소와 CO를 결합시키는 촉매작용을 하고 배기가스 쪽의 산소농도를 저하시켜 산소센서의 기전력을 발생시키는 촉진 역할을 한다.
⑤ 엔진을 공회전하면 산소센서는 냉각되고 시스템은 개방회로로 들어간다.
⑥ ECU는 인젝터의 분사시간을 제어하여 혼합기의 농후와 희박상태를 제어한다.
⑦ 람다(λ) 센서, O_2 센서(이론공연비 센서), 상하류 산소센서, HO_2S(heated O_2 sensor), 공연비 센서(A/F sensor), UEGO(전영역 공연비 센서) 등의 용어로 사용이 된다.

산소센서는 배기가스 중에 포함된 산소농도를 측정하여 공연비 상태가 농후인지 희박인지의 여부를 검출하여 이론공연비 연소가 되도록 한다. 이론공연비 상태에서는 삼원촉매의 전환효율이 높아서 배기가스의 배출이 적어진다. 이를 이론공연비 제어라고 하며 PFI 가솔린 기관에서 가장 중요한 제어이다. 산소를 감지하는 재료에 따라 지르코니아 센서와 티타니아 센서로 분류한다.

▶ 지르코니아식 산소센서

지르코니아는 티탄족인 지르코늄의 산화물로 분자량 123, 녹는점 약 2700℃의 내식성이 강한 금속이며 지르코니아에 이트리아(Y_2O_3)를 첨가하여 세라믹의 일종인 지르코니아(ZrO_2) 전해질로 만들어 사용한다. 지르코니아는 상온에서 저항이 무한대이어서 전도성이 없지만, 지르코니아는 350℃가 되면 활성화되어 전도체로 되기 시작한다. 세라믹의 온도는 산소이온의 전도성과 기전력에 영향을 미치고, 활성화는 산소이온이 움직이기 시작한다는 의미이며, 지르코니아의 최적인 반응온도는 500~600℃이고 500℃일 때 효율이 가장 좋다. 가열식 산소센서는 활성화 시간을 단축시키기 위하여 튜브 내에 히팅코일을 설치한 것으로, 가열히터는 냉간시 배기가스 온도가 낮을 때 작동한다. 구조는 백금막을 입힌 전극 내에 지르코니아 전해질을 넣고, 표면은 양쪽을 고급 귀금속인 백금으로 코팅한다. 백금의 양쪽 면에 전극을 연결하면 농도차이에 의해 작은 기전력을 발생하는 소형 교류 발전기의 일종이다. 지르코니아 산소센서는 표면을 백금으로 코팅한 지르코니아 소재를 U자형으로 성형하여 내부 코팅면은 (+)전극, 외부 코팅면은 접지로 한다. 그림 8.29는 지르코니아 셀의 구조를 나타낸다.

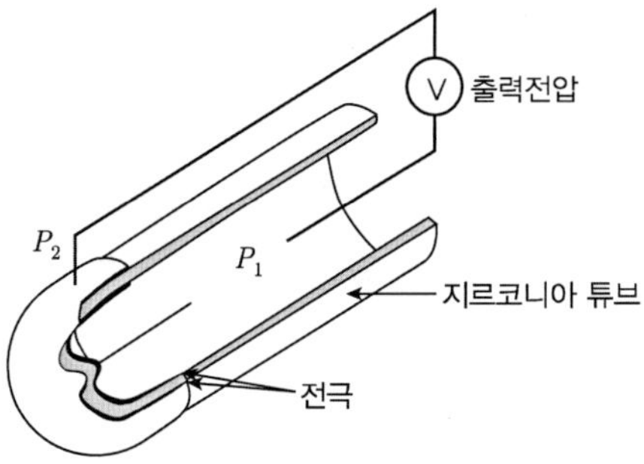

그림 8.29 지르코니아 셀의 구조

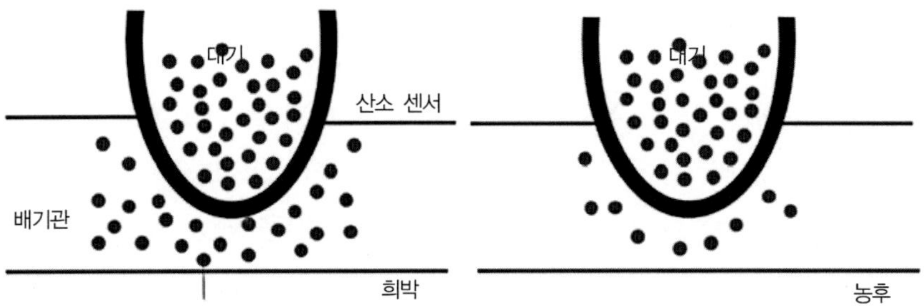

그림 8.30 희박과 농후

백금 자체는 화학반응을 하지 않지만 다른 반응을 촉진시키는 역할을 하고, 백금이 코팅된 전극에 접촉되는 산소는 소비되어 농도차이를 발생한다. 백금이 없으면 생성되는 전기는 너무 약하여 신호로 사용할 수 없다. 그림 8.31은 지르코니아 산소센서의 구조를 나타낸다. 공기 흡입구멍으로 대기의 공기가 들어가고 배기가스 흡입구로 배기가스가 들어간다. 센서의 바깥쪽은 산소농도가 낮은 배기가스가 접촉하고, 안쪽은 산소농도가 높은 대기가 접촉하게 되어 있어, 양단의 산소이온 농도 차이에 의해 기전력이 발생한다. 배기가스 내 산소농도가 높으면 대기 공기와 배기가스 내의 산소이온의 차이가 작아져 기전력도 작아지며 희박($\lambda > 1$, $\Phi < 1$)상태로 된다. 네른스트(Nernst)원리는 대기의 산소분압과 배기가스내 산소분압의 차이에 따라 기전력이 다르게 발생되는 원리로 산소센서는 이 원리를 이용한다. 산소센서의 전압은 공기 내의 산소분압과 배기관내의 산소분압의 차이에 의하여 결정되며 다음과 같다.

$$V = \frac{2.303RT}{4F} \log \frac{P_1}{P_2} \tag{8.8}$$

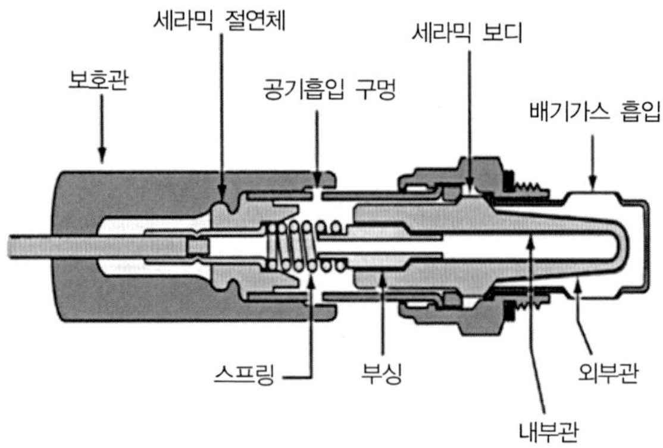

❙그림 8.31❙ 지르코니아식 산소센서의 구조

여기서 R은 가스정수, T는 셀의 절대온도, F는 패러데이 상수, P_1은 배기의 산소분압, P_2는 튜브속의 산소분압을 나타낸다. 셀의 양쪽이 공기이면 log 1 = 0이어서 출력은 0 V이다.

이론공연비 $\lambda = 1(\lambda = 0.99 \sim 1.01)$의 범위에서는 배기가스 내의 산소농도의 급격한 변화로 센서의 출력값도 급격하게 변하고, 농후하면 기전력이 커지고 희박이면 작아진다. 배기가스 내의 산소농도로 공연비 상태를 알 수 있다. 또한 기전력 변화의 반응시간은 세라믹의 경우, 온도 350~600℃에서는 50 ms보다 적다. 공기가 부족한 농후상태이면($\lambda < 1$) 전압은 800 mV~1000 mV이고, 공기가 과잉인 희박상태이면($\lambda > 1$)는 100 mV이하로 떨어진다. 농후에서 희박상태로의 전환은 100 mV에서 800 mV로 됨을 의미한다. 그림 8.32는 과잉 공기율(공기비), 산소센서 온도, 산소센서 출력전압의 상관관계를 나타낸다. $\lambda = 0.99 \sim 1.01$의 범위에서 배기가스

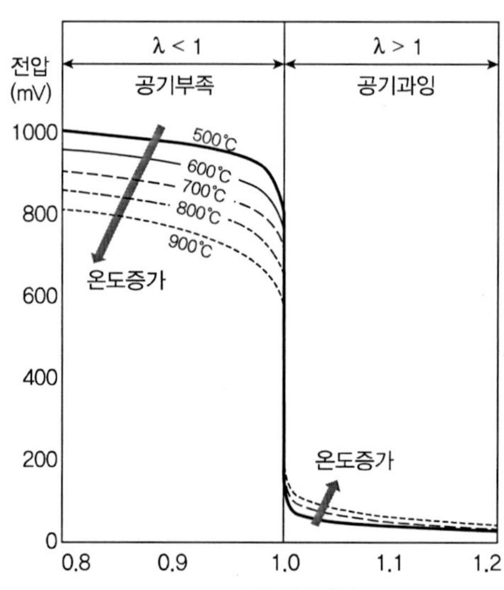

❙그림 8.32❙ 과잉 공기와 센서 전압과의 관계

내의 산소농도는 급격하게 변하고 이러한 변화는 급격한 기전력의 변화를 발생시킨다.

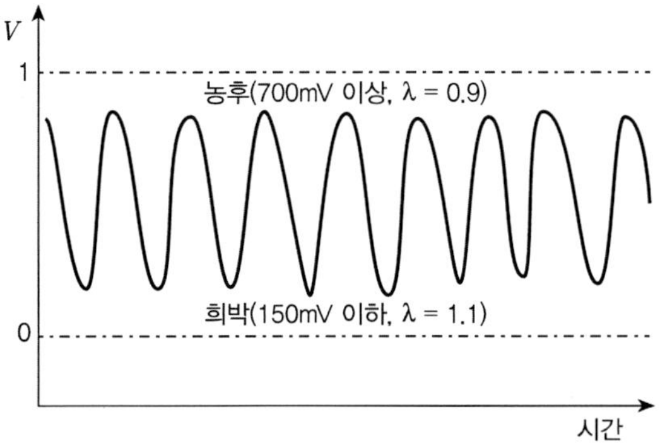

| 그림 8.33 | 산소센서 파형

티타니아식 산소센서

지르코니아 산소센서는 이론공연비 부근의 산소량에 따라 전압이 발생되고, 티타니아(TiO_2) 산소센서는 이론공연비 부근의 저항값의 변화에 따라 전압이 발생한다. 티타니아식 산소센서는 센서의 끝에 티타니아의 두꺼운 막을 입힌 구조로 배기가스내 산소를 감지한다. 티타니아는 티타늄의 산화물로 분자량 47.88, 녹는점 약 1,680℃로 강도와 내식성이 우수한 금속이다. 구조는 티타니아 전해질에 백금선인 전극을 접합하여 만들고 티타니아 전해질은 전압이 변하는 지르코니아와는 다르게, 배기가스 내의 산소농도 변화에 따라 내부 저항값이 변화한다. 특히 이론공연비 부근에서 저항이 급변하며, 저항은 금속의 온도에 따라 변화하므로 정확한 측정을 위하여 일정한 온도가 유지되어야 한다. 전해질의 저항 값은 산소농도에 따라 변하고 산소농도가 높으면 전해질의 저항 값이 커지고 산소농도가 낮으면 저항 값이 작아진다. 이 센서 역시 활성화 온도가 있어 냉간시에는 활성화되지 못하고, 산소량에 따라 소자의 저항이 변하기 때문에 지르코니아 산소센서와 같이 대기공기의 산소가 필요가 없어 사막등 먼지가 많은 장소에서 사용한다. 일반적으로 농후 1 V, 희박 5 V이지만 차량에 따라 농후 0 V, 희박 1 V를 내기도 한다. 지르코니아는 입력전압이 없이 생성되는 기전력을 이용하고, 티타니아는 5 V를 입력하여 출력되는 전압을 이용한다.

티타니아 산소센서는 이론공연비 부근에서 변화되는 저항값의 감지를 빠르게 할 수 있어 지르코니아 산소센서보다 응답성이 좋고, 티타니아 소자에 연결된 2개의 백금전극에 한 선에 기준 전압인 5 V를 가하면 다른 선에서 타티니아 소자의 저항 값에 따라 전압이 출력된다. 그림 8.34는 티타니아식 산소센서의 구조를 나타낸다.

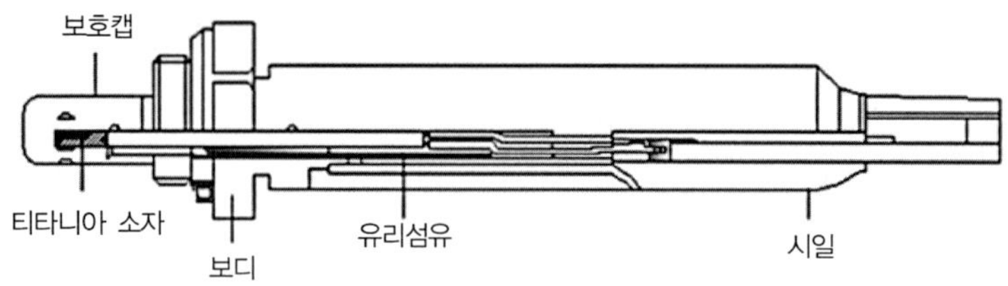

▎그림 8.34 ▎ 티타니아식 산소센서의 구조

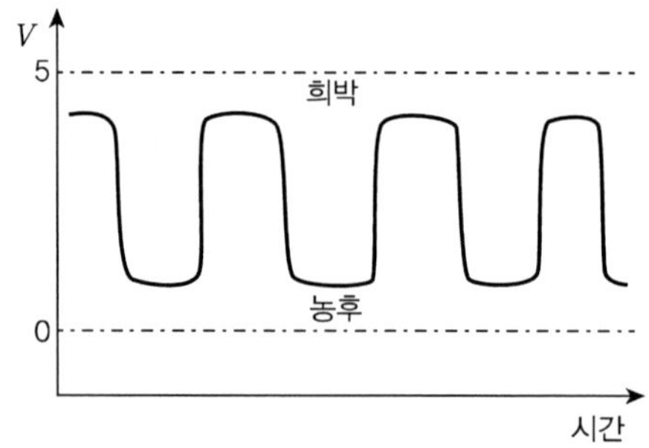

▎그림 8.35 ▎ 티타니아 산소센서 파형

▶ 이론공연비 센서(O_2 sensor), 광역 산소센서(Wide Band Oxygen Sensor)

이론공연비는 공기와 연료의 무게비로서 공기의 무게를 연료의 무게로 나눈 값이다. 공연비가 14.7 이상으로 커지면 공기가 많아져 희박한 혼합기가 되고, 반대로 공연비가 14.7 이하로 적어지면 공기가 적어져 농후한 혼합기가 된다. 이론공연비란 가솔린(C_nH_m)과 산소가 산화반응을 일으켜 완전 연소를 하기 위한 중량비율을 이론적으로 구한 값으로, 가솔린은 각종 탄화수소의 혼합물이어서 하나의 수치로 표시하는 것은 불가능하지만 일반적으로 가솔린 14.7 : 1, 디젤 14.6 : 1의 값으로 표시된다. 일반(narrow band) 산소센서는 이론공연비 센서로 가솔린 엔진제어의 목표인 이론공연비인 14.7 : 1로 연소를 할 때 정확하게 삼원촉매가 작동을 하고 범위를 센서가 감지를 한다. 이 영역의 폭은 $\lambda = 0.9 \sim 1.1$ 정도로 좁다. GDI 엔진에서와 같이 20~50 : 1의 초희박 상태에서는 일반 산소센서는 반응 폭이 작아서 공연비를 정확하게 출력할 수 없는 단점이 있어, 이런 점을 보완한 것이 광역(wide band) 산소센서인 A/F센서이다. 이 센서는 초희박 공연비에서도 공 연비를 정확하게 알아낼 수 있어 가솔린 린번엔진, GDI엔진, CRDI엔진 등 희박연소 엔진용으로 사용된다. 희박 공연비(LAF, lean Air Fuel) 센서, AF 센서 또는 광역 산소센서는 같은 의미이다. 지르코니아는 활성화 온도와 이론공연비 전후에서 양쪽 백금전극에 접촉되는 산소농도의 차이가 있을 때 기전력의 전압이 발생되는 원리를 이용하고, 만약 이 경우 한쪽 백금 전극에 직류를 공급하면 지르코니아 소자는 산소를 펌핑하는 작용을 한다.

그림 8.36의 3개의 챔버 중에서 2챔버 내의 산소량을 조절하여 작동범위를 제어하고, 지르코

니아 소자는 산소펌프로 작용하여 산소이온의 흐름을 만들고, 이에 따라 전자이온의 흐름이 발생한다.

① 1챔버 : 배기가스가 접촉
② 2챔버 : 2개의 지르코니아 엘리먼트 사이의 확산 챔버
③ 3챔버 : 공기 챔버

그림 8.36에서 배기가스 중 산소가 많을 때 백금전극에 전류를 공급하면 지르코니아 소자는 확산실의 산소를 배기관 내로 보내고, 역으로 환원성 가스인 CO나 CO2가 많은 상태의 배기가스가 확산실에 들어오면 전류가 발생하면서 배기관 내의 산소를 확산실로 펌핑한다. 즉 확산실의 산소농도를 조절하면 기준실과 확산실의 산소량 비율에 따라 0~1 V의 전압을 발생한다.

▶ 상류(upstream), 하류(downstream) 산소센서

정상적인 상태의 엔진에서 나오는 배기가스 중에도 소량의 O_2, CO, HC, 입자상 물질(PM), NO_x가 포함되어 있으며, 흡입된 공기량에 비하여 공급된 연료가 부족한 희박상태에서는 O_2와 CO_2, NO_x의 배출이 많고 CO와 HC는 비교적 적게 배출된다. 농후한 상태에서는 희박상태와는 반대로 배기가스 중에는 공기부족으로 산소는 거의 없으며 CO_2와 NO_x보다 CO와 HC가 많이 배출된다. 배기 매니폴드에는 보조촉매(pup converter), 후방에 삼원촉매가 설치되고 보조촉매는 처음 반활성(light off) 시간 내에 발생하는 배기가스중 탄화수소를 정화한다. 일반적으로 배

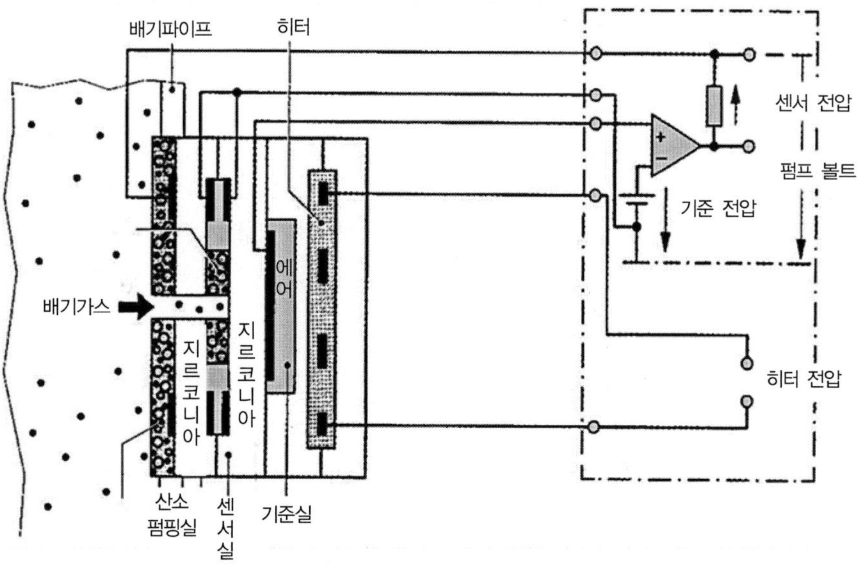

❙그림 8.36❙ 광역 산소센서의 구조(Bosch LSU4)

기가스는 연소가 완전히 끝나지 않은 상태여서 산소농도가 변하면서 실린더를 나오고, 보조촉매나 삼원촉매에서는 산소농도는 변하지 않고 일정한 상태로 있게 된다. 상하류 산소센서는 촉매의 배기가스 정화능력을 파악하기 위하여 촉매 전후방에 설치하며 그림 8.37은 상하류 산소센서의 장착위치를 나타낸다. 배기가스가 삼원촉매에서 정화되면서 배기가스의 온도는 20~40℃ 상승하지만 촉매 앞에 달린 상류 산소센서보다 하류 산소센서의 배기가스 온도가 상대적으로 낮아, 센서의 히터는 상류보다 하류센서를 더 가열시킨다. 그러면 양 센서의 온도는 거의 같은 상태에서 신호를 발생한다. 상류센서는 AF 센서가 대신할 수도 있고 하류 산소센서의 기능은 다음과 같다.

① 촉매가 정화를 잘하는지의 여부를 판단한다.
② 피드백 제어로 연료량을 조절하여 균일하게 정화하도록 유도한다.
③ 배기가스 기준 이내로 정화를 하지 못하면 고장이라고 판단한다.
④ 산소농도가 변하지 않으면 일정한 신호가 나오고 정상이다.

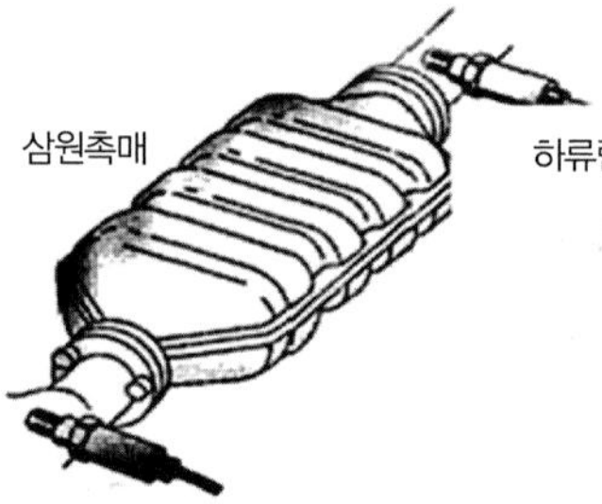

▌그림 8.37▐ 하류 산소센서의 구조

개회로와 폐회로

개회로와 폐회로의 의미는 제어회로가 열려 있는지 닫혀 있는지의 여부로 입력 값인 초기값이 보정이 없이 다음으로 가느냐 아니면 보정되어 적용되느냐의 의미이다. 개회로(open loop)는 센서가 아직 작동을 하지 않는 경우로 원래 정해진 값으로 시스템이 작동되는 회로이고, 폐회로(closed loop)는 산소센서가 배기가스 내의 산소량을 계측하여 앞서의 결과와 차이가 있으면 보정하여 새로운 연료량을 결정하는 회로이다. 개회로와 폐회로가 생기는 이유는 산소센서의 활성화 온도 때문이다. 산소센서의 재질이 최소 350℃는 되어야 신호를 발생하기 때문에 이 온도까지 도달하지 못하는 시간 동안에는 산소센서가 역할을 하지 못하여 개회로에 있어 배기가스는 나쁘고, 활성화 온도에 도달하면 폐회로로 들어가 연료량의 보정이 이루어져 배기가스의 상태도 좋게 된다.

개회로에서 ECU는 산소센서의 신호가 없어 무시하고 엔진에서 미리 정해진 조건으로 연료량을 분사한다. 이때는 이론공연비를 벗어난 상태에서의 혼합기가 공급된다. 엔진 공회전을 너무 오래하거나 산소센서의 온도가 낮을 때, 시동시 및 시동후 냉각수 온도가 낮을 때는 개회로 제어이다. 그리고 주행성 확보를 위해 급가속시, 농후 공연비를 가지는 혼합기가 필요할 때, 고속 주행시에도 개회로 제어이다. 폐회로는 ECU는 산소센서의 신호를 기초로 하여 연료량을 결정하고 최대한 이론공연비의 혼합비를 가지는 연료가 분사되도록 하고 공연비 피드백 제어(feed back control)는 결과 상태를 감지하여 목표치가 항상 유지될 수 있도록 자동 조절하는 제어로 비례 미적분 제어(PID)이다. 배기관에 설치된 산소센서의 신호를 받아서 혼합기의 공연비를 이론 공연비 부근의 범위에 들게 제어하는 것이다. 그림 8.38은 개회로와 폐회로의 구성을 나타낸다.

8.2 공기량 제어방식

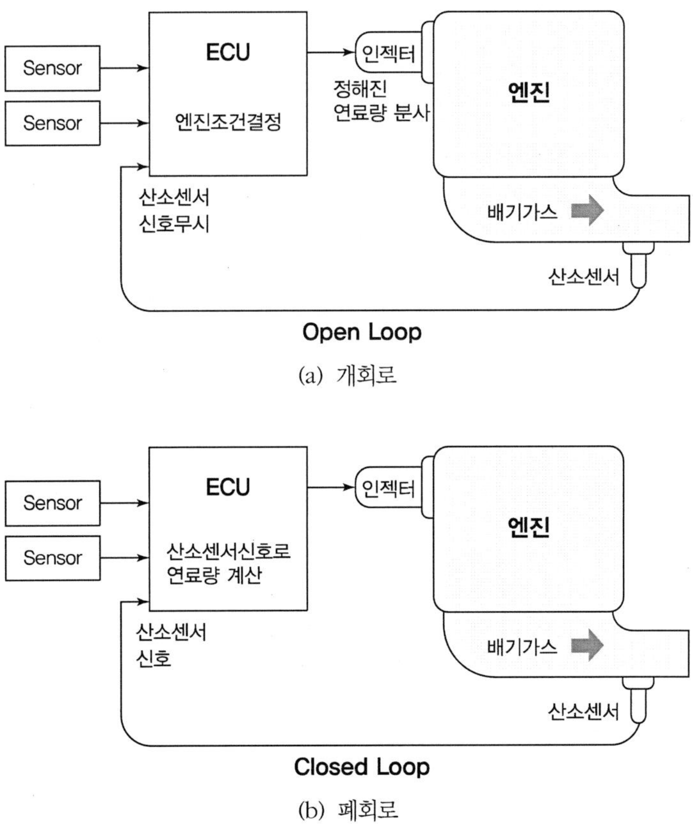

그림 8.38 개회로와 폐회로(open loop and closed loop)

8.2.1 동기분사, 그룹분사, 동시분사

동기분사(sequential injection, 독립분사, 순차분사)는 크랭크축이 2회전할 때 점화순서에 의하여 흡기행정 초기에 연료를 분사시키는 방식으로, 분사순서를 결정하기 위하여 1번 실린더 상사점 센서의 출력과 점화시기를 제어하기 위한 크랭크각 센서의 신호가 필요하고, 출력이 ECU에 입력되면 연료는 분사된다. 분사시간은 흡입 공기량과 엔진 회전수에 의해 정해진 기본 분사시간에 각 센서의 출력신호에 따른 보정계수를 곱하여 결정되며 이때 인젝터 구동전압의 변동에 따른 전압보정도 함께 이루어진다. 다음의 식(8.9)는 동기 분사시간을 나타낸다.

$$T_s = K_c[T_p(1+K_f)+T_B] \tag{8.9}$$

여기서

T_s : 동기 분사시간

K_c : 연료 컷 오프(Cutoff)계수

T_p : 기본 분사시간

K_f : 각종 센서 보정계수

T_B : 전압보정 분사시간

을 나타낸다. 그룹분사는 점화신호가 ECU에 입력되면 ECU는 인젝터 수의 1/2 인 4실린더 기관은 2개, 6실린더 기관은 3개 실린더에 동시에 연료를 분사시킨다. 흡입밸브가 열리는 시간과 연료의 분사시간의 차이는 수백 분의 1초 정도이기 때문에 기관의 성능이 저하되는 경우는 거의 없으며, 연료분사를 2개 그룹으로 나눔으로써 시스템을 단순화시킬 수 있는 장점이 있다. 그림 8.40은 그룹분사를 나타내며 동기분사와는 달리 연료의 분사가 1사이클 당 2번 이루어지고 흡입과 폭발행정에서 분사된다.

	0°		180°		360°		540°	
1번 실린더	흡입	○	압축		폭발 ⬇		배기	
3번 실린더	배기		흡입	○	압축		폭발 ⬇	
4번 실린더	폭발 ⬇		배기		흡입	○	압축	
2번 실린더	압축		폭발 ⬇		배기		흡입	○
크랭크축	1회전				1회전			
사이클	1사이클							

참조 : ⬇ 점화시기 ○ 연료분사

| 그림 8.39 | 동기분사

	0°		180°		360°		540°	
1번 실린더	흡입	○	압축		폭발 ⬇	○	배기	
3번 실린더	배기		흡입	○	압축		폭발 ⬇	○
4번 실린더	폭발 ⬇	○	배기		흡입	○	압축	
2번 실린더	압축		폭발 ⬇	○	배기		흡입	○
크랭크축	1회전				1회전			
사이클	1사이클							

참조 : ⬇ 점화시기 ○ 연료분사

| 그림 8.40 | 그룹분사

	0°		180°		360°		540°	
1번 실린더	흡입	○	압축	○	폭발 ⬇		배기	
3번 실린더	배기	○	흡입	○	압축		폭발 ⬇	
4번 실린더	폭발 ⬇	○	배기	○	흡입		압축	
2번 실린더	압축	○	폭발 ⬇	○	배기		흡입	○
크랭크축	1회전				1회전			
사이클	1사이클							

참조 : ⬇ 점화시기 ○ 연료분사

| 그림 8.41 | 동시분사

동시분사는 모든 행정에서 동시에 연료를 분사시키는 방식으로 센서의 출력이 ECU에 입력되면 ECU는 이 신호를 기초로 하여 인젝터에 전압신호를 공급하여 연료를 분사하고 기관의 시동시, 급가속 등 고부하시에 사용한다. 그림 8.41은 동시분사를 나타낸다. 그룹분사와 동시분사는 동기분사의 일종이다. 비동기분사는 주행 중 급가속시 가속보정을 할 때, 추가적인 연료는 크랭크축 회전과는 무관하게 연료를 분사한다. 일정한 주기로 분사하는 것이 아니라 비정기적으로 분사하는 방식이다.

8.2.2 인젝터 기본 열림시간

공기유량 센서에 의해 검출된 흡입 공기량을 엔진 회전수로 나누어 1회 분사에 필요한 공기량을 계산하고, CKP, MAP, WTS 신호를 이용하여 이론공연비가 되도록 연료량을 정하여 기본 분사시간으로 한다. 시동시 크랭킹하는 동안 배터리 전압이 떨어지기 때문에 이는 인젝터 밸브를 천천히 들어 올리는 원인이 되어 인젝터 열림시간(duration time, pluse with time)이 변경될 수 있다. 엔진 시동시, ECU가 CKP 신호를 받으면 충분한 연료를 공급하기 위하여 모든 인젝터는 동시에 열리고, 특히 엔진이 냉간시동(20℃ 이하)이면 가솔린의 증발특성이 약하기 때문에 열림시간은 길어진다. 기본 열림시간은 식(8.10)과 같다.

$$T_p = \frac{K_a A}{N} \tag{8.10}$$

여기서 A는 흡입 공기량, K_a는 엔진상수, N은 엔진 회전수이다. 처음 시동시에는 CKP, MAP, WTS 신호가 필요하고, 시동이 된 후에는 흡기온도 센서(ATS)의 신호를 받아 연료량을 보정하고, 그 다음 배터리 전압의 신호를 받아 열림시간을 보정한다. 인젝터의 실제 연료 분사량은 기본 분사량에 엔진의 운전조건과 상태에 따라 보정하는 보정 분사량의 합으로 된다. 보정 분사량은 기본분사에 보정계수를 곱하여 결정된다.

8.2.3 시동 증량보정

▶ 시동시 증량보정

엔진 시동시에는 시동시 분사와 시동후 분사로 나누어 생각한다. 냉간상태에서 시동을 걸면 연료가 농후해져 공기와 연료의 혼합상태가 농후하여, 매니폴드와 실린더 벽면에 액적상태로 붙어 연료량이 감소하게 된다. 이때는 시동을 안정적으로 하기 위해서는 많은 양의 연료가 필요하다. 냉간시는 기본 분사량에 엔진의 시동성을 높이기 위해서 냉각수온 센서로 부터 신호를 받아 분사량을 증대시킨다. 냉각수온 보정은 냉각수 온도 20℃를 기준으로 하여 그 이하 온도에서는 기본 분사량에 1보다 큰 계수를 곱하여 분사량을 증가시키고, 엔진이 안정화될 때까지 연료 분사량을 보정하여 20℃ 이상이 되면 기본 분사량을 분사한다.

표 8.10 시동시 보정

시동 1단계	시동 2단계	시동 3단계
기본 분사시간	기본 분사시간 + ATS 보정	기본 분사시간 + ATS 보정 + 배터리 전압보정
WTS, CKP, MAP	ATS(공기온도 센서)	배터리 전압

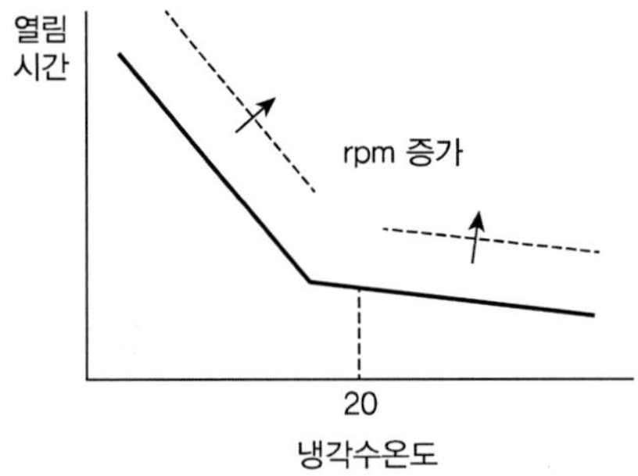

▎그림 8.42 ▎ 시동시 냉각수온 보정

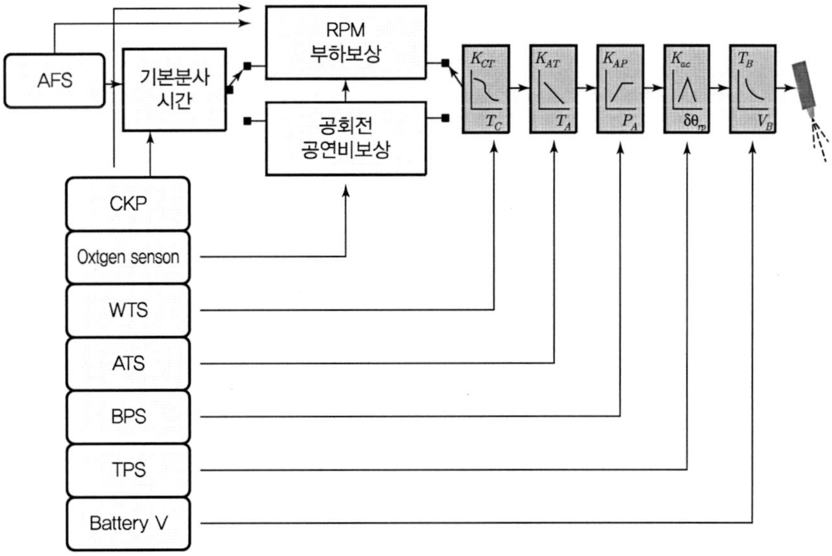

▎그림 8.43 ▎ 분사 제어 알고리즘

시동후 증량보정

시동 후 인젝터 열림시간(분사시간)은 다음의 3단계로 보정을 한다.

① 기본 열림시간
② 기본 열림시간 보정

기본 열림시간은 MAP, CKP, MAP 신호로 결정되고 공기온도 센서, 엔진 회전수로 공기량을 계산하여 체적효율 값을 ECU에 저장한다. 인젝터 열림시간 보정은 엔진 작동조건의 변화에 따라 기본적인 열림시간을 수정하고, 전압보정은 전압의 변화에 따른 열림시간 차이를 보상하기 위하여 이루어진다. 엔진의 작동특성, 가속성능 향상 등의 목적으로 흡기온도, 냉각수 온도 등에 따라 기본 열림시간을 변화시켜 분사량을 보정한다. 시동후 증량보정은 엔진 시동 완료 후, ECU는 엔진작동이 안정화될 때까지 더 많은 연료를 공급하고, 이 보정은 시동직후가 가장 크며 점차적으로 감소한다. 증량보정은 냉각수 온도에 의해 결정되며 엔진이 웜업이 되면 보정량은 줄어든다. 냉간시동 시에는 낮은 엔진온도로 인하여 혼합가스가 실린더 벽에서 응축되어 희박해질 수 있으므로 연료량을 증가시키고 열림시간도 길게 한다. 공회전시에 엔진 회전수의 안정성을 확보할 목적으로, 냉각수의 온도에 따라 정해진 보정량을 일정 시간 유지시키고, ECU는 농후한 혼합비로 보정한다.

웜업증량 보정

엔진 냉간시에는 시동을 계속 유지하기 위해서는 농후한 연료의 공급이 필요하다. ECU는 냉각수 온도를 기초로 추가적으로 연료를 분사하고, 엔진이 웜업이 되면 웜업증량은 감소하며 냉각수 온도가 20℃에 도달하면 보정은 끝난다.

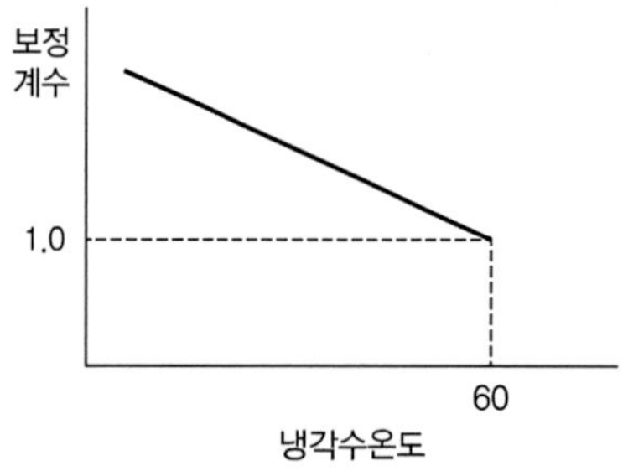

❙그림 8.44❙ 냉각수 온도 보정

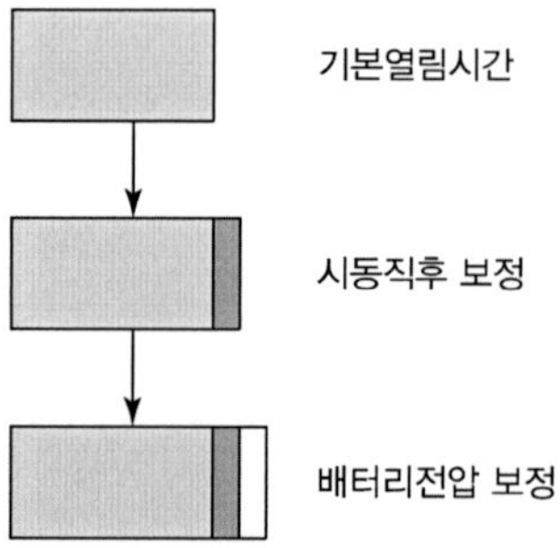

❙그림 8.45❙ 웜업 보정

▶ 흡기온도 보정

흡입공기의 밀도는 온도가 증가하면 감소한다. 흡기온도 신호를 기초로 ECU는 공기의 밀도 변화를 보정하기 위하여 인젝터 열림시간을 보정한다.

흡기온도가 20℃보다 낮으면 분사시간을 증가시키고, 높으면 감소시키고 ATS가 고장이면 20℃로 고정시킨다.

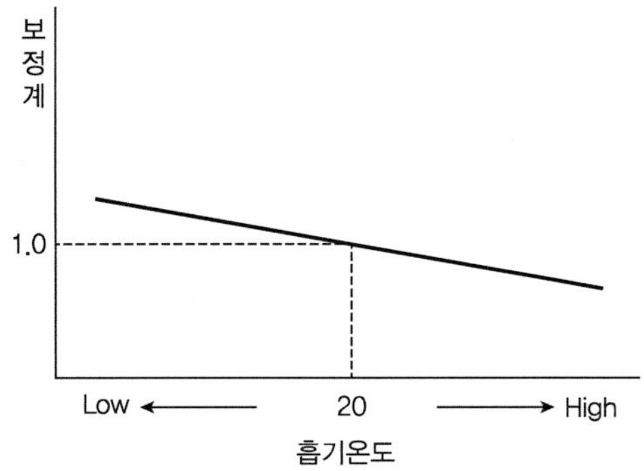

| 그림 8.46 | 흡기온도 보정

8.2.4 난기시 보정

가솔린 엔진의 경우 출력이 크게 감소되지 않는 범위에서 배기가스가 적게 배출되는 이론공연비 범위에서 연소되는 것이 바람직하다. 엔진의 부하에 따라, 저속에서는 농후, 중속에서는 이론공연비, 고속에서는 희박 혼합비로 운전이 되도록 제어하고 있다. 농후운전인 경우 실린더 연소는 불완전한 상태가 되어 CO와 HC의 배출이 많아지고, 희박한 상태가 되면 산소는 많아져 CO, HC는 감소하지만, 출력이 떨어지거나 연소가 불안정해진다. 따라서 출력, 공연비, 배기가스를 최적으로 제어하는 것이 중요하다.

▶ 전압보정

기본 열림시간과 분사량 보정계수가 일정한 경우에는, 배터리 전압의 미미한 변동에도 인젝터의 열림시간이 변하기 때문에 분사량이 달라진다. 분사량을 일정하게 하기 위해 배터리 전압이 12 V일 때는 보정하지 않고, 12 V보다 높을 때와 낮을 때는 열림시간을 보정한다. 즉 12 V일 때는 0 ms, 10 V일 때는 0.3 ms, 15 V일 때는 -0.1 ms로 인젝터 열림시간을 보정하여 연료량을 추가하거나 감소시킨다. 그림 8.47은 전압보정 열림시간을 나타낸다.

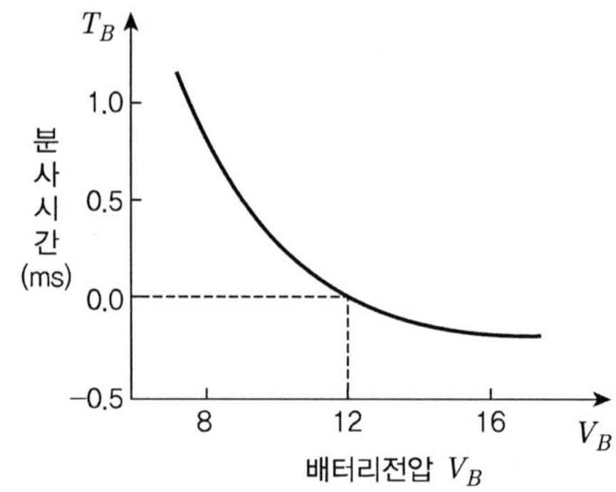

| 그림 8.47 | 전압보정 열림시간

▶ 대기압 보정

대기의 압력에 따라 공기의 밀도가 달라지기 때문에 필요한 보정이다. 고지대나 해안지대는 대기의 압력변화로 공기의 밀도가 변하므로 보정을 한다. 고지대에서 대기압 저하에 따른 산소의 희박함을 보정하기 위해 대기압 센서나 MAP 센서로 보정한다. 대기압 보정은 그림 8.48과 같이 760 mmHg(대기압, 1 bar)이상인 경우는 보정을 하지 않고, 그 이하인 경우는 산소가 희박해지므로 연료량도 (−)로 보정하여 연료를 희박하게 공급하는 보정을 한다.

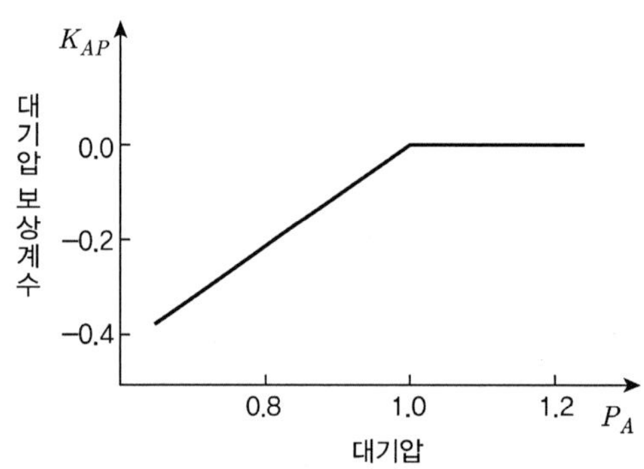

| 그림 8.48 | 대기압 보정

▶ 가감속시 보정

급가속시 가속성능을 향상시키기 위해 냉각수 온도에 따른 보정을 한다. 가속시는 흡입 공기량이 급속하게 증가하는 운전조건으로 공기유량 센서의 응답과 연료 분사시간의 지연이 발생한다. 이때 보정이 이루지지 않으면 순간적으로 공연비가 희박해져 운전성능이 나빠지므로 급가속시에는 분사량을 증량시켜 엔진의 응답성을 높인다. 보정계수는 기본 분사량과 스로틀 위치

센서 신호의 변화율을 연산하여 검출하고 변화율이 크면 클수록, 또한 동일 변화율에 대한 냉각수 온도가 낮을수록, 보정량을 증가시킨다. 가속시, 즉 스로틀밸브를 열었을 경우에는 연료량이 증가하지만 가솔린이 기화하기까지는 시간이 걸리므로 공연비는 목표치보다 희박하게 된다. 이런 희박상태를 보정하는 것이 가속보정이다. 급가속 상태를 TPS 센서의 출력전압 변동과 엔진 회전수 변동을 비교 분석하여 연료량을 공연비 11 : 1(농후), 점화시기 10° ~11° 정도로 제어한다. 감속시는 스로틀밸브는 닫히고, 촉매의 과열을 방지하기 위하여 공연비를 농후하게 보정한다. 감속은 스로틀 위치 센서와 MAP 센서에 의해 감지되며 스로틀 위치 센서가 닫힌 상태에서 엔진 회전수가 기준 값보다 빠르면 인젝터는 구동이 정지된다. 이것은 미연소 가스의 과다 발생방지, 연비의 증가 및 삼원촉매의 과열을 방지하는 역할을 한다. 그림 8.49는 가속시 보정계수를 나타내며 냉각수 온도에 따라 보정이 이루어진다.

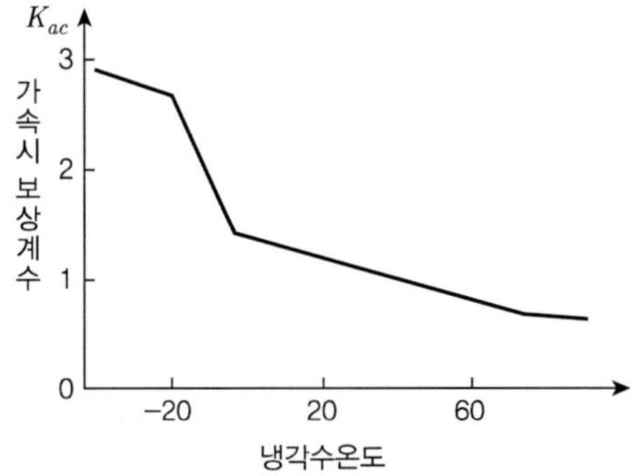

| 그림 8.49 | 가속시 증량 보정

▶ 부하에 따른 보정

부하특성에 따라서 적정한 공연비가 되도록 보정하는 것으로 엔진의 회전수와 기본 분사량의 관계로부터 미리 결정된 보정량을 증가시키고 이 보정량은 ECU에 기억시켰다가 부하 상태에 따라 자동적으로 보정이 이루어진다. 전부하 보정은 고부하 상태로 운전되는 경우, 엔진출력을 증가시켜야 하므로 혼합비를 농후하게 하고 이때는 고부하에 의해 노킹이 발생할 위험이 있으므로, 이를 방지하고 운전성을 향상시키기 위해 보정을 한다. 스로틀밸브가 전개된 상태에서는 차속, 흡입 공기량 및 스로틀 개도 등으로 부터 검출되는 부하 상태에 따라 연소실 압력이 최대로 상승되고 노킹 발생률도 증가하기 때문에 연료 보정을 해야 한다.

① **동력 필요시 보정** : 중부하에서 고부하로 작동할 때 열림시간을 보정하고 보정량은 AFS, MAP, TPS, CKP 신호로 계산한다.

② 가속보정 : 초기 가속일 때 ECU는 스텀블과 부조를 막기 위하여 농후상태로 보정을 한다. 보정의 크기는 TPS, 엔진부하에 의해 정해지고 가속페달을 밟은 정도, 엔진부하가 크면 보정시간도 늘어난다.

③ 연료 타우 컷(tau cut) : 스로틀밸브가 닫히고 감속의 시간이 길어지면 이때는 과도한 산소가 삼원촉매로 들어간다. 이를 방지하기 위해 ECU는 짧게 인젝터를 분사한다.

④ 엔진 회전수를 넘을 때 연료 컷 : 엔진의 손상을 막기 위해 회전수에는 한계가 있다. 엔진 회전수가 한계치를 넘으면 ECU는 인젝터 분사를 중지하고 엔진 회전수가 한계치 이하로 떨어지면 인젝터는 다시 분사된다.

⑤ 차량 속도를 넘을 때 연료 컷 : 차량의 속도가 한계속도를 넘으면 연료분사를 중지한다.

이론공연비 피드백 제어

탄화수소로 구성된 연료가 완전 연소되면 식(8.11)과 같이 이산화탄소와 물이 생성된다. 이론적으로 연료 1 kg의 완전 연소에 필요한 공기량은 14.7 kg이다. 엔진의 상태가 완전 연소에 필요한 이상적인 연소조건을 갖추지 못하면 $\lambda = 1$이어도 불완전 연소가 된다. 따라서 CO_2와 H_2O가 결합하여 CO, HC가 생기며 특히 고온에서는 N_2와 O_2가 결합하여 NO, NO_2, N_2O와 같은 산화 질소가스가 발생한다. 배기가스의 성분은 엔진 연소상태와 λ에 따라 크게 달라진다.

① 혼합기 농후($\lambda < 1$, $\Phi > 1$) : CO, HC가 많이 생기며 실화, 엔진스톨, 거친 공회전, 부조, 삼원촉매 과열현상이 생긴다.

② 혼합기 희박($\lambda < 1$, $\Phi < 1$) : HC, NO_x가 많이 생기며 희박실화, 엔진스톨, 스텀블, 부조, 거친 공회전, 가속불량 현상이 나타난다.

$$C_mH_n + \left[m + \frac{n}{4}\right]O_2 \rightarrow mCO_2 + \frac{n}{2}H_2O \tag{8.11}$$

이론공연비 피드백 제어는 배기가스 정화를 위하여 삼원촉매의 정화효율을 최적으로 유지시키기 위한 보정이다. HC 및 CO는 혼합기가 희박할수록 정화율이 높아지며 이론공연비 부근에서 최대로 되고, NO_x는 혼합기가 농후할수록 정화율이 높아지며 이론공연비 부근에서 최대로 된다. 따라서 삼원촉매로 CO, HC, NO_x의 3가지 성분을 동시에 최대로 정화하기 위해서는 모든 조건에서 이론공연비 부근의 좁은 영역으로 정확하게 제어할 필요가 있으며 이를 이론공연비 제어라고 한다. 피드백 제어를 위해서는 배기 다기관에 부착된 산소센서에서 배기가스 중의 산소농도를 검출하여 현재의 분사량의 연소 결과에 대한 혼합기의 공연비를 추정하고 그 평균치가 이론공연비가 되도록 제어한다.

① 폐회로

심원촉매를 제어하여 배기가스 내의 HC, CO, NO_x가 테일 파이프로 나가지 못하도록 하며 이는 정속일 때 주로 작동하고 산소센서 신호를 기초로 인젝터 열림시간을 결정한다. 이때는 ECU는 공연비를 이론 공연비인 14.7 : 1 부근에 있도록 미세하게 제어하여 삼원촉매의 작동이 가장 효율적이고 배기가스 내의 산소가 거의 없도록 한다. 그러나 이론공연비가 미리 프로그램된 영역을 벗어나기 시작하면 삼원촉매의 효율은 급격하게 떨어지고 특히 NO_x 제거 능력이 많이 떨어진다.

② 개회로

공연비가 이론공연비보다 희박하거나 농후한 경우, ECU는 산소센서의 신호를 무시하고 다른 센서의 신호로 열림시간을 제어한다.

③ 산소센서 점검법

산소센서의 주기와 진폭을 체크하는 것은 중요하며 점검 방법은 다음과 같다.

- 엔진 시동을 걸고 작동온도에 도달시킨다.
- 2500 rpm으로 최소 2분간 가동하여 산소센서의 온도를 정상으로 한다.
- 산소센서 파형주기는 최소 0.8 hz(10초에 8번 주기)이어야 촉매의 효율이 보장된다.
- 파형 진폭은 550 mV이상, 400 mV이하이어야 하고 센서가 열화되면 주기와 진폭에 영향을 미친다.

그림 8.50은 산소센서의 출력전압과 피드백 보정을 하는 알고리즘을 설명한 그림이다. 그러나 앞서의 증량보정이 수행되거나 연료 컷오프(cutoff)시, 산소센서 고장시, 산소센서가 반응온도에 도달하지 않은 경우는 피드백 제어를 하지 않는 개회로로 된다. PI 제어는 비례(propor-

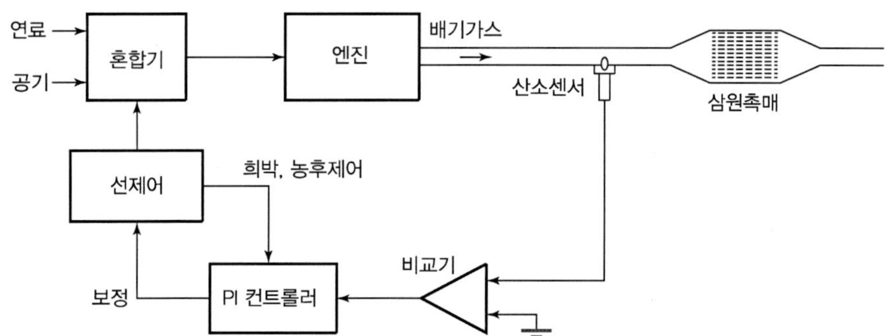

| 그림 8.50 | 피드백 제어의 원리

tional), 적분(integral)의 2가지 조합으로 제어를 하며, 비례동작에 적분동작을 추가한 제어로, 비례제어(P제어)가 실제로는 제어량이 목표 값에 접근하면 제어량과 완전히 일치하지 않는 단점이 있어 이러한 문제를 해결하기 위해 적분동작을 추가한 제어로 공연비를 제어하고 선 제어(precontrol)를 통해 보정한다.

8.2.5 점화시기 제어

점화시기 제어는 ATDC 5~10° 에서 연소압력이 최대가 되도록 점화시기를 진각제어를 하여 엔진의 효율을 최대화한다. 점화시기가 잘못되면 차량 구동력과 배출물에 심각한 영향을 미치며 점화시기가 과도하게 진각되면 디토네이션이 일어나고 결과적으로 HC, NO_x가 증가하고, 점화시기가 잘못 지각되면 부분연소가 발생하여 엔진성능이 감소되고 CO 배출물도 증가된다. 점화시기는 연료분사 후 결정되기 때문에 센서 신호는 기본적으로 연료분사를 결정하는 센서와 동일하다. 비동기 분사는 시동시에는 시동모터 스위치 on 직후에 비동기적으로 연속분사를 하여 시동성을 향상시키고 가속시에도 비동기분사가 이루어진다.

그림 8.51은 점화 후 연소과정을 실린더 내 압력변화로 나타낸 그림이다. 그림 8.52에서 압축상사점보다 조금 앞선 ⓐ점에서 점화시키면 이 시점에서 부터 약간 지연된 ⓑ점에 이르러 연소속도가 급격히 빨라져 압축 상사점을 지난 ⓒ점에서 최고 압력이 되고 ⓓ점에서 연소가 끝난다. ⓐ-ⓑ사이의 시간이 점화지연 시간이며 압력이 최고치가 되는 ⓒ점의 위치가 상사점을 조금 지난 BTDC 10° 를 넘지 않는 위치가 되도록 해야 하며 이는 점화시기 진지각에 의해 결정된다.

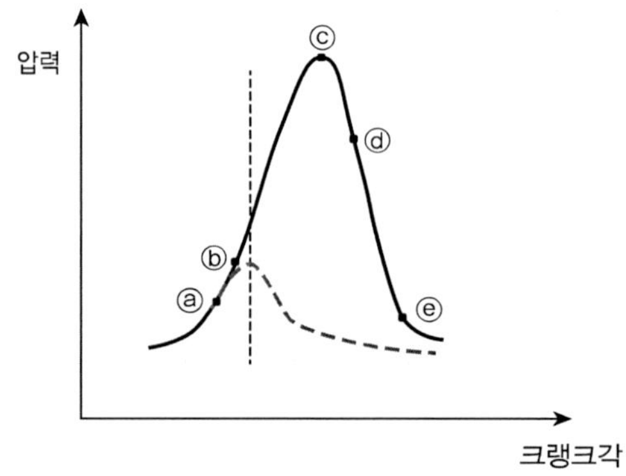

▎그림 8.51▎ 연소압력

▶ 점화시기

점화시기는 기본 분사량과 마찬가지로 공기유량 센서와 크랭크각 센서 신호에 의해 결정된다. 점화시기를 몇 도로 해야 하는 것은 기본 분사신호와 엔진 회전수 등 ECU에 기억되어 있는 데이터 값에 의해 결정된다. 시동시는 BTDC 5° 로 고정되어 있고 공회전시는 BTDC 10° , 그외는 BTDC 30° 까지의 진각, 지각이 ECU에 의해 이루어지며 식 (8.12)로 표현된다.

$$점화시기=크랭크각\ 1°의\ 시간 \times (BTDC\ 10° - KAM에\ 기억되어\ 있는\ 점화\ 시기값) \quad (8.12)$$

그림 8.52에서 점화시기가 A로 너무 빠르면 라인 ①의 압력 모양과 같이 연소하여 최고치에서 진동이 발생하고 피스톤이 하강한 후 압력이 최대가 되므로 회전력의 저하현상이 나타난다. 이 경우는 배기밸브가 열리기 시작한 후에도 연소가 계속되어 백파이어(back fire)현상이 나타나 밸브의 온도를 상승시켜 배기계통에 이상 현상이 올 수 있다. 점화시기가 C로 너무 늦으면 노킹에 의해 연소가 되지 않고, B로 적절하면 가장 좋은 연소상태가 된다. 점화시기는 일정한 것이 아니고 회전수, 연료의 옥탄가 및 압축비 등 다양한 조건에 따라서 ECU에 의해 진지각되며 따라서 적절한 점화시기의 선정은 성능상승, 출력, 연비 및 유해 배기가스 감소 면에서 매우 중요하다. 제어방법은 ECU 내에 미리 엔진상태에 따른 최적 점화시기를 기억시켜 놓고 CAS, AFS, ATS, WTS, TPS, CKP 등의 센서 신호로부터 엔진의 상태를 종합적으로 판단하여 최적인 점화시기를 결정한다.

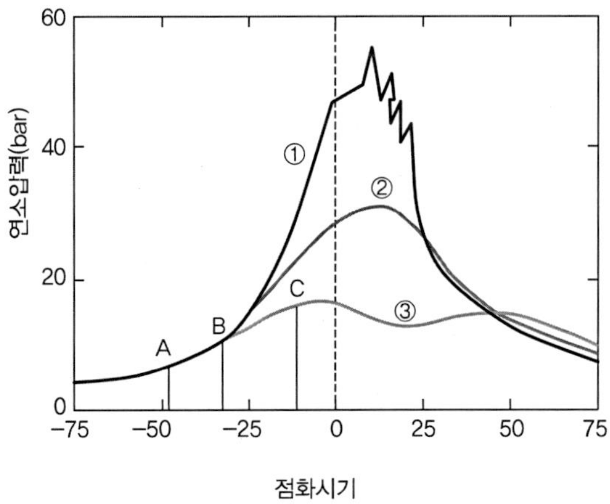

그림 8.52 점화시기와 연소압력

▶ 냉각수 온도에 따른 점화시기제어

점화시기 제어에는 공회전시 점화시기, 주행시 점화시기, 보정 점화진각 등이 있다. 일반적인 주행시에는 동일한 조건하에서 점화시기를 진각시키면 연소시의 최고 온도는 상승한다. 엔진의 온도가 높아지면 점화시기를 지연시켜 과열을 방지하는 것은 고온시의 점화지각 보정이다. 냉간시에는 냉각수가 60℃에 도달할 때까지 연료는 많이 들어가고 점화진각 보정을 한다.

8.2.6 노킹제어 (Knock Control)

실제 엔진에서의 MBT(maximum brake torque)는 엔진의 회전수에 따라 복합한 형태를 갖는데 노킹이 일어나면 부분적으로 MBT 영역으로 들어간다. 이는 회전수에 따라서 혼합기의 흐름이나 잔류가스의 영향 등이 시시각각 변하고, 이에 따라 MBT도 변하기 때문이다. 따라서 노킹제어는 그림 8.53과 같이 노킹영역에 들어가지 않도록 하면서 출력유지를 위하여 노킹영역에 매우 가까운 위치에서 점화시기를 제어하는 것이다. 최대 진각은 노킹발생 영역에서 벗어나야 하고 MBT선을 넘지 않아야 한다. 이렇게 하면 엔진의 효율과 출력이 향상된다. 노킹의 검출방법은 압전소자의 진동 감지센서를 실린더 블록에 부착하여 내부 진동을 전기적인 신호로 변환하고 신호처리를 하여 노킹 특유의 스펙트럼과 진폭으로부터 노킹의 발생유무 및 강도를 판정한다. 그림 8.54(a)는 엔진 회전수가 일정할 때 노킹센서 신호의 주파수 스펙트럼의 예를 나타낸다. 노킹 발생시 특정 영역에서 스펙트럼의 진폭이 커짐을 알 수 있다. 노킹판정은 신호의 출력을 노킹시에 진폭이 특히 강하게 나타나는 주파수 영역이 발생할 때이다. 점화신호가 출력된 직후 일정기간 동안 노킹이 발생하지 않았을 때, 센서의 평균값을 계산하고 이로부터 노킹의 판정 기준전압을 설정한다. 마지막으로 동일한 기간 내에 노킹센서 신호의 최고치를 검출하고 이 최고치 앞에서 구한 판정 기준전압과 비교하여 센서의 최고치가 판정기준보다 높은 경우 노

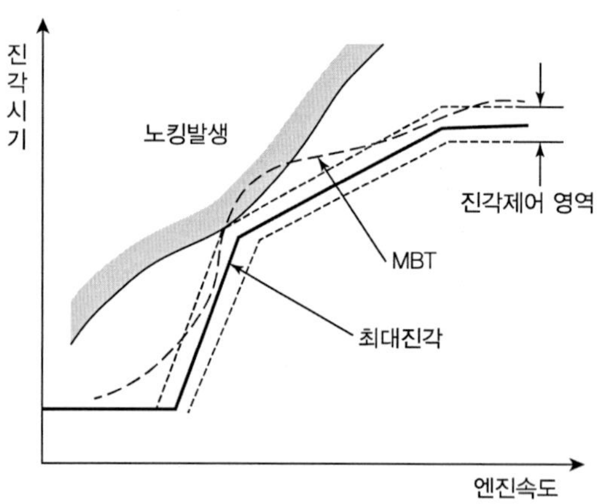

❙그림 8.53❙ 노킹 제어의 원리

킹으로 판정한다. 노킹제어는 노킹이 일어났다고 판단되면 그 즉시 강도에 비례하여 점화시기를 지연시키고 다음에 노킹이 일어나지 않은 상태가 지속되면 점화시기를 서서히 앞당겨 점화시기가 노킹 경계지점에 있도록 제어한다. 그림 8.54(b)는 노킹제어의 회로도와 점화시기 제어의 관계를 나타낸다. 노킹센서의 회로는 디텍터, 비교기, 노킹제어 및 점화시기 결정으로 구성되며 점화가 발생한 후, 노킹센서에 의해 노킹발생 여부를 확인하고 만약 노킹센서의 출력이 노킹발생 범위를 넘어서면 노킹으로 판정하고 그리고 노킹강도를 계산하고 점화시기를 지각시키는 제어를 수행한다. 노킹이 발생하면 HC, NO_x가 증가한다. 점화가 되면 화염전면이 생성되고, 정상인 경우는 정상적인 화염전파 속도로 전파한다. 그러나 연소실 벽의 낮은 온도를 만나면 화염전면(flame front)은 벽에 도달하기 전에 꺼지는 현상인 화염·칭(flame quenching)이 벽의 경계층에서 발생하여 실린더 벽, 피스톤, 실린더 헤드에서 발생하는 과도한 열을 절연시킨다. 연료의 옥탄가가 떨어지면서 선 반응(pre-reaction)이 아직 화염전면(flame front)이 도달하지 않은 영역에서 일어난다, 이러한 선 반응은 극히 빠른 속도를 가지고 미연영역에서 발생하여 실린더 내의 주파수 균형을 깨어버린다. 그 결과 압력파가 발생하고, 압력파는 경계층을 없애 버리고 연소실 부품을 손상시킨다. 이를 노킹, 이상연소, 충격연소라고 한다.

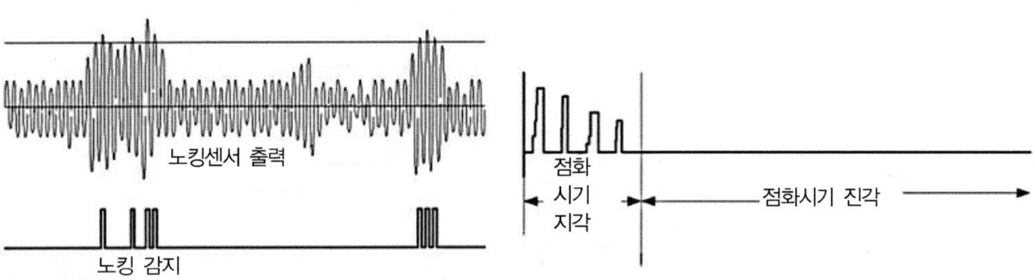

(a) 노킹 제어시 파형

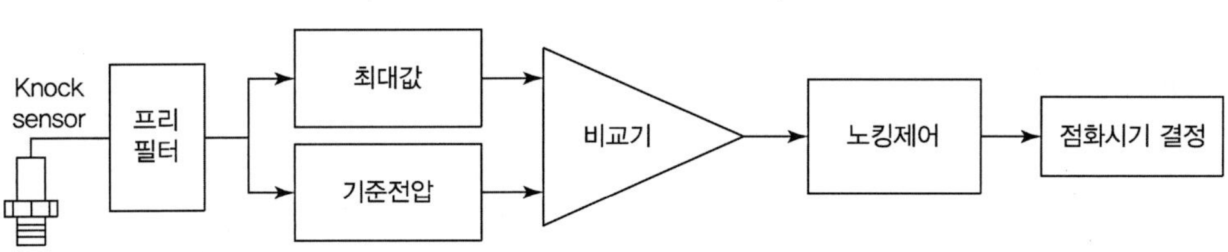

(b) 노킹센서 회로도

| 그림 8.54 | 노킹 제어시 파형

▌그림 8.55▐ 노킹 발생시 피스톤과 벽(출처 : 도요타)

8.2.6 공회전 속도제어

공회전 속도 제어장치는 공회전 상태에서 에어컨 작동시, 시동시 냉각수 온도에 따라 흡입공기량을 증대시키고, 감속시 대쉬 포트(dashpot, 스로틀밸브 움직임을 완화하는 장치)제어를 위해 공회전 속도를 규정 회전수까지 상승시키는 제어이다. 이 기능을 수행하기 위해 공회전 속도 제어장치가 부착되어 있으며, 이 장치는 기관이 공회전 상태일 때 부하가 가해지면 불안정하게 되는 공회전 속도를 안정하게 유지하는 장치이다. 흡입공기를 스로틀밸브의 통로가 아닌 별도의 바이패스 통로로 흡입공기량의 0~10% 정도를 추가적으로 가감하는 장치이다. 공회전 속도 제어장치의 종류는 다음과 같다.

① 공회전 속도 제어 밸브 방식(idle speed control valve)
② 솔레노이드 코일을 이용한 액추에이터 방식(idle speed actuator)
③ 모터의 스텝수를 제어하는 스텝모터 방식(stepping motor)
④ 전자식 스로틀밸브 제어 방식(ETC, electronic throttle valve control)

엔진의 회전속도가 낮으면 소음은 작지만 너무 낮게 되면 부하의 증가에 따라 엔진 회전수가 불안정하게 되고 시동이 꺼질 수도 있다. 역으로 공회전 속도가 너무 높으면 연비와 배출가스가 나빠지고 엔진소음도 심해지므로 규정 공회전 속도를 만족하는 것이 중요하다. 따라서 일정한 공회전 속도를 유지하기 위해서는 냉간시나 고부하시 추가적으로 공기를 실린더에 공급을 해야 한다. 공회전 속도 제어는 스로틀보디의 바이패스 통로의 제어밸브, 액추에이터 및 스텝모터를 통하여 조절이 가능하므로 ECU는 입력신호 조건에 따라 공회전 속도를 제어하게 된다. 스텝모터를 이용한 방식은 모터의 계자코일에 흐르는 전류를 순차적으로 흘려 모터의 회전을 정회전, 역회전시키는 방식으로 스텝모터의 펄스신호에 의해 밸브의 개폐를 제어하며 이 방식은 다음의 2개가 있다.

① DC 모터로 스로틀밸브를 직접 개폐하는 방식
② 모터의 스텝수를 제어하는 스텝모터 방식

DC 모터를 이용하는 방식은 정속 제어 시스템(cruise control system) 차량이나 전자 스로틀 방식을 사용하는 차량 등에 적용된다. 스텝모터 방식은 스텝모터, FIAV(fast idle air valve), 아이들 스위치(idle switch), 스로틀 위치센서(TPS)로 구성된다. FIAV는 냉각수 온도가 60℃ 이상이 되면 FIAV 내부에 있는 서모 왁스(thermo wax)에 의해 바이패스되는 공기량이 점점 적어지므로 공회전수는 낮아지고 차가우면 수축되어 밸브가 열리고, 열을 받으면 팽창되어 통로를 막아 공기량을 제어한다. ISA 스크류(SAS, speed adjusting screw)는 공회전 속도 제어 후 공회전 속도를 미세하게 조정하기 위해 사용하는 스크류이며, 엔진부하가 걸릴 때 ECU는 스텝모터 내의 솔레노이드 밸브를 작동시켜 아이들링을 안정시키는 장치이다. 그림 8.56은 스텝모터를 나타낸다. 스텝모터 내부의 핀틀밸브가 움직여서 바이패스되는 공기량이 증감되고 FIAV가 냉각수 온도가 60℃ 이상일 때는 닫히므로 이때부터 작동을 하고, SAS는 항상 1~1.5 스크류 정도로 조금 열려 있어 공회전시 시동은 꺼지는 않는다. 규정 공회전수보다 높을 때는 아이들 스위치 불량, FIAV 불량, 스텝모터 불량, SAS 조절불량이고, 규정 공회전수보다 낮을 때는 스텝모터 불량이다.

스텝모터의 영구자석으로 되어 있는 아마추어에 전기를 가하면 회전한다. 1펄스당 회전 각도는 0.8~1.5° 로 초정밀 부품에 해당하고 전자석 1개가 아마추어에 있으면 1상여자라 하고 이는 회전력이 약하여 따라서 반대쪽에서 미는 방향의 전자석을 하나 더 주면 회전력은 강해지는데 이것을 2상여자라 한다. 스텝모터에서 전기를 가하여도 아마추어가 회전하지 않는 것을 탈조현상이라 한다.

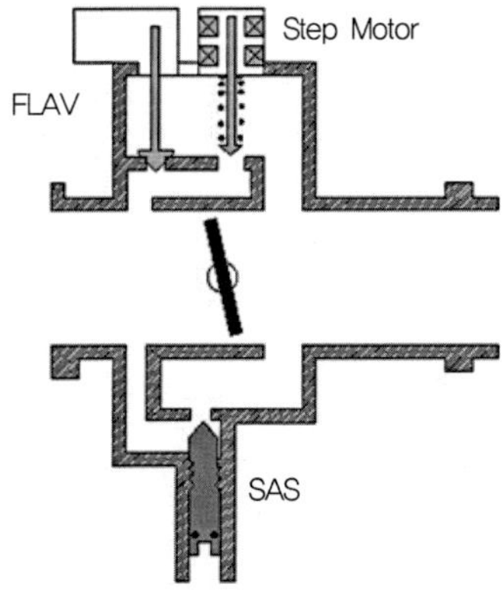

▌그림 8.56▐ 스텝모터의 구조도

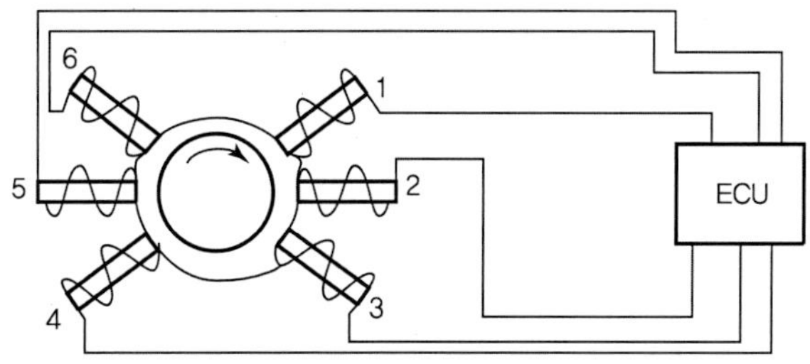

▌그림 8.57▐ 스텝모터의 원리

그림 8.57은 전자석이 6개이고 2상 여자가 3개로 구성된 것이다. 이때 펄스 스텝(pulse step)은 15° 이고 이 경우 전자석이 6개이므로 1펄스는 90° 회전하고 스로틀 보디 내 스텝모터의 전자석은 24극으로 되어 있어 1펄스는 360° 이다. 2, 4, 6은 N극이고 1, 3, 5는 S극이다.

8.3 균일연소와 성층연소 제어

일반적으로 PFI 엔진은 균일 전기점화, GDI 엔진은 불균일 전기점화, CRDI 엔진은 불균일 압축점화, HCCI, PCCI, CAI는 균일 압축점화 방식으로 분류할 수 있다. 혼합기의 균일혼합은 예혼합 연소, 불균일 혼합인 성층혼합이면 확산연소가 발생한다.

8.3.1 균일연소 (homogeneous combustion)

균일연소를 만들기 위해서는 우선 많은 공기가 필요하다. 따라서 스로틀밸브를 많이 열어야 하며 이때는 흡기 매니폴드 압력은 대기압이 되어 펌핑손실이 적어진다. PFI 엔진에서는 연료는 흡입행정 초기에 분사되어 분사시기와 점화시기 사이에 충분한 시간이 있고, 흡기로 들어오는 공기에 의하여 연료는 흡기포트와 연소실에서 균일하게 혼합된다. 연료분사 후 점화까지 시간이 있으면 혼합이 균일하게 되어 연료의 기화잠열에 의한 냉각효과로 연소실 온도가 낮아져 노킹이 억제된다. PFI 엔진은 농후연소, 이론연소로 주로 운행이 되고 GDI 엔진은 그림 8.58(a)와 같이 고부하시는 스로틀 밸브가 완전히 열려 공기가 실린더에 많이 흡입되어 균일연소, 중저부하시에는 성층혼합이 되어 희박연소로 운행이 된다.

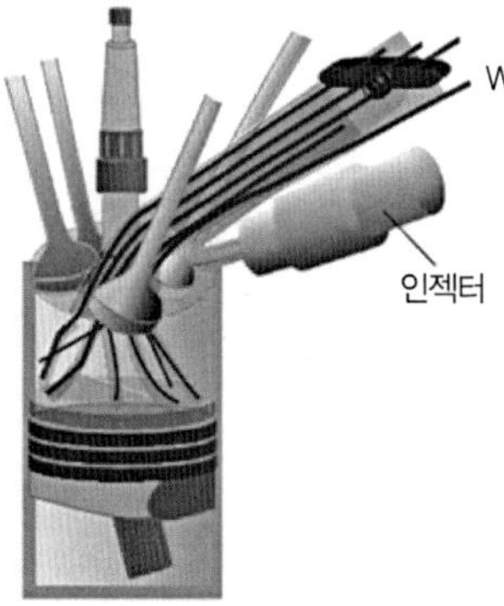

(a) 균일흡기(Audi 2.0 FSI)

(b) 인젝터 균일분사(corn형)

| 그림 8.58 | 균일흡기와 균일분사

8.3.2 성층연소 (stratified combustion)

(1) 성층 급기기관

성층연소의 처음은 성층 급기기관에서 시작되었다. IDI 디젤 연소실은 주실과 부실로 구성된다. 부실은 전체 연소실 체적의 20~30%를 차지하며 2개의 연소실은 공연비가 다른 성층 연소실로 되고 부실은 압축시 강한 와류를 형성하고 연료도 농후한 상태로 되어 착화가 쉽게 발생하고 발생 화염은 오리피스를 통하여 주실로 급격하게 팽창되고 희박한 주실의 연소를 도와주게 된다. 부실은 농후, 주실은 희박인 성층연소가 이루어진다. 흡기계는 부실에는 농후 혼합기를 공급하고 주실에는 희박혼합기를 공급하고 전체로는 희박연소로 운전이 되었다. 예전에는 가솔린 성층 급기기관의 경우에도, 부실 연소실은 점화 플러그를 부착하고 공연비는 농후하게 하고, 주실은 희박하게 하여 부실과 주실의 전체 공연비가 25 : 1인 희박연소 엔진도 있었다. 이런 방법으로 가솔린과 디젤기관에 2개의 연소실을 만어 성층연소를 실현한 것을 성층 급기기관이라 하였다.

(2) GDI 성층연소

GDI 엔진에서는 연소실을 2개로 만들지 않고 흡기포트, 피스톤 캐비티, 스월 컨트롤 밸브, 인젝터의 최적인 설계로 운전 조건에 따라 연소실에서 성층연소와 균일연소를 하게 된다. 불균일 연소(hetergeneous)의 한 종류인 성층연소는 희박연소로 점화 플러그 주위를 가연 농후한 상태로 만들고, 연소실 최대 공연비는 50 : 1의 초희박 연소이다. 점화 플러그 주변을 농후하게 하는 방법은 연료의 성층화 기법을 이용한다. 성층화(stratified)란, 공기유동에서 스월과 텀블이 형성될 때 연료를 분사하면 연료의 입자가 공기입자보다 무거워 압력 차이로 인하여 연료는 안쪽으로 모이는 현상을 말하며, 이 현상을 만들기 위해 인젝터는 점화 플러그로 향하여 연료를 분사한다. 저부하나 중부하 시에는 스로틀밸브가 적게 열려 흡기 시스템의 펌핑손실이 커져 공기의 흡입이 어려워지므로 흡기밸브 전에 부착된 스월 컨트롤 밸브(SCV)를 약간 열면 공기유속은 빨라지고 이는 연소실 내에 강한 스월을 만든다. 이를 성층흡기라 한다. 그림 8.59는 성층흡기와 성층분사를 나타내고 성층흡기와 성층분사가 이루어지면 연소는 성층 희박연소이며, 이는 GDI 엔진에서 중요한 기술이다. 인젝터가 연료를 성층분사하기 위하여 반드시 고압의 연료압력이 필요하며, 연료압력은 200~300 bar 정도이다. 그림 8.59(a)는 SCV를 소량 열어 성층흡기를 만들고 연료압력을 고압으로 하여 인젝터가 성층분사하는 것을 나타낸다.

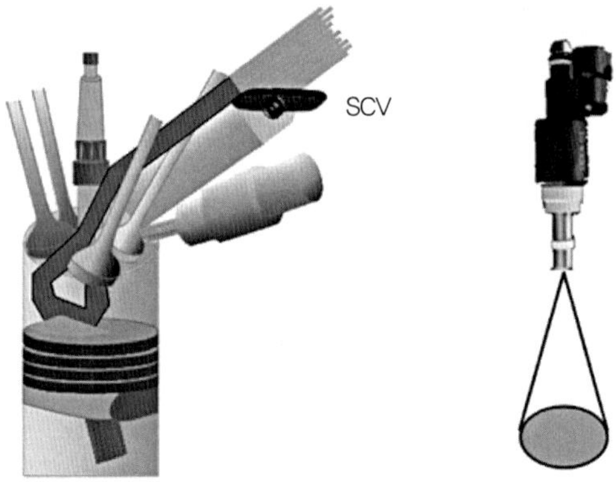

(a) 성층흡기(Audi 2.0 FSI)　　(b) 성층분사(slim형)

┃그림 8.59┃ 성층흡기와 성층분사

8.4 가솔린 직접분사 엔진

8.4.1 GDI 엔진의 개요

(1) 역사

가솔린 직접분사 엔진(GDI)은 1925년 스웨덴의 Hesselman에 의해 고안되었고 1952년 Bosch에 의해 처음으로 개발되었다. 1955년 벤츠의 300SL GDI 엔진이 개발된 이후, 1970년, F사는 성층연소 엔진을 개발하였지만 이때는 전자제어 기술의 부족 등으로 실패를 하였다. GDI 엔진의 개발의 원래 목적은 디젤기관보다 효율이 좋은 엔진의 개발에 있었다. 1996년 미쯔비시는 GDI엔진을 처음으로 개발에 성공을 하였고, 1990년부터 가솔린 엔진성능과 연비를 개선하기 위하여 많은 노력을 기울여 가장 먼저 현재의 GDI를 개발하였다. 1998년 도요다, 1999년 르노, 2000년대에는 현대, 폭스바겐, 포드, 벤츠 등이 개발을 완료하였다.

세계적으로 이산화탄소 규제 움직임이 구체화되면서 자동차의 연비개선은 더욱 중요하게 되었고 이런 문제 해결방법의 하나는 PFI 엔진에서 연료 공급방법을 변경하는 것이었다. PFI 엔진 효율증대를 위해서는 연소실의 압축비를 높이고 연소온도를 낮추는 기술도 필요하였고 GDI엔진은 이미 오래 전에 항공기 엔진에 적용되었다. 이때의 적용 이유는 성능을 향상시키고 응답성을 좋게 하기 위한 것이었다. 적은 양의 가솔린으로 기존 PFI엔진과 동일한 출력을 낼 수 있는 엔진을 만드는 것과 배기량이 작은 엔진으로 배기량이 큰 엔진에 해당하는 출력을 내는 엔진을 만드는 것은 자동차 회사들의 과제였는데 그 중 하나가 GDI 엔진의 개발이다. GDI 엔진은 정확한 연료량 공급 시스템, 고압의 연료펌프, 고압 인젝터의 기술이 필요하고 처음에는 일반적으로 사용되기에는 가격이 너무 높았다. 그러나 전자제어 기술과 기계가공 기술의 발전으로 정확한 연료량 제어가 가능한 엔진 제어 시스템이 개발되고 소형으로 미립 연료의 분무가 가능한 인젝터, 고압 연료펌프 등을 저가로 제작이 가능하여 2000년대 들어서 이론에만 머물던 GDI 엔진의 실용화를 가능하게 하였다. PFI 엔진은 인젝터를 흡기포트에 설치하여 저압으로 분사된 연료는 흡기포트에서 공기와 균일하게 혼합되어 연소실로 흡입되고, 그림 8.60(a)처럼 연료를 흡기 매니폴드에서 분사하여 균일 혼합기를 만든다.

GD 엔진은 공기가 연소실 내로 먼저 흡입되고 연료는 정밀하게 전자제어되는 인젝터에 의해

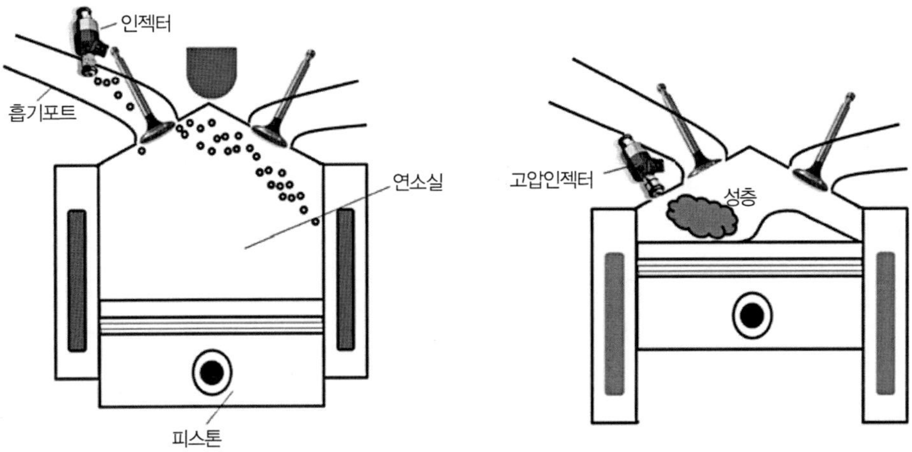

(a) PFI (b) GDI

| 그림 8.60 | PFI GDI 엔진

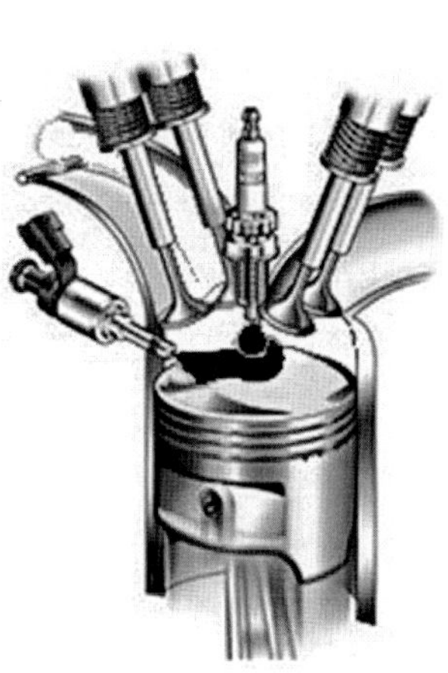

| 그림 8.61 | 포드 GDI 엔진

연소실에서 고압으로 직접분사된다. 엔진 부품의 최적 설계로 균일혼합은 물론 불균일(heterogeneous)인 성층혼합이 가능하여 균일연소와 성층 희박연소가 동시에 가능하게 되었다. GDI 엔진은 그림 8.60(b)처럼 연소실에서 직접 연료를 분사하고 캐비티 형상으로 연료를 점화 플러그에 모이도록 한다. 그림 8.61은 포드의 GDI 엔진을 나타낸다.

(2) GDI의 종류

GDI 엔진은 효율적인 엔진설계로 고압축비가 가능하고, 연료 점화시기를 정밀하게 제어하여 운전상황에 맞게 성층연소인 (초)희박연소, 이론공연비 연소인 균일연소를 하는 반면에 PFI 엔진은 농후연소와 균일연소를 주로 한다.

표 8.12는 GDI의 종류를 나타낸다. 우리나라와 일본은 가솔린을 실린더에 직접 분사한다는 의미인 GDI, 독일은 성층분사가 주요 연소임을 나타내는 FSI, SCGI, 프랑스는 연료를 고압으로 하여 분사하는 의미인 HPDI를 사용한다. 그리고 현대자동차의 GDI 기술은 유럽의 EURO VI, 미국의 PZEV 기준을 만족한다. 델파이 GDI의 구성 부품은 인젝터, 커먼레일, 고압 연료펌프, ECU, 전자스로틀밸브, 전자 가변캠, 유압 가변캠, 2단계 밸브 리프트, EGR 밸브, 광역 산소센서, MAP 센서, 매니폴드 온도센서(MATS), 캐니스터 퍼지밸브(PCSV), 캠각 센서(CMP), 크랭크각 센서(CKP), 냉각수온 센서(WTS) 등으로 구성된다. 연비를 높이는 기술로 PFI 희박연소(lean burn) 엔진의 개발을 시작으로 현재는 GDI 엔진의 개발이 완료되었다. 앞으로 개발될 엔진은 GDI엔진 개선, 가솔린 다운사이징 엔진, GDCI 엔진, HCCI 엔진, 가변 고압축비 엔진 등이 있다.

표 8.12 GDI의 종류

회사	명명	특징
미쯔비시(GDI)	Gasoline Direct Injection	15~20% 스월 발생 흡기포트, 유황이 없는 연료 사용
VW(FSI)	Fuel Stratified Injection	텀블형성, 성층분사
Renault(IDE)	Injection Direct Essence	$\lambda=1$ 부근에서 연비 5% 감소
BMW	–	수직중앙 주입, Valvetronic 사용
Peugeot(HPDI)	High Pressure Direct Injection	부분 부하시 고압 성층 분사
Mercedes(SCGI)	Stratified Charged Gasoline Injection	성층 터보차저, 인터쿨러 사용

8.4.2 GDI 엔진의 원리

GDI 엔진은 수직 흡기포트를 사용하여 흡기저항을 줄이고 텀블을 발생시킨 후, PFI 엔진의 연료압력 3.5 bar보다 고압인 50~200 bar의 압력으로 연료를 분사하여 곡면 피스톤 위의 오목한 캐비티(cavity) 부위에 미립화된 연료를 트랩한다. 분사된 연료에 의한 냉각효과를 이용하고, 불균일한 흡기 혼합으로 점화시기 제어가 용이하고, 스로틀밸브에 의한 펌핑손실을 감소시킨 엔진으로 연소실 형상, 포트형상, 고압 인젝터의 개발로 성층혼합이 가능하여 공기 20~50 g에 대하여 연료 1 g을 분사하는 초희박 연소기술이다. PFI 엔진의 이론공연비 연소와 농후연소에 초희박 연소를 추가하고 농후연소를 줄인 기술로 GDI 엔진은 정확한 연료압력 제어, 연료량 산출, 분사시기 및 점화시기 제어 등 정밀한 제어를 필요로 한다. GDI 엔진은 VVA 기술을 적용하고, 연료 분사시기와 점화시기 제어를 하고, 엔진성능과 속도제어를 위해 정확한 매핑기술이 필요하다. ECU는 이론공연비 연소, 최대출력 연소, 초희박 연소의 3가지 연소로 제어하고 각 연소는 공연비에 의해서 정해진다.

① 이론공연비(균일) 연소는 공연비가 14.7 : 1이고 중부하 조건에서 이루어진다. 흡입과정에서 연료가 분사된 후 실린더 내에서 공기와 연료의 균일한 혼합이 일어나며 균일혼합으로 이론적인 연소가 일어난다.

② 초희박(성층) 연소는 공연비가 35~50 : 1의 연소이고 가벼운 부하와 가속을 하지 않는 일정속도 운전에서 이루어진다. 연료는 흡입과정이 아닌 압축말기에서 적은 양의 연료를 고압 인젝터에 의해 점화 플러그 근처로 분사하여 성층혼합을 발생시키며 혼합기는 불균일 혼합이다. 성층혼합은 연료가 공기에 의해 둘러 쌓여 실린더 벽에서는 연소가 일어나지 않고, 피스톤 위의 도넛 형태의 캐비티 안에서 연소가 일어나게 하여 실화가 없이 초희박 연소가 가능하다. 성층연소가 되면 엔진의 열손실이 낮아지고 높은 비열비와 열해리 감소로 연비가 좋아진다. 초희박 연소시는 연소실 온도가 높아져서 발생하는 NO_x를 제거하기 위하여 냉각 EGR과 NO_x 촉매가 필요하다.

③ 최대출력(농후) 연소는 공연비는 약간 농후하고 가속, 등판주행에서 발생하고 연료는 흡기과정에서 분사되어 공기와 연료혼합이 균일한 균일연소이다.

GDI 엔진은 성층연소 실현을 위해 텀블유동, 스월유동, 고압 인젝터 기술, 전자제어 기술이 필요하고, 흡기의 펌핑손실이 발생하면 스로틀 개도량을 60%까지 열어 손실을 줄인다. 제1세대 GDI 엔진은 흡입과정에서 연료를 한 번만 분사하였지만 현재의 GDI 엔진은 연료압력을 고압으로 하여 한 사이클에 1회이상 연료를 분사할 수 있다. 흡입과정에서 분사하는 선분사(pre-injected), 압축과정 말기에 분사하는 주분사로 이루어진다. 이렇게 2단분사를 하면 흡입되는 공기가 연소실을 냉각하여 체적효율이 높아지고 연소실에서 공기와 연료의 혼합이 균일하게 되는 효과가 있다.

8.4.3 GDI 엔진의 구성 부품과 제어 종류

제1세대의 GDI 엔진은 연소실 내에서 인젝터와 점화 플러그를 분리하여 배치하여 분사시기가 인젝터와 점화 플러그의 위치에 제약을 받고, 혼합기의 형성 위치에 따라 점화시기가 늦게 되어 엔진의 효율이 낮은 결점이 있었다. 이를 해결하기 위해 그림 8.62와 같이 인젝터와 점화 플러그를 연소실 중앙에 배치한 균일분사 방식의 제2세대 GDI 엔진이 개발되어 혼합기 형성은

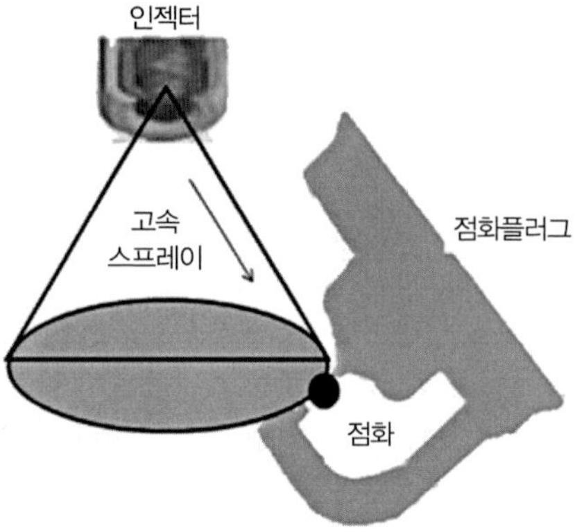

Ⅰ그림 8.62Ⅰ 인젝터와 점화 플러그의 위치(출처 : 덴소)

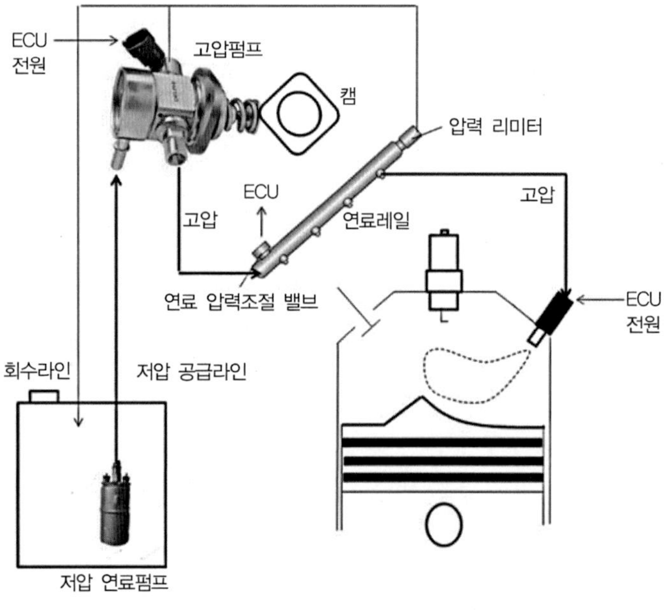

Ⅰ그림 8.63Ⅰ 덴소의 GDI 시스템 구성(EDU, engine driving unit)

공기유동과 피스톤 운동과는 상관이 없고, 점화시기를 자유롭게 제어할 수 있어 효율이 높아지고 성층연소 범위도 확대되었다. 균일연소는 연료가 벽면에 액체로 붙지 않고 연료의 분산이 잘 이루어져 연소실 냉각을 최대로 하는 연소이고 성층연소는 연료분사 후 점화시기까지 짧은 시간 내에 증발한 연료를 점화 플러그 주변에 모이도록 하여 노킹이 없이 연소가 가능하여 연비를 올리는 연소이다. 한편 GDI 엔진은 성층연소로 인하여 발생하는 PM과 NO_x를 저감하는 후처리 장치를 적용해야 한다. 그림 8.63은 덴소의 GDI 시스템의 구성을 나타낸다.

(1) 스월 고압 인젝터

GDI 엔진의 인젝터는 엔진 부하가 필요로 하는 연료량을 실린더에 직접분사하고 분사시 고압의 스월유동을 형성한다. 성층연소가 가능하도록 연료의 압력은 50~200 bar 범위이고, 고압이 되면 연료는 미립화되어 타고 남는 것이 없도록 연소한다. 고압 인젝터는 연소실에 직접 노출되어 있어 내구성이 강해야 하고 엔진설계 형상에 따라 인젝터의 위치는 다르다. 인젝터 분사방식은 스월분사, 성층분사, 균일분사, 분사형태는 원추형 분사, 부채형 분사, 멀티홀 분사가 있다. 그림 8.64는 가솔린 고압 인젝터를 나타낸다. 전류가 가해지면 전자석 코일은 니들 밸브를 들어 올리고 연료가 분사되며 고압의 인젝터는 연료 내의 아주 작은 티끌에도 영향을 받으므로 연료필터가 필요하고 질이 높은 연료를 사용해야 한다.

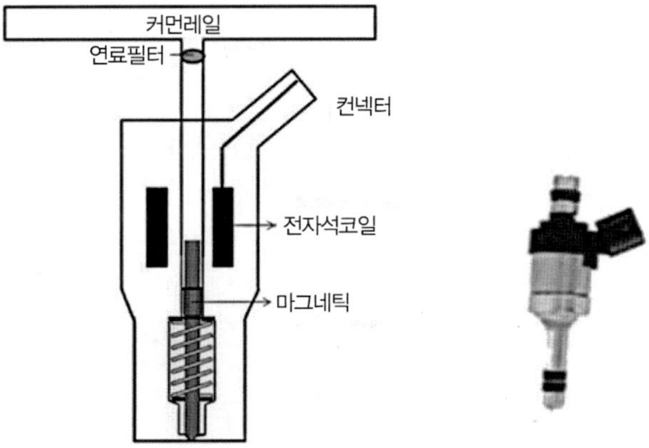

그림 8.64 가솔린 고압 인젝터

(2) 수직형, 수평형 흡기포트

GDI 엔진의 흡기 매니폴드는 PFI 엔진과는 다르게 설계되고 수직형과 수평형 매니폴드가 있다. 수직형 매니폴드는 공기유동을 곡면 피스톤 위로 직접 부딪치게 하여 강력한 역회전의 텀블유동을 형성시키고 텀블이 형성되면 가장자리는 안쪽보다 속도가 빠르게 되고 압력이 낮아져서 연료와 균일하게 혼합된다. 수평형 매니폴드는 공기유동을 실린더 벽면으로 보내어 스월을 많이 생성하고 텀블은 비교적 적게 형성된다. GDI 엔진에서는 스월보다 텀블이 중요한 요소이지만 엔진의 공간 제약으로 인하여 수직형 매니폴드는 설계하기 어려워 피스톤의 캐비티를 이용하여 텀블을 만들기도 한다. 그림 8.65와 같은 수직형 매니폴드와 수평형 매니폴드로 스월과 텀블을 만들어 낸다.

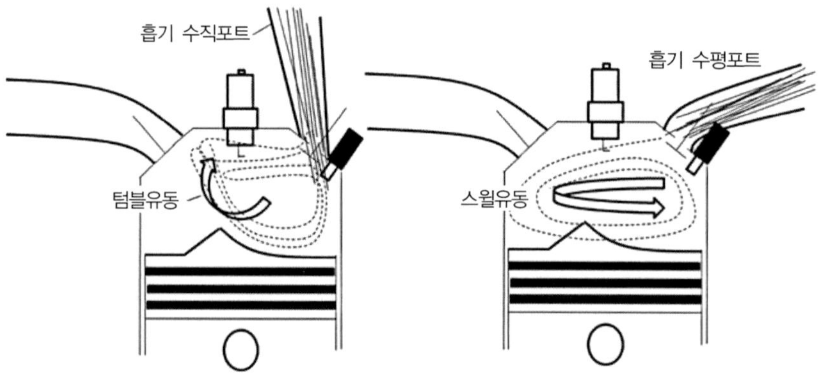

┃그림 8.65┃ 수직형, 수평형 매니폴드

(3) 곡면피스톤

GDI 엔진에서는 피스톤 면의 형상을 곡면이나 캐비티(cavity)로 특별하게 설계하여 텀블형성을 유도하고 공기와 연료의 성층혼합을 가능하게 한다. 인젝터에 의해 분사된 연료는 피스톤 위의 캐비티에 의해 흩어지는 것이 방지되며, 흡기 매니폴드의 스월 컨트롤 밸브에 의해 스월유동이 발생하여 이 유동은 벽면을 따라 흐르다가 캐비티에 의해 트랩되어 혼합기가 점화 플러그 쪽으로 유도된다.

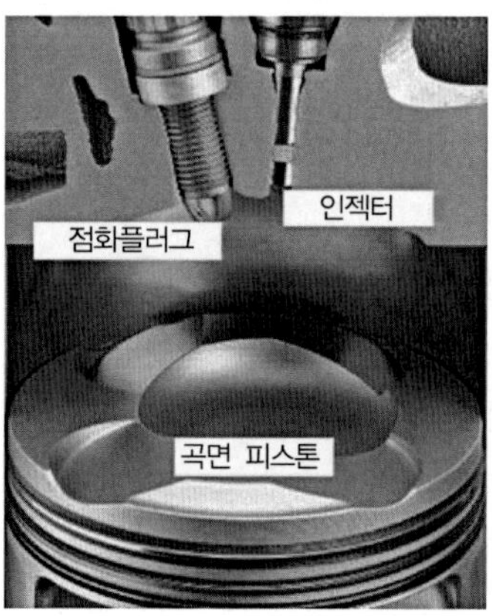

┃그림 8.66┃ BMW GDI의 도넛 캐비티

(4) 스월 컨트롤 밸브 (SCV)

흡기 매니폴드에 스월 컨트롤 밸브를 부착하여 스월유동을 만든다. 공회전, 저속일 때는 밸브는 약간 열려 소량의 빠른 공기를 벽면으로 타고 들어가게 하여 스월을 발생하고, 밸브를 완전히 여는 고부하시에는 펌핑손실이 적어지고 흡입 공기량이 증가하여 체적효율이 좋아진다. 엔진의 운전조건에 따라 흡입공기의 속도, 흡입 공기량을 스월 컨트롤 밸브로 제어하여 엔진의 출력과 토크를 조절하고 밸브는 솔레노이드에 의해 작동된다. 그림 8.67은 스월 컨트롤 밸브를 나타낸다. 조금 열릴 때 유동은 벽을 타고 빠른 속도로 유입되어 강력한 스월이 발생하고, 많이 열릴 때는 약한 스월이 발생한다. GDI 엔진은 운전조건에 따라 연료의 압력도 변하며 연료압력 센서로부터 연료압력을 검출하여 연료압력 조절밸브를 제어하여 운전조건에 최적인 연료압력을 만들어 분사한다.

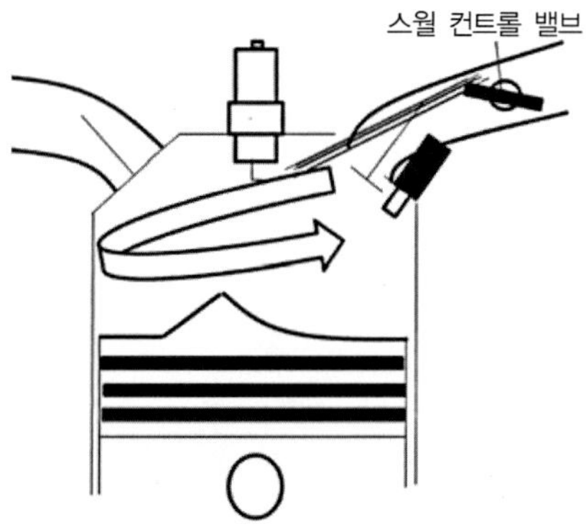

| 그림 8.67 | 스월 컨트롤 밸브

(5) 냉각 EGR (Cooled EGR)

GDI 엔진은 PFI 엔진과는 다르게 냉각 EGR을 필요로 한다. EGR 밸브는 ECU에 의해 제어되며 성층연소인 초희박 연소시 발생하는 NO_x 저감과 균일 연소시의 연비개선을 위하여 냉각 EGR을 적용한다. 냉각 EGR은 운전조건에 따라 연소실을 정밀 제어하여 엔진성능의 저하가 없이 배기가스를 저감하고 연비를 향상시킨다.

(6) 전자 스로틀밸브 (ETC)

GDI 엔진은 스로틀밸브의 개도가 전기모터와 센서에 의해 제어되며 이 기술은 비행기 엔진에 적용되던 기술이다. 최고의 운전성, 배기가스의 최적 제어, 자기진단 제어가 가능한 최신의 토크 제어방식의 ECU가 적용되고 전자식 스월 컨트롤 밸브, 전자 EGR 밸브, 가변밸브 액추에이션, 압력 제어밸브 등을 운전조건에 따라 최적으로 구동하여 전 운전영역에서 고출력을 달성한다. 그림 8.68은 보쉬의 전자 스로틀 밸브를 나타낸다. 전자제어 스로틀 시스템(drive-by-wire)은 전자제어 스로틀, 가속페달(엑셀 스로틀 레버), 엔진의 스로틀밸브 사이를 전기적으로 접속하여 제어하는 기구이다. 기계적인 연결이 어려운 항공기 등에서 플라이 바이 와이어(fly-by- wire)로 먼저 사용되었으며, 스테핑 모터로 제어되기도 하고, DC 브러쉬 모터에 의한 제어도 사용되고 있다. 이것은 안전하게 정차할 때까지 최소한의 엔진 회전수를 유지함으로써, 브레이크, 파워 스티어링 장치 및 전기계통 장치를 작동시킬 수 있다. 전기적으로 연결하기 때문에 스로틀을 제어하는 컨트롤러가 필요하며, 이는 ECU의 기능에 포함되어 있다. 엔진 회전수가 충분하지 않는 상태에서 스로틀밸브를 열면 공기 속도는 증가하지만 충전효율이 나빠져 이때는 엑셀을 밟아도 스로틀 개도는 제한된다. 특히 중, 저속 영역에서 엑셀을 전개하는 것보다 1/2 정도 여는 것이 엔진의 효율이 좋아서 연비향상을 위해 엑셀 조작을 평균적으로 운전자의 페달속도보다 지연시킨다. 운전자가 밟는 의도에 따라 스로틀이 열리면 연비, 엔진효율이 좋지 못하기 때문에 이를 개선하기 위해서이다. 가속페달을 밟아도 약 0.1~0.4초 내에는 스로틀밸브가 반응하지 않고, 페달은 전개되어도 스로틀밸브는 전개되지 않지만 1/2 엑셀에서도 스로틀밸브는 전개될 수 있다. 페달에서 발을 떼어도, 스로틀밸브는 늦게 닫히고 완전히 발을 떼어도 스로틀밸브는 조금 열린 상태가 되며 페달조작에 대하여 스로틀밸브가 충실하게 반응하지 않는다.

| 그림 8.68 | 보쉬 전자 스로틀 밸브

(7) 고압 연료펌프

연료탱크 내의 저압 연료펌프는 3~4 bar의 압력으로 연료를 고압 연료펌프로 보낸다. 고압 연료펌프로 들어온 연료는 캠축의 회전운동으로 50~200 bar까지 고압으로 되며 이 고압연료는 커먼레일로 들어가 인젝터로 분사되고 남은 연료는 다시 연료탱크로 회수된다. 연료압력 센서는 고압의 연료압력을 측정하여 ECU로 보내고 고압 연료압력이 변하면 연료 분사량도 변하기 때문에 연료압력 조절밸브는 연료압력이 항상 운전조건에 맞도록 제어한다.

(8) 연료압력 조절밸브

연료압력 조절밸브는 커먼레일의 끝부분에 부착되어 있으며 ECU가 회수할 연료량을 결정하면 ECU는 연료압력 조절밸브를 구동하여 레일의 압력을 제어한다. 연료압력 조절밸브는 솔레노이드 밸브가 부착되어 ECU에 의해 전원이 가해지면 회수포트는 막혀 레일의 압력은 높아지고 전원이 끊어지면 회수포트는 열려 레일의 압력은 감소한다. 전자식에 대하여 기계식을 리미터

표 8.13 GDI 엔진에서 가능한 제어 기술(출처 : 델파이)

제어내용	control
연료분사(Fuel Injection)	균일연소 (Homogeneous Combustion Systems)
점화 시스템(Ignition System)	DIS(Coil per plug) 고에너지(High energy option)
스로틀 제어(Throttle Control)	전자식 모터제어 (Electronic, non-contacting sensor)
냉각 EGR 밸브	전자식 냉각 EGR
가변밸브타이밍(Cam Phasing)	2스텝 흡배기 (Dual independent intake and exhaust)
가변밸브리프트(Discrete Valve Lift Control)	실린더비활성화(Cylinder deactivation option) 가변밸브리프트(2-Step Valve Lift option)
연속가변밸브리프트 (Continuously Variable Valve Lift)	-
가변터보차저(Turbo Charging Control)	기계적, 전자적 wastegate 제어(Mechanical and electronic wastegate control)
흡기길이제어(Active Intake Tuning Control)	공기량 제어
발전기제어(Generator Control)	-
시동모터제어(Starter Motor Control)	-
광역산소센서(Wide Range Oxygen Sensor)	균일연소시 사용
퍼지제어 액추에이터(Purge Control Actuator)	증발가스제어
연료증기압센서(Fuel Vapor Pressure Sensor)	연료증기압 측정
MAP(Manifold Absolute Pressure), MAT(Manifold Air Temperature) Sensor	공기압력, 온도 측정
wastegate control : 터보차저에서 압력의 지나친 상승을 막는 제어법	

밸브(Limiter valve)라고 한다. 표 8.13은 델파이 GDI 엔진에서 적용한 기술과 제어내용을 나타낸다.

(9) 특징

GDI 엔진은 연소실에 직접 고압연료를 분사하는 시스템이다. 기존의 PFI 엔진과 비교하면 연료의 냉각작용을 이용하여 흡입공기를 냉각할 수 있어 흡기효율이 높아지고 고압축비에 의한 노킹을 감소할 수 있다. 또한 흡기밸브가 닫힌 압축행정 말기에서 연료를 분사하면 연소실에서 성층혼합이 가능하다. 가변밸브 타이밍, 가변밸브 리프트, 가변길이 흡기 매니폴드(VLIM), 음향제어 흡기시스템(ACIS) 등과 같은 기술을 사용하여 연비를 더 높일 수 있고, ECU에 의한 정확한 분사시기 제어, 엔진의 회전수에 따라 공연비를 검출하는 센서를 적용하여 안정된 초희박 연소가 가능하다.

그러나 GDI 엔진은 초희박 연소 시에는 기존의 $\lambda = 1$인 이론공연비 연소범위에서 작동하는 삼원촉매는 작동을 하지 않아 NO_x가 배출되는 문제가 있어 NO_x 흡장 환원촉매를 배기계에 추가해야 한다. 흡장된 NO_x를 제거하기 위해 때때로 농후연소를 해야 하기 때문에 ECU가 연소 타이밍을 정밀하게 제어하면 농후연소가 가능하다. 이런 방법으로 촉매의 정화성능을 최적으로 유지한다.

▮그림 8.69▮ 델파이 GDI 고압연료 펌프

8.5 CRDI 엔진

8.5.1 개요

1968년, 스위스 공대 후버 교수에 의해 현재의 CRDI 방식이 고안되었다. 배기가스 규제강화에 따라 그을음이나 유해 가스가 적은 완전 연소를 촉진하기 위해 개발된 엔진으로. 기존 디젤 엔진(IDI)은 커먼레일이라는 에너지 저장 장치를 사용하지 않았지만 CRDI 엔진은 연료를 연소실에 직접 분사하고 커먼레일을 사용하여 분사 자유도를 높인 방식으로 고압의 연료를 저장한 후 필요시 사용한다. IDI 엔진은 분사펌프에서 직접 각 실린더로 연료를 분배하였지만, CRDI 엔진은 디젤 분사펌프에서 발생하는 연료압력보다 훨씬 높은 압력으로 만들어 커먼레일에 축압한 후 원하는 연료량을 원하는 분사시기에 각 실린더로 분사한다. 기존 디젤엔진의 분사장치는 분사압력을 얻기 위하여 캠구동 장치를 이용하여, 분사압력은 크랭크축의 속도와 함께 증가하고 그에 따라 분사 연료량도 증가하여 크랭크축의 속도가 낮아지면 분사압력도 낮아진다. IDI 엔진은 먼저 분사된 연료가 공기와 혼합된 후 연소되고, 나중에 분사된 연료는 공기부족으로 불완전 연소되어 매연이 발생하였다. 이러한 매연발생을 적게 하려면 연료를 고압으로 분사해야 하며 경유는 가솔린에 비하여 점도가 높아 입자를 작게 만들기 어렵지만 1,400 bar 이상의 고압 상태에서 연료를 분사하면 미립화된다. CRDI 엔진은 연료의 최대 압력을 2,500 bar로 높인 것으로 2,500 bar의 압력은 25,000 m의 물속에서의 압력과 같다. 연료의 분사압력을 높이면 IDI 엔진은 연료 입자의 평균 지름이 10 μm 정도지만, CRDI 엔진은 1,400 bar의 고압이 되면 5 μm으로 작아져 연소도 잘 된다. CRDI 엔진은 분사압력이 엔진의 속도와 상관없이 얻어진다. 1997년 제1세대, 2002년에 1800기압에서 1회 연소 사이클에 최대 5회 정밀 분사할 수 있는 제2세대, 2008년에는 2000기압에서 최대 9회 정밀 분사할 수 있는 제3세대 커먼레일이 개발되었다. 표 8.14는 CRDI 엔진의 최대 연료압력을 나타내며 연료의 분사압력이 높을수록 연료가 박무화되기 때문에 발생하는 PM이 감소하고 1회 연소 사이클 동안 5~9회 분사하여 NO_x, 소음의 발생을 억제한다. CRDI 엔진은 높은 연료압력 발생과 연료분사를 독립적으로 하기 위해서 고압을 발생하는 고압 연료펌프, 고압을 유지할 수 있는 고압 커먼레일(어큐뮬레이터), 그리고 전자제어 시스템이 필요하다. CRDI 엔진은 고압연료 공급, 연료 회수, 제어로 이루어지고 고압 분사펌프 동력은 실린더당 약 140 ps의 마력으로 2,000 bar의 연료압력을 만들고 저속영역에서도 고압분사가 가능하여 배출물이 크게 감소되고 이는 가장 큰 장점이다. 표 8.14는 CRDI의 종류를 나타낸다.

표 8.14 CRDI 엔진의 연료압력

회사	종류	연료압력
IDI	부연소실	400~500 bar
CRDI	직분식	1,000 bar
Bosch(커먼레일)	1세대 2세대 3세대	1,350 bar 1,600 bar 2,000 bar
Denso(커먼레일)	1세대	1,450 bar
	2세대	1,800 bar
	3세대	2,000 bar
	세대	2,500 bar(리턴연료량을 줄임)
Delphi(커먼레일)	Multec	2,000 bar
덴소 4세대 : 엔진의 회전 속도에 의존하지 않고, 분사 압력, 분사량, 분사시기를 제어할 수 있고 각 인젝터에 내장된 압력센서가 분사압을 실시간으로 측정하고 인젝터마다 분사량과 타이밍을 제어한다.		

표 8.15 CRDI의 원리

필수요건	적용 기술	현상	이유
PM, NO_x 저감, 소음제거	연료의 고압화, 정밀제어시스템	연료의 박무화로 완전연소 1스트로크 : 5~9회 분사정밀제어	연료가 고압이면 분사를 빠르게 할 수 있고 1ST(스트로크)에 더 많이 분사할 수 있어 연료미세화, 와류 발생으로 완전연소 가능

(1) 배출가스의 감소

CRDI 엔진은 연료를 완전 연소에 가깝게 하여 배출가스 저감을 할 수 있고 같은 NO_x 값에서 CO_2 20%, CO 40%, HC 50%와 PM을 60%까지 줄일 수 있다.

(2) 출력과 연비향상

저속 과부하시에도 고압의 분사가 가능하여 IDI 엔진보다 저속에서 토크 50%, 출력 25%의 증가가 가능하고 유해물질 배출량이 적다. 엔진 운전조건에 따라서 연료압력과 분사시기를 조절하여 IDI 엔진에 비하여 최대 20%까지 연비향상이 가능하다.

표 8.16 엔진과 적용차량

구분	종류	적용 차량
U 엔진	1.1 CRDI 1.4 CRDI 1.6 CRDI 1.4 CRDI VGT 1.6 CRDI VGT	ix20, i20, i30, 1,800 bar, VGT (보쉬시스템)
R 엔진	2.0 CRDI VGT 2.2 CRDI VGT	산타페, 투싼, 스포티지 R, 소렌토 R, 카니발 R 1,800 bar, VGT, 피에조(보쉬시스템)
D 엔진	2.0 CRDI	산타페, 트라제(보쉬시스템), R로 대체(Euro VI)
A2 엔진	2.5 CRDI	포터, 봉고(델파이시스템)
KJ 엔진	2.9 CRDI	카니발, 봉고, 테라칸(델파이시스템), A2로 대체
S 엔진	8.0 CRDI	베라크루즈, 모하비(보쉬시스템)

(3) 소음감소

IDI 엔진의 진동과 소음을 파일럿 분사 등 다단 분사의 적용으로 저감시키고 공회전시 소음도 감소한다.

8.5.2 시스템의 구성

CRDI 엔진은 고압펌프에서 생성한 고압연료를 커먼레일에 축적하고 인젝터의 노즐의 배압을 제어하여 연료분사의 시작과 종료를 결정한다. 엔진 회전속도에 의존하지 않고 최고 분사압력 2,500 bar, 분사량, 분사시기를 독립적으로 제어하여 다단분사를 실현하여 배출물을 저감하며 구성은 고압 연료펌프, 커먼레일, 고압 인젝터, 센서, ECU, EDU 등으로 구성된다. 그림 8.71은 CRDI 엔진의 구성도를 나타낸다. 고압 연료펌프에서 커먼레일로 연료를 공급하고, 커먼레일 내의 압력은 레일압력 센서로 감지하고 회전수, 엔진부하에 의해 결정되는 펄스신호에 따라 분사시기와 분사량이 결정된다. 고압 연료펌프는 캠축으로 회전시켜 연료를 고압으로 만든다. 연료 저압라인, 연료 고압라인, 회수라인으로 구분되고 커먼레일의 연료는 압력 제어밸브를 통하여, 인젝터 연료는 백리크(back leak)를 통하여 연료탱크로 회수된다. 센서에는 레일압력 센서, 부스트 압력 센서, 크랭크각 센서, 캠각 센서, 가속페달 센서, 공기유량 센서, 냉각수온 센서 등이 장착되어 있고 ECU는 이들 신호를 받아 제어를 수행한다.

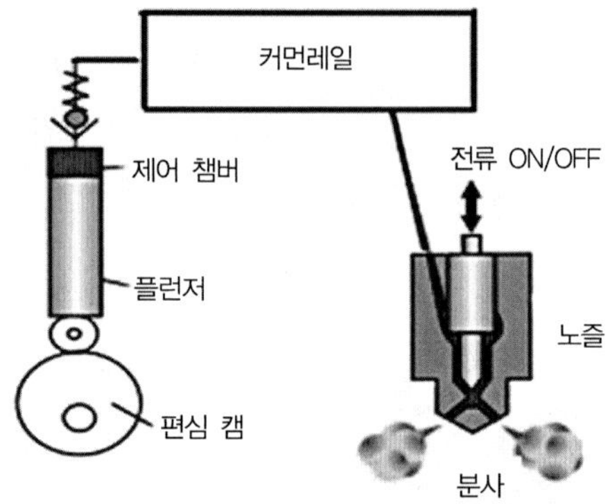

| 그림 8.70 | 커먼레일의 원리

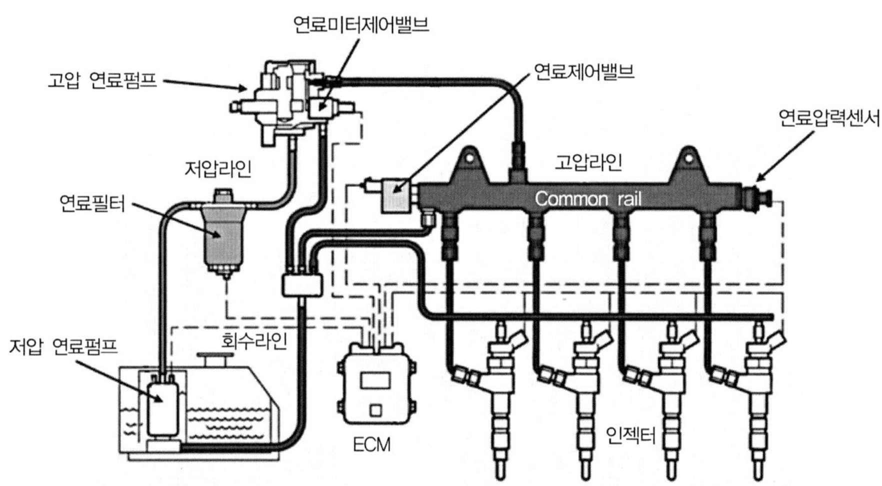

| 그림 8.71 | CRDI엔진 다이어그램(출처 : Bosch)

표 8.17 보쉬와 덴소 시스템의 비교

	Bosch system	Denso system
고압 연료펌프	고압 연료펌프	고압 연료펌프
	연료미터링조절 솔레노이드	흡입 조절밸브
회수밸브	압력조절 솔레노이드, 리미터밸브	연료압력조절밸브, 압력리미터밸브
고압 연료펌프 구조	3기통 outer캠	2기통 outer캠
연료압력 센서	레일 압력센서	연료 압력센서
저압펌프	탱크내 저압 연료펌프, 전달펌프	탱크내 저압 연료펌프, 인라인공급펌프
인젝터	솔레노이드 인젝터	솔레노이드 인젝터
센서	APP, CKP, ECT, DPF 등	APP, CKP, CMP 등

(1) 저압 연료펌프

저압 연료펌프는 연료탱크의 연료를 연료필터를 거쳐 고압 연료펌프에 공급하며 전기식이 사용되며 전기식 연료펌프는 고압펌프로 연료를 공급하고 사고 시에는 전원이 꺼져 연료의 공급을 중단하는 역할을 한다. 엔진의 시동과 함께 작동하며 연료가 과잉 공급되면 연료펌프 내의 오버 플로우(overflow) 밸브를 통해 조절되고 연료 공급라인에 설치되는 방식과 연료탱크 내에 설치되는 ITR(Intank Reservior) 방식이 있다. ITR 방식은 연료모터, 스트레이너, 레벨 게이지, 연료필터 등이 일체로 연료탱크 내에 설치된다. 고압 연료펌프 내에 있는 전달펌프(transfer pump)의 경우는 전기식 연료펌프를 사용하지 않고 연료를 고압 연료펌프로 전달하는 역할을 한다.

(2) 고압 연료펌프

고압 연료펌프는 저압의 연료라인과 고압의 커먼레일의 중간에 있으며 고압의 연료를 만들어 커먼레일로 공급하며 전달펌프, 흡입밸브, 펌핑실, 연료 미터링 조절 솔레노이드, 압력밸브 등으로 구성된다. 종류에는 내부캠(inner cam)식과 외부캠(outer cam)식이 있고 연료 미터링 조절 솔레노이드로 흡입량을 조절한다. 2기통 내부 캠(inner cam)식은 90° 간격으로 압송과 흡입을 반복하여 토출 양은 압력밸브에 의해 제어되며 보쉬 제1세대 시스템의 고압 연료펌프의 최고 압력은 1,350 bar이었다. 더 높은 압력을 생성하기 위해서는 내부캠(inner cam) 방식은 기구학적으로 한계가 있어 2,000 bar의 고압 실현을 위해서는 구조를 편심 외부 캠(outer cam) 방식으로 변경하였다. 덴소는 소형화를 위해서 플런저와 실린더를 2기통으로 180° 간격으로 수평 대향으로 배치하였고, 보쉬는 3개의 피스톤과 3개의 링을 120° 간격으로 배치하였다. 그림 8.72는 보쉬의 고압 연료펌프 구조를 나타낸다. 고압 연료펌프는 빠른 엔진의 시동을 위해

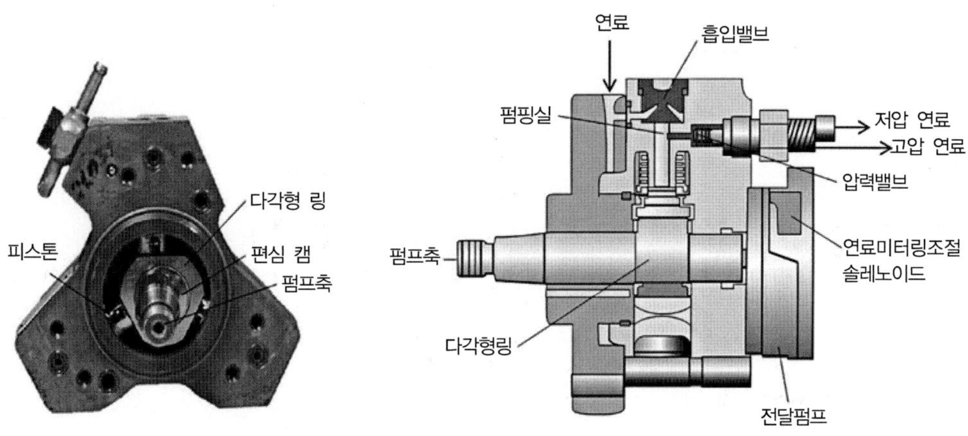

| 그림 8.72 | 고압 연료펌프(출처 : Bosch)

엔진의 모든 작동범위에서 고압의 연료를 커먼레일로 연료를 공급하며 흡입밸브가 열리면 저압의 연료는 펌핑실로 들어가고 펌핑실에서 피스톤에 의해 압축된 후 연료는 고압으로 압력밸브가 열리면 커먼레일로 들어간다.

공회전과 부분 부하시는 많은 고압의 연료가 공급되면 남는 연료는 커먼레일의 연료압력 조절밸브나 압력 리미터밸브가 열려 회수라인을 통하여 다시 연료탱크로 돌아간다. 고압 연료펌프 내의 전달펌프는 연료탱크의 저압연료를 펌핑실로 공급하고 연료 미터링 조절 솔레노이드는 펌핑실로 들어가는 연료량을 조절한다. 고압펌프는 2~3개의 피스톤이 있고 펌프축 위에 있는 편심 캠 위의 다각형 링에 의해 작동한다. 펌프가 회전하면 다각형 링은 펌프 피스톤을 작동시키기 위해 회전운동을 한다.

① 연료 미터링 조절 솔레노이드

연료 미터링 조절 솔레노이드(fuel metering control solenoid)는 펌핑실로 들어가는 연료의 양을 조절한다. 솔레노이드의 전원이 꺼지면 연료가 연료탱크로 회수되어 펌핑실로 가는 연료의 양은 적어지고 전원이 켜지면 펌프로 가는 연료의 양은 많아진다.

② 압력밸브

압력밸브는 고압 연료펌프에서 커먼레일로 들어가는 연료량을 제어한다.

③ 전달펌프(transfer pump), 저압 연료펌프

전달펌프와 저압 연료펌프는 저압 연료탱크의 연료를 펌핑실로 공급한다.

(3) 고압 어큐뮬레이터 (커먼레일, 축압실)

그림 8.73은 커먼레일 구조를 나타낸다. 고압 어큐뮬레이터는 연료를 고압으로 유지하고 고압 연료펌프와 연료의 분사로 발생하는 연료의 압력변동을 커먼레일로 댐핑시킨다. 많은 연료

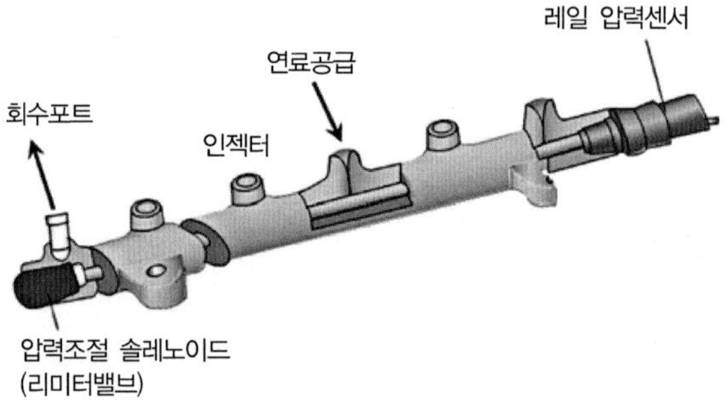

| 그림 8.73 | 커먼레일(고압 어큐뮤레이터)의 구조 (출처: Bosch)

가 공급되어도 커먼레일의 내부압력은 항상 일정하게 유지되고 압력변화에 대처하기 위하여, 레일압력 센서, 기계식인 경우 리미터 밸브, 전자식인 경우 압력 조절 솔레노이드밸브 등이 설치된다.

연료압력은 레일압력 센서에 의해 감지되고 리미터 밸브에 의해 조절되고 리미터 밸브 내에는 역류방지를 위한 체크밸브가 부착되어 있다. 리미터 밸브는 과잉의 연료를 회수포트를 통하여 연료탱크로 보내고 커먼레일의 압력은 공회전시 300~400 bar, 최대 부하시 1,600~2,000 bar이고 커먼레일의 체적은 16~20 cm^3 정도이다. 전기를 배터리에 축전하듯이 연료 에너지는 어큐뮤레이터에 저장하여 엔진 회전수에 관계없이 항상 고압이 유지되고 필요할 때 사용할 수 있다.

(4) 압력 조절 솔레노이드

고압 연료펌프로 연료를 가압하여 축압기로 보내고 인젝터를 통하여 연료가 분사되고 연료압력 조절 솔레노이드가 연료량을 제어하면 커먼레일의 압력은 일정하게 유지된다. 최소 500 bar에서 밸브가 닫히고 최대 2,200 bar에서 열린다. 연료압력은 커먼레일에 설치된 압력센서에 의해 검출된 신호, 엔진의 회전속도, 부하에 따라 압력 조절 솔레노이드 밸브에 의해 피드백 제어된다. 그림 8.74는 기계식인 리미터 밸브를 나타낸다. 커먼레일에 많은 연료가 공급되면 리미터 밸브의 유로는 열려서 연료를 연료탱크로 보내고 전자식인 압력조절 솔레노이드는 ECU 전원을 받아 작동한다. 밸브의 개폐상태를 통전전류 0에서 연속적으로 제어하는 방식으로 솔레노이드는 PWM으로 구동이 된다. ECU 전원이 꺼지면 회수포트는 열려 레일의 연료압력은 떨어지고 전원이 켜지면 회수 포트는 닫히고 연료압력은 올라간다. 엔진의 시동이 걸리는 커먼레일의 최소 압력은 200~300 bar이고 레일의 압력이 너무 낮거나 너무 높으면 시동은 걸리지 않는다. 보쉬와 같이 고압펌프 내의 연료 미터링 조절 솔레노이드와 함께 사용하면 연료압력이 변화할 때 압력을 빨리 안정화시킬 수 있고 연료압력 조절밸브가 고장이면 엔진은 시동이 걸리지 않는다.

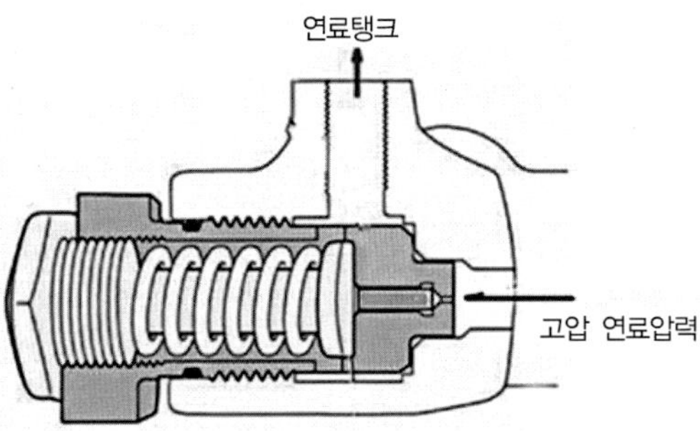

그림 8.74 기계식 리미터 밸브

(5) 레일 압력센서

압력센서는 기체나 액체의 압력을 감지하여 출력신호를 보낸다. 압력을 측정하는 방식에는 금속에 압력을 가하면 금속의 결정 저항비가 변하는 피에조 효과를 이용하는 압전 저항식, 반도체 결정에 압력을 가하면 전기저항이 변하는 반도체(Si) 저항식이 있다. 반도체 저항식 압력센서는 1990년대 가솔린 엔진에서 101 kPa인 대기압을 측정하는 대기압 센서(BPS)에 처음으로 적용된 후 8.5 Mpa의 고압냉매 압력, 0.2 Mpa의 저압냉매 압력의 측정, 5 kPa의 퍼지 컨트롤 솔레노이드 밸브(PCSV) 작동 진공압력 측정, 200 bar의 GDI 연료압력 측정, 2,000 bar의 커먼레일 연료압력 측정에 사용되고 있다. 연료는 커먼레일 입구를 통해 들어와 레일 압력센서에 압력을 가하고 레일 압력센서는 레일에서 발생하는 순간적인 연료압력을 측정한다. 반도체 저항식은 다이어프램이 이 압력에 의해 찌그러지면 반도체 전기저항이 변하고 이 저항은 출력전압으로 변하여 ECU에 제공한다. ECU는 이 값을 이용하여 연료압력 제어 솔레노이드, 연료 미터링 조절 솔레노이드에 적용할 듀티 %를 계산한다. 압력센서는 정밀한 측정을 위하여 소형화가 필요하므로 반도체 집적 기술을 이용하여 센서의 부품수를 최대한 줄이는 기술이 필요하다. 표 8.18은 압력센서의 종류를 나타낸다.

표 8.18 압력센서의 종류(1 Mpa = 10 bar) (출처 : 덴소)

센서	압력	다이어프램 두께	비고
PCSV	5 kPa	14 μm	재료 : 반도체 실리콘
BPS	101 kPa	35 μm	
A/C 냉매압력	8.5 Mpa	60 μm	
GDI fuel	200 bar	100 μm	
common rail fuel	2,000 bar	350 μm	

(6) 고압 인젝터

ECU의 신호가 인젝터의 솔레노이드로 전달되면서 분사는 시작되고 분사압력은 최대 2,000 bar 정도이다. 인젝터에 전원이 가해지면 0.4~0.45 ms의 시간에 아마추어에는 충분한 자기장이 만들어지고 11~13 kg의 자기장의 힘은 솔레노이드를 당겨 인젝터는 열리고 피크전류는 0.5 ms 동안 가해진다. ECU는 13~15 kHz의 주기로 인젝터에 전류를 펄스하기 시작하고 이것은 전류의 양을 줄이고 솔레노이드에서 발생하는 열도 감소시킨다. 솔레노이드에서의 저항은 3~ 8.5 Ω이며 이 저항을 이기고 인젝터가 분사하기 위해서는 높은 전류가 필요하다. 노즐부분의 마모방지를 위해서 인젝터 피스톤의 지름을 작게 하여 노즐을 닫을 때 압력을 감소시킨다. 제2세대 인젝터에서는 분사종료부터 다음 분사개시까지의 시간을 단축하여 1,800 bar의 압력에서 0.4 ms의 시간 내에 연료를 5번 분사한다. 엔진이 정지하거나 레일 내에 압력이 없으면 노즐의 스프링이 인젝터를 닫는다. 고압의 연료가 인젝터로 들어오면 연료는 통로를 따라 인젝터 니들까지 공급되고 인젝터 피스톤 위에는 제어 챔버가 있는데 여기에도 연료가 들어간다. ECU에 의해 전원이 공급되어 솔레노이드가 전자석이 되어 밸브를 열면, 인젝터 피스톤 위의 연료압력은 줄어들고 제어챔버에 있는 고압연료는 인젝터 백리크 회수포트를 통하여 연료탱크로 되돌아간다. 이것은 인젝터 피스톤의 상부와 하부의 압력 차이를 만들고 압력 차이에 의해 노즐은 열려 분사한다. 그림 8.75는 솔레노이드 인젝터를 나타낸다. 커먼레일 시스템의 인젝터는 솔레노이드 인젝터와 피에조 인젝터가 있다. 솔레노이드 인젝터는 노즐을 제어하기 위하여 유압이 필요하고, 인젝터 내에 걸리는 유압은 ECU에서 펄스 듀티를 받아 노즐을 열고 닫는다. 다단분사와 정밀한 분사량 제어를 위하여 솔레노이드를 사용하고 유압을 이용하여 노즐의 작동속도를 높인다. 피에조 인젝터는 솔레노이드 인젝터보다 박막의 설계가 가능하고, 반응시간이 4배가 빠르며 700개의 피에조 웨이퍼(wafer)로 만들고 여기에 전압을 가하면 피에조가 팽창하여 인젝터 밸브가 열린다. 이는 연료의 고압화와 정밀한 제어를 위해서 필요하며 저소음, 내구성, 연료가 회수되는 백리크 현상(backleak)이 많이 발생하지 않는 인젝터의 설계가 필요하다. 승용차 용은 연료압력 1,450 bar, 트럭 용은 연료압력 1,200 bar이다. 연료가 실린더에 분사될 때 솔레노이드 밸브의 최대 스트로크는 0.05 mm이다.

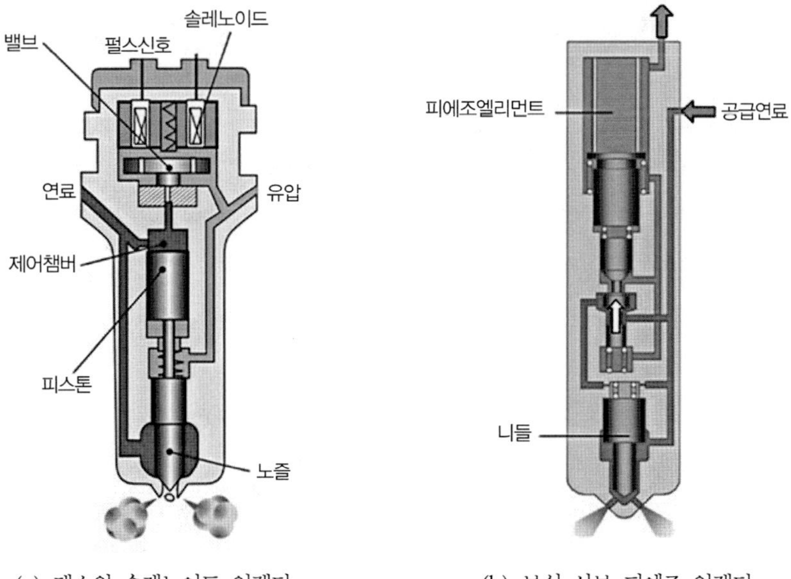

(a) 덴소의 솔레노이드 인젝터 (b) 보쉬 서보 피에조 인젝터

| 그림 8.75 | 인젝터의 구조

인젝터 설계시 고려해야 할 사항은 다음과 같다.

① 인젝터 피스톤의 지름을 작게 한다.
② 솔레노이드 밸브의 응답성을 높인다.
③ 인젝터 밸브에서 인젝터 끝단의 높이를 짧게 한다.
④ 고강도 재질을 사용한다.
⑤ 파이럿 분사시간을 짧게 제어한다.

CRDI 엔진에서 인젝터의 고장률이 높은 원인은 다음과 같다.

① 인젝터 니들밸브, 노즐 팁 마모 : 인젝터가 고압에 노출되어 있어 마모가 쉽게 되고 연료 압력이 떨어지면 엔진의 부조현상이 발생한다.
② 인젝터 밸브 실링의 마모 : 인젝터의 분사개시 압력이 낮아진다.
③ 솔레노이드 밸브시트 홀의 마모 : 볼의 기밀불량으로 백 리크량이 많아지면 매연이 발생한다.

8.5.3 연료분사 방법

1990년대에 사용되던 부실(IDI)실 디젤기관은 열효율이 높은 직접 분사(DI)식으로 변화되고 이는 CRDI 직접 분사식으로 발전을 하였다. 이의 장점은 커먼레일에 고압의 연료가 저장되어 있어 저속영역에서도 고압 분사가 가능하고 필요할 때 원하는 압력의 연료를 사용할 수 있다. 고압 연료펌프와 인젝터가 커먼레일을 사이에 두고 분리되어 있어 저속에서도 연료압력과 분사량을 조절하여 공회전, 저부하에서도 배기가스를 개선할 수 있다.

CRDI 엔진의 효율이 높은 이유는 고압의 연료, 인젝터 분사량 제어 때문이다. 작은 직경의 노즐에서 분사되는 연료는 분사시간을 단축하기 위해 고압이 필요하고 미립화로 연소가 잘 되어 배출물이 줄어들고 연소 열효율은 좋아지지만 반대로 캠축에는 많은 힘이 걸려 압력구동 펌프의 마찰에 의한 기계적 손실이 증대하여 기계 열효율은 낮아진다.

CRDI 엔진은 연소를 완전 연소시켜 PM과 NO_x를 저감하는 기술로 연료를 1 스트로크 당 여러 번 분사할 수 있다. 연료를 미립화하여 완전 연소시키면 PM이 줄어들고, 여러 번 분사하면 실린더 고온화가 방지되어 NO_x가 줄어든다. 표 8.19는 엔진의 발전과 다단분사 횟수를 나타낸다. 제1세대 CRDI는 연료압력 1,200 bar, 2회 분사, 제2세대 CRDI는 연료압력 1,800 bar, 5회 분사, 제3세대 CRDI는 연료압력 2,000 bar, 7~9회 분사이다.

그림 8.76과 같은 1 스트로크 동안 다단분사가 가능하다. 프리분사는 소음 저감효과가 크고, 포스트 분사는 NO_x 촉매제어를 하며 연료가 실제 분사되는 주 분사 전에 작은 양의 연료를

분사하는 파이럿 분사가 있다.

그림 8.76과 표 8.20은 CRDI 엔진의 다단분사의 역할을 나타낸다. 인젝터를 솔레노이드에서 피에조 액추에이터 형태로 변경하여 분사간격과 분사량 등을 정밀하게 제어할 수 있다.

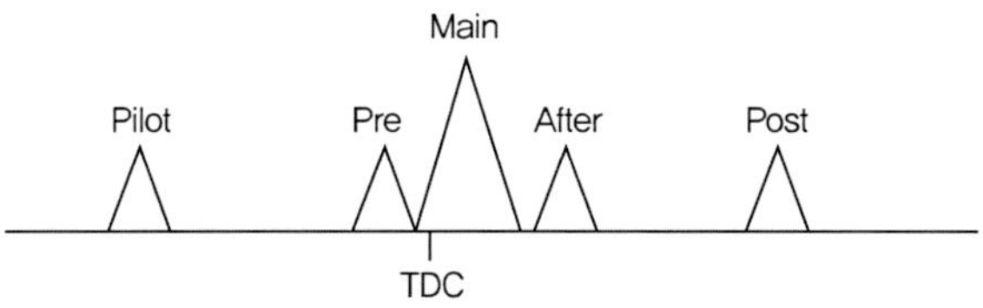

그림 8.76 제2세대 CRDI 다단분사

표 8.19 커먼레일 엔진의 분류(출처 : 덴소)

세대	분사횟수	연료압력	유럽 규제치
제1세대(1995)	파이럿분사, 주분사(2회)	1,200~1,450 bar	EURO III(파이럿분사, EGR, VGT, DOC)
제2세대(2002)	파이럿분사, 프리분사, 주분사, 후분사, 포스트분사(5회)	1,800 bar	EURO IV(다단분사, Cooled EGR, VGT, DPF, NO_x 촉매) 32 bit ECU
제3세대(2007)	7~9회	2,000 bar	EURO V, EURO VI - 32 bit ECU - 분사량 제어 향상 - 분사시간 : 1 ms - 분사량 :~50±1mm^3 - 입자크기 : ±1~2μm
제4세대(2013)	9회	2,500~3,000 bar	

표 8.20 인젝터의 5회 분사 성능(1,800bar, 출처 : 덴소)

5회 분사 순서	역할	분사량
파이럿 분사(pilot injection)	예혼합에 의한 소음, PM 저감	1 mm^3/st
선분사(pre injection)	메인분사에 앞에서 분사하여 메인분사의 착화지연을 단축시켜 NO_x, 소음저감	1 mm^3/st
주분사(메인분사)	PM저감, 연비개선	40 mm^3/st at 100 Mpa
후분사(after injection)	확산연소 활성화로 PM 저감	2 mm^3/st
포스트 분사(post injection)	NO_x 촉매제어, 배기가스 온도 상승으로 DPF 활성화	1 mm^3/st

(1) 파이럿 분사

CRDI 엔진과 같이 연료가 고압으로 분사되면 스트로크 당 연료 분사량이 증가하고 연소시 착화지연을 단축시키기 어렵다. 고압 분사로 인하여 연료가 점화될 때까지 연료 분사량이 증가하여 초기의 연소속도는 빨라지고, 그 결과 NO_x의 배출이 많아지고 연소실 내의 150 bar 이상의 압력과 연소시 고압이 발생하는 높은 속도로 인하여 소음이 증가된다. 이를 해결하기 위해 파이럿(예비) 분사를 이용한다. 파이럿 분사는 예혼합 후 이를 성층연소하여 연소실을 미리 가열하는 것으로, 주분사 전에 소량의 연료를 예비 분사하여 피스톤 상승에 따른 연소실 온도의 상승으로 점화하여 연소실 온도는 낮아지고, 주분사시 연료의 확산이 발생하여 연료는 빠르게 연소되어 착화지연 시간이 단축된다. 착화지연 시간이 길어지면 연료에 갑자기 불이 붙어 연소온도가 상승하고 NO_x, PM, 소음이 증가한다. 파이럿 분사로 인하여 주분사의 초기 분사량을 적게 할 수 있고, 선분사 앞에서 연료를 소량 분사하면 순간적으로 예혼합 연소가 발생하고 착화지연 시간이 짧아져 연소가 잘 되어 실린더의 온도와 압력이 크게 상승하지 않아 NO_x, PM, 소음이 저감된다. 그림 8.77은 파이럿 분사의 효과를 나타낸 그림으로 파이럿 분사를 할 때의 연소실의 열 소비율을 나타낸 그림이다. 그림에서 BTDC 30° 에서 500 K의 온도에서 불완전 연소하는 냉염(cold flame) 연소가 발생하고, BTDC 15° 에서 발화하는 열염(hot flame) 반응이 발생하고, BTDC 10° 에서 연소가 시작되고, 파이럿 분사는 BTDC 70° 에서 이루어진다. 이러한 과정이 일어나는 시간을 착화지연 시간이라 하며, 이때 공기와 연료가 충분히 예혼합된다.

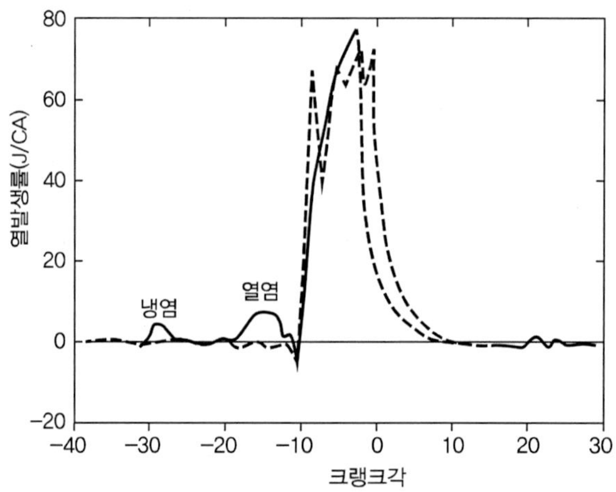

▌그림 8.77▐ 파이럿 분사의 효과(출처 : 덴소)

(2) 선분사 (pre-injection)

선분사는 주분사의 착화지연 시간을 단축시키고 주분사 앞에서 주분사의 1/40의 양을 분사하여 소음과 PM을 저감시킨다. 선분사는 선분사와 주분사 사이의 시간이 중요한 요소이다.

그림 8.78은 선분사와 주분사 사이의 시간과 PM 배출량과의 관계를 나타낸다. 선분사와 주분사 사이의 시간은 제1세대는 1,200~1,450 bar, 0.7 ms, 제2세대 1,800 bar, 0.1~0.4 ms, 제3세대 0.1~0.2 ms로 단축되었다. 그림에서 간격시간이 1 ms일 때 PM이 가장 많이 발생하고 2 ms, 3 ms의 순이다. 선분사와 주분사의 시간이 0에 가까울수록 PM의 배출은 줄어든다. 따라서 선분사를 주분사 앞에서 0.2 ms 이내로 하면 PM은 감소된다.

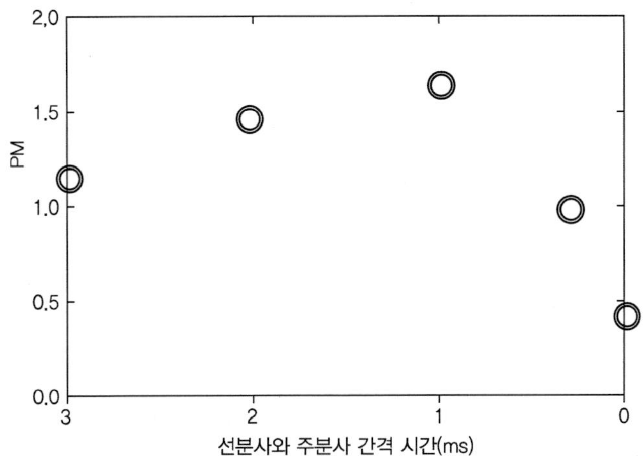

| 그림 8.78 | 선분사와 주분사의 간격시간(출처 : 덴소)

(3) 후분사

후분사는 주분사와 가까운 시기에 분사되어 확산연소를 활성화시켜 주분사가 PM을 저감한다. 후분사와 주분사 간격을 0.7 ms 이내로 하면 PM을 저감할 수 있다.

(4) 포스트 분사

포스트 분사는 1 스토르크 내에서 가장 늦게 분사되고 연소되어 배기가스의 온도를 높이고 촉매는 활성화된다. 포스트 분사의 시기를 ATDC 130° 정도에서 하면 배기가스 온도는 상승하고, ATDC 160° 이면 NO_x가 질소로 환원되어 배출물이 적어지지만, ATDC 180° 이면 연소가 되지 않아 실린더 벽에 연료의 부착이 발생한다.

8.5.4 분사량 제어와 센서

디젤 전자제어의 목표는 분사시기, 분사량, 분사압력을 정밀 제어하여 완전 연소를 시키는 것으로 연료가 2,000 bar의 고압으로 분사되면 연료는 미립화되어 연료입자가 작아서 타면 남는 것이 없다. 연료의 완전 연소와 정밀한 전자제어는 PM과 NO_x를 저감시킬 수 있다. 이를 위해서 인젝터의 정밀한 설계, 실린더 간의 일정한 압력차이, 인젝터의 연료량 보정제어가 필요하다. 연료량 보정 제어는 파이럿 분사량의 50%를 가감하는 것으로 보정 제어를 위해서는 센서, 액추에이터, ECU, 전자구동 제어(EDC)시스템이 필요하다. 센서로는 레일압력 센서, 가속페달 센서(APP), 크랭크축 위치 센서(CKP), 냉각수 온도(ECT)센서, DPF 센서 등의 신호를 기본으로 ECU는 고압 인젝터, 연료 미터링 조절 솔레노이드 및 연료압력 조절 솔레노이드 등을 제어한다. 그림 8.79는 CRDI 엔진의 센서 위치를 나타낸다. 그림 8.80은 CRDI 엔진의 제어를 나타낸다. ECU는 듀티제어로 연료 미터링 조절 솔레노이드와 연료압력 조절 솔레노이드 신호로 커먼레일의 압력을 제어하고 인젝터로 분사한 후 레일압력 센서의 신호는 ECU로 입력된다. ECU는 매핑 값과 ECU로 입력된 값을 비교하여 다시 듀티 사이클을 정하고 연료 미터링 조절 솔레노이드와 연료압력 조절 솔레노이드를 제어한다. 제어의 목적은 엔진이 필요한 토크를 만들기 위해 분사량을 결정하고 배기가스를 최소로 억제하면서 연비를 높이는 데 있다.

(1) 레일압력 센서

커먼레일의 연료는 고압펌프의 연료미터링 조절 솔레노이드밸브에 의해 양이 정해지고 압축기에 의해 가압된다. 연료압력은 커먼레일에 장착된 레일압력 센서에 의해 검출되어 엔진의 회전속도와 부하에 따라 최적인 값으로 피드백 제어되어 고압펌프의 연료미터링 조절 솔레노이드

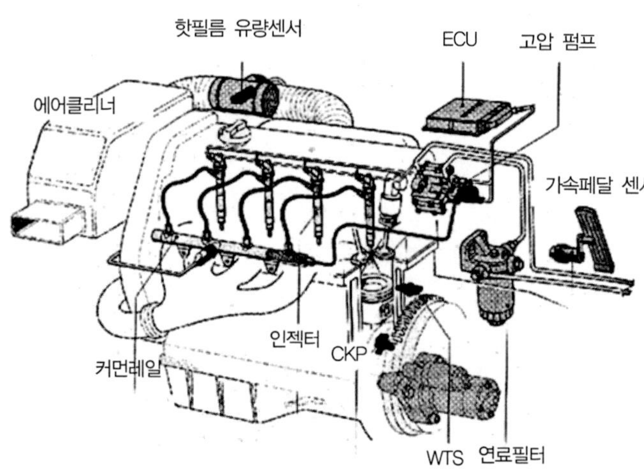

| 그림 8.79 | CRDI 센서 구성도

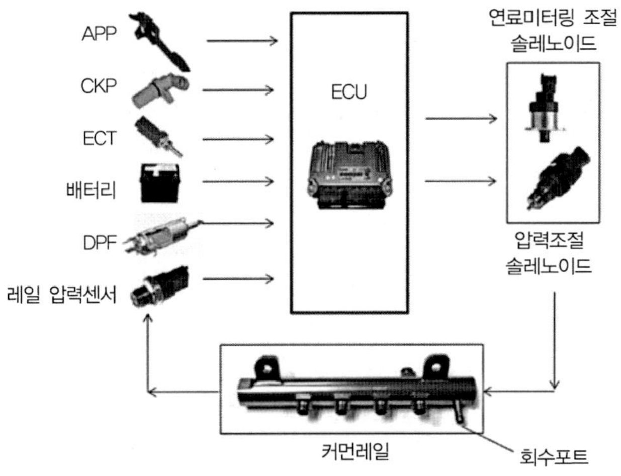

| 그림 8.80 | CRDI 엔진 제어(출처 : Bosch)

와 압력조절 솔레노이드를 제어한다.

(2) 크랭크축 위치센서 (CKP)

연소실 내의 피스톤 위치는 분사시기를 정하는 데 필요하다. 엔진의 피스톤은 커넥팅 로드로 크랭크축에 연결되어 있으며, 크랭크축에 위치하는 센서는 피스톤의 위치를 알 수 있고 CKP는 피스톤의 위치와 엔진 회전수를 ECU에 전달한다.

(3) 캠축 위치센서 (CMP)

피스톤이 상사점(TDC)으로 향하면, 캠축의 위치로 실린더가 압축행정인지 배기행정인지를 결정한다. 이 신호는 크랭크축 위치로는 정확하게 알 수 없으며 캠축 위치 센서가 고장이 나면 ECU는 크랭크축 센서로부터 신호를 받아 엔진을 구동시킨다.

(4) 온도센서 (TS)

온도센서는 냉각수 온도를 측정하는 냉각수온 센서, 흡입공기의 온도를 측정하는 흡기온도 센서, 엔진오일 온도를 측정하는 유온센서, 연료의 온도를 측정하는 연료온도 센서 등 4가지가 있다. 저항과 전압이 반비례하는 부특성의 온도계수(NTC)를 가진다.

(5) 공기유량 센서 (AFS)

엔진이 정확한 이론공연비(stoichiometry)로 연소되기 위해서는 유입되는 공기량을 정확하게 측정해야 한다. 공기유량 센서는 열막방식이 사용되며 흡기유로 통로에 위치한다.

(6) 가속페달 센서(APP)

가속페달 센서는 운전자의 가속페달의 위치를 측정한다.

(7) 부스터 압력센서(BPS)

부스터 압력 센서(BPS)는 흡기 매니폴드의 절대압력을 측정하며 피에조 저항방식이다. 이 방식은 기계적 응력이 가해지면 다이어프램의 표면저항이 변하고 매니폴드 부스터 압력이 출력된다.

(8) 반도체 집적화 기술

반도체 회로 집적화 기술은 센서의 부품수를 줄이고 소형화, 가격저감을 가능하게 한다.

① 제1세대 센서

제1세대 센서는 센서디바이스와 하이브리드 집적회로가 된다. EMC(electro magnetic compatibility) 대책은 그림 8.81(a)와 같이 패키지 전체를 쉴드 케이스에 넣고 복사 노이즈를 저감하고 하네스에서 발생하는 노이즈는 콘덴서를 이용하여 쉴드 케이스로 전달되고 단락시켜 제거한다.

② 제2세대 센서

제2세대 EMC는 회로부를 집적화하고 배선 길이를 최소화하여 노이즈를 저감하고 실드 케이스를 제거한다.

③ 제3세대 센서

제3세대는 EMC 필터를 집적화하였다. EMC는 콘덴서와 저항을 사용하는 로우 패스

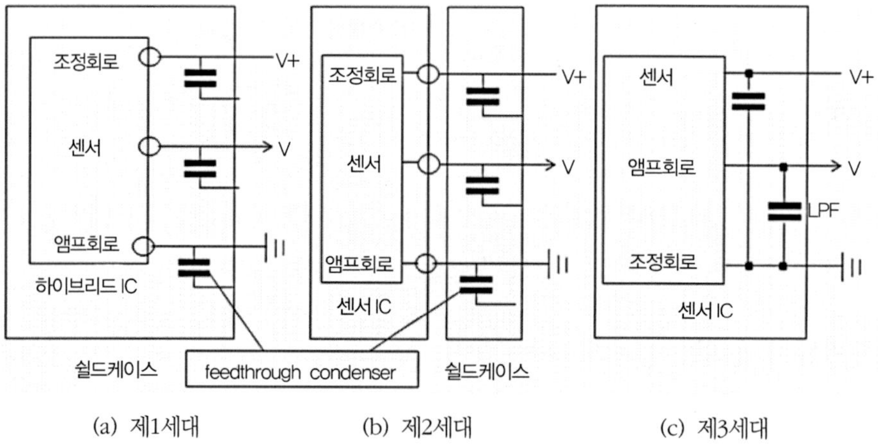

❙그림 8.81❙ 센서의 발전(출처 : 덴소)

필터(LPF)를 집적화하여 노이즈를 저감하고, 관통(feedthrough) 콘덴서를 제거한 구조의 압력센서이다.

8.5.5 VGT

엔진출력을 높이기 위해서는 흡기효율을 높여야 하고 따라서 DOHC와 과급기가 필요하다. 대기압보다 높은 압력으로 기관에서 공기를 공급하는 것을 터보차저(과급기)라 한다. DOHC는 SOHC보다 20%, 터보차저는 유무에 따라 30%의 엔진출력을 상승시킨다. 터보차저와 비교하여 터보가 아닌 것을 자연흡기(NA, natural aspired) 엔진이라 하고 터보차저는 출력과 엔진의 마력을 상승시켜 차량의 성능을 높이는 방법이다.

터보차저 적용 엔진은 공기압력이 증가함에 따라 공기온도도 증가한다. 터빈의 효율이 70%일 때 터보압력 0.5 bar 상승에 대하여 흡입공기 온도는 50℃가 상승한다. 터빈의 효율이 60%이면 흡입공기 온도는 더 많이 상승하여 흡입공기의 온도가 높아지면 NO_x도 증가한다. NO_x를 저감하려면 EGR을 사용해야 하고 그러면 엔진출력이 떨어진다. 이와 같은 이유로 터보차저의 흡입공기 온도와 배기가스 온도를 낮추기 위해 인터쿨러(intercooler)를 사용하며 사용하지 않으면 터빈의 효율이 떨어져 연비가 나빠지고 성능도 떨어진다. 인터쿨러는 주로 외부공기(램에어, ram air)를 이용하여 흡입공기의 온도를 떨어뜨리고 과급을 하면 배기량이 같은 기관보다 실제로 많은 공기를 흡입할 수 있기 때문에 연료의 분사량이 증가하여 출력도 증가한다. 과급기의 종류는 다음과 같다.

① 배기 터보식 과급기(turbo charger) : 배기가스를 이용하여 터빈을 구동한다.

② 루츠 블로어식 과급기(roots blower) : 기관 동력(크랭크축)을 이용하여 구동하며 수퍼차저라고 한다.

터보차저의 구조는 그림 8.82와 같으며 배기가스에 의해 회전하는 터빈과 실린더에 공기를 압송하는 블로어가 하나의 축에 회전자(rotor)로 결합되어, 이것이 터빈 케이스, 블로어 케이스 및 베어링 케이스 안에 들어 있다. 기관의 배기가스는 배기 다기관에서 터빈 케이스로 들어가 터빈을 50,000 rpm 이상으로 고속 회전시킨다. 이때 터빈과 같은 축에 부착되어 있는 블로어도 동시에 고속회전하여 블로어 케이스의 공기 흡입구에서 공기를 빨아들인다. 흡입된 공기는 가압 및 가속되나, 디퓨저(diffuser)를 지나는 사이에 속도가 떨어져 속도 에너지가 압력으로 바뀌면서 케이스의 출구에서 흡기 다기관으로 가압공기가 압송된다.

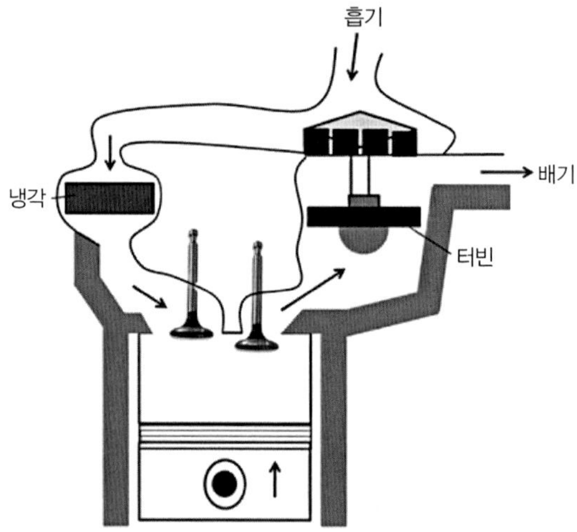

| 그림 8.82 | 터보차저의 구조

① 기관의 출력이 35~40% 증대한다.

② 체적효율이 증대되고 평균유효압력이 상승한다.

③ 연료 소비율이 3~5% 줄어든다.

참고

❖ **인터쿨러**

터보 과급에서는 압축기에 의해 흡기를 압축하기 때문에 압력 최대 240 kPa, 온도가 100℃ 이상 올라간다. 자동차의 경우 램 에어(ram air, 주행풍)을 이용한 인터쿨러로 흡기온도를 50℃정도까지 저감하는 것이 가능하다.

[연습문제]

8.1 전자제어 제어장치의 부특성 수온센서에 대한 설명 중 틀린 것은?

㉮ 냉각수 온도를 감지하는 센서이다.
㉯ 수온이 올라가면 저항이 감소한다.
㉰ 수온이 내려가면 전압이 감소한다.
㉱ 엔진의 웜업 상태를 알려 주는 센서이다.

해설 부특성 냉각수온 센서는 수온이 내려가면 전압은 상승한다.

8.2 전자제어 기관에서 인젝터의 기본 열림시간을 결정하는 신호는?

㉮ WTS, ATS　　㉯ AFS, CKP
㉰ CKP, ECT　　㉱ ATS, BPS

해설 기본 분사시간은 흡입 공기량과 엔진 회전속도로 결정된다.

8.3 전자제어 기관에서 점화시기에 가장 큰 영향을 미치는 인자는?

㉮ CMP　　㉯ WTS
㉰ 산소센서　　㉱ ATS

해설 냉간시 냉각수 온도는 점화시기에 큰 영향을 미친다.

8.4 전자제어 기관에서 공기 흡입량 감지 방식이 아닌 것은?

㉮ 가동 베인식　　㉯ 스로틀 센서식
㉰ 열막식　　㉱ 열선식

해설 스로틀 위치 센서인 TPS로 스로틀 밸브의 개도를 감지한다.

8.5 전자제어 가솔린 기관에서 엔진의 점화시기가 지각되는 경우는?

㉮ 노크센서의 신호가 입력될 때
㉯ 크랭크각 센서의 간극이 너무 클 때
㉰ 점화코일에 과전압이 걸릴 때
㉱ 인젝터의 분사시기가 늦을 때

해설 노크센서의 신호가 입력되면 노킹의 가능성이 있으므로 지각시켜 노킹을 방지한다.

정답 8.1 ㉰　8.2 ㉯　8.3 ㉮　8.4 ㉯　8.5 ㉮

8.6 전자제어 가솔린 기관에 대한 설명으로 틀린 것은?

㉮ ATS는 공기밀도 보정에 사용한다.

㉯ 공회전 속도 제어는 스텝모터 방식도 있다.

㉰ 산소센서 신호는 이론 공연비 제어 신호로 사용한다.

㉱ 점화시기는 점화 2차코일의 전류를 CKP가 제어한다.

해설 점화시기는 파워 TR, ECU가 제어한다.

8.7 기관의 점화진각의 설명 중 틀린 것은?

㉮ 엔진의 회전 속도가 빠를수록 진각시킨다.

㉯ 점화시기는 ECU가 제어한다.

㉰ 공회전시 진각시킨다.

㉱ 노킹이 발생하면 지각시킨다.

해설 공회전시 점화시기는 일정하다.

8.8 전자제어 가솔린 기관의 연료 분사량 제어에 대한 설명으로 틀린 것은?

㉮ 엔진 냉간시에는 공전시 보다 많은 연료량을 분사한다.

㉯ 급감속시에는 연료를 일시적으로 차단한다.

㉰ 배터리 전압이 낮으면 인젝터 열림시간을 길게 한다.

㉱ 지르코니아 방식의 산소센서 값이 높으면 연료 분사량을 증가시킨다.

해설 산소센서 값이 높으면 농후상태이므로 연료 분사량은 줄여야 한다.

8.9 전자제어 가솔린 기관에서 엔진부조가 심하고, 지르코니아 방식의 산소센서 출력 값이 0.12 V 이하이고, 출력 값이 변화하지 않는다면 원인으로 아닌 것은?

㉮ 인젝터의 막힘

㉯ 측정되지 않는 흡입공기의 유입

㉰ 연료 공급량 부족

㉱ 연료압력의 과다

해설 산소센서 출력이 낮으면 희박상태이므로 연료가 적게 들어간다. 연료압력이 높으면 연료는 많이 들어간다.

정답 8.6 ㉱ 8.7 ㉰ 8.8 ㉱ 8.9 ㉱

8.10 산소센서 튜브 속에 카본이 많이 끼었을 때의 현상으로 맞는 것은?

㉮ 출력 전압이 낮아진다.

㉯ 이론공연비 제어로 공연비를 정확하게 제어한다.

㉰ 출력 신호를 듀티 제어하므로 기관에 악영향은 없다.

㉱ 공전시 기관 부조가 일어날 수 있다.

해설 $V = \frac{2.303RT}{4F} \log \frac{P_{배기속}}{P_{튜브속}}$, 튜브 속의 공기가 적어지면 출력 전압이 증가하고 희박상태가 된다. 희박상태가 계속되면 공전시 기관 부조가 일어날 수 있다.

8.11 전자제어 가솔린 장치(PFI)에서 이론 공연비 제어를 목적으로 폐회로 제어를 하는 것을 무엇이라 하나?

㉮ 아이들 스피드 제어 ㉯ 피드백 제어

㉰ 연료 순차분사 제어 ㉱ 점화시기 제어

해설 피드백 제어 - 이론 공연비 제어

8.12 전자제어 기관의 흡기계통에서 공기유량을 측정하여 공연비를 보정하는 과정에서 가장 영향을 크게 미치는 센서는?

㉮ 산소센서 ㉯ 대기압 센서

㉰ 흡기온도 센서 ㉱ 에어 플로우 센서

해설 대기압 센서 : 고도에 따른 흡입 공기량 보정
흡기온도 센서 : 흡기온도에 따른 공기밀도 보정
공기유량 센서, 에어 플로우 센서 : 공기유량 측정

8.13 산소센서에 대한 설명 중 틀린 것은?

㉮ 작동온도가 되어야 출력전압이 발생한다.

㉯ 입력전원 없이 출력전압이 발생한다.

㉰ 납이나 실리콘에 의해 오염되어 고장날 수 있다.

㉱ 이론 공연비에서 출력전압이 0.5V로 고정된다.

해설 이론 공연비에서도 센서 전압은 0.2~0.8V 사이를 움직인다.

8.14 흡입공기의 통로 속의 발열 저항체의 온도를 일정하게 유지하도록 전류 값을 변화시켜 그 전류 값으로부터 흡입 공기량을 계측하는 방법은?

㉮ 베인 플레이트식 ㉯ 칼만 맴돌이식

㉰ 열선식 ㉱ 흡입 부압 감지식

해설 열선식 - 발열 저항체

정답 8.10 ㉱ 8.11 ㉯ 8.12 ㉱ 8.13 ㉱ 8.14 ㉰

8.15 다음 중 MAP센서의 설명으로 적당한 것은?

㉮ 매니폴드내 공기를 흡입하는 센서

㉯ 평균 대기압력의 머리글자

㉰ 매니폴드내의 공기변동을 측정하는 센서

㉱ 매니폴드 절대압력을 측정하는 센서

해설 Manifold Absolute Pressure(매니폴드 절대압력),공회전시 450~500mmHg이다.

8.16 수온센서(WTS)가 하는 역할이 아닌 것은?

㉮ 냉각수 온도를 감지한다.

㉯ 연료 분사량 보정에 이용한다.

㉰ 점화시기 보정에 사용한다.

㉱ 피에조 저항 구조이다.

해설 온도센서는 서미스터 구조, 압력센서은 피에조 저항 구조이다.

8.17 다음 중 공전, 부분부하, 전부하 상태를 감지하는 센서는?

㉮ 크랭크각 센서 ㉯ 산소센서

㉰ 스로틀 포지션 센서 ㉱ 흡기온도 센서

해설 스로틀 포지션 센서는 부하상태를 감지한다.

8.18 가솔린 전자제어 기관의 센서 중에서 기관을 시동할 때 기본 연료 분사시간 계산과 관계가 없는 것은?

㉮ 수온센서 ㉯ 스로틀 위치 센서

㉰ 에어 플로우 센서 ㉱ 산소센서

해설 산소센서는 이론 공연비 센서이다.

8.19 흡입 공기량 검출 방식중 에어 플로우 미터의 직접 계측법이 아닌 것은?

㉮ 흡입 부압 감지식 ㉯ 열선식

㉰ 칼만 맴돌이식 ㉱ 베인 플레이트식

해설 흡입 부압 감지식은 MAP 방법으로 간접 계측 방법이다.
직접 계측법 - 공기체적 계측(칼만 와류식, 가동 베인식),공기질량 계측(열선식, 열막식)

정답 8.15 ㉱ 8.16㉱ 8.17 ㉰ 8.18 ㉱ 8.19 ㉮

8.20 스트레인 게이지의 저항치가 압력에 비례하여 변화하는 것을 이용하여 압력을 전압으로 변화시키는 반도체 피에조 저항형 센서는?

㉮ 흡기온도 센서　　㉯ 스로틀 포지션 센서

㉰ 에어 플로우 센서　　㉱ 대기압 센서

해설 대기압 센서 - 해발이 높아지면 출력 전압 낮아진다.
피에조 소자(압전소자) 센서 - MAP 센서, 대기압 센서, 노킹센서

8.21 가솔린 전자제어 기관에서 자기 진단한 결과 산소센서의 출력이 800 mV 이상이 출력되면 공연비의 상태는?

㉮ 농후하다.　　㉯ 희박하다.

㉰ 농후 후 희박하다.　　㉱ 희박 후 농후하다.

해설 800mV : 농후상태, 200mV : 희박상태

8.22 가솔린 전자제어 기관에서 공회전 속도 제어시 듀티량이 가장 큰 경우는 다음 중 어느 것인가?

㉮ 웜업 후 아이들링시　　㉯ 에어컨 가동시

㉰ 미등 ON시　　㉱ 냉간 시동시

해설 듀티 제어(duty control) : 듀티는 규정량 제어를 의미한다. 예를 들면 아이들링시 듀티율은 30-32%, 미등 ON시 32 ~ 33%, 에어콘 ON시 33 ~ 35%, 대쉬 포트시 최대 55%, 냉각수 20℃ 이하시 45 ~ 47%의 규정값으로 제어한다.

8.23 열선식 공기유량 센서의 설명으로 틀린 것은?

㉮ 클린버닝 기능이 없다.

㉯ 백금선으로 계측한다.

㉰ 가열전류가 크면 공기량이 많다.

㉱ 출력전압은 공기유량에 비례한다.

해설 hot wire 방식은 백금선 오염을 방지하기 위하여 클린 버닝(Clean burning) 기능이 있다.

8.24 다음 중 가속페달을 밟으면 열리는 스로틀밸브의 개도를 계측하는 센서는?

㉮ TPS　　㉯ WTS

㉰ ISA　　㉱ CMP

해설 TPS - throttle position sensor

정답 8.20 ㉱　8.21 ㉮　8.22 ㉱　8.23 ㉮　8.24 ㉮

8.25 ETC를 사용하는 GDI 엔진에서 단선이나 제어가 불가능한 경우 최소한의 엔진 구동이 유지되도록 하는 기능은?

㉮ Limp home ㉯ A/F 센서

㉰ Hot wire ㉱ ATS

해설 림홈 기능은 전자 스로틀 모터가 고장나는 경우 정비 공장까지 자동차를 이동시키는 기능이다.

8.26 BPS의 설명으로 틀린 것은?

㉮ BPS는 대기압 센서이다

㉯ 높은 지대는 산소가 적어 농후상태이다.

㉰ 높은 지대에서 연료 보정에 사용한다.

㉱ 고지대에서 연료를 보정하지 않으면 불완전 연소가 발생한다.

해설 대기압 센서는 고지대에서 산소가 적은 경우 연료를 적게 넣어 완전 연소를 유도한다.

8.27 다음 중 연결이 잘못 된 것은?

㉮ HO_2S - 배기가스 온도 센서 ㉯ CKP - 크랭크축 위치센서

㉰ WTS - 냉각수온 센서 ㉱ ATS - 공기온도 센서

해설 HO_2S- heated oxygen sensor

8.28 반도체에서 전류를 통과하는 곳에 자기장을 통과시키면 수직 방향으로 전기가 발생한다. 무슨 원리를 설명한 것인가?

㉮ 마그네틱 픽업 ㉯ 홀효과

㉰ VVT ㉱ 광학식 센서

해설 Hall effect - 반도체에 전류를 가하고 자기장을 가하면 전압이 발생한다.

8.29 시동시(start mode)사용하는 센서 신호가 아닌 것은?

㉮ MAP ㉯ CKP

㉰ TPS ㉱ WTS

해설 시동시에는 가속페달을 밟지 않는다.

8.30 인젝터 기본 열림시간 결정시 필요한 신호가 아닌 것은?

㉮ MAP ㉯ CKP

㉰ WTS ㉱ ATS

해설 기본 열림시간 결정에는 공기유량 센서, 엔진 회전수, 냉각수온 센서가 필요하다.

정답 8.25 ㉮ 8.26 ㉯ 8.27 ㉮ 8.28 ㉯ 8.29 ㉰ 8.30 ㉱

8.31 다음 센서중 인젝터 열림시간을 결정하고 엔진 회전수, 점화시기를 계산하는 센서는?

㉮ BPS ㉯ ECT

㉰ ATS ㉱ CKP

해설 엔진 회전수는 CKP센서로부터 얻는다.

8.32 산소센서에서 개회로(open loop) 조건이 아닌 것은?

㉮ 농후연소 ㉯ 희박연소

㉰ 이론연소 ㉱ 냉간시 시동

해설 이론공연비 연소는 폐회로 상태이다. 냉간시, 농후시, 희박시는 open loop이다.

8.33 산소센서 파형 검사시 적당하지 않는 것은?

㉮ 0.3~0.8V : 정상범위 ㉯ accessary on

㉰ 2500 rpm에서 시험 ㉱ 주기 : 0.8 hz

해설 산소센서 파형 측정은 2500rpm에서 하고 모든 부하를 꺼야 한다.

8.34 흡입 공기량 간접측정 방식은?

㉮ 열선식 ㉯ MAP

㉰ 열막식 ㉱ 가동 베인식

해설 MAP - 간접측정 방식(D-jetronic)

8.35 자기저항은 자속이 통과하지 못하도록 하는 저항으로 외부 진동에 의해 산과 골에서 자기저항이 변한다. 자기저항(reluctance)이 변하면 코일 리액턴스, 임피던스가 변하여 전기가 발생한다. 무엇을 설명한 내용인가?

㉮ MRE ㉯ 마그네틱 픽업

㉰ 홀효과 ㉱ 광전식

해설 마그네틱 픽업은 자기저항을 변화시켜 전압을 발생시킨다.

8.36 다음 중 산소센서에 대한 설명으로 틀린 것은?

㉮ 150 mV 이하이면 농후상태이다. ㉯ λ=1.1이면 희박상태이다.

㉰ 최적인 반응온도는 550℃이다. ㉱ 산소농도 차이로 기전력이 발생한다.

해설 500mV 이상이 농후상태이다.

정답 8.31 ㉱ 8.32 ㉰ 8.33 ㉮ 8.34 ㉯ 8.35 ㉯ 8.36 ㉮

8.37 다음 중 CKP센서에 사용되는 원리가 아닌 것은?

㉮ 홀효과 ㉯ 감쇠자와 코일

㉰ 자기저항 형 ㉱ 용량성 부하

해설 홀효과 : 반도체와 자기장, 마그네틱 픽업 : 자기저항(감쇠자와 코일)

8.38 MAP 센서의 설명으로 틀린 것은?

㉮ 압력이 가해지면 피에조 저항은 적어진다.

㉯ 압력이 가해지면 피에조 저항은 커진다.

㉰ 부압을 측정한다.

㉱ 압력을 가하면 표면에서 전압이 발생한다.

해설 피에조 저항과 압력은 비례한다.

8.39 다음 중 공기유량을 측정하는 센서는?

㉮ CKP ㉯ CMP ㉰ ATS ㉱ AFS

해설 AFS－air flow sensor

8.40 다음의 파형을 생성하는 방식은?

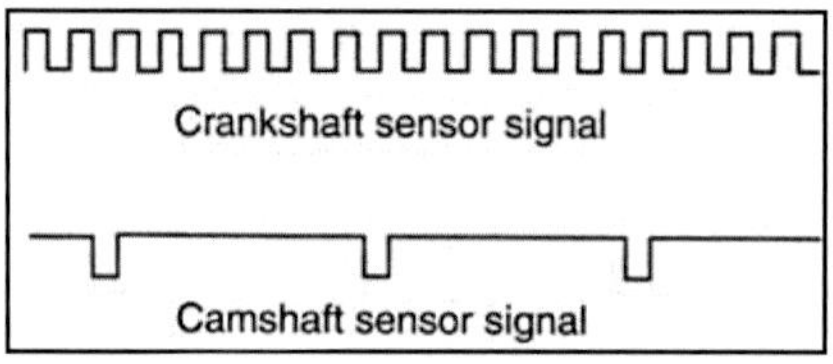

㉮ 접점식 ㉯ 이그나이터 방식

㉰ 마그네틱 픽업 방식 ㉱ 홀 효과 방식

해설 마그네틱 픽업 방식－아날로그 파형
홀효과 － 디지털 파형

8.41 CMP, CKP 설명에서 센서의 짝으로 틀린 것은?

㉮ 홀효과 － 반도체와 자기장

㉯ 광전식 － 다이오드

㉰ 이그나이터 － 접점식

㉱ 마그네틱 픽업 － 감쇠자와 코일

해설 이그나이터 - 2자 고압 발생장치(무접점식)

정답 8.37 ㉱ 8.38 ㉮ 8.39 ㉱ 8.40 ㉱ 8.41 ㉯

8.42 다공노즐을 사용하는 직분식 디젤엔진에서 분사노즐의 구비 조건이 아닌 것은?

㉮ 연료를 미세한 안개 모양으로 하여 쉽게 착화되게 할 것

㉯ 저온 저압의 가혹한 조건에서 단기간 사용할 수 있을 것

㉰ 분무가 고르게 뿌려질 것

㉱ 후적이 일어나지 않을 것

해설 노즐의 조건 : 무화, 관통력, 분포성

8.43 CRDI 디젤기관의 장점이 아닌 것은?

㉮ 필요할 때 원하는 압력의 연료를 사용할 수 있다.

㉯ 공회전, 저부하에서도 배기가스를 개선할 수 있다.

㉰ 부실(IDI)실 디젤기관이다.

㉱ 효율이 높은 이유는 고압의 연료, 인젝터 분사량 제어 때문이다.

해설 CRDI 디젤기관은 직분식실(DI) 디젤기관이다.

8.44 CRDI 엔진은 연소를 완전 연소시켜 PM과 NOx를 저감하는 기술이다. 이를 가능하게 한 기술은 무엇인가?

㉮ 다단분사 기술

㉯ 압력 구동펌프의 마찰 기술

㉰ 레일 압력센서 적용

㉱ 연료압력 조절 솔레노이드 적용

해설 CRDI 디젤기관은 다단분사로 NO_x를 저감한다.

8.45 CRDI 엔진에서 솔레노이드 인젝터와 비교하여 피에조 인젝터의 장점으로 적당한 것은?

㉮ 백리크 현상(backleak)이 발생한다

㉯ 작동속도가 빠르다

㉰ 소음이 심하다

㉱ 파이럿 분사시간을 길게 제어한다.

해설 피에조 인젝터는 솔레노이드 인젝터보다 작동속도가 빠르다.

정답 8.42 ㉯ 8.43 ㉰ 8.44 ㉮ 8.45 ㉯

[주관식]

1. 전자제어 기관(가솔린, 디젤)에서 사용되는 압력센서의 종류를 설명해 보자.

2. 전자제어 기관에서 사용되는 온도센서의 종류를 설명해 보자.

3. 가솔린 전자제어 기관에서 공기유량 센서의 발전 과정을 설명해 보자.

4. 가솔린 전자제어 기관에서 CAS, NO.1 TDC, CMP, CKP 센서를 구분하고 원리와 종류를 설명해 보자.

5. 지르코니아 산소센서와 티타니아 산소센서를 비교 분석해 보자.

6. PFI가솔린 기관과 GDI가솔린 기관의 작동 원리를 비교해보고 특징을 알아보자.

7. IDI디젤기관과 CRDI디젤기관의 작동 원리를 비교해보고 특징을 알아보자.

8. 가솔린 기관과 디젤 기관에서 균일연소, 불균일 연소 및 성층연소에 대하여 알아보자.

기관 전기장치

CHAPTER 09

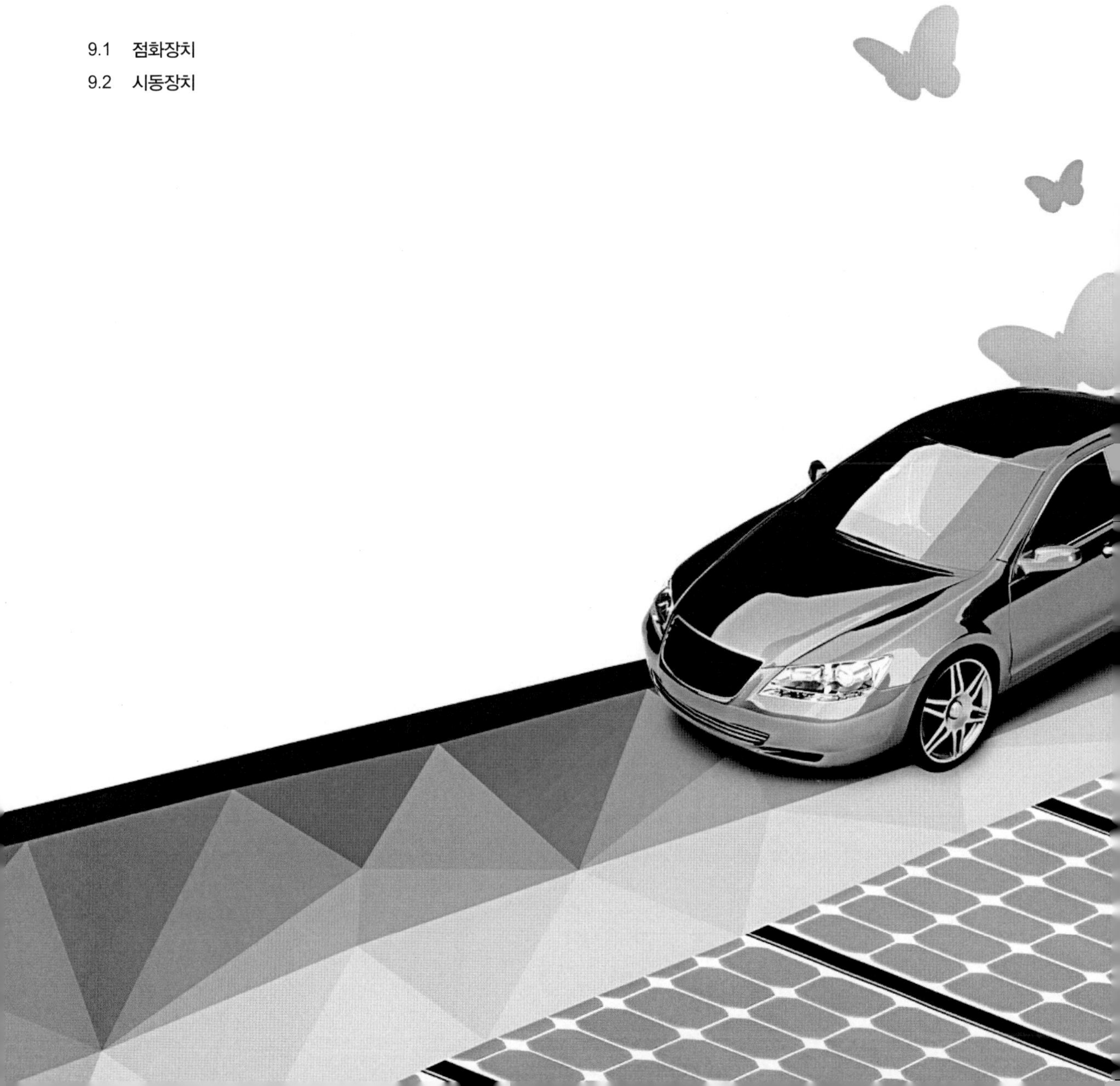

9.1 점화장치

점화장치는 엔진의 구성요소로 압축된 혼합기에 불꽃을 발생시키는 장치이다. 점화장치의 종류에는 배터리 점화식과 고압 자석식이 있고, 자동차용으로는 배터리 점화식, 고압 자석식은 소형 이륜차나 특수 자동차에 사용된다. 배터리 점화식은 1차전류를 단속하는 방법에 따라 접점식, 이그나이터식, 트랜지스터식, 콘덴서 방전 점화방식, 고강력 점화방식, 무배전기식으로 분류된다. 구성요소는 점화 스위치, 점화코일, 배전기, 고압 케이블, 점화 플러그 등으로 이루어져 있다.

점화장치의 목적은 엔진의 연소실에 있는 연료의 혼합 연료기체를 점화시키는 것으로 연소가 시작되기 위해서는 연소실에 있는 점화 플러그에 스파크가 발생해야 한다. 일반적으로 공기 중에는 전기가 통하지 않는다. 대기압 하에서는 금속간 간극이 0.1 mm 정도이면 500~600 V의 전압이 필요하고 압축된 상태에서는 더 높은 전압을 필요로 한다. 이러한 스파크의 아크에 의해 발생한 열이 공기와 연료의 혼합기를 점화시켜 혼합기가 연소하면서 실린더는 상하운동을 하고 그 힘으로 크랭크축이 회전한다. 점화장치는 압축된 가솔린과 공기의 혼합기를 점화로 착화시켜 연소시킨다. 일반적으로 기계와 전기의 물리량을 비교하면 다음과 같이 비교할 수 있다.

기계와 전기 물리량의 비교

① 위치 에너지 : 전하량
② 마찰계수 : 저항
③ 속도 : 전류
④ 탄성계수 : 1/정전용량
⑤ 힘 : 전압
⑥ 관성–인덕턴스 : 인덕터

저항의 종류

① 기본저항 : 일반적인 전기저항
② 유도 리액턴스 : 코일로 된 저항으로 코일 혹은 인덕터(Inductor, 코일을 감은 것)에서 발생하는 부하저항
③ 용량 리액턴스 : 콘덴서(축전기, condenser, capacitor, 전기를 모으는 장치)에서 발생하는 부하저항
④ 임피던스 : ①, ②, ③의 합성저항

⑤ 릴럭턴스 : 자석에서 발생하는 저항

▶ 인덕터

① 흐르는 전류에 비례하여 코일 양단에 전압을 발생시키는 기기
② 인덕턴스(H) : 회로를 흐르는 전류의 변화에 의한 전자기 유도로 생기는 역기전력의 비율
③ 자기 인덕턴스 : 1차코일 저항 - 자기유도 전압
④ 상호 인덕턴스 : 2차코일 저항 - 상호유도 전압

9.1.1 기계식 점화장치

(1) 점화 회로도

그림 9.1에 기계식 점화장치의 회로도를 나타낸다. 점화 스위치를 접속시키면 배터리 전압이 점화코일의 1차코일을 거쳐 배전기 포인트인 접점에서 접지로 전류가 흐른다. 엔진이 회전하면 로터와 연결된 배전기 캠에 의하여 배전기 포인트가 열려 1차전류는 차단되고 동시에 점화코일 내에서 유도작용에 의해 2차코일에 고전압이 발생되어 배전기 로터를 통하여 점화 플러그로 전압이 공급된다.

점화코일 (−)단자와 병열로 연결되어 있는 축전기(condenser)는 단속기와 병렬로 연결되어 접점이 열릴 때 접점에서 발생하는 역기전력을 흡수하여 접점의 소손을 방지하고, 1차전류의 차단시간을 단축시켜 2차전압을 높인다. 또한 접점이 닫힐 때는 축전된 전하를 방출시켜 1차전류의 회복을 신속하게 하는 역할을 한다.

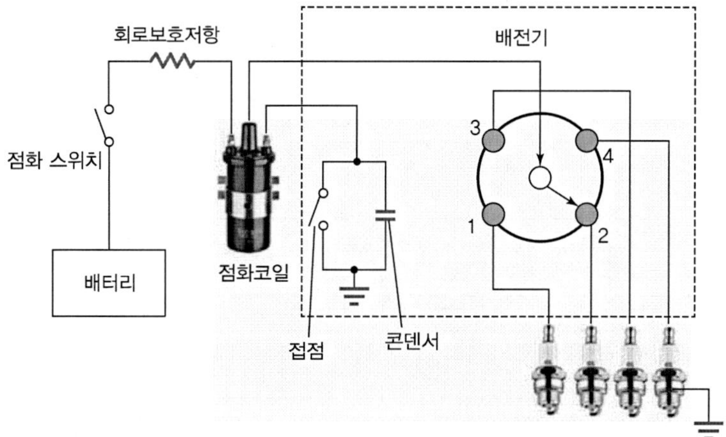

그림 9.1 기계식 점화장치 회로도

① 스위치를 떼면 1차전류가 차단되고 자력선이 소멸되며 이때 히스테리시스 효과로 1차 전압(자기유도 전압)이 발생한다.
② 2차코일에는 상호유도 전압이 발생한다.
③ 1차코일에 발생하는 에너지의 90~95% 정도는 2차코일 에너지로 전환된다.

(2) 점화코일 (Ignition coil)

점화코일은 변압기의 한 종류로 배터리의 12 V의 전압을 7 kV~50 kV의 고전압으로 변환시키는 역할을 한다. 점화코일이 만들 수 있는 최대 절대전압을 코일의 출력이라 한다. 만약 코일의 출력이 점화 플러그의 점화 요구전압보다 낮으면 엔진의 시동은 걸리지 않는다. 점화코일은 2개의 회로로 구성된다. 1차코일은 두꺼운 전선으로 200번 정도 감겨 있고 2차코일은 가는 전선으로 20,000번 정도 감겨져 있다. 점화 스위치가 작동되고 접점이 닫히면 전류는 1차코일을 통하여 접지로 흐르고 1차코일 주위에 자기장이 발생한다. 접점이 열리면 전류의 흐름은 멈추고 자기장은 급속히 감소한다. 자기장이 급격히 감소함에 따라 2차 코일의 수천 개의 코일의 자기장이 끊어지면서 각각의 1, 2차코일에는 전압이 발생한다. 1차전압은 200~300 V, 2차전압은 7~50 kV의 고전압이 발생되고 점화 플러그로 분배된다.

▶ 상호유도 전압

연철에 구리선을 감아 전류를 가하면 솔레노이드가 되고 자력선이 발생되는 자석으로 변한다. 이는 전기 에너지가 자기 에너지로 변화한 것이다. 스위치를 넣으면 전류가 흐르고 자기력이 생기는데 방향은 그림 9.2와 같다. 그림 9.2의 회로에서 갑자기 스위치를 떼면 자기유도 작용에 의해 1차 코일에는 자장이 붕괴되고 N극과 S극이 없어진다. 그리고 전류가 반대방향으로 흐르면서 (+), (−)가 바뀌고 순간적으로 높은 전압이 발생한다. 이 전압을 서지전압인 자기유도 전압, 1차전압이라 하고 200~300 V 정도이다. 이 에너지는 축전기(커패시터)에 저장되며 축전

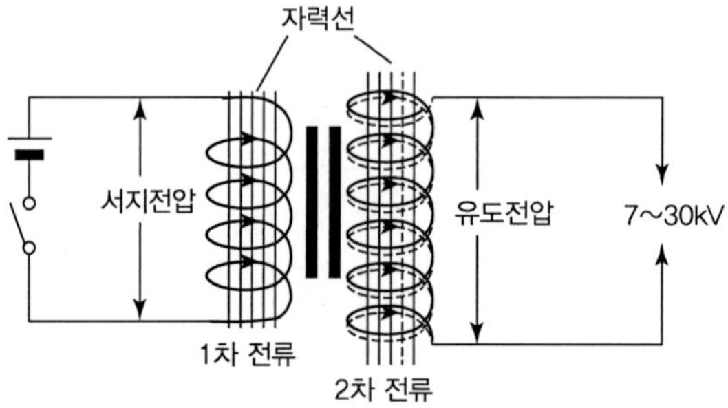

▌그림 9.2▌ 상호유도 전압

기를 장착하지 않으면 접점에서 심한 방전이 발생하여 부품손상이 발생한다, 1차코일에는 자장붕괴로 자기유도 전압이 생기고 2차코일에는 상호유도 작용에 의해 고전압이 생긴다.

상호유도 전압은 다음과 같이 계산한다.

① **자기유도 전압** : 전류가 흐르던 회로에서 스위치를 떼면 코일에서 자력선이 작아지면서 서지전압인 자기유도 전압이 발생한다. 코일이 촘촘히 잘 감겨있으면 자기 인덕턴스(L)가 커지고 전류가 흐르기 어렵게 된다. 서지전압은 흐르는 전류에 비례하고 끊는 시간에 반비례한다.

$$1차코일\ 에너지 : E_1 = \frac{1}{2}LI_1$$

(L은 자기 인덕턴스, I_1은 1차코일 전류, E_1은 1차코일 에너지)

② **상호유도 전압(V_2)** : 2차코일의 유도전압

$$2차코일\ 에너지 : E_2 = \frac{1}{2}CV_2^2$$

(C는 콘덴서 용량, V_2는 상호유도 전압)

1차코일의 에너지가 100% 2차코일로 전환된다고 가정하면

$$E_1 = E_2 \tag{9.1}$$

식 (9.1)로부터 식(9.2)의 상호유도 전압이 구해진다.

$$V_2 = I_1\left(\frac{L}{C}\right)^{\frac{1}{2}} \tag{9.2}$$

▶ 고전압 발생의 원리

철심에 2종류의 코일을 감아 그림 9.3(a)와 같은 회로에서 스위치(단속기 접점)로 1차코일에 흐르는 전류를 접속, 차단을 반복하면 1차코일 전류의 과도현상이 나타나고 스위치가 차단에서 접속으로 될 때 역기전력(back electromotive force)은 1차전류의 방향과 반대 방향으로 발생한다. 이 기전력의 크기는 1차코일의 인덕턴스에 비례하고 다음의 관계가 있다.

$$V_1 = \frac{1}{2}L_1I_1 \qquad V_2 = V_1 \times \frac{N_2}{N_1} \tag{9.3}$$

점화코일의 1차 코일의 권수가 200회, 2차코일의 권수가 20,000회이고, 직류 12 V를 가하여 1차코일의 유기전압이 240 V이면 2차전압은 다음과 같다.

$$V_2 = V_1 \times \frac{N_2}{N_1} = 240 \times \frac{20000}{200} = 24\,\text{kV} \tag{9.4}$$

2차전압은 코일의 권수비에 해당하는 전압을 발생한다. 그러나 이 전압은 점화 플러그에서 불꽃을 발생할 수 있는 충분한 전압은 되지 못한다. 2차전압은 전류의 변화량이 클수록, 변화 시간이 짧을수록 높은 전압을 얻을 수 있다. 코일의 충분한 전압을 얻기 위하여 스위치를 단속하면 1차전류의 변화는 그림 9.3(b)에서와 같이 스위치가 차단에서 접속일 때보다 접속에서 차단일 때가 시간이 더 짧아 더 높게 되어 2차전압도 차단시가 더 높게 된다.

1차코일에 전류가 흐를 때 스위치를 오프하면 관성에 의하여 인덕터로 변해서 코일 양단에 전압이 발생하고 이는 히스테리시스 효과에 의해 발생하는 1차전압으로 이때 1차코일에는 인덕턴스에 의한 에너지가 발생한다.

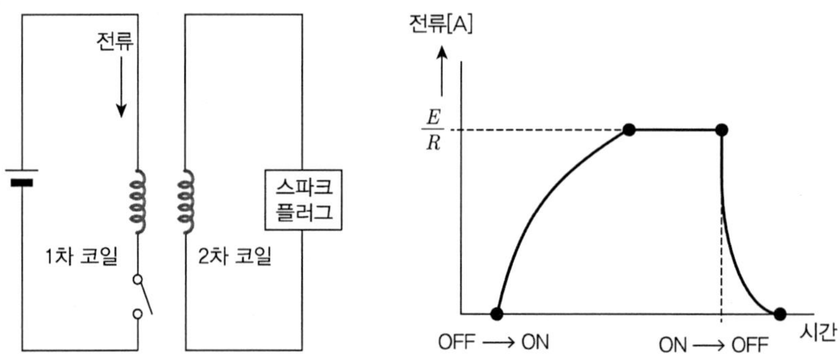

(a) 점화장치 회로　　　(b) 전류

그림 9.3 고전압 발생 원리

9.1.2 1차코일 차단법

(1) 접점식과 이그나이터 방식

점접이 닫히면 1차전류는 코일을 통하여 접지로 흐른다. 접점이 열리면 1차전류의 흐름은 멈추고 고압의 2차전압을 만들고 또한 배전기는 점화 플러그에 2차전압을 배분한다. 1차전압이 순간적으로 차단되지 못하고 계속 방전되면 접점이 소손되므로 콘덴서를 부착하여 1차전류 차단을 빠르게 한다. 콘덴서는 충전 중이거나 충전을 완료하면 전자의 이동이 없어 방전된다.

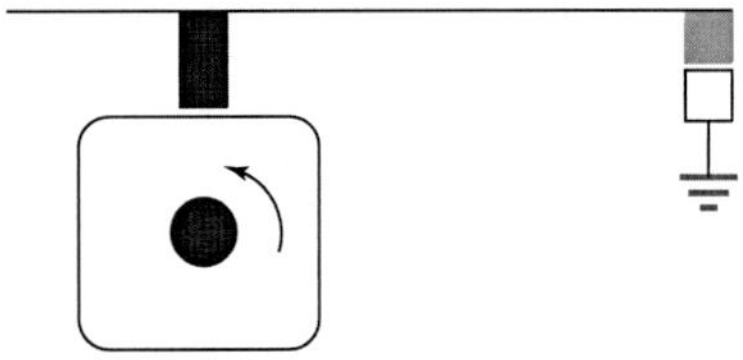

그림 9.4 접점식

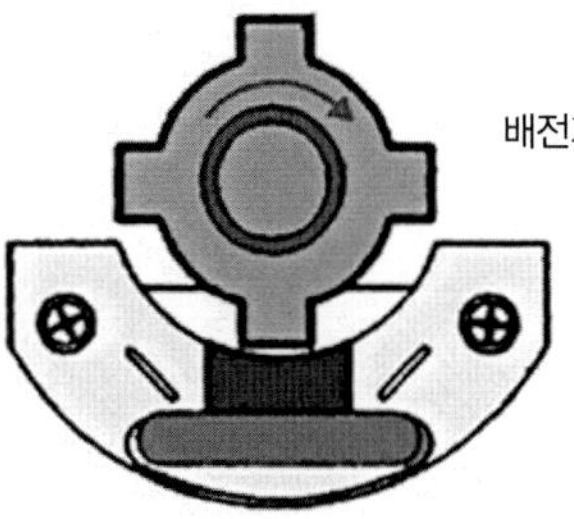

그림 9.5 이그나이터식

(2) 마그네틱 픽업코일 방식

1차전류 차단에 캠과 접점 대신에 타이밍 디스크(timing disc, reluctor)와 픽업코일을 사용한다. 엔진의 실린더 수만큼의 돌기가 있고 감쇠자(reluctor)가 회전할 때 각각의 돌기는 픽업코일에 1차전압을 발생시키고 이 펄스는 점화장치에 2차전압을 발생시킨다. 픽업코일은 영구자석과 코일로 구성되며 픽업코일의 권선 주위에 자계를 형성하도록 돕는다. 감쇠자의 돌기가 픽업코일을 지나가면 자계가 발생하고 픽업코일 안에는 낮은 1차전압이 만들어진다. 이 전압펄스는 점화장치의 1차전류를 통과시킨다. 감쇠자의 돌기가 계자극으로부터 떨어지면 1차전류는 차단되고 그러면 점화코일에 자계가 급속히 감소하면서 높은 2차전압을 발생한다.

타이밍 디스크는 트리거휠(trigger wheel), 감쇠자(reluctor), 펄스링(pulse ring), 아마추어, 타이밍 코어(timing core) 등과 같은 이름으로 사용되며 회전축 위에 장착된다. 픽업코일은 약한 영구자석에 코일이 감겨져 있으며 스테이터(stator), 폴피스(pole piece)라고도 한다. 그림 9.6은 마그네틱 픽업코일 방식의 배전기를 나타낸다. 코일에 작은 전류를 공급하면 코일부근에 약한 자기장이 발생하고 감쇠자가 회전함에 따라 트리거 돌기는 코일과 가깝게 통과하고 이 돌기가 코일의 자기장을 통과했다가 단절되었다가 하면 자기장은 생겼다 없어졌다 한다. 그 결과 그에 해당하는 코일에는 전압이 발생한다. 픽업코일의 파형은 디스크의 돌기가 코어로 접근함에

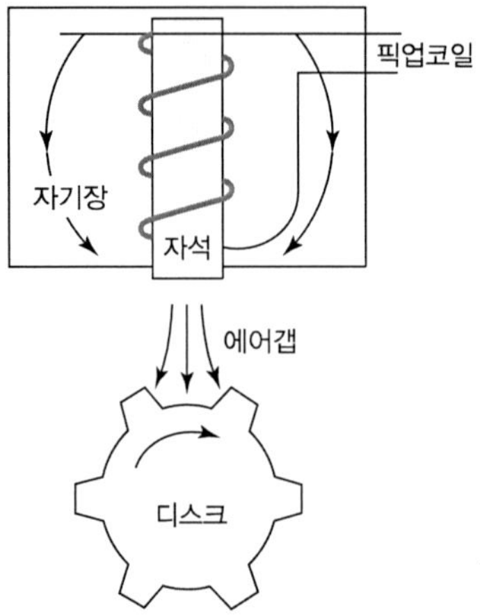

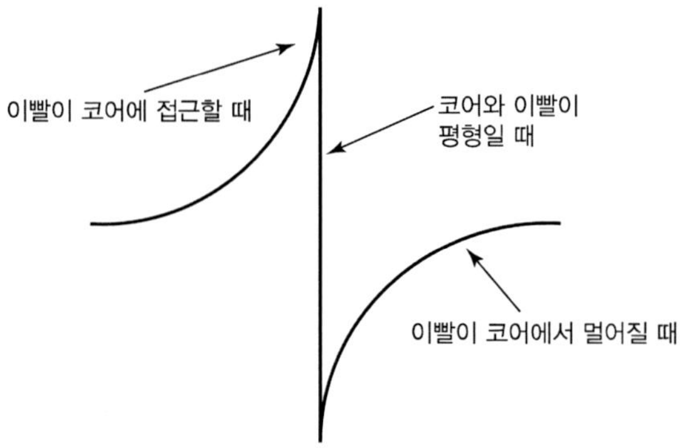

▌그림 9.6▐ 전자 진각식 픽업코일의 자기장 ▌그림 9.7▐ 마그네틱픽업 방식의 출력파형

따라 증가하다가 돌기가 코어와 일렬로 정렬되면 일정한 전압으로 강하한다. 다시 돌기가 코어로부터 멀어지면 떨어진 파형은 다시 증가한다. 그림 9.7은 출력파형의 형태를 나타내며 아날로그 파형이다.

(2) 홀효과 방식 (Hall Effect)

홀효과 기구(hall effect device)는 갈륨 결정체로 만든 엷은 반도체 층으로 이 층에 전류와 자기장을 가하면 전압이 생성된다. 픽업코일은 감쇠자 돌기가 픽업코일을 지나갈 때 작은 전압을 발생하는 것에 비하여, 홀효과 스위치는 자기장 유무에 따라 인가된 전압을 발생하고 전압이 발생하면 1차전류는 차단된다. 홀효과는 전류가 흐르는 반도체에 자기장이 가해 질 때 반도체의 가장자리에서 전압이 발생하고, 윈도우로 자기장이 통과하여 홀 IC에 전달되면 홀전압이 발생하고 1차전류는 차단되고 2차전압이 발생한다. 셔터가 공극에 있으면 자속이 끊어져 자기장이

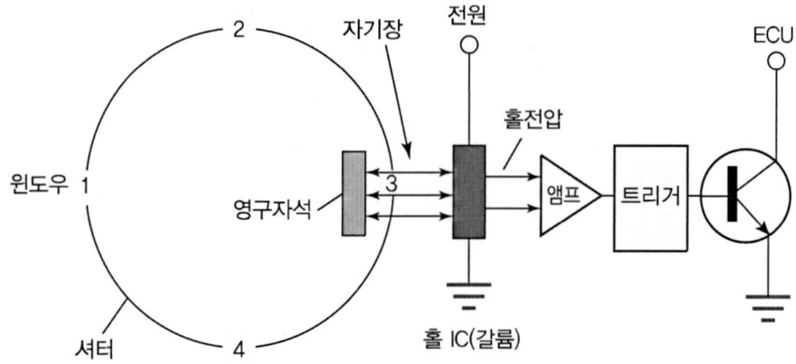

▌그림 9.8▐ 홀효과 스위치의 작동 회로도

홀 IC에 전달되지 않는다. 그림 9.8은 홀효과 방식의 작동방식을 나타낸다.

(3) 광 다이오드 방식(Photoelectric)

포토 다이오드 혹은 광 다이오드식 배전기는 1차코일 회로를 제어하는 데 빛을 사용한다. 포토다이오드는 빛의 유무를 감지하여 인가된 전압을 온, 오프시키는 다이오드로 슬롯이 있는 둥근판 위의 반대 편에 장착되어 있다. 이 원판은 배전기 축과 같이 회전하며 빛이 포토 다이오드를 비추면 다이오드는 교류를 발생시킨다. 배전기 안에 있는 포토 옵틱센서 내부의 집적회로는 이 전압을 온, 오프 펄스로 전환한다. 이것은 ECU에 캠축과 크랭크축의 위치를 알려준다. ECU는 이 신호로 연료 분사시기와 점화시기 그리고 공회전 속도를 정하는데 이용한다. 이 방식은 배전기 내에 NO.1 TDC 센서와 CAS 센서가 포함되어 있다.

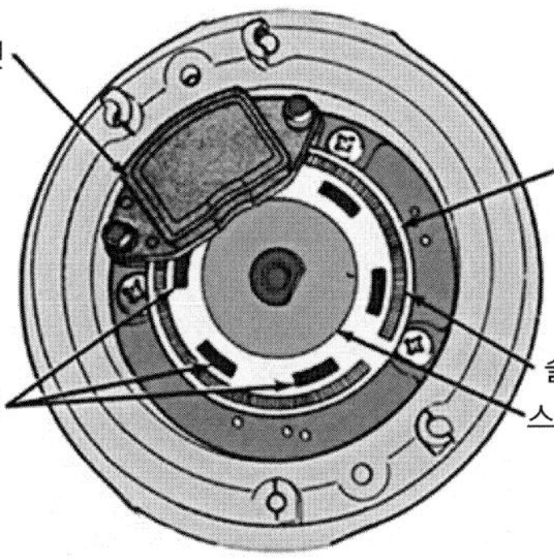

| 그림 9.9 | 광 다이오드식

(4) 트랜지스터 방식

전자 점화장치는 접점 점화장치보다 더 높은 전압을 만들어 내는 고에너지 점화장치(HEI)로 전압은 4.7 kV 이상이다. 이 전압은 점화 플러그 간극을 넓게 할 수 있고 긴 화염전파로 희박한 혼합기도 점화시킬 수 있어 연비를 향상시키고 배기가스도 줄인다. HEI에서 배전기는 커지고 전압이 높을수록 단자의 간극도 넓게 할 수 있다. 반도체 점화장치는 연비 향상과 공급 전류의 고효율화를 실현하기 위해 기계식 점화장치의 문제점을 보완한 장치이다. 반도체 점화장치는 1차코일의 전류를 트랜지스터를 사용하여 단속하는 트랜지스터식과 콘덴서의 방전 전류를 1차 전류로 이용하는 콘덴서 방전식이 있다. 트랜지스터 방식에는 접점식과 무접점식이 있다. 접점식 점화장치의 경우 저속시에는 아크가 발생하기 쉬워 2차전압이 저하된다. 실화 방지를 위해 1차전류의 증가가 필수적이지만, 접점식의 경우 아크의 증가가 유발되어 불가능하다. 그러나 트랜지스터식의 경우 1차전류를 전압으로 단속하므로 확실한 2차전압을 안정하게 얻을 수 있고 점화시기도 전기적으로 제어할 수 있다. 반도체 점화장치에는 세미 트랜지스터식과 전 트랜지스터식이 있다. 세미 트랜지스터식에는 그림 9.10과 같이 배전기의 단속장치에 포인트식이 사용되어 트랜지스터를 구동하고, 포인트에는 적은 전류가 흘러 아크의 발생이 거의 없어 접점이 손상될 염려가 없고, 1차전류의 차단이 확실해 안정적인 2차전압을 얻을 수 있지만, 접점의 조정작업이 문제점으로 남아 있다. 전 트랜지스터 방식은 세미 트랜지스터 방식의 기계적인 접점을 무접점식으로 변경해서 접점간극에 따라 점화시기가 변경되는 단점을 보완하였다.

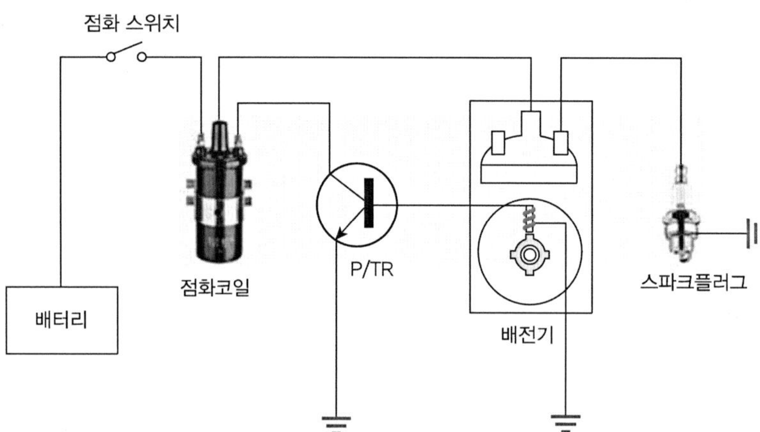

| 그림 9.10 | 파워 트랜지스터식 점화장치

접점식 점화방식은 소손으로 인하여 점화 에너지는 줄어들고 점화는 잘 이루어지지 않고 배기가스만 증가한다. 이에 대하여 트랜지스터 혹은 다른 반도체 소자가 1차전류를 차단하는 역할을 한다. 이러한 종류에는 기계식 진각장치가 있는 배전기, 전자 점화진각이 있는 배전기의 순차 점화방식, 무배전기로 동시 점화방식, 무배전기로 독립 점화방식 등이 있다.

9.1.3 점화장치의 종류

점화장치는 무배전기 방식은 기계적인 배전기가 없기 때문에 전압강하와 누전 발생이 없으며 로터와 전극 사이의 갭에 따른 에너지 손실과 노이즈가 없다. 배전기에 있던 CAS, 1번 TDC(top dead center) 센서는 캠축에 CMP, 페이즈 센서, 크랭크축에 CKP 등으로 변경되었다. 고압 분배시 전압강하와 누전의 발생이 없으며 에어 갭에 따른 고전압 에너지 손실이 없다. 무배전기는 부품이 적어지고 점화시기의 정확성을 높일 수 있는 장점이 있다. 점화시기를 제어 방식에 따라 다중코일 분배식, 직접 다중코일 분배식, 직접커패시터 방식이 있다.

표 9.1 점화장치의 종류

구분	순차점화 방식	동시점화 방식	독립점화 방식
배전기	유	무(DLI)	무(DIS)
점화코일	개자로/폐자로	폐자로	폐자로
점화코일 수	실린더 4개당 1개	실린더 2개당 1개	실린더 1개당 1개
1차코일 차단법	포인트식, 이그나이트식, 픽업코일식, 홀효과식, Power Transistor	Power Transistor, IGBT	IGBT
점화코일	계자로 점화코일	다중코일 점화 방식, 직접다중코일 점화 방식	축전기 점화 방식

① 배전기 방식

- (점점 방식) : 포인트(점접식) 방식
- (무접점 방식) : 이그나이터 방식, 마그네틱 픽업코일 방식, 홀효과 방식

② 무배전기 방식

- 유도성 점화 방식(DLI, 다중코일 점화 방식, 직접다중코일 점화 방식) : 인덕터(inductor)로 에너지 저장 = 동시점화 방식
- 축전기 점화방식(DIS, CDI) : 커패시터(capacitor)에 에너지 저장 = 독립점화 방식

(1) 동시점화 방식

무배전기식 동시점화 방식은 점화코일 1개가 2개의 실린더에 전기를 공급하며 다중코일 분

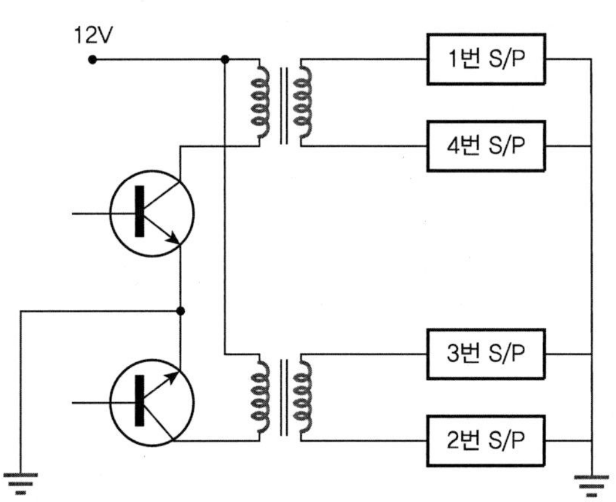

▮그림 9.11▮ 동시 점화식 DIS 점화장치

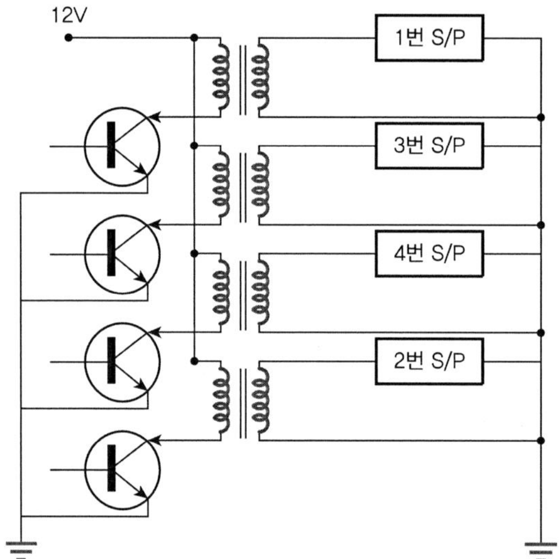

▌그림 9.12▐ 코일식 독립 점화식 DIS 점화장치

배식, 직접 다중코일 분배식이 이에 속한다. 4기통인 경우 그림 9.11과 같이 2개의 점화코일과 2개의 트랜지스터가 사용되며 1개의 점화코일이 2개의 실린더에 전기를 공급하므로 1개의 실린더가 압축행정일 때 다른 실린더는 배기행정으로 점화하여 동시에 점화하는 방식으로 동시점화 방식이라 한다. 배전기가 없어 점화 위치 검출을 위한 CMP, CKP 센서가 별도로 설치된다.

(2) 독립점화 방식

무배전기식 독립점화 방식은 점화코일 1개가 1개의 실린더에 전기를 공급하며 축전기 점화 방식이 이에 속한다. 점화코일 1개가 4개의 실린더에 전기를 공급하는 방식에 비하면 드웰각의

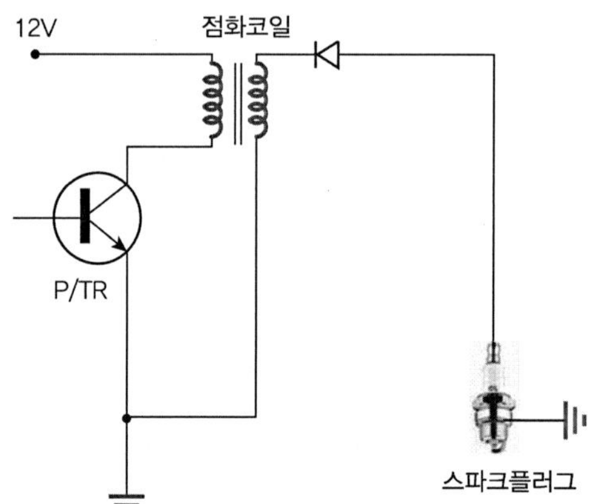

▌그림 9.13▐ 축전기식 독립 점화식 DIS 점화 장치

유연성, 고속회전, 점화코일의 안정성이 확보되고, 고압 케이블을 사용하지 않아 전기의 누전이 거의 없는 방식이다. 동시점화 방식과 비교하여 각 실린더를 개별적으로 제어할 수 있는 고성능 방식이다.

9.2 시동장치

9.2.1 작동 원리

시동모터는 엔진의 압축행정에서 발생하는 회전저항보다 큰 강력한 토크를 발생해야 하고 작동시간은 30초 이내이다. 시동모터의 종류에는 직류로 작동하는 직권 정류자 모터, 복권 정류자 모터가 있다. 시동모터에서 발생된 토크는 기어로 감속되어 엔진의 플라이휠에 전달되고, 이 기어와 기어의 맞물림을 단절하는 클러치 기구가 있다.

9.2.2 시동모터의 구성

시동모터는 토크를 발생하는 부품, 플라이휠의 링기어에 토크를 전달하는 동력전달 기구, 피니언 기어와 링 기어에 맞물리게 되는 기구로 구성된다. 토크를 발생하는 부품은 전기자(아마추어) 코일, 계자코일, 계자철심, 브러시, 정류자 등이고 토크를 기관에 전달하는 부품은 오버러닝 클러치, 피니언 기어 등이고, 피니언 기어를 링 기어에 맞물리게 하는 부품은 마그네틱 스위치, 플런저, 시프트 레버 등이다.

① 브러시와 브러시 홀더 : 브러시는 정류자를 통하여 전기자 코일에 전기를 공급하며 전기자 코일에 흐르는 전류의 방향을 바꾸는 역할을 한다.

② 전기자(아마추어) : 축, 철심, 전기자 코일, 정류기로 구성되고 피니언의 미끄럼 운동을 위해 스플라인이 있고 철심은 자력선을 잘 통과시키기 위해 성층으로 만든다.

③ 정류자 : 브러시에서 전류를 한 방향으로만 흐르게 한다.

④ 계자코일(필드코일, 여자코일), 철심요크 : 계철은 자력선의 통로이고 시동모터의 틀이 되는 부분이다. 철심에 코일을 감고 전류를 흘리면 N, S극의 자기장을 만드는 부분으로, 철심을 계자 철심, 코일을 계자코일(field coil)이라 하고 고정되어 있다. 코일에 흐르는 전류를 계자전류라 한다. 요크(yoke)는 시동모터의 외부 케이스를 의미하며, 자기력선의 통로가 된다. 요크 안쪽에는 계자코일을 지지하는 계자철심이 고정되어 있고 시동시 전류는 배터리에서 계자 코일, 브러시, 정류자, 전기자 코일로 흐른다.

⑤ 전기자 코일(아마추어 코일) : 전기자(armature)는 시동 모터축과 코어에 전기자 코일을

감고 정류자를 붙인 것으로 계자코일 내에서 회전하는 부분이다.

⑥ 오버런닝 클러치 : 시동모터의 토크를 엔진에 전달하고 시동 후에도 피니언이 링 기어에 물려 있어도 기관의 회전력이 모터에 전달되지 않도록 하는 장치이다.

⑦ 마그네틱 스위치(솔레노이드스위치) : 플런저를 끌어당기는 풀인코일(pull in coil), 끌어당긴 플런저를 계속 유지시켜 주는 홀드인 코일(hold in coil), 플런저를 원래의 위치로 보내는 리턴 스프링, 모터 회로에 전류를 개폐시켜주는 점화 스위치로 구성된다.

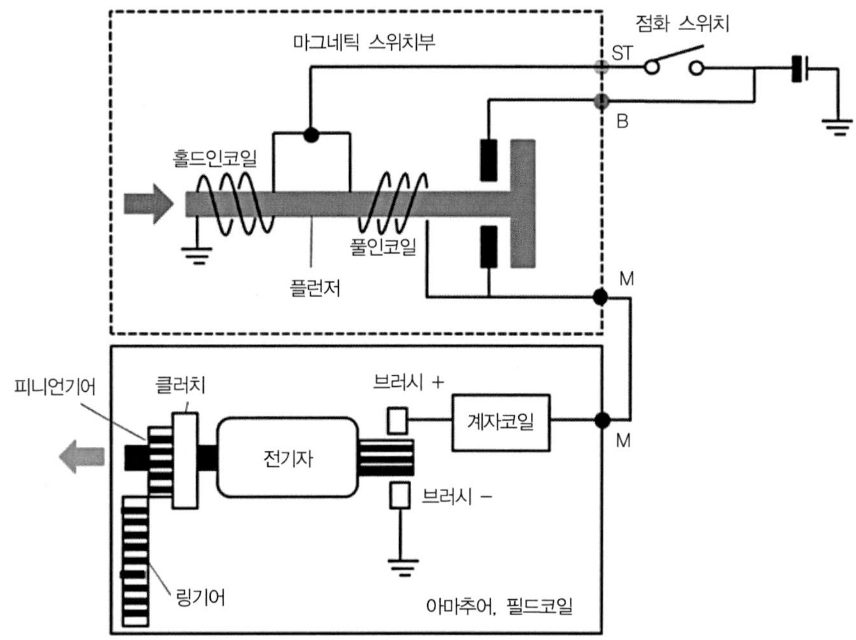

| 그림 9.14 | 시동모터의 구조

9.2.3 엔진 시동시

엔진 시동시 첫 번째 단계는 마그네틱 스위치부의 플런저를 움직여 피니언 기어와 링 기어를 맞물리게 해야 한다. 시동 스위치가 오프되어 있으면, 배터리에서 B 단자로 상시 전원 12 V가 걸린다. 이때 시동 스위치를 온하면, 배터리로부터 전류가 홀드인 코일을 통하여 접지로, 다른 하나는 풀인코일을 통과하여 계자코일, 브러시(+), 전기자 코일, 브러시(−)를 거쳐 접지로 전기가 흐른다. 플런저에 감겨 있는 홀드인 코일과 풀인코일에 의해 발생하는 자기장에 의해 플런저를 좌측으로 끌어당기는 힘이 발생하여 피니언 기어와 링 기어는 맞물리게 된다. 동시에 풀인코일을 통하여 전기자 코일로 작은 전류가 흘러 전기자 코일이 천천히 회전한다. 엔진 시동은 외력으로 크랭크축을 강제로 돌려 엔진에서 흡입, 압축, 연소, 배기의 사이클이 일어나도록 해야 하는데, 이때 크랭크축을 강제로 구동하는 부품이 시동모터이다. 시동모터는 엔진의 압축압력과 마찰력을 극복하고 크랭크축을 회전시켜야 엔진시동이 걸리므로 시동모터는 큰 토크를 발생하는 성능이 필요하다. 엔진시동에 관련되는 부품은 배터리, 점화 스위치, 플런저, 홀드인 코일(유지 코일), 풀인코일, 필드코일 (여자 코일, 계자코일), 전기자 코일(아마추어 코일, 회전 코일), 클러치, 피니언 기어 등이다.

9.2.5 엔진 구동시

피니언 기어가 링 기어에 맞물리는 동시에 플런저가 메인 접점을 닫기 때문에 필드코일(계자코일)과 전기자 코일은 배터리와 직접 연결상태가 되고, 링기어를 돌리는 대전류가 흐르게 된다. 이때 ST 단자와 M 단자는 같은 전위차가 되어, 전압차이가 없기 때문에 풀인 코일에는 전류가 흐르지 않고 홀드인 코일 전류로 플런저는 유지된다.

9.2.6 엔진 시동 완료

점화스위치가 오프하면 순간적으로 배터리에서 풀인코일, 홀드인 코일로 흐르는 전류가 발생하여 메인 접점은 닫힌 상태가 유지된다. 점화 스위치가 꺼지는 순간, 2개 코일의 전자기력이 상쇄되고 플런저에 설치된 리턴 스프링 힘에 의해 피니언 기어는 원래의 위치로 돌아온다. 점화

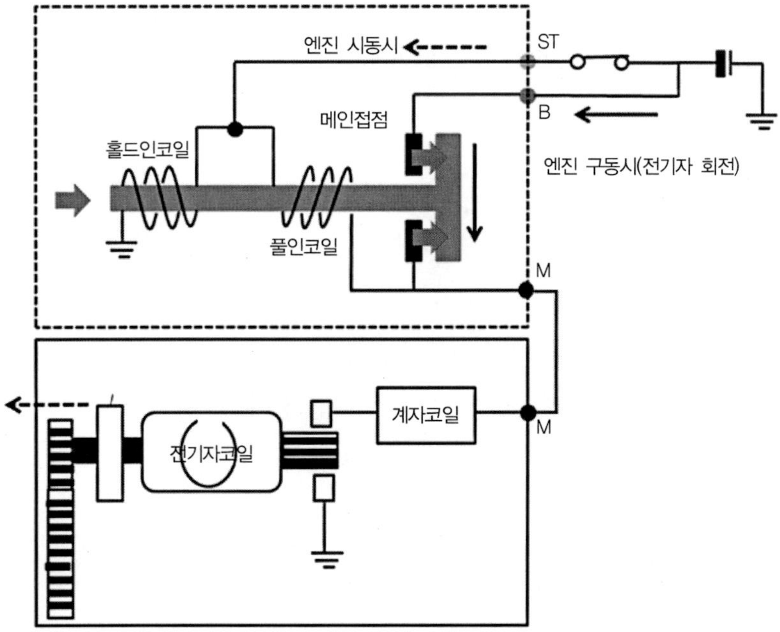

그림 9.15 엔진 구동시 작동 원리

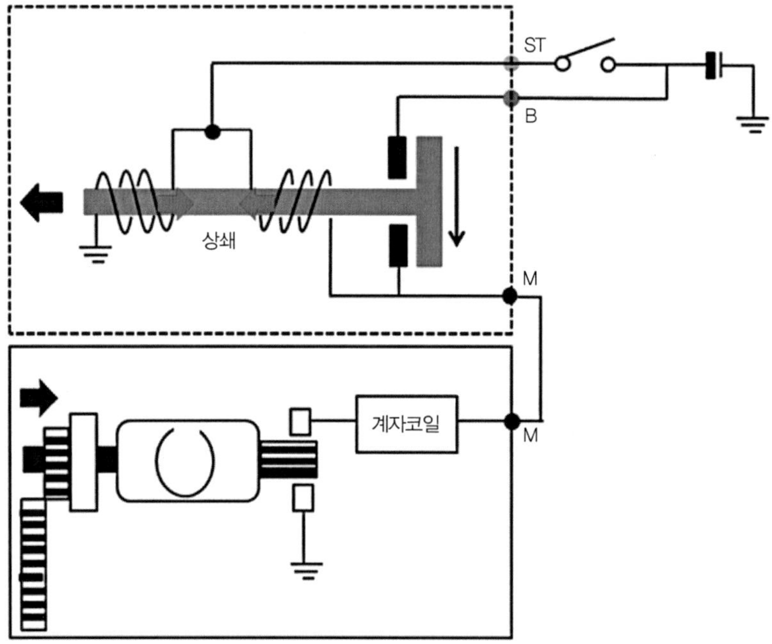

Ⅰ그림 9.16Ⅰ 엔진 시동 완료시 작동원리

스위치가 꺼질 때 피니언이 원 위치되는 것은 중요하다.

9.2.7 구성부품

그림 9.17은 시동모터를 구성하는 부품의 이름을 나타낸다. 피니언부, 마그네틱 스위치 부, 오버런닝 클러치, 아마추어와 계자코일로 구성된다. 아마추어 코어, 플래너터리 기어와 선기어로 구성되는 아마추어 축, 브러시 접촉부인 정류자를 나타낸다.

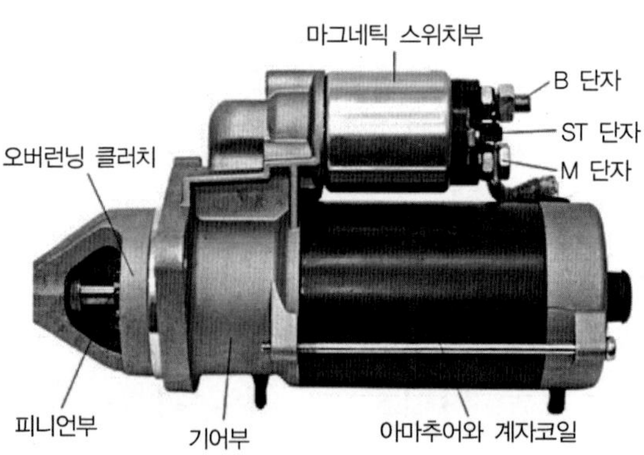

Ⅰ그림 9.17Ⅰ 시동모터의 구성

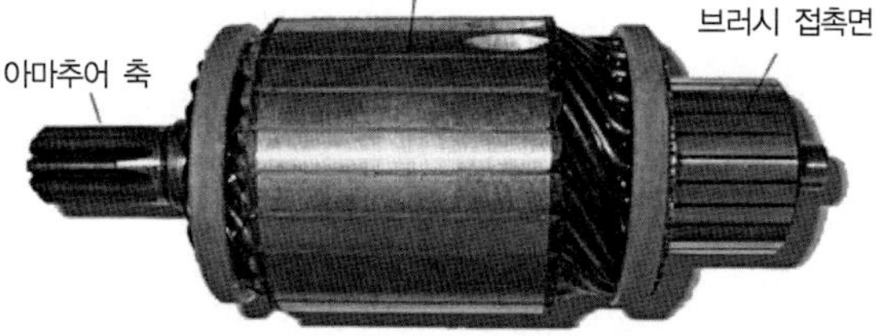

Ⅰ그림 9.18Ⅰ 아마추어 구성

[연습문제]

9.1 가솔린 기관의 점화장치에 대한 설명으로 잘못된 것은?

㉮ 무접점식에서 점화 펄스 발생기로 주로 홀센서 또는 유도센서가 사용된다.

㉯ 홀 반도체에 작용하는 자속밀도가 낮을 때 홀전압은 최대가 된다.

㉰ 유도센서에서 펄스 발생용 로터와 스테이터를 형성하는 철심이 마주볼 때의 공극은 0.5 mm이다.

㉱ CDI(축전기 충전방식)에서 축전기에 충전되는 에너지는 전압의 제곱에 비례한다.

해설 전압은 자속밀도에 비례한다.

9.2 가솔린 기관에서 차량이 주행 중 갑자기 충전 경고등이 켜지고 엔진의 온도가 상승한다면 점검해야 하는 부품은?

㉮ 흡기 다기관 진공 ㉯ 에어 클리너 필터

㉰ 팬 벨트 ㉱ 배터리

해설 팬벨트가 끊어지면 충전이 되지 않고 워트펌프가 작동이 되지 않는다.

9.3 PFI 차량에서 계기판의 엔진 경고등이 점등될 때 점검해야 하는 사항은?

㉮ 배출가스 ㉯ 엔진오일 압력

㉰ 배터리 ㉱ ABS

해설 엔진 경고등은 배출가스 자기진단 기능이다.

9.4 축전지 점화방식에서 점화장치 1차회로의 구성부품은?

㉮ 단속기 ㉯ 발전기 ㉰ 시동모터 ㉱ 점화 플러그

해설 점화장치 1차회로의 구성부품은 점화 스위치, 단속기, 축전기, 점화코일 등이다

9.5 점화장치에 밸러스트 저항을 설치하는 이유는 무엇인가?

㉮ 상호유도 전압을 높이기 위해

㉯ 1차코일의 과열 방지를 위해

㉰ 2차코일 유도 기전력을 높이기 위해

㉱ 2차코일의 과열 방지를 위해

정답 9.1 ㉯ 9.2 ㉰ 9.3 ㉱ 9.4 ㉮ 9.5 ㉯

9.6 점화장치에서 1차코일의 스위치를 떼면 나타나는 현상은?

㉮ 2차코일에서 고전압이 발생한다.

㉯ 300V의 역기전력이 생긴다.

㉰ 전원이 끊어져 시동이 꺼진다.

㉱ 1차코일에서 고전압이 발생한다.

해설 1차코일이 단락되면 2차코일에 고전압이 생긴다.

9.7 가솔린 기관의 점화장치에서 고전압이 흐르지 않는 부품은?

㉮ 배전기 캡 ㉯ 로터

㉰ 점화코일 중심단자 ㉱ 단속기 접점

해설 단속기 접점은 점화 1차회로이다. 1차회로에는 12V, 2차회로에는 7~50kV의 전압이 발생한다.

9.8 기관의 회전수가 n rpm이면 1초간의 회전각도는 몇 도인가?

㉮ 6n° ㉯ 7n° ㉰ 6n° /100 ㉱ 7n° /100

해설 (n/60)×360° = 6n°

9.9 포인트 접점식 배전기에서 접점의 간극이 커지면 캠각은 어떻게 되는가?

㉮ 커진다. ㉯ 작아진다.

㉰ 일정하다. ㉱ 관계가 없다.

해설 접점식은 포인트 간극이 클수록 캠각은 작아지고 점화시기는 빨라진다.
무접점식은 에어 간극이 클수록 캠각은 커지고 점화시기는 늦어진다.

9.10 점화 플러그의 설명중 틀린 것은?

㉮ 점화 플러그의 자기청정 온도는 500~800℃이다.

㉯ 점화 플러그의 전극 간극은 0.7~1.1 mm이다.

㉰ 고속 회전 자동차에는 열형의 점화 플러그가 사용된다.

㉱ 점화 플러그의 크기는 나사부의 유효 지름으로 표시된다.

해설 고압축비, 고속회전 엔진에는 냉형의 점화 플러그가 사용된다.

9.11 점화플러그에서 조기점화가 발생하는 온도는?

㉮ 100~110℃ ㉯ 450~500℃

㉰ 800~1,000℃ ㉱ 200~300℃

해설 점화 플러그의 온도가 800℃ 이상이면 조기점화(프리이그니션)가 발생한다.

정답 9.6 ㉮ 9.7 ㉱ 9.8 ㉮ 9.9 ㉯ 9.10 ㉰ 9.11 ㉰

9.12 다음 중 무배전기 점화장치의 설명으로 틀린 것은?

㉮ 누전 발생이 적다　　㉯ 효율이 좋다

㉰ 드웰각의 자유도가 높다.　　㉱ 파워 트랜지스터를 사용한다.

해설 파워 트랜지스터는 배전기 점화장치에서 사용한다.

9.13 엔진 룸을 물로 세척한 후 시동이 걸리지 않는다면 그 이유는 무엇인가?

㉮ 엔진 전기장치에 물이 묻어 누전이 되어

㉯ 엔진이 갑자기 식어서

㉰ 엔진오일에 물이 들어가서

㉱ 머플러에 물이 들어가서

해설 노후 차량인 경우 누전이 되어 시동이 걸리지 않는다.

9.14 다음 중 점화장치에 속하지 않는 것은?

㉮ 커패시터　　㉯ 배전기

㉰ 파워TR　　㉱ 점화코일

해설 커패시터는 기전력을 잠시 보관하는 곳이다.

9.15 다음 중 1차코일 차단법이 아닌 것은?

㉮ 마그네틱 픽업 방식

㉯ MRE 방식

㉰ 홀효과 방식

㉱ 파워 트랜지스터 방식

해설 MRE는 차량속도를 측정한다.

9.16 점화장치에서 2차코일의 전압은 다음으로 표시된다. 적당한 것은?

$$V_2 = I_1\left(\frac{①}{②}\right)^{1/2}$$

㉮ ①- 서지전압　　②- 상호유도 전압

㉯ ①- 상호유도 전압　　②- 커패시터 표유용량

㉰ ①- 자기 인덕턴스　　② - 커패시터 표유용량

㉱ ①- 상호유도 전압　　②- 상호유도 전압

정답 9.12 ㉱　9.13 ㉮　9.14 ㉮　9.15 ㉯　9.16 ㉰

9.17 다음 중 2차코일에서 발생하는 성분이 아닌 것은?

㉮ 자기유도 전압 ㉯ 유도방전

㉰ 용량방전 ㉱ 상호유도 전압

해설 자기유도 전압은 1차코일에서 발생한다.

9.18 콘덴서의 설명으로 틀린 것은?

㉮ 회로를 보호한다.

㉯ 역기전력을 충전한다.

㉰ 시정수는 콘덴서에 전기가 충전되는 시간이다.

㉱ 서지전압을 충전한다.

해설 콘덴서, 커패시터는 역기전력을 잠시 충전한다.

9.19 다음 중 연결이 틀린 것은?

㉮ 유도성 점화방식-인덕터(inductor)로 에너지 저장

㉯ 축전기 점화방식(DIS, CDI)-커패시터(capacitor)로 에너지 저장

㉰ 마그네틱 픽업코일 방식-유도코일 사용

㉱ 홀효과방식-유도성 부하 사용

해설 홀효과방식-홀IC와 자기장 사용

9.20 다음중 연결이 서로 틀린 것은?

㉮ 코일 - 유도성 부하 ㉯ 콘덴서 - 용량성 부하

㉰ 인덕턴스 - 역기전력의 비 ㉱ 임피던스 - 전하량

해설 임피던스는 합성저항이다.

9.21 실린더 1개당 점화코일이 1개인 시스템으로 누전, 실화가 거의 없고 고속용 자동차에 많이 사용되는 점화 시스템이다. 무엇을 설명한 것인가?

㉮ DIS ㉯ 배전기

㉰ CMP ㉱ 점화코일

해설 DIS, 독립점화 방식

정답 9.17 ㉮ 9.18 ㉯ 9.19 ㉱ 9.20 ㉱ 9.21 ㉮

[주관식]

1. 시동장치의 작동 원리를 공부해 보자.

2. 전자제어 가솔린 기관에서 1차코일 차단법의 발전 역사를 기술해 보자.

3. 1차코일 차단법 중 마그네틱 픽업코일 방식과 홀효과 방식의 원리를 설명하고, 무배전기 방식의 DLI, DIS와 다른 점을 비교해보자.

4. 점화장치 구성 부품에 대하여 알아보자.

5. 시동장치인 시동모터의 구조를 분석해 보자.

배기가스

CHAPTER 10

10.1 배기가스의 종류

가솔린 엔진에서는 CO와 HC, 디젤엔진에서는 NO_x와 PM이 가장 중요한 유해물질이다. 이를 위해 삼원촉매, 후처리 장치, 연소실 개선, 연료의 분사시스템 고압화, EGR 적용으로 저감시킨다. 디젤엔진은 확산연소이기 때문에 PM이 발생하기 쉽고, 연소실이 고온, 고압상태로, 희박연소 영역(20 : 1~50 : 1)에서는 산소와 질소가 많아져서 NO_x도 발생하기 쉽다. 배출물 대책으로, 배기 중의 잔류 산소가 많은 산화환경인 디젤기관은 가솔린 기관에 사용하는 삼원촉매를 사용할 수 없어, PM과 NO_x 처리에 별도의 후처리 장치가 필요하다.

(1) 탄화수소(HC)

탄화수소는 기체상태와 입자상태가 있고 규제 대상은 기체상태의 탄화수소이다. 입자상 탄화수소는 SOF로 표현되며 탄화수소는 산소와 반응하여 이산화탄소와 물을 발생한다. 이는 촉매에서 일어나는 기본적인 반응이고 대기 중에서 탄화수소는 질소 산화물과 광합성 반응으로 스모그와 오존을 생성한다. 탄화수소 중 메탄(CH_4)은 오존을 발생시키지 않기 때문에 규제 대상에서 제외하고 비메탄 탄화수소(NMHC)만 규제에 들어 있다.

(2) 일산화탄소(CO)

일산화탄소는 무색무취의 기체로 독성이 매우 강하며 공기와 밀도와 비슷하고 CRDI 엔진에서 배출되는 CO는 농도가 10~500 ppm으로 낮다. 고온상태나 촉매를 지나면 일산화탄소는 산소와 반응하여 이산화탄소로 된다.

(3) 질소산화물(NO_x)

규제되는 질소산화물은 일산화질소(NO), 이산화질소(NO_2)이다. 연소시 생성되는 질소산화물의 농도는 50~1,000 ppm이며 일산화질소는 무색 무취의 기체로 엔진의 온도가 높을 때 질소와 산소가 흡열 반응하여 생성된다. 일산화질소는 95% 정도이고 나머지 5%가 이산화질소이다. 연소실 1,500℃ 이상의 환경에서는 질소가 산화하여 일산화질소가 만들어지고 배출되어 공기 중의 산소와 쉽게 반응하여 이산화질소로 된다. 이것은 독성이 강한 갈색의 기체로 자극적인 냄새를 가지며 이산화질소는 광화학 스모그의 원인 물질이고 디젤배기 중 가장 나쁜 오염 물질이다.

(4) 입자상물질(DPM)

디젤의 배출가스 중 가장 복잡하고 다루기 힘든 배출물이다. 성분들은 탄소, 중탄화 수소,

유황염, PAH이다. DPM은 디젤의 배기가스 중 흑연성분으로 배기 규제의 중요한 대상이며 배기가스 저감의 핵심 성분이다. DPM의 제거를 위해서는 배기가스에서 추출하여 이를 공기와 희석시키고 필터를 통과시키는 과정이 필요하다.

(5) 이산화황(SO_2)

이산화황은 연료와 윤활유 중의 유황성분에 기인한 것으로 규제 대상의 물질은 아니다. 무색의 기체로 자극적 냄새가 난다.

(6) 아산화질소(N_2O)

아산화질소는 무색의 기체로 지구 온난화, 성층권의 오존을 파괴시키는 물질로 화학적으로 질소 산화물이지만 아직 규제 대상은 아니며, 배출되는 양도 3 ppm 정도 매우 적다. 삼원촉매가 부착된 가솔린 엔진에서 배출되는 N_2O는 10~35 ppm 정도이며 백금계 희박 NO_x 촉매, SCR 촉매 등에서는 일부 증가하기도 하여, 촉매 시스템 개발 면에서는 매우 중요한 인자이다.

표 10.1 디젤 배기가스 후처리 장치 약어

약어	원어	의미
DPM	diesel particulate matter	디젤 입자상 물질
PAH	polynuclear aromatic hydrocarbon	다핵성 방향족 탄화수소
SOF	soluble organic fraction	용해성 유기물질
NMHC	nonmethane hydrocarbon	비메탄 탄화수소
VOC	volatile organic compound	휘발성 유기물질
NSCR	nonselective catalytic reduction	비선택적 환원 촉매
SCR	selective catalytic reduction	선택적 환원 촉매
DOC	diesel oxidation catalyst	디젤 산화 촉매
DPF	diesel particulate filter	디젤 미립자형 필터
CDPF	catalyzed diesel particulate filter	디젤 미립자형 촉매필터
CPF	catalyzed particulate filter	미립자형 촉매필터
LNC	lean NO_x catalysis	희박 NO_x 촉매
LNT	lean NO_x trap	NO_x 흡장 촉매
NSR	NO_x storage reduction	NO_x 저장환원
DPNR	diesel particulate NO_x reduction	NO_x, PM 저감
ASC	ammonia slip catalyst	NO_x 저감

(7) 수소(H_2)

희박 조건일 때는 디젤의 배기가스에 수소는 존재하지 않는다. 수소는 산소와 반응하여 물을 생성하고 온도가 180℃로 가열되면 물로 되기 쉽고 450℃가 되면 폭발한다.

10.2 후처리 장치

10.2.1 가솔린 기관

CO의 생성은 농후상태에서의 운전이 원인이지만 부하, 회전수 등 전부하 범위에 걸쳐서 정밀한 공연비를 제어하는 것이 CO 감소의 유일한 방법이다. 기통간의 혼합비가 불균일하고, 농후 혼합비에서의 운전은 CO 발생의 근본 원인이 된다.

HC는 CO와 마찬가지로 농후 공연비에서 배출이 많고 미연 연료와 연소의 중간 생성물로 연소실 벽면의 경계층 내에서 많이 발생한다. HC의 농도를 저하시키려면 벽면 경계층 내의 연료를 감소시키면 되기 때문에 연소실 표면적이 적게 되는 구형 연소실이 좋다. 연소실 벽면 온도를 높게 하고 감속시 연료를 차단하면 효과가 있다. 이론 혼합비 부근에서 완전 연소가 이루어지면 CO, HC의 배출량은 적어진다. CO와 HC는 산소 부족이 주원인인 불완전 연소시 발생하기 때문에 혼합비가 희박할 때는 거의 생성되지 않고 농후할 때 발생량이 많아진다. 그림 10.1에서와 같이 NO_x는 이론 혼합비의 약 10% 희박 측에서 최대로 발생되고, 연소 온도가 높

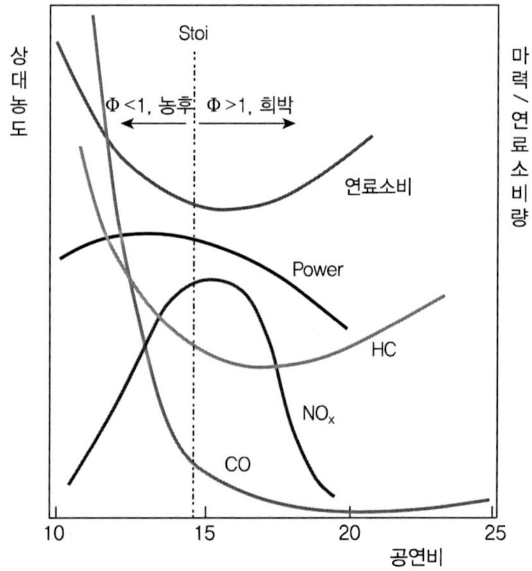

그림 10.1 공연비와 배기가스

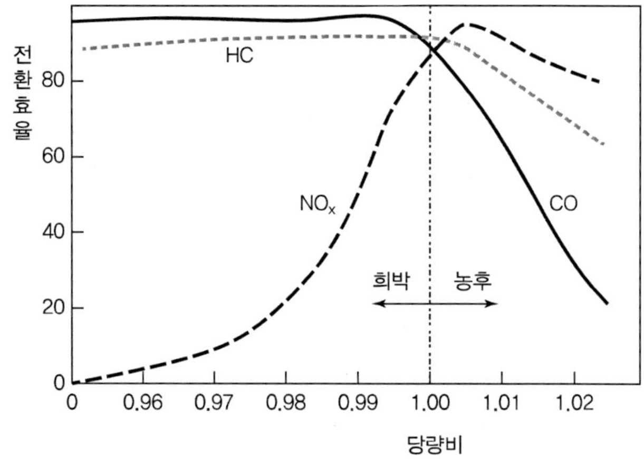

❙그림 10.2❙ 촉매의 전환 효율

고 여분의 산소가 있을 때 발생한다. 따라서 CO, HC와 NO_x의 생성 여건은 반대적인 성질이 있다. 그림 10.2는 당량비로 나타낸 촉매의 전환 효율을 나타낸다. 최대 효율은 이론 공연비 부근에서 발생하고 연료가 희박하면 NO_x의 변환 효율은 낮다. 이는 희박으로 작동하는 CRDI 기관, 성층연소를 하는 GDI 기관에서는 문제를 발생하며 이들 엔진에서는 추가의 촉매를 사용해야 한다. 촉매 정화율은 이론 공연비 부근에서만 높고, 폭도 극히 좁다. 따라서 이론 공연비 내에서 엔진이 가동되어야 촉매의 효율이 높아지기 때문에 이를 위하여 산소센서를 이용한 공연비 피드백 제어를 수행해야 한다.

NOx 발생의 주 원인은 고온의 연소에 있기 때문에 발생을 억제하기 위해서는 연소 최고온도를 낮추어야 한다. 이를 위해 배기가스의 일부를 흡기로 공급하는 배기가스 재순환을 시키거나, 실린더 내 배기가스 잔류를 감소시켜야 한다. 혼합기에 불활성 물질이 가득한 배기가스가 혼합하면 실린더 내 혼합기의 열용량이 증가하여 연소 최고온도가 저하되기 때문에 NO 농도도 감소한다. 당량비 Φ는 실제 연공비와 이론 연공비의 비이며 1보다 적으면 배기가스에 산소가 많은 희박상태, 1보다 크면 배기가스에 CO가 많은 농후상태, 1이면 완전연소인 이론 공연비 상태이다.

(1) 산화촉매 (OC, oxidation catalyst)

촉매 변환기는 촉매가 코팅된 모노리스 담체이며 촉매의 성능을 나타내는 전환율, 반활성 온도(light off temperature), 공간 속도 등이 촉매의 중요한 인자이며 촉매 기술은 가솔린 기관부터 시작되었으며, 1970년대 CO와 HC를 저감하기 위하여 산화촉매(이원촉매)가 개발되었다. 산화촉매는 가솔린 기관의 CO와 HC를 높은 효율로 저감시키고 이 촉매는 배출가스 중 CO, HC, 입자상물질(PM) 중 용해성 유기물질(SOF)을 세라믹 담체에 코팅된 백금계 촉매를 이용하여 CO_2와 H_2O로 정화시킨다. 산화촉매는 가솔린 엔진에서 삼원촉매가 개발된 후에는 가솔린 기관에서는 적용되지 않고 디젤기관에서 주로 사용이 된다. CO, HC를 저감하는 산화촉매는 그림 10.3과 같은 펠릿(Pellet, 입상촉매)을 봉입한 하향 흐름식(downflow) 촉매로 펠릿을 통과하는 사이에 배기가스 중의 CO, HC가 다음과 같이 산화반응을 하면서 CO_2와 H_2O로 정화된다. 산화촉매는 백금(Pt), 팔라듐(Pd) 등의 촉매 효과로 배기 중의 산소를 이용하여 탄화수소, 일산화탄소를 이산화탄소와 물로 전환시킨다.

$$2CO + O_2 \rightarrow 2CO_2 \tag{5.1}$$

$$2C_2H_6 + 7O_2 \rightarrow 4CO_2 + 6H_2O \tag{5.2}$$

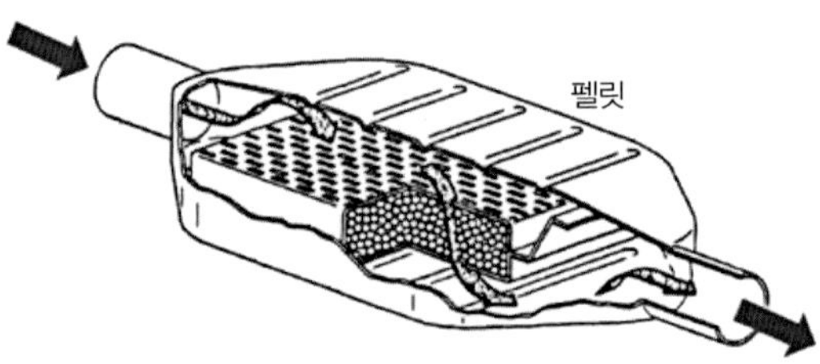

┃그림 10.3┃ 펠릿형 산화촉매

(2) 환원촉매 (RC, reduction catalyst)

환원촉매는 질소 산화물에서 산소를 질소와 산소의 기체로 분해시킨다. 촉매로는 백금과 로듐(Rh)을 사용하며 NO_x가 촉매로 덮힌 작은 입자층이나 세라믹 벌집 모양으로 되어 있는 표면을 지나면 환원된다. 촉매 변환기에는 가솔린의 납 성분이 촉매의 작용을 방해하기 때문에 무연 휘발유를 사용해야 한다. 질소산화물은 산소를 제거하면 질소로 환원되며, 이때 산소의 과부족 없이 연료를 연소시키는 이론 공연비로 제어하는 것이 필요하다. 촉매 물질로는 초기에는 백금과 로듐의 환원촉매이었지만, 지금은 백금, 팔라듐, 로듐을 주성분으로 하고, 기타 희토류 등의 보조 촉매가 추가되어 질소산화물이 CO와 HC와 같이 산화 환원하는 순간은 삼원촉매가 된다.

(3) 삼원촉매 (Three way catalyst, TWC)

CO, HC, NO_x를 동시에 저감시키는 촉매로 산화촉매와 환원촉매의 기능을 합한 것이다. 촉매의 주성분은 백금, 팔라듐, 로듐이고 배기가스 중의 CO, HC, NO_x를 동시에 저감시킨다. 그림 10.5의 단면은 세라믹 일체의 담체 내에 알루미나를 모체로 해서 표면에 백금, 팔라듐, 로듐을 얇은 막으로 처리한 모노리스 촉매(Monolith)가 들어 있다. 세라믹 원통이 일체로 된 담체

안에 백금(Pt), 로듐(Ro)으로 NO_x를 환원하는 환원촉매와 백금(Pt), 팔라듐(Pd)으로 CO, HC를 처리하는 산화촉매로 구성된다. 모노리스 촉매는 펠릿식과 비교해서 촉매 열화에 대한 시간, 비용 모두 나쁘지만 촉매의 안정성이 높아서 특별한 경우가 아닌 한 교환이 불필요하고 배기 저항도 적은 장점이 있다. 촉매의 작동 온도는 250~300℃ 이상이 되어야 촉매 작용이 시작되고 이러한 현상은 기관에서 항상 문제가 되고 있다. 반활성(Light off) 온도는 촉매의 변환율이 50%가 될 때의 촉매 온도이며, 촉매는 약 500℃ 이상으로 가열되어야 정상적인 작동을 한다. 일반적인 작동시 촉매의 온도는 400~800℃ 내에 있으며, 촉매 온도가 950℃ 이상이 되면 촉매 담체는 녹기 시작하여 기능이 상실된다. CO, HC, NO는 다음과 같은 화학 반응을 하면서 무해한 물질로 변환된다.

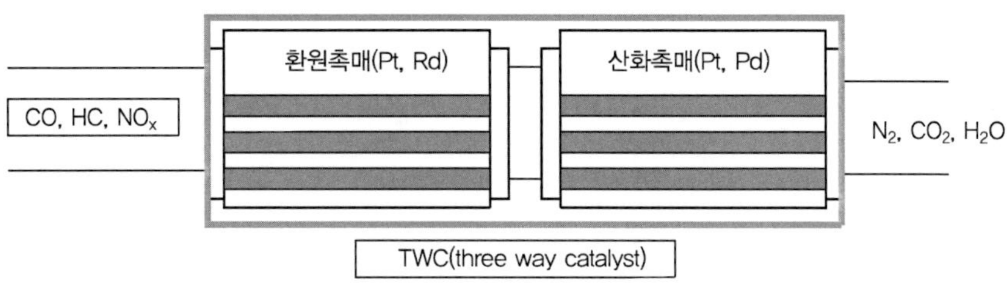

┃그림 10.4┃ 가솔린 기관 후처리 장치

$$2CO + O_2 \rightarrow 2CO_2 \quad (5.3)$$

$$2C_2H_6 + 7O_2 \rightarrow 4CO_2 + 6H_2O \quad (5.4)$$

$$2NO + 2CO \rightarrow N_2 + 2CO_2 \quad (5.5)$$

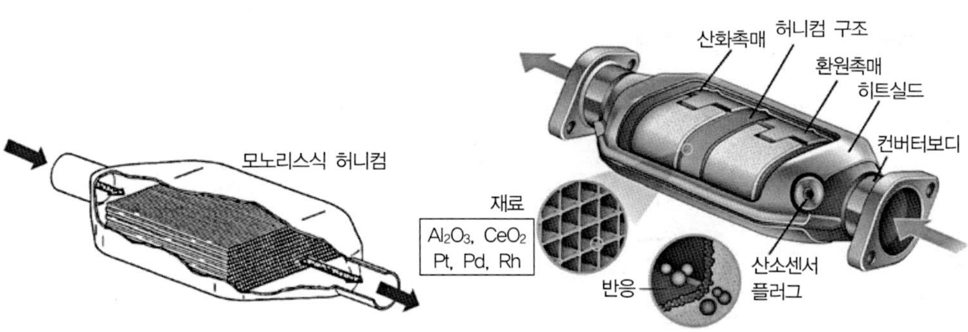

(a) 모노리스식 이원촉매 (b) BMW 모노리스식 삼원촉매

┃그림 10.5┃ 가솔린 기관의 촉매

10.2.2 디젤기관

1990년대, 가솔린 기관의 산화촉매(OC)는 디젤기관에도 적용이 되었다. 가솔린 기관용 산화촉매는 500 ppm 이하의 저유황연료가 개발되면서 디젤 산화촉매(DOC)를 이용한 디젤 입자상물질(DPM)의 저감도 어느 정도 가능하게 되었다. 이 촉매로 디젤기관의 탄화수소, 일산화탄소의 배출은 80% 이상 제거할 수 있고 NO_x는 작은 양을 저감할 수 있다. DOC에는 저유황연료의 사용이 필수적이고, PM에 포함된 SOF를 50~80% 저감하지만, 전체 PM 중 SOF의 비율이 적어 전체적으로 약 20~40%의 저감효과가 있다.

촉매기술은 디젤기관의 휘발성 유기물질(VOC, volatile organic compound)과 NO_x의 제어에도 사용된다. 비선택적 촉매(NSCR, nonselective catalytic converter)는 농후 천연가스의 NO_x 저감에 사용하고, 암모니아와 우레아를 이용하는 선택적 촉매(SCR, selective catalytic converter)는 디젤엔진에서 NO_x 저감에 이용된다. 디젤엔진에는 CO와 HC를 제거하는 DOC, NO_x 저감을 위해 선택적 촉매환원(SCR), 희박NO_x 촉매, NO_x 흡착시스템 이 있다. 디젤엔진에서 저감해야 하는 배출물은 DPM, NO_x, CO, HC, SOF(Soluble Organic Fraction), PAH 등이 있다.

① DOC : DPM(SOF), CO, HC(PAH) 저감
② SCR : 디젤엔진의 NO_x 제거
③ NSCR : 천연가스 엔진의 NO_x 제거
④ 희박 NOx 촉매시스템 : 희박 엔진의 NO_x, DPM(SOP), CO, HC 제거
⑤ NOx 환원 촉매시스템 : 요소 SCR, LNT, DPNR

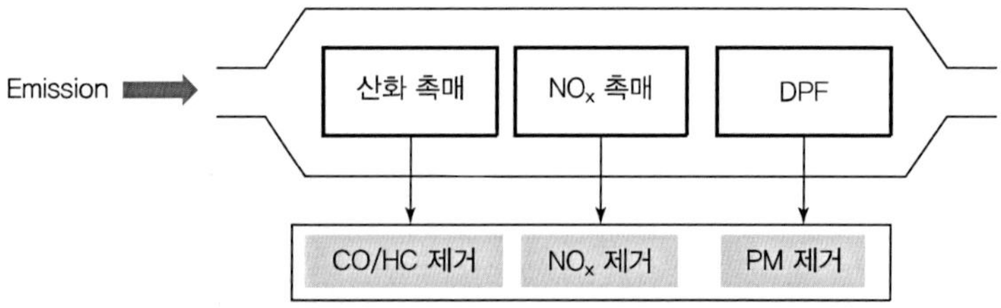

┃그림 10.6┃ 일반적인 디젤기관 후처리장치의 구성

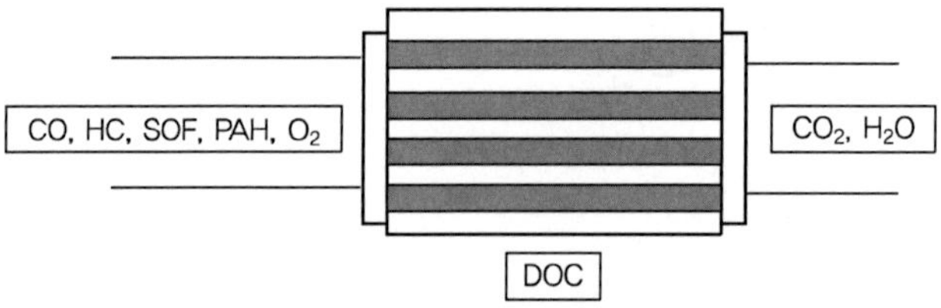

┃그림 10.7┃ 디젤 산화촉매(DOC)–CO, HC 제거

(1) 입자상 물질 여과장치(DPF : Diesel Particulate Filter)

디젤기관에서 나오는 PM(Particulate Matter)을 저감하기 위해 필터를 통해 입자를 포집하고 이것을 태우는 장치로 PM을 80% 이상을 저감할 수 있다. 초기 기술은 외부의 강제적 열공급을 통해 높은 온도에서 연소시켰으나, 최근에는 엔진 배출가스 온도로 연소온도를 대폭 낮추어 사용되고 있다.

디젤 미립자형 필터(Diesel Particulate Filter), 디젤 미립자형 촉매필터(Catalyzed Diesel Particulate Filter), 미립자형 촉매필터(Catalyzed Particulate Filter) 등은 디젤기관의 배출가스 중 유해한 CO, HC와 입자상물질(PM)이 DOC로 정화되고 배기가스 중 PM을 필터를 이용하여 물리적으로 포집하고, 일정 거리 주행 후 PM의 발화온도(550℃) 이상으로 배기가스 온도를 상승시켜 연소시키는 장치이다. 엔진오일과 경유 중의 중금속, 무기질 및 재(ash) 성분은 정화되지 않고, 필터 내에 계속 축적되어 배압을 증가시키므로 주기적으로 필터를 청소해야 하며, 이 촉매를 사용하면 매연을 80% 이상 저감할 수 있다. 또한 필터에 입자성 물질이 포집됨에 따라 엔진에 배압이 걸리며 이것에 의하여 출력과 연료소비율이 떨어진다.

매연 여과장치 기술은 PM 포집 기술과 필터재생 기술로 나누어지며 디젤기관의 배기가스에 포함되어 있는 PM을 포집하는 필터이다. 필터 사용시 발생하는 기능저하를 제어하기 위해 정기적으로 배출가스의 온도를 높여 PM을 연소시켜 필터를 재생시킨다.

그림 10.8은 DPF의 구조를 나타낸다. DPF는 배출 가스 중에 포함된 PM을 포집하기 위한 장치로 필터의 구멍을 PM에 대해 최적으로 설계해야 하고, 가스는 통과하고 PM은 통과하지 못한다. 균일한 크기의 구멍을 고밀도로 형성하고 압력손실이 적은 필터를 사용해야 출력의 저하가 없다. 앞부분은 산화촉매로 CO, HC를 제거하고 DPF는 PM을 제거하며 산소센서는 산소량을 피드백하고, 배기가스 압력센서는 DPF 전후 압력의 차이를 측정하는 센서이다. DPF의 필터에 PM이 퇴적되면 퇴적된 PM에 의해서 생기는 압력 손실을 차압센서가 감지하고, 이 차압과 배기가스온도, 흡입공기량을 기준으로 산출되는 PM의 퇴적 추정값이 규정치가 되면 엔진에

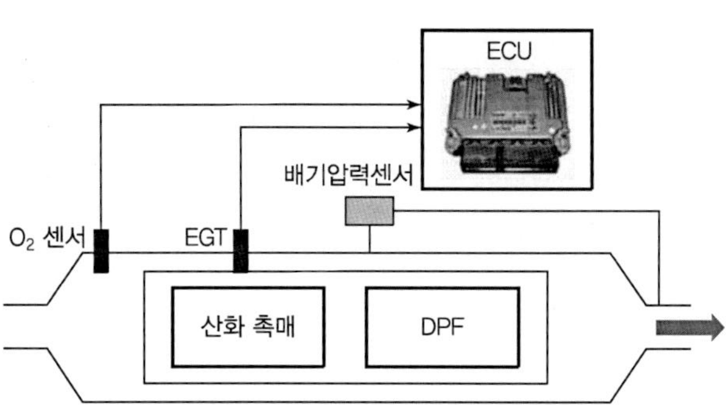

| 그림 10.8 | DPF의 구조–CO, HC, PM 제거(출처 : viyol.com.tr)

서 고온인 미연연료가 포함된 배출가스를 DPF로 보내 온도를 600℃ 이상으로 높이고, DPF에 도포된 촉매로 PM을 태우는 DPF 재생을 실시한다. 이때, 고온인 DPF의 상태를 배기온도 센서(EGT)가 감지하여 적절한 온도를 유지하도록 제어한다. 그림 10.9는 디젤엔진의 NO_x 제거구조를 나타낸다.

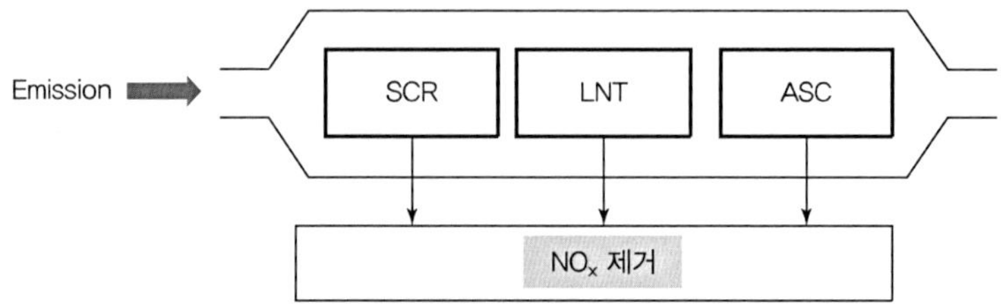

그림 10.9 디젤엔진 NO_x 제거 구조–NO_x 제거

(2) PM 재생 (Particulate Filter Regeneration)

디젤 입자상물질(diesel particulate matter, DPM)은 디젤의 배출가스 중에서 가장 복잡하고 가장 다루기 힘든 배출물이다. 입자상물질은 희석 냉각된(diluted and cooled) 배기가스에서 발생하며 이는 SOL(solid fraction), 유기성 용해불질(soluble organic fraction, SOF), 황산미립자(sulfate particulate, SO_4)로 구성된다. 매연 여과장치의 재생에 약 550~650℃의 온도가 필요하지만, 실제 디젤엔진의 배기가스 온도는 대형 디젤엔진 약 300~450℃ 정도이고, 소형 디젤엔진 약 200~300℃로, 이에 미치지 못하여 배기가스 온도를 높여야 한다. 따라서 디젤필터의 재생을 촉진시키기 위하여 다음과 같은 3가지 방법이 주로 사용된다. 엔진 배기가스의 온도를 높이기 위해서 연료버너(fuel burner)나 전기히터(electric heater)를 이용하여 배기가스를 가열시키거나 혹은 엔진 제어방법을 이용한다.

① 배기가스 온도 상승 : 전기히터(electric heater), 연료버너(fuel burner), 극초단파 가열(microwave heating), 배기시스템에 가연성 물질을 단독으로 분사 혹은 가열촉매(warm-up catalyst)를 사용한다.

② 촉매를 이용한 매연의 점화온도 저하 : 촉매형 매연여과장치(catalyzed diesel particulate filter, CDPF)는 필터에 직접 담지되어 있는 촉매를 이용한다.

③ 산화제(oxidant)를 이용한 매연의 점화온도 저하 : 산화제로 NO_2를 이용하는 CRT필터가 있다.

한편, 촉매(catalyst)를 이용하거나 연료첨가제(fuel additive)를 사용하여 PM의 점화온도를 낮추기도 한다. 디젤엔진의 실제 작동 중에 필터의 재생이 이루어지기 위해서는 배기가스의 온도를 상승시키거나 또는 촉매를 사용하여 매연의 점화온도를 낮추어야 한다. 매연의 점화온도를 낮추기 위하여 촉매 또는 연료첨가제를 이용하고 다음의 엔진제어 방법을 이용하여 연소온도와 배기온도를 상승시킨다.

① 배기가스 재순환(EGR) : 디젤엔진에서 NO_x 배출을 최소화시킬 수 있는 매우 효과적인 방법의 하나로서, 배기가스를 냉각시키지 않는 시스템에서 배기가스의 온도를 높일 수 있는 매우 효과적인 방법이다.

② 연료의 후분사(post-injection) : 연소실 내에 연료를 후분사하는 방법은 커먼레일과 같은 전자제어 연료분사 시스템에서 가능하다.

③ 배압증가 : 이 방법은 배기 시스템에 설치되어 있는 스로틀밸브를 조절하여 배압을 상승시킨다.

④ 지연분사 : 지연분사는 NO_x 배출을 제어하는 방법으로 배기가스의 온도를 높일 때 사용한다.

⑤ 흡기온도의 증가 : 터보차저 인터쿨러 장착 디젤엔진에서 인터쿨러를 바이패스(bypass)시킨다.

⑥ 부스트압력의 저하 : 터보차저가 장착된 엔진에서 웨이스트 게이트(waste gate)를 열어서 부스트압력을 저하시킨다.

⑦ 흡기진공의 증가 : 스로틀밸브에 의한 흡기 진공의 증가는 자연흡기 방식의 엔진에서 가능하다.

이러한 방법들은 연료 소비율의 증가, 입자상 물질, HC 배출 증가, 그리고 배기가스 중의 산소농도의 저하가 발생하여 이는 필터의 재생에 악영향을 미친다. 한편, EGR과 연료의 후분사 방법도 엔진의 조기마모 문제를 일으킬 수도 있다.

(3) 희박 NO_x 촉매 (lean NO_x catalysis, LNC)

희박 NO_x 촉매시스템으로 희박엔진의 NO_x, DPM(SOP), CO, HC를 제거한다. 촉매 앞에 HC나 경유를 투입한다. 1 mole의 NO_x 전환을 최대로 하기 위해 사용되는 HC는 6 mole로, 엔진의 특성과 배기관 내로 HC 주입에는 이 비율을 맞추어야 한다. NO_x를 HC를 이용하여 감소시키는 것을 LNC라 하며, 이 LNC의 전환효율은 10% 이하로 낮다. 효율을 증가시키기 위해 비열적 플라즈마를 사용하여 효율을 50%까지 올릴 수 있다.

(4) NOx 환원촉매

① 요소선택 환원촉매(SCR, Selective Catalytic Reduction, Ammonia)

농도 32.5%의 요소수를 SCR 촉매 앞에서 연료의 3~5% 정도를 공급하고 배기열에 의한 열분해와 가수분해에 의하여 발생한 암모니아로 NO_x를 선택적으로 환원한다. 암모니아와 우레아(urea)를 이용하는 선택적 촉매(SCR, selective catalytic converter)는 디젤엔진의 NO_x 저감에 이용된다. SCR 반응에서 NO_x는 촉매 앞부분의 배기가스에 공급된 암모니아와 반응하고 정확한 양의 암모니아 분사율을 제어할 수 있어야 한다. 암모니아가 충분하지 않으면 NO_x의 변환효율이 낮고, 너무 많이 분사를 하면 대기 중으로 암모니아가 배출되며 SCR의 NO_x 전환율은 60~80%에 이른다. 또한 암모니아 대신 우레아를 환원제(reducing agent)로 사용하는 SCR 시스템이 증가하고 있고 암모니아와 비교하여 우레아는 비교적 독성이 없고 안전하며 다루기도 쉽다. 이러한 이유로 우레아는 자동차의 SCR 촉매용으로 고려되고 있는 유일한 환원제(reductant)이며 배기가스에 요소수를 분사하여 암모니아를 생성시키고 암모니아와 NO_x의 화학반응으로 무해한 질소와 물로 환원시키는 시스템이다. 배기가스 온도가 낮은 상태에서도 정화능력이 있고 내구성이 높고 희귀금속을 사용하지 않아 가격 경쟁력이 높으며 암모니아가 촉매반응에서 완전히 소모되지 않고 대기 중으로 방출되는 것을 암모니아 슬립(ammonia slip)이라고 하며, EURO V에서 우레아 소비는 디젤연료 5%에 해당하는 양이다. 그림 10.10은 요소 SCR 반응 메커니즘을 나타낸다. 일산화질소와 이산화질소가 암모니아(NH_3)를 만나면 질소와 물로 변한다.

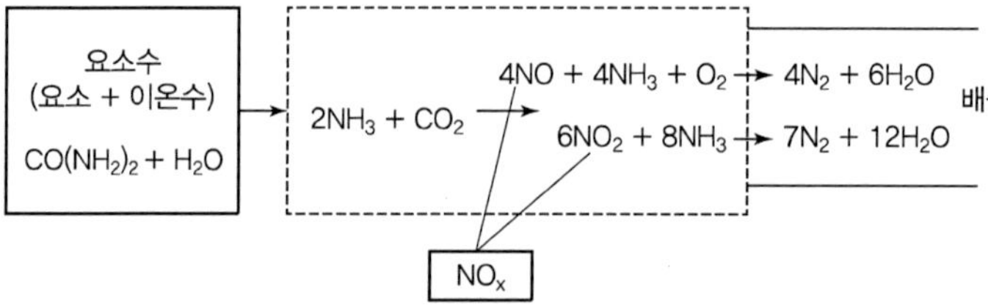

그림 10.10 요소 SCR 반응 메커니즘

② NO_x 흡장 환원촉매

배기가스 중의 NO를 귀금속 촉매 등을 이용하여 NO_2로 산화하고, 이것을 알칼리 금속이나 알칼리 금속계의 촉매를 이용하여 초산염으로 만들어 흡장해 두고, 연료 후기 분사나 배기계에서 추가한 연료를 환원제를 사용하여 농후상태로 만든다. 귀금속 촉매로 환원하는 LNT, NSR이 실용화되고 있으며 이 시스템은 약간의 연비 감소가 있다.

연료 중에 있는 윤활유에 함유된 유황에 의해 흡장물질의 성능이 떨어지고 이를 막기 위해 배기온도를 650~700℃로 올리는 회복제어를 시행한다. 이에 따라 열화가 발생하는 동시에 연비감소나 일시적인 PM의 배출이 있을 수 있어 10 ppm 이하의 저유황 경유를 사용해야 한다. 이 촉매의 담층에 HC, NO_x를 저장하였다가 촉매반응에 유리한 조건이 되었을 때 산화하여 저감시키며 이러한 저장반응을 NO_x 트랩이라 한다. LNT는 희박조건에서 저장된 NO_x를 주기적으로 연소가스 온도를 올려 연소하여 제거한다. 촉매를 이용하여 NO_x를 저장하고 저감시키면 전환효율은 65~80%가 되고 주로 소형 디젤에 많이 사용된다. 희박운전 시에는 NO_x를 흡장제에 저장시키고 농후시 배기가스 중에 포함되어 있는 CO, HC, NO_x를 반응시켜 CO_2 N_2, H_2O로 변환시켜 저감한다. 그림 10.11은 흡착시스템을 나타내며 PGM은 촉매로 사용되는 물질이다.

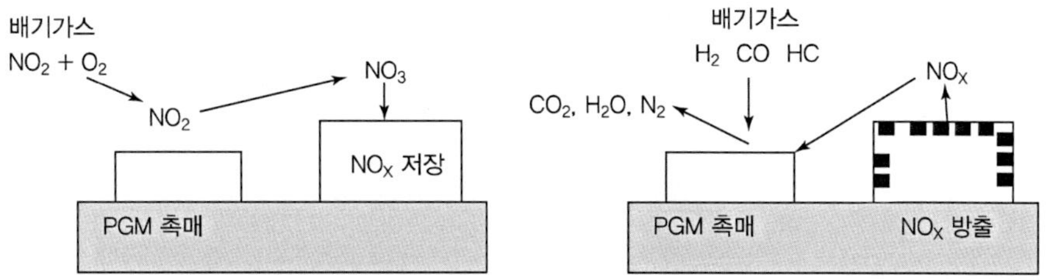

(a) 희박시(흡수저장) (b) 농후시(촉매로 반응)

| 그림 10.11 | NO_x 흡착시스템

③ DPNR 촉매

흡장 환원촉매를 응용하여 NO_x와 PM을 연속적으로 대폭 저감한다. 배기의 고온화를 위하여 배기로 연료를 간헐적으로 공급하고, 촉매를 사용하여 NO_x와 PM을 동시에 제거한다. 이 시스템도 유황에 의한 회복제어가 필요하다.

[연습문제]

10.1 다음은 가솔린 기관의 배기가스에 대한 설명이다. 틀린 것은?

㉮ 농후 공연비에서 CO, HC 배출이 높다.

㉯ 희박 공연비에서 실화, 부분연소가 일어난다.

㉰ 촉매의 효율은 이론 공연비 근처에서 가장 낮다.

㉱ NO_x 배출은 이론 공연비 근처에서 가장 낮다.

해설 촉매의 효율은 이론 공연비 근처에서 가장 높다.

10.2 GDI 가솔린 기관의 배기장치에 대한 설명으로 틀린 것은?

㉮ 초희박 연소로 A/F센서를 사용한다.

㉯ NO_x 컨버터를 사용한다.

㉰ 일반적인 PFI 용 배기장치를 사용한다.

㉱ 상하류 산소센서를 사용하여 삼원촉매의 성능을 제어한다.

해설 GDI기관은 PFI기관에 A/F센서, NO_x 컨버터, 삼원촉매 전환효율 제어가 추가된다.

10.3 CI 기관에서 NO_x를 감소시키는 촉매가 아닌 것은?

㉮ TWC　　㉯ SCR

㉰ NO_x 흡수(absorption) 촉매　　㉱ DOC

해설 삼원촉매(TWC)는 가솔린 기관에서 주로 사용한다.

10.4 가솔린 기관의 배기가스 내에 CO, HC, NO_x를 감소시키는 방법이 아닌 것은?

㉮ 삼원촉매의 사용　　㉯ 후연 적용

㉰ $DeNO_x$ 촉매 사용　　㉱ 이원촉매 사용

해설 After burn-후연, 연소가 배기 매니폴드에서 발생하는 이상현상이다.

10.5 다음 중 잘못 연결된 것은?

㉮ 백금, 팔라듐 - CO, HC 제거　　㉯ RC - 삼원촉매

㉰ 백금, 로듐 - NO_x 제거　　㉱ OC - 산화촉매

해설 환원촉매(RC) - 백금, 로듐-NO_x 제거,산화촉매(OC) - 백금, 팔라듐-CO, HC 제거
삼원촉매(TWC) – 백금, 팔라듐, 로듐-CO, HC, NO_x 제거

정답 10.1 ㉰　10.2 ㉰　10.3 ㉮　10.4 ㉯　10.5 ㉯

10.6 반활성 시간(Light off time)에 대한 설명으로 틀린 것은?

㉮ 냉시동후 촉매가 작동 온도에 도달하는 시간

㉯ 약 15~20초이다.

㉰ 촉매 변환율이 50%가 되는 온도가 되는 시간

㉱ 촉매의 온도가 550℃가 되는 시간

해설 촉매의 온도가 250~300℃(반응개시 온도)가 되는 시간이다. 550℃는 최종 작동온도이다.

10.7 다음 중 하이브리드 자동차에서 엔진다운사이징시 적용하는 사이클이 아닌 것은?

㉮ 밀러 사이클　　㉯ 앳킨슨 사이클

㉰ 고팽창비 사이클　　㉱ 오토 사이클

해설 밀러, 앳킨슨 사이클은 압축비보다 팽창비가 큰 고팽창비 사이클이고, 오토 사이클은 압축비와 팽창비가 같은 사이클이다.

10.8 엔진 노킹에 대한 설명으로 틀린 것은?

① 진동감지 센서 이용

㉯ 정상 연소

㉰ 노킹 발생시 점화지연

㉱ 디토네이션 발생

해설 노킹은 정상적인 연소가 아닌 이상 연소이다.

10.9 NO_x가 많이 발생하는 연소실 온도는?

① 500℃　　㉯ 1000℃

㉰ 1500℃　　㉱ 2500℃

해설 연소실 온도가 2500℃이면 NO_x가 많이 발생한다.

10.10 디젤기관의 후처리 장치에 대한 연결로 잘못된 것은?

㉮ DOC-SOF, CO, HC(PAH) 저감

㉯ SCR-NO_x 제거

㉰ DPF-PM 제거

㉱ LNT-PAH 제거

해설 LNT는 NO_x를 제거하고 PAH는 HC의 일종이다.

정답 10.6 ㉱　10.7 ㉱　10.8 ㉯　10.9 ㉱　10.10 ㉱

10.11 디젤기관의 후처리 장치의 구성이 아닌 것은?

㉮ 산화촉매　　㉯ NO_x 촉매

㉰ 환원촉매　　㉱ DPF

해설 환원촉매는 가솔린 기관에서 NO_x를 제거하고, 디젤기관에서는 NO_x 환원촉매인 요소 SCR, LNT, DPNR 등을 사용한다.

10.12 디젤기관의 배출물중 저감 대상이 아닌 것은?

㉮ DPM　　㉯ CO_2　　㉰ NO_x　　㉱ PM

해설 디젤엔진에서 저감해야 하는 배출물은 DPM, NO_x, CO, HC, SOF, PAH 등이다.

10.13 농도 32.5%의 요소수를 촉매 앞에서 연료의 3~5% 정도를 공급하고 배기열에 의한 열분해와 가수분해에 의하여 발생한 암모니아로 NO_x를 제거하는 방법은?

㉮ SCR　　㉯ NO_x 흡장 환원촉매

㉰ DPNR 촉매　　㉱ LNT

해설 SCR-요소수를 사용하는 방법이다.

10.14 NO_x 흡장 환원촉매에 속하지 않는 것은?

㉮ LNT　　㉯ NSR　　㉰ DPNR 촉매　　㉱ LNC

해설 LNC-NO_x를 HC를 이용하여 감소시킨다.

10.15 가솔린 기관에서 공기와 연료의 혼합비(당량비, Φ)에 대한 설명으로 틀린 것은?

㉮ 당량비가 1이면 이론 공연비이다.

㉯ 당량비가 1보다 작으면 과잉공기 상태이다.

㉰ 당량비가 1보다 적으면 희박상태로 CO값은 많아진다.

㉱ 당량비가 1 부근이면 질소 산화물의 양은 최소가 된다.

해설 당량비가 1 부근이면 질소 산화물의 양은 최대가 된다.

10.16 가솔린 기관에서 공기 과잉률(공기과잉 계수, λ)에 대한 설명으로 틀린 것은?

㉮ 연소에 필요한 이론 공기량에 대한 공급된 연료량의 비이다.

㉯ 공기의 양을 알면 연료의 양은 결정된다.

㉰ 값이 1에 가까우면 출력이 감소하고 매연을 배출한다.

㉱ 0.9~1.1정도로 작동한다.

해설 공기 과잉률은 실제 공기량과 이론 공기량의 비이다. 값이 1에 가까우면 완전 연소이다.

정답 10.11 ㉰　10.12 ㉯　10.13 ㉮　10.14 ㉱　10.15 ㉱　10.16 ㉰

[주관식]

1. 당량비와 CO, HC, NO_x의 촉매 전환효율을 분석해 보자.

2. 당량비와 CO, HC, NO_x의 배출 관계를 분석해 보자.

3. 산화촉매, 환원촉매, 삼원촉매의 작동 원리에 대하여 알아보자.

4. 삼원촉매를 디젤기관에서 사용하지 않는 이유를 알아보자.

5. 가솔린 기관과 디젤기관의 후처리 장치에 대하여 알아보고 다른 점을 기술해 보고 디젤기관의 배기가스가 문제가 되는 원인을 알아보자

6. 디젤기관에서 NO_x를 저감시키는 촉매에 대하여 조사하고 전환 효율이 어떤 경우가 가장 좋은지 알아보자.

7. 디젤기관 배기가스 후처리 장치의 각종 약어에 대하여 공부해 보자.

참고문헌

자동차저탄소공학, 김철수, GS 인터비전, 2015

최신 자동차기관, 김철수, 동명사, 2006

자동차기관, 김철수, 희중당, 1999

자동차공학, 김철수, 희중당, 2000

자동차기관실습, 김철수, 오토테크, 1999

내연기관공학, 김덕중외, 교보문고, 2005

땅에서 구름까지, 최인호, 대하

내연기관, Macmillan, 희중당, 1996

内燃機関, 前板英紀, 森北出版株式会社, 1995

金子靖雄, 内燃機關 基礎工學, 山海堂

村山正, 常本秀辛, 自動車エンジン共學, 山海堂

日本の自動車技術, 日本自動車工業会, 2010, 10

自動車技術ハンドブック, 試驗評價編, 社團法人 自動車技術會, 1991

自動車技術ハンドブック, 設計編, 社團法人 自動車技術會, 1991

自動車技術ハンドブック, 生産, 品質, 整備編, 社團法人 自動車技術會, 1991

高圧縮比, 高効率ガソリンエンジン, 山内孝, マツダ株式会社

阿部英樹, 自動車排出ガス触媒の現状と将来, 日本科学技術動向研究センター, 科学技術動向,12月号, 2010

EGR を用いた高圧縮比 HCCI 機関の燃焼解析,渡邊 高志, 日本大学大学院理工学研究科, 自動車技術会秋季学術講演会, 2005

コモンレールによるディーゼル排気ガスの浄化,伊藤昇平,中村兼仁,デンソーテクニカルレビュー,Vol. 7, No. 1, 2002

ディーゼルエンジン用1800barコモンレールシステムの開発, 田 中 泰,デンソー株式会社,デンソーテクニカルレビュー Vol.11 No. 1 2006

任時起動アイドリングストップシステム,山内孝,マツダ株式会社

Erijavec, Automotive Technology, 4th edition, Thomson, 2004

Automotive Engine Performance, Carrigan, Thomson

Automotive Mechanics, Crouse, 2004, McGraw-Hill

Automotive Technology, Erjavec, 2004, Prentice

Diesel engine management, Bosch, 2005, Wiley

N.Tanaka, "Transport, Energy and CO_2", IEA, pp 29~30, Amsterdam, Netherlands, 2009

Ricardo, "Future Low Carbon Cars", pp 4, Brighton, UK, 2011

RAC foundation, "Market Delivery of Ultra Low Carbon Vehicles in the UK", London, UK, 2011

Future low carbon cars, 2011, RAC foundation

Gasoline engine management, Bosch, 2006, Wiley
Low Carbon Vehicle Fuel System and Powertrain Technologies, John German, ,ICCT, 2011
Tomorrow's Low Carbon Cars, Julie Foley, IPPR, 2003
Tony, Kitchen, Common rail diesel fuel system, AK training, UK
Variable Valve Timing, Self-study programme 246, Volkswagen

경북대학교, VSP & AE Lab, Home Page
http://www.monoist.atmarkit.co.jp/
http://www.sit.ac.jp/
http://www.superchevy.com/
http://www.mazda.co.jp /
http://www.corvette-web-central.com/
http://www.marineengine.com/
http://www.rover-classics.co.uk/
http://repairpal.com/radiator-cap
http://www.uniquecarsandparts.com.au/
http://energy.gov/sites/prod/files/2014/03/f8/
http://www.bosch-mobility-solutions.jp/ja/jp/component_jp/
http://www.jsae.or.jp/~dat1/mr/motor21/
http://www.bosch.co.kr, diesel system
http://www.bosch-automotivetechnology.com/en/de/component/
http://www.denso.co.jp/ja/aboutdenso/technology/
http://www.dieselnet.com/
http://www.ee.uconn.edu/
http://www.epa.gov/otaq/technology/
http://www.evworld.com/
http://www.greencarcongress.com/
http://www.honda.co.jp/
http://www.iea.org/publications/
http://www.ippr.org/
http://www.isuzu.co.jp/technology/
http://www.jsae.or.jp/engine_rev/docu/
http://www.epi-eng.com/
http://www.mazda.co.jp/
http://www.bosch.co.kr/
http://automotivewiringdiagrams.net/
http://www.vinta.org/
http://www.autozone.com/

http://www.virginia.edu/
http://www.thermalfluidscontrol.org/
http://www.waybuilder.net/
http://www.toyotaglobal.com/
http://www.uniquecarsandparts.com/

정가 25,000원

자동차 엔진공학

2020년 1월 10일 초판 인쇄
2020년 1월 20일 초판 발행
저　자 : 김철수
발행자 : 우명찬 · 송　준
발행처 : 홍릉과학출판사
주　소 : 서울시 강북구 인수봉로 50길 10
01093
등　록 : 1976년 10월 21일 제5-66호
전　화 : (02) 999-2274~5, 903-7037
팩　스 : (02) 905-6729
e-mail: hongpub@hongpub.co.kr
http://www.hongpub.co.kr
ISBN: 979-11-5600-449-3

저자와의 협의하에 인지생략